PAUL TILLICH · GESAMMELTE WERKE

BAND II

PAUL TILLICH

CHRISTENTUM UND SOZIALE GESTALTUNG

Frühe Schriften zum Religiösen Sozialismus

GESAMMELTE WERKE
BAND II

EVANGELISCHES VERLAGSWERK STUTTGART

Herausgegeben von Renate Albrecht

1. Auflage

Erschienen 1962 im Evangelischen Verlagswerk GmbH, Stuttgart

Gesamtherstellung: Union Druckerei GmbH Stuttgart

CARL MENNICKE
GEWIDMET

VORBEMERKUNG DES HERAUSGEBERS

Die in dem vorliegenden Band enthaltenen Aufsätze sind chronologisch geordnet. Sie erstrecken sich über die Periode von 1919 bis 1933. Der Quellennachweis befindet sich am Schluß des Bandes.

In der Schreibweise des Begriffs „Religiöser Sozialismus" wurde dem jeweiligen Original gefolgt, das in der gewählten Klein- oder Großschreibung zum Ausdruck bringt, wie ein neu geprägter Name für eine geistige Bewegung zum feststehenden Begriff wurde.

Für wertvolle Hilfe bei der Herstellung dieses Bandes sei gedankt: Herrn Dr. Theodor Mahlmann für die Herstellung des Sachregisters, Frau Dr. Gertie Siemsen und Frau Gertraut Stöber für die Hilfe beim Korrekturlesen.

Düren, im März 1962 — Renate Albrecht

INHALT

VORWORT

Auch dieser zweite Band der Gesammelten Werke enthält „Frühe Schriften", hier aber zu einem bestimmten Thema, dem „Religiösen Sozialismus". Einige spätere Aufsätze zum Problem des Religiösen Sozialismus (in englisch geschrieben) werden voraussichtlich in Band III (Schriften zur Ethik) erscheinen. Sie geben meine Sicht der religiös-sozialistischen Idee, wie sie sich in Amerika entwickelt und gewandelt hat. Die Wandlung, bedingt durch die total verschiedene soziologische Struktur der amerikanischen Gesellschaft, bezieht sich jedoch nicht auf die philosophischen und theologischen Prinzipien, die in den vorliegenden Aufsätzen entwickelt sind. Diese Prinzipien sind auch jetzt entscheidend für mein sozialethisches und geschichtsphilosophisches Denken sowie für manche konkret-politische Entscheidungen in der Gegenwart. Die Tatsache, daß der Nationalsozialismus die religiös-sozialistische Bewegung, wie die vielen anderen schöpferischen Ansätze der zwanziger Jahre zertreten, in den Untergrund oder ins Exil gezwungen hat, konnte nicht die Ausbreitung dieser Ideen in Kirchen und Kulturen jenseits der Grenzen von Deutschland und Europa hindern. Darum betrachte ich diesen Band auch heute noch als systematisch grundlegend.

Die Widmung geht als Gedächtniswidmung an meinen jüngst verstorbenen langjährigen Freund Carolus Mennicke. Sein unermüdliches Wirken für die religiös-sozialistischen Ideen und sein persönlicher Einsatz als Mittelpunkt der religiös-sozialistischen Gruppe in den zwanziger Jahren sollten unvergessen bleiben, wenn vom deutschen Religiösen Sozialismus die Rede ist.

Cambridge, Mass.

Weihnachten 1961 Paul Tillich

DER SOZIALISMUS ALS KIRCHENFRAGE

Es war die *dogmatische* Fragestellung, welche bisher die Kirche bewegte; von nun an wird es die *ethische* sein. Noch sind die evangelischen Kirchen darauf nicht vorbereitet; weder die theoretischen noch die praktischen Probleme sind geklärt.

Endgültige Lösungen geben zu wollen, maßen wir uns nicht an; nur um die notwendige Diskussion zu fördern, übergeben wir die folgenden Leitsätze der Öffentlichkeit. Sie behandeln nicht den gesamten Problemkomplex „Christentum und Sozialismus", sondern begründen nur die Forderung einer positiven Stellungnahme der Kirche und ihrer Vertreter gegenüber Sozialismus und Sozialdemokratie.

Das Problem gliedert sich nach drei Gesichtspunkten:

I. Das Verhältnis des Christentums zu den Gesellschaftsordnungen überhaupt und der sozialistischen insbesondere.

II. Die Stellung des Sozialismus und der sozialistischen Parteien zu Christentum und Kirche.

III. Die Aufgaben der Kirche gegenüber dem Sozialismus und seinen Parteien.

I. Das Verhältnis des Christentums zu den Gesellschaftsordnungen überhaupt und der sozialistischen insbesondere

1. Aus der Unbedingtheit des religiösen Prinzips folgt, daß es unabhängig ist von jeder bestimmten Kulturform und ihrer geistigen, gesellschaftlichen und wirtschaftlichen Ausprägung. Abzulehnen sind deshalb alle Versuche, das Christentum an sich einer bestimmten Gesellschaftsordnung gleichzusetzen und es seines prinzipiell überkulturellen Charakters zu entkleiden.

2. Andererseits aber wird das religiöse Prinzip nur dadurch *konkret*, daß es Ausdruck gewinnt in bestimmten Formen des Kulturlebens. Abzulehnen sind deshalb ebenso alle Versuche, die unter Verkennung dieser Universalität das Christentum auf ein bestimmtes Gebiet, z. B. der Erkenntnis (Orthodoxie) oder des persönlichen Lebens (Mystik, Quietismus) beschränken wollen.

3. Es ist nun nicht zu verkennen, daß das Christentum in dieser Bewegung vom Unbedingten zum Bedingten mit den autonomen Formen des Kulturlebens zu einer unauflöslichen, wenn auch jeweils wechselnden Einheit wird. So ist es eins geworden, wie mit den Hauptformen des philosophischen Weltbewußtseins, des ästhetischen Welterlebens, des ethischen Persönlichkeitsideals, so auch mit den großen Formen der Gesellschafts- und Wirtschaftsordnung. In engste soziologische Verbindung sind nacheinander getreten: die alte Kirche mit der spätrömischen Sklavenwirtschaft, die frühkatholische Kirche mit Cäsarismus und Militarismus, die mittelalterliche Kirche mit Naturalwirtschaft, Lehnsverfassung und Hörigkeit, der Calvinismus mit Kolonialkapitalismus und Demokratie, die lutherische Kirche mit Agrarwirtschaft und absolutistisch-patriarchalischem Obrigkeitsstaat, die moderne Kirche mit Hochkapitalismus, Nationalismus und Militärstaat.

4. Zu allen Zeiten und in all seinen Ausprägungen hat das Christentum in der *Liebesethik Jesu* die grundlegende Norm für das Gemeinschaftsleben gesehen; an ihr gemessen, hat das Christentum für gewisse Formen der Gesellschaftsordnung eine größere *Affinität* als für andere; die Ethik der Liebe trägt in jede Gesellschafts- und Wirtschaftsform ein Ferment der Kritik, das um so erregender ist, je mehr sich jene auf Gewalt, Unterdrückung, Eigennutz gründen. Darum konnte das Christentum mehr Verwandtes in der mittelalterlichen als in der spätrömischen Gesellschaftsstruktur finden und sich enger mit ihr verbinden; darum muß es, unserer Überzeugung nach, im gegenwärtigen Moment in Opposition treten gegen die kapitalistische und militaristische Gesellschaftsordnung, in der wir stehen und deren letzte Konsequenzen im Weltkrieg offenbar geworden sind.

5. Die Ethik der christlichen Liebe erhebt Anklage gegen eine Gesellschaftsordnung, die bewußt und *grundsätzlich* auf dem wirtschaftlichen und politischen Egoismus aufgebaut ist, und fordert eine neue Ordnung, in welcher das Bewußtsein der *Gemeinschaft* das Fundament des gesellschaftlichen Aufbaues ist. *(Idee des Sozialismus).*

6. Sie erhebt darum Anklage gegen den *grundsätzlichen* Egoismus der Privat- und Profitwirtschaft, die ihrem Wesen nach ein Kampf aller gegen alle ist, und fordert eine Wirtschaft der Solidarität aller und der Freude nicht am Gewinn, sondern am Werk selber.

7. Sie erhebt Anklage gegen den *grundsätzlichen* Egoismus einer Gliederung der Gesellschaft nach Klassen, durch welche der Klassenkampf notwendig verewigt wird; gegen das auf Geld und Erbschaft gegründete Privileg der Bildung, das den sittlich zerstörenden Gegensatz von „Gebildet“ und „Ungebildet“ geschaffen hat; sie fordert eine

Gesellschaft, in der die Stände nicht zu Klassen werden, und die gleiche Bildungsmöglichkeit der Befähigten *jedes* Standes.

8. Sie erhebt Anklage gegen den *grundsätzlichen* Egoismus der nationalen Machtpolitik und die Rechtfertigung der Lüge und Unterdrückung durch die nationale Idee und fordert die Beugung aller Staaten unter eine überstaatliche Rechtsordnung.

9. Aber nicht nur in seiner Anklage gegen die kapitalistische Gesellschaftsordnung, sondern auch in seiner Verteidigung gegen die Angriffe, sowohl des Kapitalismus als auch der Kirche, kann sich der Sozialismus auf die Ethik der christlichen Liebe berufen.

10. Es wird dem Sozialismus vorgeworfen, daß er durch Ausschaltung des Egoismus als wirtschaftlicher Triebkraft die Produktion lähmen würde; er kann darauf im Sinne der christlichen Ethik erwidern, daß nicht der Mensch um der Produktion, sondern die Produktion um des Menschen willen da ist, und daß nicht die Produktion von möglichst vielen Luxusgütern für einzelne, sondern von notwendigen Lebensgütern für alle sittliches Ziel der Wirtschaft ist.

11. Es wird dem Sozialismus vorgeworfen, daß er der natürlichen und göttlichen Ordnung zuwider sei, indem er die Unterschiede der Menschen und Völker aufheben wolle. Dem kann er erwidern, daß eine auf Gemeinschaft und Liebe aufgebaute Gesellschaftsform nichts mit dem egalitären Ideal zu tun hat, sondern eine Rangordnung des Könnens anerkennen und auch nationale Eigenart bejahen muß. Denn es liegt im Wesen der Liebe, das Einzelne gerade in seiner Besonderheit zu bejahen.

12. Dem Sozialismus wird ein schwärmerischer Idealismus nachgesagt, der die Wirklichkeit des Lebens, insonderheit der Sünde, übersehe. Den Vorwurf der Schwärmerei kann der wissenschaftliche und praktische Sozialismus mit Recht von sich weisen: der wissenschaftliche, weil er überhaupt nicht fordern, sondern Entwicklungsnotwendigkeiten feststellen will, der praktische, weil er in seiner straffen Disziplin zur Genüge gezeigt hat, daß er die menschliche Natur kennt. Soweit der Sozialismus aber ein ethisches Ideal vertritt, ist er in der gleichen Lage wie jeder ethische Idealismus, daß die Einsicht in die Hindernisse, die entgegenstehen, kein Grund zum Verzicht auf das Ideal selber sein darf. Auch jede Arbeit der Kirche lebt von diesem Idealismus.

13. Es wird dem Sozialismus vorgeworfen, daß er mit seinem Diesseitigkeitsideal der Transzendenz des Christentums entgegenstehe. Aber ebenso, wie es der Ethik der Liebe wesentlich ist, auch das Diesseits von sich aus gestalten zu wollen, ebenso kann der Sozialismus

eine Betrachtungsweise anerkennen, die alles Bedingte, Zeitliche unter den Gesichtspunkt eines Unbedingten, Ewigen stellt.

14. Es wird dem Sozialismus endlich vorgeworfen, daß er durch Änderung der Zustände den Menschen ändern wolle. Der umgekehrte Weg aber müsse gegangen werden. Er kann darauf erwidern, daß es Pflicht der Liebe ist, die äußeren Hindernisse, insonderheit die stumpfmachende Arbeitssklaverei, zu beseitigen, die es Unzähligen in allen Ständen schwer, ja psychologisch fast unmöglich macht, geistigem Leben überhaupt und damit auch der Religion offen zu sein.

15. Spricht somit vom Standpunkt der christlichen Liebe aus nichts gegen, aber alles für den Sozialismus, so führt auch die geschichtsphilosophische Betrachtung zu der Einsicht, daß Christentum und Sozialismus zur Vereinigung bestimmt sind. Mit wirtschaftlicher Einheit war allzeit in der Geschichte geistige Einheit verbunden, der Einheitspunkt aber des Geistes ist die Religion. Wo aber die wirtschaftliche Einheit sich auflöste, wurde auch das Geistesleben widerspruchsvoll, und die Religion verlor ihre einigende Kraft. In einer solchen Periode der Auflösung standen wir; ein neues Zeitalter der Einheit hebt an; der Sozialismus wird seine wirtschaftliche und gesellschaftliche Grundlage bilden. Das Christentum aber steht vor der Aufgabe, dieser Entwicklung seine sittlichen und religiösen Kräfte zuzuführen und dadurch eine neue große Synthese von Religion und Gesellschaftskultur anzubahnen.

II. Die Stellung des Sozialismus und der Sozialdemokratie zu Christentum und Kirche

16. Aus dem Bisherigen ist zur Genüge deutlich, daß das Christentum der sozialistischen Idee nicht verneinend, sondern unbedingt bejahend gegenüberstehen muß. Es scheint nun aber, als ob der gegenwärtige empirische Sozialismus eine solche Stellungnahme unmöglich machte, und zwar sowohl der sogenannte wissenschaftliche Sozialismus als auch die sozialistischen Parteien.

17. Über den wissenschaftlichen Sozialismus ist zu bemerken: Die fälschlicherweise materialistisch, richtig ökonomisch genannte Geschichtsauffassung des Marxismus enthält an und für sich weder Materialismus noch eine Ablehnung des Geisteslebens, sondern behauptet lediglich einen ursächlichen Zusammenhang zwischen der ökonomischen Grundlage und dem geistigen Aufbau der Kultur, eine Einsicht, die richtig benutzt von äußerster methodischer Fruchtbarkeit ist und vor jeder Verwechslung mit metaphysischem Materialismus aufs strengste

behütet werden muß. Im übrigen zeigen die vielen nichtmarxistischen Formen des Sozialismus, daß Sozialismus und Marxismus keineswegs identisch sind.

18. Was aber die *sozialistischen Parteien* betrifft, so muß unterschieden werden zwischen ihrer Stellung zum Christentum und der Stellung zur Kirche, zwischen einzelnen Worten einzelner Vertreter und der formulierten Meinung der Parteien, zwischen dem Ideal und seiner empirischen Vertretung. Diese Unterscheidungen, die das Christentum, wie jede geistige Bewegung, für die Beurteilung seiner selbst mit Recht fordert, muß es gerechterweise auch dem Sozialismus zugute kommen lassen.

19. Zweifellos gibt die empirische Vertretung des Sozialismus in Vergangenheit und Gegenwart zu mancherlei Kritik Anlaß. Insbesondere gilt das von der materialistischen Gesinnung, die gerade aus dem kapitalistischen Bürgertum in die Arbeiterkreise gedrungen ist. Es wäre aber unberechtigt, den gegenwärtigen Zustand der sozialistischen Bewegung mit seinen offensichtlichen Schäden, der im wesentlichen auf das Schuldkonto des Krieges kommt, dem Sozialismus zum Vorwurf zu machen. Sehr vieles von dem, was augenblicklich von Anhängern des Sozialismus im Namen des Sozialismus getan wird, steht mit der sozialistischen Idee in schärfstem Widerspruch.

20. Es hat auch eine Anzahl sozialdemokratischer Führer, namentlich der deutschen Sozialdemokratie, am Ende des vorigen Jahrhunderts Äußerungen getan, die nicht nur Feindschaft gegen die Kirche, sondern gegen das Christentum und die Religion überhaupt verraten. Darum ist aber der materialistische *Atheismus* noch keine dem Sozialismus wesentliche Erscheinung; vielmehr ist er eine Erbschaft der *bürgerlichen* Kultur, die von vielen Sozialdemokraten aus agitatorischen Gründen gern übernommen wurde. Es ist aber auch vielen Führern der gegenwärtigen Sozialdemokratie nicht mehr verborgen, daß die bisherigen Methoden des Parteikampfes zu einer Entleerung und Entgeistigung der Bewegung geführt haben. Es wird deshalb in ihren Kreisen die Forderung nach einer ethisch-religiösen Beseelung des Sozialismus immer lauter erhoben und immer klarer erkannt, daß der Sozialismus nicht nur Wirtschafts-, sondern vor allem auch Erziehungsangelegenheit ist.

21. Die Stellung der Sozialdemokratie zur *Kirche* ist die einer grundsätzlichen Indifferenz gegen das konfessionelle Kirchentum („Religion ist Privatsache") und einer grundsätzlichen Ablehnung alles Staatskirchentums, also eine radikale Durchführung des Toleranzgedankens einerseits, des religionsfreien Staatsgedankens andererseits.

Der Widerspruch der Sozialdemokratie richtet sich lediglich gegen die gegenwärtigen mit bürgerlich-kapitalistischer und nationalistischer Gesellschaftsordnung aufs innigste verbundenen Staatskirchen, die in den meisten Fällen auf der Seite ihrer Gegner standen und nur wenig Verständnis zeigten für die Verwandtschaft des sozialistischen Ideals mit der Ethik der Liebe.

22. Kann auch die radikale Trennung von religiösem und staatlichem Leben *von beiden Seiten her* manchem Bedenken unterliegen, kann auch die Kritik der Sozialdemokratie von der gegenwärtigen Kirche vielfach als ungerecht empfunden werden, so ist es darum doch keineswegs berechtigt, der Sozialdemokratie prinzipielle Christentumsfeindlichkeit vorzuwerfen; vielmehr gleicht ihre ethische Kritik in mancherlei Beziehung derjenigen der Gemeinschafts- und Sektenkreise, denen man zwar Unkirchlichkeit, aber nicht Unchristlichkeit vorwerfen kann.

23. Was endlich die revolutionäre Haltung der Sozialdemokratie betrifft, so kann sie nur demjenigen für schlechthin unchristlich gelten, dem Christentum gleichbedeutend ist mit Luthertum. Die reformierte Kirche hat seit Beza gelehrt, daß im Fall des Versagens der höheren Obrigkeit die niedere das *Recht zur Revolution* hat, eine Lehre, der die Erhaltung des niederländischen und englischen Protestantismus zu danken ist. Auch Thomas von Aquino hat das Recht und unter bestimmten Voraussetzungen auch die *Pflicht zur Revolution* anerkannt. Selbst das revolutionsfeindliche Luthertum hat im Schmalkaldischen und Dreißigjährigen Krieg bewaffneten Widerstand gegen den Kaiser geleistet.

III. Die Aufgaben der Kirche gegenüber dem Sozialismus und seinen Parteien

24. Ist somit weder in der sozialistischen Idee noch in den sozialistischen Parteien ein grundsätzlicher Gegensatz gegen Christentum und Kirche enthalten, so ergibt sich daraus die Notwendigkeit einer positiven Stellungnahme der Kirche gegenüber Sozialismus und Sozialdemokratie.

25. Positive Stellung ist noch nicht: Wille zur *christlichen Sozialreform.* Diese bedeutet – ohne daß damit ihre relative Notwendigkeit bestritten werden soll – ein Mittel zur Erhaltung der prinzipiell kapitalistischen Gesellschaftsform durch Abschneiden ihrer schlimmsten Auswüchse. Es entspricht aber dem Geist der Liebe mehr, das Übel selbst auszurotten, als die Leiden, die es immer wieder bringt, durch Teilmaßregeln mildern zu wollen; es ist das höhere Ziel, die Grund-

lagen des wirtschaftlichen Elends zu vernichten, als die Verelendeten durch eine „soziale Gesetzgebung“ aus dem Schlimmsten zu retten; es ist ein höheres Ziel, die Möglichkeit des wirtschaftlichen Egoismus zu unterbinden, als ihn durch Arbeiterschutzgesetze oder den Appell an die Pflicht patriarchalischer Fürsorge einzuschränken. Es ist auch das höhere Ziel, durch rücksichtslose Bekämpfung des nationalen Egoismus, durch übernationale Rechtsorganisation die Quelle des Krieges zu zerstören, als durch Liebeswerke die Wunden des Krieges zu lindern. Sind nun auch soziale Fürsorge und Gesetzgebung für jetzt und wohl noch längere Zeit nicht zu entbehren, so muß doch das Ideal, sie überflüssig zu machen, auch von denen anerkannt werden, die es für nicht ganz realisierbar halten; die Kirche aber muß dieses Ideal zu dem ihren machen und im Namen der christlichen Liebe seine Verwirklichung fordern.

26. Positive Stellung der Kirche zum Sozialismus ist ferner nicht der Versuch, *die Arbeiterschaft für die gegenwärtigen Kirchen zu gewinnen.* So begreiflich dieser Versuch auch ist, so notwendig ist er doch in der augenblicklichen Lage zum Scheitern verurteilt. Der sozialistische Arbeiter sieht mit Recht in der gegenwärtigen Kirche eine Verbündete des kapitalistischen Klassenstaates und in ihren Einrichtungen und Lebensformen eine bürgerliche Schöpfung. Es hieße deshalb, den *Judenchristen* ähnlich, die den Heidenchristen das jüdische Zeremonialgesetz auferlegen wollten, den Sozialisten das Gesetz der bürgerlichen Lebensform auferlegen, würde das Christentum die positive Stellung zu ihnen von ihrer Teilnahme an der gegenwärtigen Lebensform der Kirche abhängig machen; es hieße gänzlich auf sie verzichten.

Im übrigen ist zu bedenken, daß der Sozialismus nicht nur eine Arbeitersache ist, sondern *ein neues ethisches Ideal,* das für alle Kreise Geltung hat. Das Problem wird verschoben, wenn man die Frage „Christentum und Sozialismus“ verwechselt mit der Frage „Kirche und Arbeiterschaft“.

27. Können die beiden besprochenen Wege nicht zum Ziele führen, so bleibt nur der dritte: Vertreter des Christentums und der Kirche, die auf sozialistischem Boden stehen, treten ein in die sozialistische Bewegung, um einer künftigen Verbindung von Christentum und sozialistischer Gesellschaftsordnung den Weg zu bahnen.

Darin sind vorangegangen die christlichen Sozialisten der Schweiz, Hollands, der nordischen Länder, Englands. In Deutschland befindet sich die entsprechende Bewegung noch in ihren ersten Anfängen.

28. Von den Kirchenleitungen aber ist zu fordern, daß sie allen, die diesen schwierigen, unbekannten, wichtigen Weg gehen und aus

christlicher und sozialistischer Überzeugung heraus die Vereinigung beider in neuen Formen des kirchlichen und gesellschaftlichen Lebens suchen, keine Hindernisse in den Weg legen, vielmehr anerkennen, daß eine christlich-sozialistische Bewegung aus christlichem und kirchlichem Interesse nicht nur zu dulden, sondern in hohem Maße zu begrüßen ist. Die weitere Entwicklung dieser Bewegung ist von entscheidender Bedeutung für die Zukunft der deutschen evangelischen Kirchen.

29. In dem Maße, in welchem die christlich-sozialistische Bewegung erstarkt, wird sie Einfluß auf die Gestaltung der Kirche gewinnen können. *Aus der Bewegung selbst werden dann die positiven und negativen Forderungen hervorwachsen.* Das eine ist aber jetzt schon zu verlangen, daß niemand, weil er sozialistisch denkt, von Leben und Leitung der Kirche ferngehalten wird, weder Pfarrer noch Laie. Nur dann ist Aussicht vorhanden, daß die Kluft zwischen Sozialismus und Christentum auf dem Boden der vorhandenen Kirchen überbrückt wird. Andernfalls wird die christlich-sozialistische Bewegung von vornherein in kirchenfeindliche Bahnen gezwungen.

30. Es wird nicht zu vermeiden sein, daß dadurch auch auf ethischem Gebiet Gegensätze in der Kirche lebendig werden. Diese Gegensätze waren bisher dadurch vermieden worden, daß die Kirche sich wesentlich negativ gegen das der christlichen Ethik verwandteste der ethisch-politischen Ideale, den Sozialismus, stellte, mitveranlaßt freilich durch die ebenso negative Haltung der Vertreter dieses Ideals gegen die Kirche. Es ist nun aber der ungeheure Vorzug der Kirche vor der Sekte, daß sie derartige Spannungen tragen und fruchtbar machen kann für ihre eigene Entfaltung; lehnt die Kirche die Vereinigung von Christentum und Sozialismus ab, so hat sie in einem Volk, das sich fast zur Hälfte für den Sozialismus entschieden hat, das Recht verwirkt, sich *Volkskirche* zu nennen; nimmt sie den Sozialismus in sich auf, so hat sie zwar für den Augenblick mancherlei Schwierigkeiten und für lange hinaus Kämpfe und Spannungen zu ertragen; sie hat aber wahrhaft christlich gehandelt an denjenigen ihrer Glieder, die als Sozialisten in Gegensatz stehen müssen zu ihrer gegenwärtigen Form; sie hat wahrhaft kirchlich gehandelt, indem sie die Gegensätze nicht ausgeschieden, sondern in sich aufgenommen hat. *Sie hat damit, um den Preis gegenwärtiger Belastung durch neue Spannungen, sich die Möglichkeit gesichert, ihre Sendung in der Zukunft zu erfüllen.*

CHRISTENTUM UND SOZIALISMUS (I)

Die Behandlung dieses Themas kann zwei Wege gehen: Sie kann historisch-kritisch und sie kann systematisch-produktiv sein. Der erste Weg würde zum Ziele führen, wenn Christentum und Sozialismus objektiv feststellbare Begriffe wären, die man jeden für sich genau umgrenzen und beschreiben könnte, um dann durch Vergleichung und Gegenüberstellung das Verhältnis beider zu bestimmen. Aber weder Christentum noch Sozialismus sind solche objektiven Dinge. Beides sind vielmehr gegenwartslebendige Geistesströmungen, die Welle auf Welle hervortreiben, nicht nach dem mathematischen Rhythmus der Natur, sondern nach dem höheren Rhythmus des Schicksals. Darum ist jede Behandlung dieser Frage von einem, der lebendig in beiden Bewegungen steht, ein Stück dieser Bewegung selbst, ein Tropfen in der Welle, die eben in Bildung begriffen ist, ein treibendes oder getriebenes, ein aufwärts oder abwärts führendes Moment. In diesem Sinne, als Wille zum Vorwärtsschaffen, nicht als seitabstehende Reflexion sind die folgenden Ausführungen gemeint.

I.

Der Sozialismus ist ein Produkt der geistigen und wirtschaftlichen Entwicklung, die, schon längst vorbereitet, mit Renaissance, Reformation und Frühkapitalismus machtvoll einsetzte und im Widerspruch zu der mittelalterlichen Autoritäts- und Einheitskultur die Grundlage gab für die Kulturschöpfungen der letzten Jahrhunderte. Nur von dieser Entwicklung aus ist der Sozialismus zu verstehen, und nur in direktem Fortgang dieser Entwicklung kann er weiter gebildet werden. Denjenigen besonders, die vom Christentum her den Sozialismus begrüßen, muß immer wieder gesagt werden, daß ein Sozialismus ohne diese Voraussetzungen ein Phantasiegebilde ist und daß jeder, der den Sozialismus bejahen will, die Prinzipien bejahen muß, auf denen er beruht.

Der geistig-wirtschaftliche Aufbau des Mittelalters war begründet in dem zentralistischen System der Autorität, das, supranatural verankert, Natur und Übernatur zusammenschloß zu einer gewaltigen,

Völker und Geister bannenden Einheit. Die Reformation, unterstützt von den aus der Renaissance kommenden humanistischen Anschauungen, zerbrach das System der Autorität, formell unter Berufung auf die Autorität der Schrift, faktisch durch die unwiderstehlich hervorbrechende Subjektivität des individuellen Gewissens. Die formelle Stützung auf die Schrift führte im kirchlichen Protestantismus zu neuen Bindungen. Aber das zentralistische System der Autorität war zerschlagen: zwei Autoritäten heben die Autorität auf; denn nun entscheidet der Einzelne, welcher er sich anschließen will. Während der großen Religionskriege, solange noch die Hoffnung auf den Sieg einer der beiden Parteien bestand, blieb diese Konsequenz verhüllt; als mit dem Abschluß der Kämpfe der Gegensatz konstant geworden war, brach der Strom der autonomen Geistigkeit an vielen Stellen aus den Tiefen des männlich gewordenen westeuropäischen Bewußtseins hervor und brandete an die autoritativen Mauern der Konfessionen, Stück für Stück herausreißend und auf protestantischem Boden nur noch Trümmer autoritativer Bindungen stehen lassend. Entscheidender aber war die Entwicklung, die dieser Geist selbst durchmachte.

Cartesius gab die grundlegende Formulierung: Die Selbstgewißheit des Ich ist Prinzip aller Gewißheit der Gegenstände. Keine Autorität kann vom Zweifel erlösen, im Ich allein wurzelt die Gewißheit. Die Aufklärung zog die Konsequenzen: die gesamte Tradition wird der Kritik unterworfen. Auf geistigem, politischem, wirtschaftlichem Gebiete bleibt nichts Positives, das nicht reflektiert, dem denkenden Bewußtsein gegenübergestellt, gemessen und verneint wird. Glaubenssysteme, Staatsformen, Wirtschaftsgebote sinken hin vor dem Ansturm der Autonomie, die nichts Unantastbares kennt, keine Ehrfurcht haben darf vor göttlichen und menschlichen Autoritäten. Ob man es beklagen will, daß das System der Autorität verloren ging, oder ob man es als den Schritt zur Kulturreife begrüßt, in jedem Fall muß man die Tatsache anerkennen, daß unser Geistesleben nicht ohne Autonomie zu denken ist und daß der Sozialismus durchaus von ihr erfüllt ist: von den Führern bis zu den blindgläubigen Anhängern schwingt das Gefühl durch die Gemüter, freigeworden zu sein von allen irrationalen, transzendenten und immanenten Autoritäten. *Das ist das erste, was vom Christentum her zu beachten ist.*

Die Autonomie ist nach ihrer positiven Seite Herrschaft der Vernunft. Berauscht von den Erfolgen der mathematischen Naturwissenschaft, zum erstenmal nach eineinhalb Jahrtausenden wieder frei und auf sich gestellt, sah die menschliche Vernunft keine Grenzen ihrer Kraft mehr. Nicht nur analytisch drang sie in die Tiefen des gesamten

Geistes- und Gesellschaftslebens, sondern auch synthetisch suchte sie, aus den gefundenen Elementen einen neuen, rationalen Aufbau zu konstruieren. Der Wille zur vernünftigen Weltgestaltung nach Jahrhunderten der Willkür und des Zufalls lebte in diesen Menschen und bewirkte, daß die Vernunft – weit gefehlt, ein nüchternes Merkwort philiströser Pedanterie zu sein – das Motto eines begeisterten, kraftbewußten, revolutionären Glaubens wurde. Bald freilich erlahmte der Schwung in den ersten Trägern dieses Geistes; aber der Geist blieb und wurde unter dem Druck der wirtschaftlichen Willkür zu neuer Flamme entfacht. Auch das Wirtschaftsleben ist rational zu gestalten; nicht die Willkür von einzelnen oder Völkern soll maßgebend sein, sondern die ganze Menschheit ist Subjekt und Objekt des Wirtschaftsprozesses und gestaltet ihn nach den Gesetzen der Vernunft. Wie an Stelle der Autorität die Autonomie, so tritt an Stelle der Willkür und des Zufalls die weltgestaltende Vernunft. *Das ist das zweite, was vom Christentum her zu beachten ist.*

Und das ändert sich prinzipiell auch dadurch nicht, daß die geschichtsobjektive Denkweise des deutschen Idealismus durch Marx in den Sozialismus eindringt und die Vernunft der menschlichen Entscheidung entnommen und in die Sphäre der objektiven Notwendigkeiten erhoben wird. Der dialektische Prozeß ist rational, und der Glaube an ihn ist Vernunftglaube; und zwar ein Glaube, der durch die objektiv metaphysische Verankerung ungeheuer an Kraft gewonnen hat und das Grunddogma von Millionen werden konnte. Der Geschichtsprozeß selbst schafft die vernunftgemäße Weltgestaltung, und darum muß der Kampf für sie siegreich sein. Dieser Glaube ist der Sieg, der die Welt gestalten wird.

Der Vernunftglaube ist begründet in den Erfolgen der Naturwissenschaft. Hinter der Naturwissenschaft aber steht das Kulturerlebnis der modernen Kultur. Vielfach vorbereitet im ausgehenden Mittelalter brach es in der Renaissance mit überwältigender Kraft durch und führte zu einem jubelnden Ja für die diesseitige Welt, die so lange verneint und verachtet und heruntergedrückt war durch das traumhafte Jenseits und die mystische Übernatur. Vor der neuen Astronomie, vor der Allgültigkeit der Naturgesetze, vor der neuentdeckten Schönheit des Wirklichen in der Kunst, vor dem Bewußtsein der Einheit des Endlichen und Unendlichen in der Naturphilosophie verblaßten die Jenseitswelten, und die Übernatur schwand vor dem starken Ja zu der Natur. Dieses Ja zu der Immanenz schwingt über den Humanismus und die Aufklärung, über Goethe und den deutschen Idealismus durch den Sozialismus der Gegenwart und vereinigt sich mit dem Bewußtsein der Autonomie und dem Glauben an die gestaltende Vernunft zu einem einheitlichen Lebens- und Weltgefühl: *Das ist das dritte, was vom Christentum her zu beachten ist.*

Ist in diesen Dingen der Sozialismus Erbe der allgemeinen Geisteskultur, so hat er in einem Punkte die Originalität zwar nicht des Begriffs, aber des Erlebens. Der Begriff der Humanität, der vornehmlich aus dem Sieg des Toleranzgedankens geboren war, hatte in der bürgerlichen Entwicklung keine oder nur zufällige Erfüllung gefunden. Das Menschheitsbewußtsein war durch Klassen-, Bildungs- und Nationalbewußtsein wirkungslos gemacht. Wahrhafte Humanität fand sich weitaus am meisten auf dem Boden der Konfessionen, in Formen freilich, die dem Gedanken einer rationalen Weltgestaltung schlechterdings zuwider waren und die konfessionellen Begrenzungen nicht verleugneten. Erst durch den furchtbaren Druck, der in den Anfangsjahrzehnten des neueren Kapitalismus auf der Arbeiterschaft lag, wurde das Solidaritätsbewußtsein geschaffen, das in seinem Kern das universale Menschheitsgefühl enthält und sich negativ wendet nur gegen denjenigen, der den Menschen zum Mittel und nicht zum Zweck macht. Der Kampf gegen Feudalismus, Kapitalismus, Nationalismus, Konfessionalismus ist der negative Ausdruck des unbedingten Menschheitsbewußtseins, das alle Schranken durchbricht und in jedem Menschen den Menschen wiederfindet. *Das ist das vierte, was vom Christentum her zu beachten ist.*

II.

Damit sind diejenigen Momente der sozialistischen Bewegung genannt, die für das Verhältnis von Christentum und Sozialismus von entscheidender Bedeutung sind. Es fragt sich nun, inwieweit das Christentum positiv Stellung dazu nehmen kann.

Ein System, das, wie der Katholizismus, auf dem zentralistischen Autoritätsprinzip aufgebaut ist, kann einer autonomen Geistesbewegung wie dem Sozialismus nur negativ gegenüber stehen. Katholizismus und Sozialismus sind Gegensätze, so lange der Katholizismus System der Autorität ist. Sie bleiben auch dann Gegensätze, wenn der Katholizismus wirtschaftspolitische Forderungen des Sozialismus aufnimmt, wozu er in seiner gegenwärtigen Gestalt weit besser imstande ist als die protestantischen Kirchen. Denn maßgebend bleibt immer die mit der Dogmatik eng verknüpfte autoritativ festgelegte Gesellschaftsethik des Thomismus, die zwar weitesten Spielraum läßt, aber doch in der Einheitlichkeit des katholischen Systems ganz bestimmte

Grenzen hat, die eine autonome Wirtschaftslehre nie anerkennen kann.

Der Protestantismus hat das System der Autorität prinzipiell durchbrochen und die Bahn freigemacht für die Autonomie. Es ist darum falsch, in heteronomer Weise an die Worte Jesu oder das Verhalten der Gemeinde von Jerusalem Forderungen anzuknüpfen, die auf die sozialistische Wirtschaftspolitik führen sollen. Schon rein historisch liegen die Dinge nicht so einfach, denn Jesus hat zweifellos kein Programm irdischer Sozialreform entworfen; sondern er hat die sittlichen Konsequenzen aus dem absoluten Liebesgebot für seine Anhänger gezogen in dem Bewußtsein, daß das Hereinbrechen des Himmelreiches unmittelbar bevorsteht. Aber auch abgesehen von der historischen Frage ist auf dem Boden der Autonomie eine Gesellschaftsethik nicht darum richtig und eine Lehre nicht darum wahr, weil sie schriftgemäß ist, auch nicht im Sinne der Autorität Jesu. Es kann auf diesem Wege dem Sozialismus eine starke psychologische Unterstützung erwachsen. Entscheidend aber ist allein die selbstgewachsene Überzeugung, keine von vornherein feststehende Autorität. Wo die Verbindung von Christentum und Sozialismus auf dem Wege der Heteronomie gegenüber Jesu Worten oder der Schrift begründet wird, herrscht nicht echter Protestantismus, sondern sektenhafte Gesetzlichkeit. Denn der Protestantismus in seinem Wesenskern ist autonom. Werden die Formeln: „allein durch Gnade", „allein durch den Glauben" auf das gesamte Geistesleben bezogen, wird auch auf dem Gebiete des Erkennens alle Gesetzlichkeit, alle pharisäische Art, den Besitz der vollkommenen Wahrheit zu behaupten und sie anderen aufdrängen zu wollen als Vorbedingung religiöser Wertschätzung, abgetan, wird nicht versucht, den Zweifel zu erschlagen, auch nicht mit den feinsten geistigen Mitteln, wird er vielmehr anerkannt in seinem unendlichen Recht, und erhebt sich dennoch der Glaube über diese ganze Sphäre möglichen Zweifels zu dem rein Innerlichen, dem Hindurchschwingen des absoluten Sinnes durch Seele und Welt – dann ist Religion und autonome Geistigkeit eins geworden, ja dann hat die Autonomie erst ihren Halt bekommen, der sie behütet vor dem Zerfall in Willkür und Skepsis. Will der Sozialismus – im Gegensatz zu der Auflösung der bürgerlichen Kultur – auf der Grundlage einer Einheitswirtschaft ein neues einheitliches Geistes- und Gesellschaftsleben schaffen, so muß er die Autonomie vertiefen zur „Theonomie", das heißt zu dem freien unbedingten Erfassen des Unbedingten durch alle Dinge hindurch. *Das ist das erste, worin Christentum und Sozialismus eins werden müssen.*

Gegen den Gedanken der rationalen Weltgestaltung wird sich diejenige Auffassung des Christentums erheben, die die Welt als wesentlich widergöttlich beurteilt und die Vernunft als verderbt, und die Erlösung erwartet nicht von der Weltgestaltung, sondern von der Weltverwandlung, und die Erkenntnis nicht von der Vernunft, sondern von der Offenbarung. Es ist nun aber der Sinn der letzten hundert Jahre protestantischer Theologie, den Gegensatz von Vernunft und Offenbarung aufgehoben zu haben in dem Gedanken einer geistesimmanenten allgemein-menschlichen Offenbarungsgeschichte, die nichts anderes ist als die Geschichte des Geistes überhaupt und der Religion insbesondere. Und es ist ein unverlierbares Ergebnis der sittlich-religiösen Einsicht auf protestantischem Kulturboden, daß die freie, sittlich-wertvolle Persönlichkeit nur möglich ist auf individueller seelisch-leiblicher Naturgrundlage mit ihrer unvermeidlichen logischen, physiologischen und biologischen Selbstheit, in deren Überwindung und Erhöhung der Wert der Persönlichkeit besteht. Ein absoluter Weltzustand, in dem dieser Widerspruch von Sein und Wert, die Grundlage aller sittlichen Freiheit, fehlen würde, wäre kein idealer, sondern ein traumhafter, in Wirklichkeit unfreier und minderwertiger Zustand.

Damit ist die Möglichkeit gegeben, vom Christentum her den Willen zur immanenten Weltgestaltung zu bejahen: Das Reich Gottes kommt in dieser Welt, zugleich aber, seine Grenzen zu setzen: Was gestaltet werden kann, liegt in der Sphäre des Technischen, nicht des Ethischen, der Kategorien: Mittel und Zweck, nicht: Sinn und Wert. Alles Gestalten ist Technisieren, aber das Technische ist nicht Selbstzweck, nicht letzter Zweck. Wenn die gesamte Wirtschaft rational gestaltet ist, wenn die Rechts- und Staatsorganisation alle Völker umfaßt und das äußere Leben von den meisten Zufällen freigemacht ist, dann ist der Wert der Persönlichkeit und die Offenbarung des Geistes und die Kraft zum Führertum und die schöpferische Idee doch Gnade, doch irrational und aus Tiefen quellend, die aller Gestaltung entrückt sind. Dann kommt es darauf an, daß der Blick in diese Tiefen nicht getrübt ist, daß der Glaube als Erlebnis des Unbedingten allen weltgestaltenden Willen unterbaut und ihn von der Leere und Nichtigkeit einer bloßen Technisierung der Welt erlöst. *Das ist das zweite, worin Christentum und Sozialismus eins werden müssen.*

Am schärfsten vielleicht tritt der mögliche Gegensatz zwischen Sozialismus und Christentum bei dem Immanenzerlebnis hervor; dann nämlich, wenn das Christentum als Jenseitsreligion und der Sozialismus als Diesseitsstimmung aufgefaßt wird. Aber diese Gegenüberstellung trifft nicht zu. Wo das religiöse Erlebnis, die Erfahrung des Unbedingten mit seinem Ja und Nein über alle Dinge und Werte, in letzter Tiefe gemacht wird, da ist der Gegensatz von einem absoluten, vollkommenen Jenseits und einem relativen, mangelhaften Diesseits aufgehoben. Über das Diesseits, oder vielmehr: über die *eine* Wirklichkeit ergeht das Ja und Nein; mitten durch die Dinge und Personen hindurch geht der Schnitt, geht das paradoxe Urteil, daß sie absolut und relativ, daß sie vollkommen und nichtig, daß sie ewig und irdisch sind zugleich! Diese Auffassung ist einfach eine Konsequenz der Theologie des Glaubens allein, der weder eine absolute sittliche Vollkommenheit noch eine absolute Erkenntnis, noch einen absoluten Zustand gelten läßt, zugleich aber durch alles Relative hindurch den Sinn des Absoluten erfaßt.

Damit ist die Grundlage für ein positives Verhältnis des Christentums zur Immanenzstimmung gegeben; aber auch hier hat das Christentum dem Sozialismus etwas zuzutragen, ohne das er nicht sein kann: eben das Erlebnis des Unbedingten in allem Bedingten, Immanenten – in der gesamten Wirklichkeit.

Es gibt eine profane und eine religiöse Einstellung zur Welt; sie ist nirgends rein und ausschließlich vertreten; aber in dem einen Menschen überwiegt weitaus das eine, in dem anderen das andere. Man kann die Wissenschaft, die Kunst, die Sittlichkeit, das Rechts- und Wirtschaftsleben, die innere und äußere Politik profan und man kann sie religiös auffassen, man kann in ihnen bloß nützliche und angenehme (oder auch notwendige und unangenehme) Tätigkeiten sehen, und man kann in ihnen den Geist walten und das Leben sich offenbaren sehen und darum mit heiliger Ehrfurcht an sie herangehen. Es lebte und lebt noch viel von diesem religiösen Geist in der sozialistischen Bewegung, es ist ein religiöses Schwingen, das durch die Massen geht. Aber es gibt auch zahllose, profane Nutznießer dieser Bewegung, auch unter ihren „Priestern“ und „Bischöfen“. Die Heiligung des gesamten Kulturlebens und der sozialistischen Bewegung insbesondere ist die Aufgabe des Christentums am Sozialismus. *Das ist das dritte, worin Christentum und Sozialismus eins werden müssen.*

Die Heiligung des Kulturlebens wird nicht möglich sein ohne eine Sammlung und Konzentration der stärksten religiösen Elemente in Kultur und Gesellschaft, das heißt in der Bildung von Gemeinschaften, die idealiter beauftragt sind, für die Gesellschaft das religiöse Erlebnis insonderheit zu tragen, zu vertiefen und weiterzugeben an die kommenden Geschlechter. Dazu wird der Reichtum der Bilder und anschaulichen Gedanken, der Formen und Einrichtungen dienen müssen, der in den Konfessionen lebendig ist und mit der Macht erprobter Tradition volkstümliche Kraft verbindet, im Gegensatz zu aller rationalistischen dünnen und künstlichen Interkonfessionalität. Daß aber trotzdem nicht wieder ein neuer Konfessionalismus mit absoluten Wahrheiten und absoluten Formen entsteht, der die Gemeinschaft mit Andersgläubigen aufhebt, das hängt von dem vierten ab, von dem zu sprechen ist, dem universalen Menschheitserlebnis.

Im Christentum ist wie nirgends sonst die Grundlage für ein solches gegeben; im Kreuze Christi kann nicht nur die Aufhebung des Judentums, sondern auch des Christentums, insofern es sich konfessionell absolut setzt, angeschaut werden. Die christlichen Kirchen haben dieses Bewußtsein nicht zur Wirkung kommen lassen. Erst auf dem durch die blutigen Religionskämpfe vorbereiteten Boden der autonomen Geistesbewegung hat es sich durchgesetzt und kann nun, obwohl aus der christlichen Kultur geboren, alle Kulturen und Konfessionen, ohne sie aufzuheben, unterbauen durch ein Gemeinschaftsgefühl, das tiefer ist als jede denkbare Schranke.

Damit gibt das Christentum dem Menschheitserlebnis des Sozialismus seinen eigentlichen Gehalt. Die Solidarität, die entstanden ist aus dem Druck von außen, steht in Gefahr, zu verschwinden, wenn der Druck aufhört. Die Tatsachen der Gegenwart bestätigen das. Es fehlt dem Sozialismus weithin dasjenige Gemeinschaftsgefühl, das die Einheit schafft aus den letzten Tiefen des Menschlichen, da wo das Unbedingte sich in der Seele regt. *Das ist das vierte, worin Christentum und Sozialismus eins werden müssen;* nun aber das Christentum nicht mehr als exklusive Konfession, sondern als Durchbruch des absoluten Glaubens, der vor dem *einen* Unbedingten die *eine* Menschheit sieht, ohne alle äußeren und inneren Schranken der Gemeinschaft, feindlich nur dem, der sich selbst gegen die anderen stellt, wirtschaftlich, politisch, religiös.

Dieses sind die Grundlagen für eine Einheit von Christentum und Sozialismus, die mehr ist als ein Zusammenschluß, die eine Weiterentwicklung beider zu einer neuen Glaubens- und Lebensform ist. Welche Bedeutung für diese Entwicklung die gegenwärtigen Kirchen und die gegenwärtigen sozialistischen Parteien haben, ist eine Frage, die eine besondere Untersuchung verlangt. Denn möglich ist es auch, daß jene Entwicklung auf ganz anderen Wegen gehen wird, als die gegenwärtigen Organisationsformen des Christentums und des Sozialismus sie zu weisen scheinen.

CHRISTENTUM UND SOZIALISMUS (II)

Die Frage, die David Friedrich Strauß aufgeworfen hat: „Sind wir noch Christen?" ist wohl niemandem von uns fremd; und der Vorwurf: „Ihr seid keine Sozialisten mehr!" ist wohl keiner sozialistischen Gruppe erspart geblieben. Wir wollen diese Frage und diesen Vorwurf auf sich beruhen lassen, soweit er ein historisches Urteil enthalten soll, soweit er das Recht einer Namengebung bezweifeln soll; was kommt es jetzt auf Namen und geschichtliche Rechtstitel an! Wir wollen aber eine andere Frage und einen anderen Vorwurf daraus machen, gerichtet auf die Zukunft und den neuschaffenden Geist: „Sind wir schon Christen?" und: „Ihr seid noch nicht Sozialisten!" Aber nicht aus einem Maßstab vergangener Wirklichkeiten und Ideale soll diese Frage, dieser Vorwurf sein Recht nehmen, sondern aus einem Ziel, das wir aufzeigen und als Forderung hinstellen. „Christentum und Sozialismus", das ist nicht ein Problem vergleichender Begriffsanalyse, sondern das ist ein Wille, eine schaffende Synthese, ein Wurf in unbekannte Weiten.

Vergleichen läßt sich nur, was im Vergleichsmoment feststeht. Aber das Christentum steht nicht fest, seitdem es durch Luther in den Strom der subjektiven Geistigkeit hineingezogen ist und dieser Strom alle Scheindämme autoritativer Buchstabenbindungen, papierener Päpste und unfehlbarer Glaubenserfahrungen weggespült hat. Wir können wohl Katholizismus und – nicht Sozialismus (der steht auch nicht fest), aber vielleicht – St. Simonismus vergleichen, auch Orthodoxie und Marxismus (hier gibt es viele Vergleichspunkte), aber Christentum und Sozialismus, das geht nicht. Es geht nicht einmal so, daß man mit sektenhafter Verachtung der Kirchengeschichte auf den „reinen, ursprünglichen, echten Christus" zurückgeht und sich von ihm sozialistische oder kommunistische Weisungen geben läßt. Darin haben die Kirchen Christus besser verstanden, daß sie ihn nicht zum Gesetzgeber und ethischen Doktrinär machen ließen, sondern in ihm eine Erscheinung Gottes oder einen Durchbruch des Geistes sahen. Geist aber ist nicht doktrinär, auch nicht im sozialistischen Sinne. Dazu hat die Forschung gezeigt, daß es nicht so ganz leicht ist, den Geist des historischen Jesus zu fassen. Denn was uns in den Schriften vorliegt, ist immer schon gesehen durch den Geist der Schriftsteller und recht verschieden gesehen, nicht nur bei Johannes und Matthäus, sondern auch bei Matthäus und Lukas. Und das ist gut so; denn das ist ein starker Schutz vor Buchstabenanbetung und geistiger Knechtschaft, die auch Jesus gegenüber – dem Geist Jesu – widersprechen würde.

Es ist also nichts mit der Lehre, daß Jesus der erste Sozialist war. Lukas freilich in seinem Evangelium und seiner Apostelgeschichte scheint darauf auszugehen: er berichtet mit Vorliebe Worte Jesu gegen die Reichen und für die Armen. Er berichtet auch die Geschichte von dem „Kommunismus" der Urgemeinde. Man sollte sie aber wirklich nicht mehr als Beweis für die Einheit von Christentum und Sozialismus anführen: denn sie setzt das Privateigentum, ja den Reichtum voraus und zieht nur aus der Liebesgemeinschaft die selbstverständliche Konsequenz einer Hingabe materieller Güter an den ärmeren Bruder, eine Konsequenz, die sehr bald in geregelte Armenpflege übergeführt wurde. Sozialismus ist das nicht; und die größten Geister des Urchristentums, Paulus und Johannes, erwähnen diese Dinge überhaupt nicht. Das ist ja auch selbstverständlich, sobald man weiß, um was es sich im ersten Christentum handelt: um Erlösung von dieser Welt, nicht um ihre Umgestaltung, um das schnelle Hereinbrechen des jenseitigen Gottesreiches, nicht um den Ausbau des Weltreiches. Die Welt und ihr Reich sind dem Christen etwas, aus dem er sich heraussehnt, da es im argen liegt. Daß dieses anders werden könnte, ein solcher Gedanke kommt ihm nicht. Und ein solcher Gedanke ist auch den Kirchen, ja selbst den radikalen, kirchenrevolutionären Sekten nicht gekommen. Da das Himmelreich nicht erschien, so mußte sich die Kirche in der Welt einrichten, und sie tat es mit allerhand Kompromissen. Wir können ihr daraus gerechterweise nicht einmal einen Vorwurf machen; denn Universalität und Intensität stehen immer in Spannung. Die Sekten verzichteten auf Universalität, sie konnten in ihrer Enge intensiver wirken; aber Sozialisten wurden auch sie nicht (von wenigen Ausnahmen abgesehen).

Es mußte eine neue Idee eintreten, um das Christentum zum Sozialismus zu führen: und das ist die Idee der Immanenz, der *einen* Wirklichkeit. Es ist der Verzicht auf das Hereinbrechen eines transzendenten Himmelreiches und dafür der Wille zur Gestaltung des Weltreiches zu einem Reiche Gottes. Man kann darüber streiten, ob diese Idee christlich ist oder nicht. Meiner Überzeugung nach liegt sie in der Konsequenz des reformatorischen Grundprinzips, der Rechtfertigung allein durch den Glauben. Denn wenn man dieses Prinzip von seiner mittelalterlichen, dem Bußsakrament entnommenen Formulierung befreit, so bedeutet es, daß über dem relativen, unvollkommenen, unheiligen Menschen in tiefer Paradoxie das göttliche Urteil steht, daß er absolut, vollkommen, heilig ist; und das gilt jedem, der imstande ist, diese Paradoxie auf sich anzuwenden, sich in seiner ganzen, schmerzlich gefühlten Menschlichkeit doch göttlich zu wissen. Dadurch aber verliert das Göttliche die Eigenschaft eines Jenseitigen, Fernen, Übernatürlichen, das nur durch Weltverneinung, inneres und äußeres Absterben zu erreichen ist; es wird der Gegensatz der zwei Welten aufgehoben: das Absolute ist eine Qualität des Relativen und das Relative eine Qualität des Absoluten. Beides ist eins in der *einen* Wirklichkeit, und die innere Spannung, die Paradoxie dieser Einheit des Widerspruchs, schafft die Tiefe und den Sinn des Lebens. So dachte und fühlte die klassische Periode des deutschen Geistes, deren philosophisches Grundprinzip die Einheit des Absoluten und Relativen war; so lebte Goethe, so schaute Schelling, so formulierte Hegel, alle darin echte Nachfolger des Luthertums und der Renaissance. Will man das nicht christlich nennen, will man unsere Geisteskultur und unsere Religion in unüberwindlichen Gegensatz stellen, will man die Augen verschließen vor der tiefen inneren Verwandtschaft von Renaissance und Reformation, so sei man konsequent und nenne nun auch das nur christlich, was katholisch ist, das heißt auf den Unterschied gegründet von Natur und Übernatur. Dann sind wir längst keine Christen mehr, können es nicht mehr sein, dürfen es nicht mehr sein; dann wäre es nötig, einen anderen Namen zu finden für die Frömmigkeit, die uns erfüllt. Wer aber des Glaubens ist, daß der Geist, der von Christus ausgeht, sich weder im orientalischen und abendländischen Katholizismus noch im Altprotestantismus erschöpft hat, sondern daß er imstande und im Begriffe ist, eine neue Periode des Christentums herbeizuführen, für den besteht kein Grund, nach neuen Namen zu suchen.

Es ist ein anderes Lebensgefühl dazwischengetreten, das sich unterscheidet von dem traumhaften Jenseitsbewußtsein des Orients und der müden Weltverneinung der sterbenden Antike. Solange der christliche Geist in Anschauungen und Gefühlsformen dieser Art gefaßt wurde, konnte er den Willen zur Weltgestaltung nicht haben. Löst er sich los von dieser Verklammerung, wird er eins mit dem neuen Lebensgefühl, so ist seine Einigung mit dem Sozialismus nicht mehr Problem, sondern Notwendigkeit. Denn Sozialismus ist ein Doppeltes, ist Wille zur Gestaltung der Wirklichkeit, grundlegend der Wirtschaft, nach der Norm der Gerechtigkeit, und ist universales, schrankenloses Menschheitserlebnis, das alle Gegensätze der Klassen, Rassen, Nationen, Konfessionen aufheben will um des Menschen willen in jedem Menschen. Über die Art, wie die Gerechtigkeit im wirtschaftlichen und politischen Sinne durchzuführen sei, kann man streiten. Aber daß man sie wollen muß, darüber darf kein Streit sein: Wer behauptet, daß der Unterschied von reich und arm eine göttliche Notwendigkeit sei, wer behauptet, Not und Krieg und Rassenhaß müsse es immer geben, wer die Wirtschaft zum Kampfplatz aller gegen alle machen will und den Staat zu einer selbstischen Machtorganisation, wer den Individualegoismus bekämpft und den Gruppenegoismus, z. B. der Nation, preist, der weiß nichts vom Sozialismus. Und wer meint, daß soziale Gesetzgebung und Wohltätigkeit, daß Almosen und Verwundetenpflege die einzigen Mittel seien, in dieser Welt dem Geist der Liebe zur Wirksamkeit zu verhelfen, der hat die Bewegung der Geschichte verschlafen und weiß nicht, welches die Gegenwartsforderung des Geistes Christi ist: Weltgestaltung nach der Idee der Gerechtigkeit um der Liebe willen. Darum sieht der Sozialist das Almosen nicht als einen Beweis der Liebe an, sondern als ein Zeichen der Ungerechtigkeit, die ihm vorenthalten hat, was ihm zukam, und ihm nun schenkt, was ihm einem höheren Recht nach gehört. Dieses höhere Recht durchzusetzen, ist jetzt die Forderung der Liebe. Es liegt etwas Gigantisches in dem Willen des Sozialismus, die ganze Menschheit zusammenzufassen zu einer bewußten Gestaltung ihrer wirtschaftlichen und rechtlichen Daseinsgrundlage; es ist ein Wille, der an Größe den aller Welteneroberer überragt, und es ist ein Wille, der nur möglich ist auf dem Boden des Lebensgefühls, das die Welt bejaht als Werden und Offenbarung des Göttlichen. Dem gigantischen Willen stehen ebensolche Mächte entgegen. Aber ein Wurf, wie ihn der Sozialismus macht, geht über Jahrhunderte und mehr. Wer ihn erfaßt hat, für den sind die Tagesereignisse nur Kräuselungen über dem großen Tiefengeschehen, das zu der sozialistischen Gesellschaft führt.

Hinter all dem aber steht das universale Menschheits- und Gemeinschaftserlebnis. Das Christentum hat es einmal gehabt. In den Worten des Paulus „Hier ist nicht Jude noch Grieche, nicht Mann noch Weib, nicht Herr noch Sklave“ ist es deutlich ausgesprochen. Aber das Christentum zog daraus keine sozialistischen Konsequenzen, eben wegen seiner transzendenten Einstellung; und das Christentum schuf eine neue Abgrenzung, die konfessionelle, deren Konsequenzen in der Ketzerverfolgung und den furchtbaren Religionskriegen offenbar wurden. Das Christentum der Zukunft muß auch die konfessionelle Schranke durchbrechen und darf nur den ablehnen, der sich selbst aus der Menschheitsgemeinschaft ausschließt. – Der Sozialismus nennt das Prinzip seines Zusammenschlusses Solidarität; es bezeichnet den Zusammenschluß unter äußerem Druck zur gemeinsamen Abwehr aller Bedrückten. Schwer genug war der Druck, den der Frühkapitalismus auf die Proletarier legte, und dementsprechend stark das Band, das sie zusammenschmiedete. Aber wenn der Druck von außen aufhört, wo bleibt dann die Solidarität? Die Gegenwart zeigt es mit trauriger Deutlichkeit. Nur wenn die Solidarität verwurzelt ist in tiefstem Menschheitserleben, wie es dem Geiste Christi entspricht, kann sie standhalten ohne äußeren Druck. *So müssen Christentum und Sozialismus sich fortentwickeln und eins werden in einer neuen Welt- und Gesellschaftsordnung, deren Grundlage eine durch Gerechtigkeit gestaltete Wirtschaftsordnung, deren Ethos eine Bejahung jedes Menschen um deswillen, daß er Mensch ist, und deren religiöser Gehalt ein Erleben des Göttlichen in allem Menschlichen, des Ewigen in allem Zeitlichen ist.*

Nur in den weitesten Umrissen können wir heute diese Einheit von Christentum und Sozialismus sehen. Einige große, aber deutliche Linien sind es, die, zueinander geneigt, aus der Gegenwart in die Zukunft führen. Der Punkt, wo sie sich treffen, ist noch nicht deutlich erkennbar; alles aber kommt darauf an, daß wir in der Richtung gehen, die sie uns weisen, ob mit den offiziellen Vertretern des Christentums oder ohne sie, ob mit den offiziellen Vertretern des Sozialismus oder ohne sie.

MASSE UND GEIST

Vorwort

Die zwei Vorträge und der Aufsatz, die hier vereinigt sind, stellen kein streng geschlossenes System dar, vielmehr bearbeitet jeder in sich und ohne Hinweise auf die andern das Problem in eigenem Gedankenkreis und mit eigenen Begriffen. Stärker aber als die Unterschiede ist die gemeinsame Grundanschauung, die in den drei Aufsätzen nach drei Richtungen hin zum Ausdruck gebracht ist: nach der ethisch-sozialen, nach der geistig-pädagogischen und nach der philosophisch-religiösen Seite. So umfassen sie, sich ergänzend, die drei Hauptgebiete des bewußten Lebens und rechtfertigen den Gesamttitel: Masse und Geist. Die Grundidee stammt nicht aus parteipolitischer Voreingenommenheit – manche kritische Bemerkung über die mir am nächsten stehende, sozialistische Richtung mag das beweisen –, auch nicht aus soziologischer oder philosophischer Reflexion – Reflexionen auszusprechen ist überflüssig –, sondern aus dem Weltgeschehen der letzten Jahre, wie es sich mir und vielen anderen mit unabwendbarer Gewalt zur Deutung aufdrängte, und aus einem, wohl religiösen Wurzeln entstammenden, Hinzugezogensein zu den dunklen Tiefen des Massenlebens mit seiner Not, seiner Formlosigkeit und schöpferischen Kraft. Daß es dennoch nicht Gefühle, sondern Gedanken sind, die ich zum Ausdruck gebracht habe, Gedanken, die das Resultat intensiver philosophischer Arbeit sind, wird hoffentlich nirgends zweifelhaft bleiben. Freilich bilde ich mir nicht ein, die Probleme gelöst zu haben. Das ist in so engem Rahmen und zur Zeit vielleicht überhaupt nicht möglich. Was ich aber hoffe, ist dieses: durch den Sumpf, in den die Behandlung des Massenproblems durch Schlagwort, Phrase und Agitation geraten ist, einen Graben geführt zu haben, der sich durch ernsthafte, schlagwortfreie Debatte zu einem lebendigen Fluß ausweiten und manche Giftstoffe unseres geistigen und sozialen Lebens wegtragen kann. Mein Hauptwunsch aber ist, denen, die sich mit Recht oder Unrecht als die Geistigen fühlen, zu zeigen, daß das Problem der Masse, in der Tiefe erfaßt, das Problem des Geistes selbst ist und nicht eine Sache des Hasses oder der Sentimentalität, daß darum seine Behandlung höchste Ernsthaftigkeit und völlige Gewissenhaftigkeit seelisch und gedanklich verlangt, und daß jeder schlagwortartige Gebrauch des Wortes „Masse“ nicht nur ein soziales Unrecht, sondern eine Schuld ist am Geiste selbst.

Masse und Persönlichkeit

I. Die Typen der Masse

1. Zu einer Zeit, wo die Einsicht in den unzerreißbaren Zusammenhang aller Seiten des Kulturlebens sich allenthalben durchzusetzen beginnt, wo umfassende Kultur-Analyse den Blick geöffnet hat für die letzte Tiefe, in der der Quell aller Geistesschöpfungen entspringt und sich gleichmäßig in alle ergießt, in solcher Zeit weiterer Horizonte wird es nicht überraschen, wenn ich die Entwicklung eines sozialethischen Problems mit der Hinwendung auf ein scheinbar ganz fremdes Gebiet beginne, wenn ich versuche, die erste Anschauung dessen, was die Begriffe „Masse" und „Persönlichkeit" uns sagen können, in Werken der Malerei zu finden.

Die Malerei ist stumme Offenbarerin und spricht doch dem deutenden Geist oft vernehmlicher als das begriffstragende Wort. Denn sie dringt auf uns ein mit der unwiderleglichen Kraft unmittelbarer Anschauung. So will ich es denn unternehmen, an den wichtigsten Bildstilen, in denen Massen zur Darstellung kommen und zu Führerpersönlichkeiten in ein bildmäßiges Verhältnis gesetzt sind, die Art der Masse und ihre Erfassung im Geiste der Zeit aufzuzeigen. Das reiche Anschauungsmaterial, das so erwächst, wird der begrifflichen Durchdringung wesentlich vorarbeiten.

Beginnen wir mit einem mittelalterlich frühgotischen Bilde, etwa einer „Kreuztragung" mit großem Gefolge, oder einer „Geburt" mit Hirten und Königen, oder einem Profanbild, etwa einer „Schlacht". Die Menge ist vollkommen beherrscht durch die übergreifende Idee, die sie repräsentiert, sei es die Idee der Nachfolge oder der staunenden Anbetung oder des Kampfes; alles Individuelle ist ausgelöscht: – *ein* Gesichtsausdruck, *eine* Kopfhaltung, *eine* Körper- und Gewandlinie, *eine* Lichtstärke macht sie einander gleich. Und keiner tritt ganz hervor. Die Vorderen überdecken die hinten Stehenden so, daß diese nichts sind als ein Beitrag zu der Menge, die ein zweidimensionaler Raum zusammenschließt unter Verhinderung jeder dreidimensionalen Eigenexistenz zu einem *corpus mysticum*, das ganz erfüllt ist von dem transzendenten Leben einer supranaturalen Idee kosmischer Umfassung. Und der Führer, d. h. der formale Schwerpunkt des Bildes, sei es Christus oder Pilatus, die Madonna oder ein König, ist hervorgehoben nicht durch individuelle Charakterisierung, sondern durch die formale Stellung im Bilde: daß er im Mittelpunkt steht, nicht überschnitten durch andere Körper, daß er größer ist als die andern, reicher geschmückt, daß die innere Mystik, die durch die Menge geht, in ihm in einer großen Gebärde zur Vollendung und zum Ausschwingen kommt; er ist der Offenbarungsmittler, der Repräsentant der supranaturalen Idee, die dem ganzen Bild seinen Gehalt gibt.

Was sagt uns solch Bild? Daß wir in einer Zeit weilen, in der es weder Masse noch Persönlichkeit als losgelöste, selbständige Realitäten gibt, sondern in der alles einzelne, ob einer oder viele, getragen ist von ideellen Mächten, von „Universalia" im Sinne des philosophischen „Realismus" (den wir jetzt eher Idealismus zu nennen geneigt wären): eine Hierarchie realer Allgemeinbegriffe, beginnend bei dem höchsten, der Gottheit, ist das Wirkliche der Welt. In dieser Hierarchie, die auch das soziale Leben umfaßt, hat jeder seinen Platz, Führer und Geführte, die sich nur dadurch unterscheiden, daß die Führerpersönlichkeit deutlicher, prägnanter die allgemeine Idee sichtbar macht, die alle trägt und durchwaltet, gliedert und einordnet. Um dieses mystischen Ideenrealismus willen möchte ich hier vom *mystischen Begriff der Masse* reden.

Wir kommen zu einem spätgotischen oder Frührenaissancebild, namentlich in Deutschland und Holland, wo klassische Tradition kein Hindernis für die freie Entwicklung der jetzt einsetzenden Stilbewegung bildete. Eine „Verspottung", eine „Gefangennahme", ein „Bauernfest" – alles ist verändert: der Einzelne ist entdeckt, und das Natürliche ist entdeckt; die mystisch geschlossene Masse ist aufgelöst in lauter einzelne, höchst realistisch erfaßte Individuen. Sie haben ihren Naturraum, die dritte Dimension gefunden; der Bildraum ist perspektivisch vertieft zum unendlichen Weltraum, der Einzelne steht vor dem Allgemeinen; das Allgemeine ist bedeutungslos geworden; die Komposition ist aufgelöst, die Bilder zerfallen in unorganisierte Einzelheiten; die Führer haben die Führerstellung verloren; selbst Christus ist einer unter der realistischen Menge geworden, überschnitten, umgeben, an irgend einer Seite des Bildes; ebenso wichtig wie der Landsknecht, der ihn schlägt, der Soldat, dem das Ohr abgeschlagen wird; die mystische Masse samt ihren Führern ist aufgelöst in lauter gleichartige, charakterisierte und in ihrer Realität interessante Einzelne. – Und doch gibt es etwas, was auch diese vielen zusammenhält, zwar nicht die supranaturale Idee, auch nicht die allgemeine Natur (eine solche läßt der Nominalismus der Zeit nicht zu), sondern die Natur jedes Einzelnen, die psychologische Gleichartigkeit, die in Haß und Schmerz und Lust doch einen Zusammenschluß gibt; zwar nicht von oben her und darum nicht stilistisch in der Bildform, aber von unten her, in der gleichen Triebbestimmtheit aller Einzelnen bis hin zu einer Verzerrung der Leidenschaft, die fast eine neue Einheit – der Fratze – schafft. Und der Führer, auf den der Blick fällt, ist im Grunde der, in dem die Leidenschaft den gröbsten Ausdruck gefunden hat, der Schreier und Agitator. Es ist die Zeit, in der die mittelalterliche Gesellschaft sich auflöst, in der das Übernatürliche zu verblassen beginnt vor der neu entdeckten Natur, in der der Realismus der Idee zerstört wird durch die nominalistische Kritik und das Einzelne auf den Thron gehoben wird, die Zeit der beginnenden sozialen Revolution, die Bildform der herannahenden Bauernkriege. – *Es ist die realistische Masse, die die mystische ablöst.*

Eine neue Bedeutung gewinnt die Masse in der Barockkunst. Eine „Kreuzaufrichtung", ein „jüngstes Gericht", ein „Reiterkampf" von Rubens etwa mögen uns ein Bild von dem geben, was hier vorliegt. Es sind nicht mehr die Einzelnen, die etwa eine gleiche Leidenschaft äußerlich zusammenschließt, es ist ein flutendes Leben, das durch alle hindurchgeht, das jede Einzelheit hineinzieht in ihren Strom, das realistisch ist und doch in größerer Tiefe wurzelt als die Psychologie der Masseninstinkte, das wieder metaphysisch ist und doch nicht supranatural. Es ist das innere, Natur und Mensch zusammenschließende, schäumende Leben, das auch die Menge zu einer dynamischen Einheit macht und das den Führer mitumschließt, aber so, daß er heraufgehoben ist aus der Flut der Leiber und Bewegtheiten, der überschäumenden und wirbelnden Linien, daß er gleichsam der Kamm der Woge ist, der Punkt, in dem sie sich auftürmt zu ihrem stärksten, sprühendsten Leben, über ihr und doch ganz in ihr, sie vollendend und doch ganz getragen von ihr. – Es ist die Zeit, in der das Supranatural-Religiöse eine innere persönliche Angelegenheit des Einzelnen geworden ist, in der das ganze europäische Leben in seinen Tiefen aufgewühlt ist und der Kampf der persönlichen Glaubensüberzeugungen und das Neuwerden der Gesellschaft nach Zerfall der mittelalterlich universalistischen Einheit in gewaltigen Erschütterungen sich darstellt. Niemand und nichts bleibt von dieser Bewegung unberührt; doch ist es mehr die städtische und die aristokratische Gesellschaft, die die Bewegung trägt, während es in der realistischen Periode der Bauer war, der im Mittelpunkte stand, und in der mystischen der Mönch. – *Es ist die dynamische Masse mit aristokratischer Gipfelung, die diese bewegteste Zeit der europäischen Geschichte erfüllt.*

Wir kommen zur Gegenwart, die seit eineinhalb Jahrzehnten auf dem Übergang zweier Stile und damit zweier Lebensgefühle steht: des impressionistischen zum expressionistischen. Der Impressionismus ist die Stilform des individualistischen Bürgertums der zweiten Hälfte des

19. Jahrhunderts. Nehmen wir ein Boulevardbild von Monet, ein Kaffeehausbild von Degas, Proletarier- und Fabrikbilder, so sehen wir alles einzelne aufgelöst in die Alleinheit der Natur, aber nicht der Natur im metaphysischen Sinne, sondern der Naturoberfläche; es ist nicht der innerliche Lebensschwung des Barock, sondern es ist das Licht, das äußerlich überdeckend Menschen und Dinge vereinigt. Die Masse ist da; der Impressionist sieht sie, wie er alles sieht, was zwischen Himmel und Erde ist; aber sie ist ihm keine Wesenheit; sie ist ihm eine Licht-, eine Farb-, eine Bewegungsstudie; sie ist ihm ein Stück Naturoberfläche, das er anschauend in neuer Impression erlebt, eine Vision des Augenblicks, interessant, pikant, im Grunde ein Stück Landschaft, das der Form nach neu zu erobern ist. Und wie der Masse, so geht es dem Einzelnen. Tritt er in einem Massenbild hervor, so ist es nicht seine sachliche Bedeutsamkeit, die ihn hervorhebt, sondern ein Formalproblem, das an ihm zu lösen ist. Die Form ist alles, die Form, die höchste Technik und Rationalität geworden ist, hell, kühl, trotz allen Feuerwerks der Farbe an der Oberfläche wohnend: das Zeitalter der vollendeten Technik, der Weltstädte und des Zerfalles aller festen Linien und Umrisse! Die Masse ist da; aber sie ist nicht da als eigene Potenz wie in allen vorhergehenden Stilen; sie ist nur da als Oberfläche wie alles andere; sie ist nur da als Gegenstand einer formalen Technik; sie ist nur Objekt, nicht Subjekt: Objekt der Agitation und der Bildung, Objekt der Fürsorge und – der Verachtung: die Zeit der Sozialgesetze, der Sozialistenverfolgung und des Marxismus. *Es ist die technische Masse, die der Impressionismus offenbart, die Masse als Objekt der Impression und der Technik.*

Im ersten Jahrzehnt des 20. Jahrhunderts wird das anders. Wieder ist es die Malerei, die prophetisch als erste den neuen Geist verkündigt: die Dinge beginnen, eine neue Wesenheit zu bekommen. Zwar ihre äußere Form wird noch mehr aufgelöst, als es im Impressionismus der Fall war, aber nicht um bei dieser Auflösung stehen zu bleiben, sondern um auf den Grund der Dinge, der Welt zu gehen. So wacht eine neue Mystik auf, ein neues Innenerleben der Dinge, und schafft einen neuen Stil. Es gibt viele expressionistische Massenbilder; denn nicht die Landschaft, sondern das Geist tragende Menschengesicht ist hier das Wichtigste geworden, aber nicht in seiner naturalistischen Tatsächlichkeit, sondern in seiner metaphysischen Bedeutsamkeit. Eine neue gleichmäßige Formgebung ähnelt die Einzelnen einander an, schließt sie in einen wieder zweidimensional gewordenen Bildraum. Ein dumpfes Etwas lastet auf diesen Massen, eine metaphysische Unerlöstheit, Erlösungssehnsucht; bald ist sie darum der Tierheit angenähert, bald über die Menschheit zu ekstatisch visionärer Höhe erhoben. Die Masse ist Subjekt, ganz Subjekt, der Führer, der Erlöser fehlt; und man fühlt: Er kann nicht von oben kommen. Er muß aus der Tiefe der Massensehnsucht geboren werden. Die christlichen Symbole, die wieder Verwendung finden, sind eben nur Symbole. Sie bleiben fremd, wenn sie nicht umgedeutet werden zu Symbolen des Leidens der Masse, in der Erlöste und Erlöser eins sein müssen, soll es wahrhaft Erlösung sein. *Es ist die Masse der immanenten Mystik, die der Expressionismus offenbart,* es ist die Zeit des Weltkrieges, des Ausbruchs der russischen Seelenchaotik und der kommunistischen Märtyrer. – Wir sind am Ende der geschichtsphilosophischen Übersicht: Das Ende schließt sich mit dem Anfang zusammen. Eine neue mystische Masse ist im Werden; nur daß die Mystik nicht supranatural, von oben geleitet ist, sondern immanent, aus den Tiefen der Seele hervorbrechend, in diesseitiger Wirklichkeit bleibt.

2. Es ist zu allen Zeiten Masse vorhanden, aber sie hat nicht immer die gleiche Bedeutung. Wenn wir die fünf Formen, die wir aus den Bildern abgelesen haben, gruppieren, so kommen wir im wesentlichen auf drei Gruppen: *diejenigen Massen, die durchwaltet sind von einem unmittelbar geistigen, mystischen Prinzip; diejenigen, in denen dieses Prinzip fehlt und dafür äußere Mächte, wie Naturinstinkte oder Technik, den Massencharakter schaffen; und diejenigen, in denen ein inneres Prinzip mit bewegender Kraft nach Gestaltung ringt.* Es ist nun zwischen diesen drei Typen der Massenbildung ein sehr tiefgehender Unterschied, so tiefgehend, daß es fast bedenklich erscheinen kann, den Begriff der Masse auf alle drei anzuwenden. Wenn Masse „die Größe des Widerstandes ist, die ein Körper der ihn bewegenden Kraft leistet", wenn seine Merkmale sind: Qualitätslosigkeit aller seiner Teile (Atome), Fehlen jeder Eigenbewegung, Unterworfenheit unter mechanische Gesetze, absolute Objektivität und Verdinglichung der Kraft, wenn das Masse ist, so scheint dieser Begriff höchstens für die zweite der genannten Gruppen zuzutreffen: die realistisch-technische (mechanische) Masse. Sie ist in der Tat das schwierigste Problem der Massenbetrachtung, aber sie ist nicht isoliert gegen die beiden andern. Sie ist das Resultat der Auflösung der organisierten, mystischen Masse; sie ist die Grundlage der bewegten, dynamischen Masse. Es ist nicht möglich, die eine Form zu begreifen ohne die andere. Und darum ist auch ein weiterer, von dem naturwissenschaftlichen Bild abliegender Begriff von Masse gerechtfertigt: Jeder Zusammenschluß von Menschen, die in diesem Zusammenschluß in irgendeiner Beziehung ihre individuellen

Qualitäten aufgeben zugunsten einer Gesamtqualität, kann in weiterem Sinne Masse genannt werden. Und es gibt keinen Zusammenschluß von Menschen, wo ein Zurückstellen an Eigenarten und Selbständigkeiten nicht bewußt oder unbewußt stattfände. Genaueres über diese Dinge sagt die Massenpsychologie, deren Gesetze bei jeder beliebig großen (oder kleinen) und beliebig gearteten Menge Anwendung finden. Sie zeigen, daß niemand, nicht einmal ein bewußter Individualist, das Recht hat, sich schlechterdings über die Masse zu erheben, daß es niemandem und keiner Zeit erspart werden kann, das Problem „Masse und Persönlichkeit" in sich selbst zu lösen. Immerhin wird es möglich sein, mit Hilfe der drei typischen Formen, die wir kurz als *den mystischen, den dynamischen und den technischen Typus* bezeichnen wollen, die Grundzüge einer allgemein gültigen Lösung zu geben, einer Lösung, die vor allem auch für das Problem unsrer Zeit „technische Masse und Persönlichkeit" bedeutungsvoll sein kann. Im Vordergrund steht dabei offenbar der Gegensatz der mystischen und der technischen Masse. Die dynamische ist deutlich eine Übergangserscheinung, die in sich selbst mehr das mystische oder das technische Element ausgeprägt hat, aber eben als ein bewegtes, auf Umformung drängendes; und das ist der Grund, diesen Typus als besonderen herauszuheben. Da es sich jedoch nicht darum handelt, die Masse an und für sich zu betrachten, sondern in ihrer Beziehung zur Persönlichkeit, so ist es nötig, nunmehr den Begriff der Persönlichkeit zu erfassen und in seinen typischen Ausgestaltungen und seinem Verhältnis zu den verschiedenen Massentypen zu verfolgen.

II. Die Typen der Persönlichkeit

1. Unter Persönlichkeit verstehen wir: *die Erhebung einer Individualität zu einem selbständigen Träger gültiger Werte.* Die Persönlichkeit ist *selbständig,* sie erhebt sich auf individueller Basis, ist nicht bloß der zufällige Verwirklichungsort allgemeingültiger Werte, die ebensogut anders verwirklicht werden könnten – wie es der Kantianismus will. Das individuelle Moment ist konstitutiv, nicht zufällig für die Idee der Persönlichkeit. Und die Persönlichkeit ist Träger *gültiger Werte:* nicht Individuen mit höchster Kraftentfaltung untergeistiger Art sind Persönlichkeiten, wie zuweilen das Renaissanceideal mißdeutet wird. Nur wo Wertverwirklichung das Individuelle prägt, ist Persönlichkeit. Und endlich: die Persönlichkeit ist *Träger* von Werten: nicht die Herausstellung von objektiven Werten, etwa wissenschaftlicher, politischer, ästhetischer Art macht schon Persönlichkeit, sondern nur das Geformtsein durch diese Werte. Freilich ist dieser Unterschied

nur relativ, da Wertschaffen nicht möglich ist ohne Werterleben und jedes Werterleben eine Formung ausübt; aber beide Größen sind doch weithin unabhängig, voneinander variabel und müssen unterschieden werden.

Es ist nun erforderlich, den Persönlichkeitsbegriff in mehrfacher Beziehung näher zu bestimmen und einige grundlegende Unterscheidungen festzustellen.

Das geistige Leben ist ein Prozeß ununterbrochener Formschöpfung und -umbildung auf allen Seiten des erkennenden, anschauenden, handelnden Bewußtseins. In der Form findet der Geist sich selbst und seine Lebensfülle; ohne die Form geht er ins Leere und verfliegt. Alles Persönlichkeitswerden ist darum notwendig ein Erfülltwerden mit Formen des geistigen Lebens, mit Wertformen. Aber die Form ist nicht absolut selbständig; in all ihrer Eigengesetzlichkeit ist und bleibt sie doch immer der Ausdruck eines Gehaltes, dessen „Wort" sie ist. Der Gehalt ist eine letzte Einstellung zur Wirklichkeit, ein unmittelbares Lebens- und Weltgefühl, ein Erfahren des Unbedingt-Wirklichen, das allem Sinn, Grund und Halt gibt und selbst doch nicht „Etwas" ist, nicht eine Form neben oder über anderen, sondern die Bedeutung, die Substanz, die „Kraft" jeder Form ist. Der Gehalt ist unmittelbar, unreflektiert, unbewußt; er kann da sein bei geringster Formausprägung, und er kann fast (nicht ganz) fehlen bei höchster Geformtheit. Dadurch ist eine wichtige Unterscheidung begründet: Ob eine Persönlichkeit durch Erfüllung mit starkem Gehalt oder ob sie durch vollendete Ausprägung der Formen charakterisiert ist, das macht einen typischen und für unsere Frage grundlegenden Unterschied aus. *Das Problem „Masse und Persönlichkeit" gewinnt eine völlig andere Bedeutung, ob es vom Form- (wie gewöhnlich) oder vom Gehaltstypus der Persönlichkeit betrachtet wird.*

Ein anderer durchgreifender Unterschied ist begründet in dem Verhältnis der Persönlichkeit zum Sittlichen. Die sittliche Persönlichkeit ist nicht notwendig geistig und die geistige nicht notwendig sittlich. Zwar gilt auch dieser Gegensatz nicht unbedingt. Mit der inneren Aneignung geistiger Werte sind notwendig sittliche Akte der Hingabe, der Wahrhaftigkeit usw. verbunden; und mit der Einfügung in eine sittliche Sphäre wird auch der Geist dieser Sittlichkeit, die sittliche Kultur im Sinne bestimmter Inhalte, irgendwie angeeignet. Aber diese Aneignung kann sehr ungeistig und jene Hingabe sehr schwach bleiben. *Der Unterschied von geistiger und sittlicher Persönlichkeit ist unverkennbar und für das Problem „Masse und Persönlichkeit" gleichfalls von höchster Bedeutung.*

Die dritte Unterscheidung ist darin begründet, daß die Persönlichkeit entweder bestimmt werden kann nach ihrem Eigen-Sein oder nach ihrem Sein für die Menge. *Im ersten Falle haben wir es mit der Eigenpersönlichkeit, im zweiten Falle haben wir es mit der Führerpersönlichkeit zu tun.* Es gibt Persönlichkeitstypen, deren Eigencharakter es unmöglich macht, daß sie Beziehung zur Menge haben, und es gibt solche, in denen diese Beziehung von vornherein angelegt ist. Auch hier handelt es sich nicht um einen absoluten Gegensatz, aber um einen Unterschied, der in jedem einzelnen Fall beachtet werden muß. – Mit diesen drei Unterscheidungen gehen wir nun an die Typologie der Persönlichkeitsideale.

2. Die Darstellung wird am zweckmäßigsten mit dem Unterschied von Form- und Gehaltstypen beginnen, um dann das Verhältnis der sittlichen Persönlichkeit zu beiden und ihre eigenen Hauptformen zu besprechen. In jedem einzelnen Fall aber muß die Frage nach dem Gegensatz von Eigenpersönlichkeit und Führerpersönlichkeit berücksichtigt werden. Nur so ist es überhaupt möglich, der Fülle der Gestaltungen des Persönlichkeitsideals und seiner Beziehung zur Masse gerecht zu werden; doch sollen die Grenzen der abendländischen Entwicklung nicht überschritten werden.

Der Formtypus der Persönlichkeit wurzelt in der Renaissance. Der Glaube, in den Formen des klassischen Altertums die natürlich-allgemeingültigen Formen des Menschlichen überhaupt gefunden zu haben, die Anknüpfung an die organischen Naturformen und das Ideal der in sich geschlossenen Harmonie, der Eindruck gewaltiger, allseitig durchgebildeter, formreifer Persönlichkeiten, wie Leonardo, und nicht zuletzt der Kampf gegen die gehaltsentleerten, oft verzerrten und doch noch anspruchsvoll herrschenden Typen der kirchlich-mittelalterlichen Welt, das alles führt zu dem klassischen Formideal, das sich uns in den individuellen Bildtypen der großen Renaissancemaler offenbart, am vollendetsten vielleicht in Raffaels „Disputa" und „Schule von Athen". Hier ist jeder Einzelne ein charakteristisch durchgebildeter, auf individueller Grundlage sich erhebender und doch von gültigen Werten geformter Typus, kraftvoll in sich geschlossen, ruhend in dem Bedeutungsgehalt, den er, und nur er, darstellt. – Freilich, von einer Massenbeziehung ist keine Spur zu entdecken; *es sind vollkommene Vertreter des Typus der Eigenpersönlichkeit;* die Masse ist das Noch-nicht-Geformte, aus der heraus einzelne sich loslösen und die große Form verwirklichen. Der ungeformten Masse gegenüber bleibt das Pathos der Distanz und die Geste des Wohlwollens.

Es sind zwei Gestaltungen, die von hier ausgehen und sich gleichzeitig entwickeln, die eine auf dem Wege über das Barock, die andere auf dem Wege über die Aufklärung: *der aristokratische Typus des Rokoko und der pädagogische des Rationalismus.* Der erste: Träger der vollkommenen Lebensform, der zweite: Träger der vollkommenen Erkenntnisform. In beiden ein Weiterwirken des Ideals der durchgeformten Persönlichkeit, im ersten umgebogen zu einem naturalistisch-ästhetischen Gesellschaftsstil, im zweiten umgebogen zu einem sachlich-moralischen Schulmeisterideal. Die Persönlichkeit des Rokoko, nicht Eigenpersönlichkeit im Sinne des Klassischen, sondern in einer doppelten Beziehung zur Masse: sie schlechthin negierend als das Ausgeschlossene und zugleich sie notwendig voraussetzend als die Basis, auf der allein die Durchführung der aristokratischen Lebensform möglich ist; der Aufklärer dagegen bemüht, möglichst weite Kreise in die Formung der Vernünftigkeit aufzunehmen, in der Überzeugung, dies durch sachliche Belehrungen und durch moralische Postulate zu erreichen, seiner Intention nach ebenso bezogen auf Masse, wie seiner Wirklichkeit nach ihr fremd.

Die in Goethe wieder repräsentierte ursprüngliche Gestaltung des klassischen Ideals wird unter dem Einfluß der eben geschilderten Typen *in der bürgerlich-liberalen Gesellschaft zu dem Ideal des „Gebildeten"*. Es ist im wesentlichen gebunden an einen bestimmten regulierten Studiengang mit staatlich geleiteten Examina und öffnet den Eintritt in die festgeschlossene Schicht der Bildung, die von dem übrigen Teil des Volkes durch eine schlechthin unüberbrückbare Kluft innerlich und äußerlich geschieden ist. Was als Persönlichkeitsform gedacht war, ist einerseits zur Lebensform im gesellschaftlichen Sinne geworden – darin folgte das Bürgertum der Aristokratie – und ist andrerseits Examens- und Berufswissen geworden, das der Lehrer zu übermitteln hat – darin wirkte die Aufklärung weiter. Das Verhältnis zur Masse ist hier ähnlich widerspruchsvoll wie im Rokoko: Ausgeschlossensein und Unentbehrlichsein der Masse; nur kommt die rationalistisch-demokratische Tendenz auf Ausbreitung der Bildungsschicht hinzu, der die Masse selbst entgegenkommt, indem möglichst viele in ihr sich durch Wissensaneignung den Weg zur Bildungsschicht bahnen wollen, um an der politischen und wirtschaftlichen Herrschaft derselben teilzunehmen – womit dann der Sinn des klassischen Ideals völlig entleert ist.

Diese Entwicklung des Formideals zeigt deutlich, daß es aristokratisch im höchsten Sinne ist, d. h., daß es nur für einzelne universale Persönlichkeiten Bedeutung haben kann und immer hat, aber sofort herabsinken muß, wenn es zur Prärogative eines anders gewachsenen

Kreises oder zum Mitteilungsobjekt an die zur gesellschaftlichen Führung bestimmte Jugend wird, oder wenn es gar als Mittel zur wirtschaftlichen und politischen Macht mißbraucht wird. Das Formideal in seiner Reinheit ist aristokratisch und ohne Beziehung zur Masse.

Der Gehaltstypus der Persönlichkeit ist in der abendländischen Kultur grundlegend repräsentiert durch die frühmittelalterliche Periode. Nicht eine abstrakte Formung ist es, die von außen her über die Einzelnen geworfen wird, sondern eine Darbietung von Symbolen, deren einziger Sinn es ist, einen geistigen Gehalt, eine unmittelbare Substanz des Lebens zu übermitteln. Auch die klassischen Formen sind ja ihrer ursprünglichen Bedeutung nach Ausdruck eines bestimmten Gehaltes. Aber es ist nun gerade ihre Eigentümlichkeit, von diesem Gehalt sich abzulösen, eine abstrakte Allgemeingültigkeit zu beanspruchen und infolge ihrer autonomen Naturgrundlage auch durchsetzen zu können, während die Formen einer Kultur mit geschichtlich begründeter geistiger Substanz eben nichts sind als Repräsentanten dieser Substanz: Ausdrucksformen, nicht Geltungsformen. Infolgedessen ist es möglich, daß der geringste Besitz solcher Ausdrucksformen genügen kann, die ganze Fülle des Gehalts zu übermitteln und höchste Gehaltstypen der Persönlichkeit zu schaffen, wo die Formung kaum zu bemerken ist. – Das aber nimmt diesem Typus jede aristokratische Verengung. Er ist universal; er ist verwirklicht in der Masse, insofern die Masse die Trägerin der geistigen Substanz ist. *Mystische Masse und Gehaltstypus der Persönlichkeit widersprechen sich nicht, sondern gehören zueinander.* – Der Führer aber steht nicht jenseits der Masse; lebt doch auch er von derselben Substanz, die die Masse in sich trägt, und ist Führer nur dadurch, daß er sie kräftiger, bewußter in sich darstellt. Er trägt die Symbole, die für alle gültig sind; er ist selbst Symbol, und durch ihn hindurch leuchtet der Gehalt des Ganzen, das größer ist als er.

Nach einer Wiederkehr dieser mystisch-substantiellen Kultur sehnt sich die Romantik. Novalis in seinen Phantasien über die Christenheit und die europäische Gesellschaft hat die romantische Stimmung vorzüglich zum Ausdruck gebracht. In dem französischen romantischen Sozialismus und seiner Konstruktion der drei Perioden: der ursprünglichen organischen, der kritischen und der wiederhergestellten, findet die gleiche Tendenz eine historisch sehr viel wirksamere Vertretung. *Es ist das Eigentümliche aller Romantik, daß es der Boden des Formtypus ist, von dem aus sie den neuen Gehaltstypus schaffen will,* daß es der einzelne durch-, ja überformte Geist ist, der, müde geworden seiner subjektiven Zugespitztheit und ästhetischen Lebensform, wieder hinein will in einen allgemeinen Gehalt. Nun aber ist ein neuer Gehalt nicht

Sache des Wünschens und Wollens, nicht Sache einzelner schöpferischer Genies, sondern ist ein Schicksal, das über die Massen kommt, und von innen und von unten her gestaltet, in dem Einzelnen höchstens seine Bewußtheit findet. So bleibt die Romantik in der Sphäre der Eigenpersönlichkeit, aber erfüllt von Sehnsucht nach geistiger Substanz; und der Einzelne schwebt in der unerreichbaren Höhe ironischer Formüberlegenheit, feindlich gegen die Bildungsschicht, sehnsüchtig nach der proletarischen Masse und ihr doch fremd, sein höchstes Ziel schließlich findend in der genialen Produktion, der Schaffung einer neuen – Form.

Auch in der neuen Mystik der Gegenwart ist viel Romantik. Der ästhetisch-ironische Typus der Persönlichkeit mit Sehnsucht nach Substanz ist noch vertreten; er zeigt sich in dem bewußten, reflektierten, unprimitiven Willen zur Primitivität, er zeigt sich in der subjektiven Gewalttätigkeit des Zerbrechens gegebener Formen; aber es ist doch ein Neues da. *In der Tiefe der Massen bewegt sich die Ahnung eines Seelenlebens vor aller Form.* Sie greift nach dem unberührten Gehalt primitiverer Seelenzustände in den östlichen Völkern, sie erschüttert die geistig lebende Jugend, die sich von der Verderbnis standes- und nationalegoistischer Machtgelüste rein erhält, sie fühlt ungeahnte Einheiten mit totgesagten Frömmigkeitsformen, sie ist ekstatisch und revolutionär, sie ist demütig und opferwillig, sie ist erwartungsvoll und gewiß! Langsam entwickelt sich ein neuer Persönlichkeitstypus: wirklich frei geworden von der Formanbetung, die auch in der Romantik noch nicht überwunden war, dennoch die Form beherrschend, aber nicht, um sich mit ihrer Hilfe über die Gehalt-tragende Masse zu erheben, sondern um in der Fortentwicklung der Form diesem Gehalt zum Ausdruck zu verhelfen. Erfüllt von dem Bewußtsein, mehr empfangen zu haben als geben zu können, Führer, nicht Herrscher oder Wohltäter, Offenbarer – auch im Gegensatz zu dem oberflächlichen, sich selbst mißverstehenden, von vergangenen Formen suggerierten Massenwillen – Offenbarer der wahren Gestaltungssehnsucht der Masse.

Der dritte Typus der Persönlichkeit ist der ethische, der in einem eigentümlichen dialektischen Verhältnis zu den beiden andern steht. Er ist Formtypus, insofern er sich auf die sittliche Formung der Persönlichkeit gründet; er ist aber zugleich dem Gehaltstypus verwandt, insofern er völlig indifferent ist gegen die Fülle und den Reichtum kultureller Formungen und bei einem geringsten Grad derselben seine höchste Vollendung erreichen kann. Er bedeutet im Grunde nichts anderes, als daß das Individuum sich überhaupt als Träger von Werten setzt, ganz gleich, welche Werte im einzelnen in Betracht kommen. So kann sich die volle Höhe einer ethischen Persönlichkeit in einem sachlich geringen Dienst zeigen, den ein kulturell völlig ungeformter Mensch der Gemeinschaft erweist, während die Verweigerung desselben einen Träger höchster geistiger Form an ethischem Persönlichkeitsrang weit unter den andern stellt. Das gleiche Verhältnis besteht aber auch zu dem Gehaltstypus. Das reine Erfülltsein von einem geistig-seelischen Gehalt entscheidet noch nicht über die ethische Persönlichkeitsqualität eines Menschen; sie kann gering sein trotz starker Erfülltheit mit Gehalt, wie es bei Trägern kultischen und mystischen Geistes nicht selten der Fall ist, während größte Nüchternheit mit starker ethischer Kraft verbunden sein kann.

Zu weltgeschichtlicher Bedeutung ist dieser Typus in der europäischen Entwicklung durch den Protestantismus gekommen. Die Reformation protestierte sowohl gegen den kulturellen Formtypus der Renaissance als auch gegen den kultisch-mystischen Gehaltstypus des Mittelalters, soweit beide nicht der ethischen Persönlichkeitsform untergeordnet und von ihr begrenzt wurden. In der ursprünglichen Konzeption der Reformation war die ganze Fülle ihres Gehaltserlebnisses, der neuen Erfahrung der Paradoxie des Göttlichen, enthalten; aber gerade die Begründung dieses Erlebens auf die Voraussetzung ethischer Persönlichkeitsentfaltung bewirkte ein Entschwinden des ursprünglichen Gehalts, der in den Massen keine unmittelbare kultisch getragene Substantialität hatte und haben konnte. In dieser Beziehung war die Auseinandersetzung mit der revolutionären Massenbewegung und ihren mystischen Propheten, den „Schwärmern", maßgebend. Der Versuch, einen neuen Gehaltstypus zu schaffen, wurde unterdrückt, damit aber auch die Loslösung des Protestantismus von der Masse besiegelt. Was blieb, war der ethische Persönlichkeitstypus, der sich nun in zwei Richtungen entwikkelte, ganz ähnlich dem Formtyp und mit ihm sich mannigfaltig kreuzend.

Die eine Linie entwickelte sich am stärksten auf lutherischem Boden als ethischer Pflichttypus. Von vornherein war das Luthertum auf Unterordnung eingestellt. In wachsendem Maße gipfelte die Sozialethik in pflichtmäßiger Einordnung in die Gesellschaft mittels der Berufserfüllung; und da diese im Beamtentum am reinsten zum Ausdruck kommt, so entsteht das ethische Formideal der sich ein- und unterordnenden Pflichterfüllung nach Art des Beamten. Die Masse ist Objekt ihrer Tätigkeit, aber nicht nach Maßgabe eines Einheitsgefühls mit ihr, sondern mittels der strengen Bindung an allgemeine festgelegte Formen, die für Individuelles wenig Spielraum lassen. Für das außerberufliche Leben tritt an Stelle der Berufsordnung die bürgerliche Sitte, deren Befolgung in gleicher Weise unter das unbedingte Pflichtgebot fällt und die Idee der ethischen Persönlichkeit schließlich zur Trägerin der unantastbaren ethisch-gesellschaftlichen Konvention macht. Der Führer aber steht unter dem gleichen Pflichtgesetz wie der Geführte: der erste und der letzte Diener des Staates unterscheiden sich nur durch verschiedene Berufskreise; als Persönlichkeit sind sie durch Pflichterfüllung gleichartig. – Die Masse, die außerhalb dieses Kreises steht, wird als schuldvoll unethisch beurteilt und als ein die feste Sittenformung zerstörendes Element empfunden, das durch äußeren Zwang äußerlich dem allgemeingültigen Gesetz unterworfen werden muß. Daher denn auf diesem Boden eine starke Massenbildung einsetzt und der Gegensatz zu dem „letzten Diener des Staates" seitens der Masse ebenso scharf ist wie zu dem ersten. Der ethische Persönlichkeitstypus dieser Linie ist also Massen-fremd, obgleich er in allen Ständen und Schichten Vertreter hat. Das macht sich charakteristisch bemerkbar, wenn er in den Dienst der Massenbewegung tritt (Gewerkschaft und sozialistische Parteibürokratie) und die Kraft der gleichartigen Formung ihn dem Staatsbeamten annähert und den Massen verdächtig macht.

Die andere Linie des ethischen Persönlichkeitsideals geht aus von dem Individualismus der reformierten Frömmigkeit, deren Wurzeln in dem persönlichen Prädestinationsgedanken liegen und deren Fortentwicklung und Profanisierung sie der liberalen und demokratischen Richtung angenähert hat. Hier ist alles unbedingt auf die Selbstverantwortlichkeit gestellt. Die Prädestination ist ein absoluter Akt Gottes, der aus allen, auch kirchlichen Bedingungen, grundsätzlich heraushebt und den Einzelnen dem Absoluten gegenüber isoliert. Durch die Schicksale der reformierten Kirche, durch das gleichzeitige Erstarken des Handels und die Lockerung der wirtschaftlichen Zwangsordnungen wird die religiöse Isolierung des Einzelnen zu einer praktisch-wirtschaftlichen und zwingt zur Entfaltung höchster Willensenergien im profanen Leben. So entsteht der Typus der auf sich selbst gestellten, sich durchsetzenden starken Einzelpersönlichkeit, deren Vorbild im Unterschiede von dem Beamten des lutherischen Protestantismus der Kaufmann ist. In der unermüdlichen Arbeitsleistung, in der Vornehmheit des geschäftlichen Handelns, in der persönlichen Schlichtheit und reichen Opferwilligkeit erfüllt sich die ethische Form dieses Typus; sie hat ihn zum Herrscher der Welt gemacht. Auch er ist im Prinzip universal: jeder hat die Möglichkeit, sich in gleicher Weise durchzusetzen; und jeder, der sich durchgesetzt hat, ist gleich geachtet, wie die ersten und letzten Diener des Staates im Luthertum. – Aber wie dort so entsteht auch hier der faktische Gegensatz zwischen denen, die sich durchgesetzt haben, und der

Masse derer, denen es nicht gelungen ist. Und dieser Gegensatz erreicht unerhörte Schärfe, sobald dieser Typus seine ethischen Qualitäten verliert und in den reinen Machttypus übergeht. Das aber ist fast unvermeidlich, weil die Isolierung, in der der Einzelne hier steht, ihn keiner übergeordneten sozial-ethischen Form unterwirft wie im Beamtentum, sondern ihn nach Art einer Naturgewalt mit der Stärke seines Willens und der technischen Kraft seiner Intelligenz frei wirken läßt. Damit ist denn freilich die Sphäre der Persönlichkeit im Sinne eines Trägers von Werten überhaupt verlassen: an Stelle der Einordnung in eine übergreifende sozial-ethische Formung tritt die Anpassung an die Naturordnung des „Kampfes ums Dasein". – Wenn dieser Machttypus mit dem allgemeinen Bildungstypus verschmilzt und sich das Beamtentum dienstbar macht, ist der Gegensatz zur Masse vollendet.

Wo der protestantische Persönlichkeitstyp dem Profanisierungsprozeß nicht verfallen ist, wo also das religiöse Gehaltserlebnis der Reformation nachwirkt, finden sich zahlreiche Übergänge zum Gehaltstypus, teils in kirchlich-kultischer, teils in mystisch-pietistischer Form. Beide sind der Masse gegenüber nicht nur prinzipiell offen, sondern auch in Wirklichkeit mit ihr in Verbindung. Dennoch erreichen sie die Masse als Ganzes nicht; denn zwischen ihnen und ihr steht das Joch der ethischen Form, das dem Einzelnen auferlegt wird und das niemand ihm abnehmen kann. Diejenigen aber, die innerhalb dieses Kreises stehen und ihn bewußt bejahen, sind zusammengeschlossen zu der freien Gemeinschaft der Gewissen, der höchsten Lebensform dieser Sphäre der Persönlichkeitsbildung.

Damit sind die entscheidenden Typen der Persönlichkeit herausgestellt, soweit sie für das Problem der Masse in der abendländischen Kultur in Betracht kommen. *Zusammenfassend kann gesagt werden, daß der Gehaltstypus der Persönlichkeit universalistisch die Masse umfaßt, daß der geistige Formtypus aristokratisch sie ausschließt und daß der ethische Persönlichkeitstyp dem Anspruch nach universell, der Verwirklichung nach individuell, an die Masse die unbedingte Forderung stellt, eben damit aber die Masse verlieren muß.*

III. Die Erhebung der Persönlichkeit aus der Masse

1. Das Problem der Masse heißt Persönlichkeit. Die Lösung ist weder möglich durch den geistigen noch durch den sittlichen Formtypus. Die Lösung ist nur möglich durch den Gehaltstypus. Sie ist abhängig von dem Vorhandensein eines die Masse erfüllenden „Gehaltes" – eines geistig-seelischen Prinzips, das unmittelbar in jedem Einzelnen gegenwärtig ist und all seinen Lebensäußerungen Sinn, Ziel und Tiefe gibt, auch dann, wenn er selbst geistige und sittliche Form nur in geringem Maße in sich trägt. Daß ein solcher Gehalt gegenwärtig fehlt, macht eine reale Gegenwartslösung unmöglich. Solange die geistigen Werte, selbst die Religion, nur in der Form der Problematik, der Reflexion und des Widerspruchs existieren, solange ihre Erfassung abhängig ist von bestimmten gedanklichen und pädagogischen Voraussetzungen, die immer nur bei einzelnen erfüllt sind, solange muß die Masse unter dem Fluch der Unpersönlichkeit stehen. Und keine „Volksbildung" und keine „Volkserziehung" kann daran etwas ändern, aber auch keine politische und wirtschaftliche Umformung, die nichts anderes ist als wirtschaftlich und politisch, die nicht selbst der Ausdruck eines neuen Welterlebens unmittelbarer und schlechthin überzeugender Art ist. Das Kommen eines neuen Gehaltes ist eine Schicksalstatsache, die man nicht machen kann, die man höchstens ersehnen und für die man sich innerlich frei machen kann.

In all diesen Ausführungen klingt die Überzeugung durch, daß ein solcher Gehalt in der Tat hervorbrechen will, doch ist hier nicht der Ort, diese Überzeugung zu begründen, zumal sie überhaupt eine Sache des Erlebens oder der Intuition und nicht des Beweisens ist. Unberührt aber davon bleibt der Sinn der Ausführungen selbst, der vor die Alternative stellt, entweder an die Schicksalswendung im positiven Sinne zu glauben oder das Ende unserer Kultur infolge der wachsenden Entpersönlichung der Masse und der wachsenden Entleerung der geistigen Formen vorauszusehen. Keine noch so starke sittliche Energie einzelner und ganzer Kreise könnte daran etwas ändern, da sie ja nie zu einer neuen, aus den Tiefen des Gehalts geborenen und darum überzeugenden Idee führen könnte, sondern höchstens alte Formen und Ideen von außen her aufzwingen. Das aber würde die Entwicklung aufhalten, nicht hindern können.

Was gegenwärtig getan werden kann, ist teils negativ, teils vorbereitend: der Formtypus ist in seiner Begrenztheit zu durchschauen und seine Herrschaft zu brechen; die rein negative, überlegen-aristokratische Stellung zur Masse ist scharf zu bekämpfen und das Verhältnis von Persönlichkeit und Masse gedanklich und erlebnismäßig auf eine neue Basis zu stellen.

Die Grenze des geistigen Formtypus ist darin begründet, daß er von einem unmittelbaren Gehalt leben muß, daß es aber sein Wesen ist, durch Reflexion, Dialektik und Subjektivierung diesen Gehalt in wachsendem Maße zu entleeren, seiner Unmittelbarkeit zu berauben und dadurch zu zerstören; eben damit aber seine eigenen Wurzeln abzugraben und in der glänzenden Zuspitzung der Dekadenz-Geistigkeit sich selbst aufzuheben. – Die Grenze des ethischen Formtypus aber liegt darin, daß er ohne starkes Gehaltserlebnis bestimmte Formen mit ethischer Unbedingtheit umkleidet: Moralgesetze, Sitten, Konventionen, die dadurch zu heteronomen, knechtenden, Feindschaft erweckenden „Gesetzen" werden, den Hüter dieser Formen aber zum Vertreter des bürgerlichen Pharisäismus und seiner tiefen Unethik machen. – So schwankt die ausschließlich auf den Formtypus aufgebaute Kultur zwischen unschöpferisch-zerrissener-selbstzerstörender Geistigkeit und konventionell-bürgerlich-religiösem Moralismus, die immanente Dialektik des reinen Formtypus verhängnisvoll offenbarend.

Mit dieser Kritik ist notwendig eine neue Blickwendung zur Masse verbunden. Zunächst wird sich die schlagwortmäßige Verachtung der Masse in ihrer Unklarheit, Unwahrhaftigkeit und Schuld offenbaren. Welche Masse ist gemeint, wenn von Masse gesprochen wird? Die allgemeine soziologische Erscheinung der Massenbildung? So muß der Redende sich selbst mit einschließen, vielleicht gerade im Moment seiner Rede am deutlichsten. Oder ist die technische Masse gemeint? So ist zu bedenken, daß jede Selbsterhebung über sie, jede Abwehr und Kluftvertiefung ein schuldvolles Mitschaffen und Verfestigen ihrer Existenz ist. *Das meiste Reden von Masse ist Torheit oder Schuld.* Oder ist die mystische Masse gemeint? So hat der, der sich über sie erhebt, das Urteil seiner eigenen Leere und bloß formalen Subjektivität gesprochen. Freilich wußte man im Zeitalter der technischen Weltbetrachtung kaum mehr etwas von dem Wesen einer mystischen Masse – und das macht vieles Urteilen über die Masse zum mindesten verständlich, wenn auch nicht weniger schuldvoll.

Die geforderte, positive Wertung der Masse schließt eine Bejahung der gegenwärtigen Formen der Massenbewegung nicht ein, sondern weithin aus. Der technische Geist erfüllt sowohl die Demokratie wie den Sozialismus. Technischer Geist aber steht dem tiefsten Wesen der Masse schroff entgegen. Er ist ein Produkt der subjektivistischen bürgerlichen Formkultur; er setzt eine Loslösung des Bewußtseins von den Dingen voraus, durch den sie Objekt und Mittel zum Zweck werden; er ist es, der auch die Masse geschaffen hat, die Objekt und Mittel zum Zweck einzelner ist. Eine Erlösung von der technischen Masse ist niemals allein dadurch möglich, daß diese Einzelnen vernichtet werden. Wo der technische Geist als praktischer Materialismus und Profanisierung des Lebensgefühls herrscht, treten sofort andere Einzelne an Stelle der Entfernten, die Masse aber bleibt in unerlöster Seelenlosigkeit. Es ist der höchste Triumph der bürgerlich-technischen Formkultur, daß ihr Geist auch die ihr feindliche Massenbewegung ergriffen und sie ihrer tiefsten Gewalt beraubt und weithin unfruchtbar gemacht hat. Erst wo der Sozialismus beginnt, dieses ihm feindliche Gift auszustoßen, ist er Erlöser der Massenpsyche und Weglenker einer neuen mystischen Masse mit schöpferischer Kraft.

2. Nach diesen Andeutungen über die gegenwärtige Lage soll als Abschluß eine systematische Darstellung des Verhältnisses von Masse und Persönlichkeit im Sinne einer idealen Synthese beider folgen. Ob und in welchem Maße sie verwirklicht werden kann, ist eine empirische Frage, von der die prinzipielle Gültigkeit der entwickelten sozialethischen Idee unabhängig ist – wobei freilich zugegeben werden muß, daß eine solche Idee nur entwickelt werden konnte, weil die Überzeugung besteht: sie ist nichts als eine Nach- und Weiterzeichnung der gegenwärtigen geschichtlichen Grundtendenzen.

Die Bausteine zu dem Aufbau unserer Gedanken haben wir durch die Betrachtung der Massen- und Persönlichkeitstypen gewonnen. Was die Massenbegriffe betrifft, so liegt auf der Hand, daß die technische Masse als persönlichkeits-vernichtendes und zu überwindendes Prinzip hier nicht in Betracht kommt; ebensowenig aber die dynamische Masse, die ja eine Übergangserscheinung ist, und darum zwar von größter Wichtigkeit für die gegenwärtige Massenpädagogik, nicht aber für die Darstellung einer idealen Synthesis ist. Die Grundlage muß also die mystische Masse geben. Auf dieser Grundlage sind dann in drei Stufen der Gehaltstypus, der geistige und der ethische Formtypus aufzubauen.

Die mystische Masse trägt in ihrer Tiefe in unmittelbarer, ungebrochener Weise ein einheitliches „Prinzip", ein fundamentales Weltgefühl, eine Grundstellung des Bewußtseins zu dem Unbedingt-Wirklichen, das selbst unbewußt und ungeformt die Quelle aller Bewußtheit und Formung ist. Dieses Grundprinzip gibt jedem Einzelnen und allen Dingen ihre Bedeutung. Es stellt jeden an seinen Platz und gibt allen eine Beziehung, durch die sie Träger des alles erfüllenden Grundgefühls werden. So ist es organisierendes Prinzip im gesellschaftlichen und sinngebendes Prinzip im geistigen Leben.

Die Grundleistung des organisierenden Prinzips liegt darin, daß es jedem Einzelnen eine unmittelbare Beziehung zu sich selbst und ihm damit eine eigentümliche selbständige Bedeutung gibt. Der Gegensatz von Subjekten und Objekten des gesellschaftlichen Lebens, die Wurzel aller mechanischen Massenbildung, ist aufgehoben. *Jeder ist Subjekt, insofern er eine eigenartige Darstellung des Grundprinzips ist, und jeder ist Objekt, indem durch ihn der Sinn des Ganzen zur Verwirklichung kommt.* Das bedeutet aber der Idee nach Aufhebung derjenigen Rechtsformen in Wirtschaft, Recht und Staat, die es ermöglichen, daß einzelne die übrigen zu Mitteln ihres Eigenzweckes machen. – Eine solche Forderung brauchte nicht erhoben zu werden, wenn es sich um den ethischen Persönlichkeitstyp handelte; dieser ist in jeder Lage möglich, in Sklaverei, Hörigkeit und Lohnarbeit, aber immer nur als einzelner Fall. Wo aber der Gehaltstypus der Persönlichkeit aus der mystischen Masse universell hervorgehen soll, da muß eine lebendige Teilnahme der Massen an der Bewegung des Gesamtlebens möglich sein; daher z. B. die repräsentative Bedeutung jedes Standes im Mittelalter bis hin zum Bettler und seiner gesellschaftlich notwendigen Funktion, daher die ununterbrochene Tätigkeit der Kirche im Sinne der Milderung und des Ausgleichs der gesellschaftlichen Gegensätze von dem Begriff der organischen Gesellschaft aus; daher die Forderung der gegenwärtigen Massenbewegung, jeden Einzelnen zum Subjekt des politischen und wirtschaftlichen Prozesses zu machen.

Daß dieses weder mit einer abstrakten Demokratie noch mit einer abstrakten Sozialisierung erreicht werden kann, ist selbstverständlich. Nur die höchst geformte geistige Persönlichkeit kann die allgemeinsten Formungen geben, während die Masse immer nach begrenztem Formbewußtsein urteilen muß und darum faktisch zum Objekt von Parlamenten, Kabinetten, Parteiführern und Wirtschaftsbürokraten wird, eine Tendenz, die dem technischen Geist der bürgerlichen Formkultur und nicht dem Sinn der Masse entstammt. – Subjekt des gesellschaftlichen Lebens ist der Einzelne nur dann, wenn er in all seinem Tun und Erleiden etwas sehen kann, was für ihn selbst bedeutungsvoll und für das er selbst verantwortlich ist und das zugleich eine allgemeine Bedeutung hat, die über jeden Einzelnen hinausführt in die Tiefen des Lebenssinnes selbst. *Das ist möglich, wenn er Formen empfängt und Formen gibt nur in dem begrenzten Kreise, in dem er lebendig und schöpferisch wirken kann, wenn er aber zugleich sich jederzeit bewußt bleibt, daß dieser engere Kreis ein Glied eines größeren ist und durch ihn hindurch ein Glied des Gesamtlebens, dessen innerster Sinn im Kleinsten wie im Größten offenbar wird!*

Erleichtert und gesteigert wird die Einheit mit dem Gesamtleben dadurch, daß jeder Einzelne in mehreren Kreisen steht, in naturgegebenen und frei gewählten, in dem einen in engerem, in dem anderen in weiterem Raum, in dem einen mehr als Subjekt, mehr als Führer, in dem anderen mehr als Objekt, mehr als Geführter, in keinem aber nur das eine oder das andere. Die Aktivität, die Selbstverantwortlichkeit und das Selbstinteresse der kleinsten Kreise im wirtschaftlichen, politischen und geistigen Sinne, ihr Zusammenschluß zu größeren und größten Kreisen bis hin zur Menschheit überhaupt als letztes und höchstes Gemeinschaftserlebnis, das ist es, was allein den Gegensatz von Persönlichkeit und Masse aufheben und jeden zur Persönlichkeit im Sinne des „Gehaltstypus" machen kann. Voraussetzung ist freilich, daß wirklich ein „Gehalt" da ist; denn sonst bekommt alles Tun doch wieder lediglich materiellen Sinn und wird, einschließlich Geist und Religion, zu einem politischen Machtmittel, mit Hilfe dessen die einen zu Subjekten, die anderen zu Objekten, die einen zu Formpersönlichkeiten, die anderen zu formloser Masse werden.

Wo aber ein „Gehalt" da ist und wo er die Gesellschaft aufbaut aus lebendigen Kreisen und universalen Zusammenfassungen, da gewinnt auch die geistige Formung einen andern Sinn: sie verliert ebenso wie das politische und wirtschaftliche Leben ihre Abstraktheit und wird die Bewußtwerdung des lebendigen Ganzen in den Formen der konkreten Kreise, in denen der Einzelne steht. Je mehr Kreise es sind, in deren Schnittpunkt einer lebt, je weiter und umfassender sie sind, desto reicher und weiter wird seine geistige Form sein; aber niemals wird sie den Zusammenhang verlieren mit den konkreten Wurzeln der kleinsten Kreise. Der Unterschied von Gebildet und Ungebildet hört auf, ein qualitativer zu sein und damit ein unüberbrückbarer Gemeinschaftssprengender, Masse-schaffender. Nur in der großen Form schöpferischer Persönlichkeiten tritt etwas qualitativ Neues hervor; aber nicht zur Erzeugung eines Gegensatzes zwischen geformt und ungeformt, sondern zur Darstellung höchstmöglicher menschlicher Formung, die einsam dasteht über den relativen Unterschieden, unerreichbar, und doch durchblutet von dem Leben und Gehalt der Gesamtheit. – Das bedingt freilich, wie die Befreiung von der Knechtung unter wirtschaftlichen und politischen Abstraktheiten, so auch die Befreiung von dem abstrakten Bildungsideal und das Hineinführen in die Tiefe der konkreten Geistigkeit, deren Walten in jeder Seite der Wirklichkeit offenbar ist. Geistige Form heißt nun nicht mehr Aneignung eines bestimmten Wissensbesitzes, auch nicht die Fähigkeit, sich selbständig in diesem Gebiete zu bewegen und neuen Besitz zu erwerben, sondern heißt bewußtes Eindringen in die Tiefe der unmittelbar erlebten konkreten Gebiete von der schlichtesten Handwerklichkeit bis zu den höchsten Spitzen der Politik oder der Wissenschaft. Das bedeutet nicht Einseitigkeit; denn einerseits ist die Zahl der Kreise, in deren Schnittpunkt einer stehen kann, prinzipiell unbegrenzt, andererseits gibt es in jedem, auch kleinsten Einzelgebiet, einen unmittelbaren Weg zu dem alles durchwaltenden Prinzip, zu dem reinen Gehalt, der in aller Form lebt. *Geistige Form ruht nicht auf der Mannigfaltigkeit der Peripherie, sondern auf der Einheit des Zentrums. Darum kann der engste Kreis eine stärkere Form geben als der weiteste – wenn anders ein Zentrum da ist –, und der Unterschied von Persönlichkeit und Masse, von Gebildet und Ungebildet, ja von Gehaltstypus und geistigem Formtypus der Persönlichkeit ist aufgehoben.*

Wie verhält sich nun der ethische Formtypus zu diesem Aufbau? Es war gezeigt, daß er ohne Erfülltsein mit Gehalt in sich selbst unmöglich wird und übergeht in den reinen, unterpersönlichen Machttypus. Er stellt der Idee nach also auch nur eine Ausformung des Gehalts dar, diejenige nämlich, durch welche die Lebensformen der Gesamtheit von dem Einzelnen in ihrer Gültigkeit erfaßt und bejaht werden. Darum nimmt jeder, der sich in das Gesamtleben einfügt, an dieser Form teil; nur wer sich nicht einfügt aus Willkür, ist von dem Charakter als ethische Persönlichkeit gänzlich entfernt; aber diese Einfügung ist verschieden, je nachdem sie als Kompromiß mit den individuellen Formlosigkeiten oder als unbedingte Bejahung der ethischen Form gegen jede individuelle Hinderung auftritt. Nur das zweite schafft ethische Persönlichkeit im Vollsinn. *Diese ethischen Persönlichkeiten und die Gemeinschaften, in denen sie sich ausdrücklich zusammenschließen oder unbewußt eins sind, tragen in der Tat das Gesetz der Gesellschaft auf ihren Schultern. Sie sind das Gewissen der Gesamtheit.* Aber sie irren, wenn sie mehr sein wollen; sie vergessen dann, daß auch sie leben von dem Gehalt, der die Gesamtheit erfüllt und den Formen und Gesetzen in Sitte, Sittlichkeit und Recht erst Bedeutung und Kraft gibt. Nur wenn die ethische Persönlichkeit diese Bindung vergißt, tritt sie in Gegensatz zu den übrigen und schafft Masse. Sonst aber ist sie ein lebendiges, tragendes, alle Kreise und Stände durchdringendes Element und hat mit der Last der höchsten Verantwortung zugleich die Seligkeit der stärksten Formung, unabhängig von der Weite oder Enge der geistigen Form, allen zugänglich, und doch, weil Sache der Freiheit, nur in einzelnen erreicht: das Knochengerüst der Gesamtheit, aber ein starres Skelett, wenn ohne das Blut des Gehaltes und ohne Muskeln und Haut der geistigen Formung.

Das führt nun zu dem letzten der Probleme, dem des Führers, dem Hirn und den Nerven unseres Bildes vergleichbar. Es ist klar, daß ohne geistige und ethische Form der Führer nicht möglich ist; aber beide machen ihn noch nicht. Hinzukommen muß das unterpersönliche Moment der Kraft, der intellektuellen, deren Gipfel die große Intuition, und der willentlichen, deren Gipfel die heroische Tat ist. Die

Überlegenheit, die der Führer hat, zerstört leicht den organischen Aufbau und schafft den Gegensatz der Masse – wenn nämlich der Führer den Gehalt verloren hat und die Form leer geworden und in den Dienst der Macht getreten ist. *Der „ungläubige" Führer ist das Verderben der Gesellschaft; denn an Stelle des „Glaubens" tritt das Interesse, dem die Macht dienstbar gemacht wird.* Und dagegen kann keine „Methode" der Führerauswahl und Führerzüchtung (mechanische Begriffe!) etwas helfen; sondern allein die gemeinsame Gehaltserfülltheit von Führern und Masse. Nur auf dem Boden des „Glaubens" ist der wahre Führer möglich, der mehr kann und mehr sieht als die andern und doch nichts ist und nichts sein will als Diener und Träger des Ganzen um deswillen, das allem Sinn, Bedeutung und Ewigkeit gibt.

So treiben alle Fragen zu der einen Antwort: daß aus der Tiefe eines neuen Gehalts die Menschheit geboren werden muß, in welcher der Gegensatz von Masse und Persönlichkeit überwunden ist. Ein neuer Gehalt aber ist Gnade und Schicksal. Das mag die betrüben, die alles machen und zwingen wollen; sie sind selbst ein Symbol des Zeitalters der Masse und werden es nicht überwinden, auch nicht durch sozialistische und demokratische Technik, noch weniger freilich durch Rückkehr zu zerbrochenen Formen. Daß wir das aber jetzt zu sehen vermögen, daß wir der Technik und der Macht nicht mehr glauben, mag auch ein Symbol sein, dafür nämlich, daß ein neuer Gehalt im Herannahen ist. Solange er fehlt, kann alles Reden über Masse und Persönlichkeit nichts helfen, kann höchstens zeigen, warum nichts helfen kann (das ist freilich schon Hilfe). Ist er da, so ist Reden nicht mehr nötig, so gibt es nicht mehr „Masse" und nicht mehr „Persönlichkeit", sondern nur den Menschen, der Gehalt und Form in sich trägt in unlöslicher Einheit.

Masse und Bildung

Bildung der Masse ist nicht Bildung des Einzelnen in der Masse. Zu zeigen, daß sie es nicht ist, daß jene versteckt-aristokratische Zielsetzung den Sinn des Problems verfehlt, daß alles darauf ankommt, sie zu überwinden, das gerade ist die Aufgabe. *Von der Masse als Masse reden wir, nicht von dem Einzelnen, der sich mit Hilfe der Bildung über die Masse erheben will.* Zwar: auch von ihm reden wir, zeigen den Ort, wo er geistesgeschichtlich steht, wo er sein, nur zu begrenztes, Recht hat. Denn das Thema „Bildung und Masse", in seiner letzten

Tiefe erfaßt, treibt unmittelbar in eine Breite, die kaum ein Problem des Bildungswesens unberührt läßt.

Wir sprechen zuerst vom Wesen, dann von der Bildung der Masse.

I. Das Wesen der Masse

„Masse" ist Schlagwort geworden, im politischen wie im sozialen Leben. Schlagwort verachtender Überlegenheit, wie fanatischer Götzenanbetung, Schlagwort gütigen Herabneigens, wie obrigkeitlicher Hoheit. Wer ernsthaft von „Masse" reden will, muß schärfste Begriffsbestimmung erzwingen, muß durch logische Klärung die Schlagworterhitzungen zur Abkühlung bringen. Es gibt zwei Begriffe von Masse, einen formalen und einen materialen, der erste psychologisch-soziologisch, der zweite historisch-sozial.

Masse im formalen Sinn ist die Zusammenfassung einzelner, die in dieser Zusammenfassung aufhören, als einzelne zu sein. Ihre Einzelform geht verloren, sie werden einer Gesamtform unterworfen. Der Einzelne wird Atom, entkleidet seiner Qualität, seiner Eigenbewegung, bloße Quantität, unterworfen der Bewegung der Masse. Massenpsychologie treiben, das heißt feststellen: wie die Seele, eingegangen in die Massenform, sich unterscheidet von der Seele in ihrer Einzelform; wie der Gleiche als Massenatom sich selbst als Einzelwesen widerspricht.

Grundlegend ist festzustellen, daß in der seelischen Massenbewegung Elemente, aus ihrem seelischen Zusammenhang herausgerissen und losgelöst von ihm, für sich wirksam werden. Was in dem Einzelnen Ergebnis einer langen inneren Entwicklung ist, was in seiner Seele lebt, durch tausend Fäden verbunden mit dem Gesamtleben der Seele, das wird nun selbständig. Die hemmenden, reflektierenden, färbenden Kräfte fallen fort. Dadurch aber wird alles anders. In zwei Gesetzen mag diese Veränderung zusammengefaßt werden.

Das Gesetz der Unmittelbarkeit besagt, daß die Masse nicht reflektiert, sondern ist. Daß sie objektive, keine subjektive Existenz hat, daß sie, mit Hegel, an sich, nicht für sich ist. Sie weiß nicht um das, was sie tut. Wo sie zu sich selbst kommt, da geschieht es durch einzelne, den Aussprecher und Führer. Unmittelbar ist die Masse, und darum vollkommen gegenwärtig, losgelöst von Vergangenheit und Zukunft, von Erinnertem und Bedachtem, ohne Ständigkeit der Entwicklung, fähig, in wechselnde Extreme zu fallen, kurz: irrational in ihrer Motivation. – Das alles klingt nach Kritik und steht doch vor aller Kritik. Es ist wertindifferent. Im Werterfüllten wie im Wertwidrigen liegen der Masse Möglichkeiten, die der Einzelseele verschlossen sind. Das Gesetz der Unmittelbarkeit kann die unmittelbar biologischen Instinkte zu hemmungsloser Herrschaft führen. Es kann aber auch ein unmittelbar geistiges Prinzip sein, das in der Masse und nur in der Masse sich durchsetzt, möge es auch später von einzelnen Bewußten subjektiv geformt und ausgeprägt werden. Und die Gegenwärtigkeit der Masse, sie kann bedeuten Hingegebensein an den Augenblicks-Instinkt, und sie kann Bereitschaft sein für die geistige Offenbarung der Gegenwart, die zu empfangen die „unreine", d. h. vergangenheitsbelastete subjektive Geistigkeit nie im Stande wäre. Und die Irrationalität der Motive kann ebenso dem Irrationalen von unten, dem Wahnsinn, wie dem Irrationalen von oben, dem Schöpferisch-Neuen, Platz geben.

Das andere Gesetz der Massenpsychologie ist das Gesetz der Steigerung. Wenn die Hemmungen des individuellen Geisteslebens fehlen, wenn das Gleiche sich wiederholt, in jedem von neuem, und wie im Wechselstrom das Erlebnis des einen das gleiche Erlebnis des andern hervorlockt, wenn die Masse sich selbst als Masse erlebt, so gibt das ihrer Bewegung eine Wucht und Gewalt, die grundsätzlich ins Unendliche geht.

Beide Seiten des Seelenlebens, die emotionale wie die intellektuelle, sind davon betroffen. Die Kraft der Begeisterung, die Steigerung der Leidenschaften, des Mutes bis zur Selbstaufopferung und Selbstzerstörung, sind an jeder Massenbewegung sichtbar. Versteckter wirkt das Gesetz der Steigerung auf der intellektuellen Seite, denn der Reflektionsprozeß in seiner Kompliziertheit ist nicht Sache der Masse. Von hier aus gesehen ist der Einzelne notwendig klüger als die Masse. Aber Intuitionen einfacher, großer Art, Hellsichtigkeiten über das, was der objektive Geist im gegenwärtigen Moment bereitet, können die Masse weit über alle subjektive Intelligenz erheben.

Das Niveau der Masse kann dem geistigen Gehalt nach höher sein als das jedes Einzelnen, wenn es auch der intellektuellen Form nach tiefer steht. Ist der Einzelne klüger, so ist die Masse genialer. Ist der Einzelne weiser, so ist die Masse böser und besser.

Auch hier gilt das Gesetz der Wertindifferenz. Die Steigerung kann ins Monumentale und Heroische führen, ebenso aber auch ins Dämonische und Zerstörende. Und die Intuitionen der Masse können dem Geist und dem Widergeist folgen. – Die Gesetze der Massenpsychologie sind Naturgesetze. Sie gelten immer und notwendig und für jede zusammengefaßte Mehrheit. Sie beginnen schon zu wirken, wo zwei einheitlich durch ein drittes bewegt sind. Sie gelten für jede soziale Schicht, für eine Verbrecherbande wie für einen Fürstenkonvent. Sie zwingen mit ironischer Überlegenheit sogar eine Versammlung von bewußten Individualisten, z. B. wenn sie sich mit dem Schlagwort „Masse" gegenseitig ihr Überlegenheitsgefühl verstärken.

Wir wenden uns *dem materialen Begriff von Masse zu. Er besagt, daß es das Wesen einer bestimmten Gruppe von Menschen ausmacht, wesentlich unter massenpsychologischer Formung zu stehen.* Klassen und Stände, Rassen und Kreise, deren Schicksal es ist, von einer individuell geistigen Formung ausgeschlossen zu sein, bilden die Masse im historischen Sinne. Es ist nicht notwendig, daß es eine solche Masse gibt, es ist vielmehr ein Verhängnis, wenn sie entsteht, und ein Problem, wie sie entsteht.

In jedem Menschen sind von Natur gegeben eine Reihe seelischer Tendenzen, die ebenso allgemein sind in ihrem Vorhandensein, wie besonders in ihrer individuellen Ausprägung. Es ist die Sphäre des subjektiven Gemütslebens in Freude und Trauer, Sorge und Hoffnung, Liebe und Freundschaft, Sehnsucht und Erinnerung. Überall gleichartig sind die Elemente, überall verschieden ihre Mischung. Natur und Schicksal bringen sie zur Auslösung, zur Steigerung und Abstumpfung. Aber diese Substanz, der Urstoff des menschlichen Gemütslebens, bleibt nicht ohne Formung. Was weder Natur noch Schicksal, noch der individuelle Charakter vermögen, das vermag die gestaltende Kraft des Geistes in Geschichte und Gemeinschaft. Tradition, Sittenbildung, Weltbild, Religion sind die Kräfte, die jenen Urtendenzen des Seelenlebens Form, Grenze und Ausdrucksmöglichkeiten geben. Durch sie bekommt das Seelische bedeutungsvolle Inhalte, es wird zum Geistigen. Die Sphäre des subjektiven Gemütslebens wird zu einer Stätte subjektiv-objektiver Geistigkeit. Der formende Geist selbst aber wohnt noch eine Schicht tiefer als jede seiner Formen. Er ist das schöpferische Prinzip aller Kulturgestaltung, die geistige Kulturseele im Unterschied von jeder naturgewachsenen Einzelseele. Wo immer in einer Gesellschaft ein solch objektiv-geistiges Prinzip in der Tiefe lebt und mit unmittelbarer, selbstverständlicher Gewalt das gesamte Leben beherrscht und durchdringt, da empfindet jeder Einzelne die Formung, die ihm gegeben wird, zugleich als eigene, ihm gemäße Form. Jeder Einzelne ist zugleich Subjekt und Objekt des Lebensprozesses. Die Stätte im Gesamtleben, an die er gestellt ist, der Beruf, zu dem er in Wahrheit *berufen* ist, Sitte und Sittlichkeit, die er selbst mitträgt, die geistigen Elemente in Religion und Kunst, in Poesie und Welterkenntnis, die seine Seele erfüllen, das alles ist eine Grenze, die doch nicht begrenzt, ein Zwang, der doch nicht als Zwang empfunden wird. Denn die Einzelfreiheit ist eins mit dem Sinn des Gesamtlebens.

Masse entsteht, wo in einer Gesellschaft das schöpferisch geistige Prinzip sich auflöst, wo es seine unmittelbare Gültigkeit und damit seine selbstverständlich formende Kraft verliert. Wenn einzelne zu höchster subjektiver Formung gelangte Persönlichkeiten sich kritisch zu der Grundlage stellen, auf der sie gewachsen sind, wenn der Naturbegriff zu einer Waffe wird gegen die Gestaltungen der Tradition, wenn die geistige Substanz diesem Angriff nicht mehr gewachsen ist, dann ist der Augenblick ihrer Auflösung gekommen, und wenn dann auch im Lauf der Entwicklung von der subjektiven Geistigkeit her ein neues Verhältnis zu den Gestaltungen der Überlieferung gewonnen wird, wenn höchste romantisch-historische Einfühlungsfähigkeit den Schein einer neuen Objektivität erweckt, so ist dennoch die Unmittelbarkeit zerbrochen. Es ist subjektive Geistigkeit, die in ein subjektives, bejahendes oder verneinendes, Verhältnis zu den Formen der Vergangenheit tritt. Zwar entwickelt sich auf dieser Grundlage die Kultur zu ihrer höchsten Blüte, wenn in gewaltigem Ringen zwischen Überlieferung und individueller Schöpferkraft die großen Werke subjektiver Geistigkeit hervorgebracht werden. Weil aber die Unmittelbarkeit, die geistige Substanz, immer mehr verlassen und infolgedessen die Form zu immer subjektiverer Zuspitzung getrieben wird, in der sie sich schließlich selbst verzehrt, so endet diese Entwicklung notwendig in einem Augenblick gänzlicher Erschöpfung; und das gilt ebenso für das ästhetisch-intellektuelle wie für das sozial-wirtschaftliche Gebiet.

In dem Maße, in dem geistige Substanz kritisch zersetzt und die subjektive Geistigkeit zur höchsten Vollendung gesteigert wird, in dem Maße wird die Menge von der geistigen Formung ausgeschlossen, sie wird bloßes Objekt, wird Masse; sie verliert die vorhandene geistige und soziale Formung. Noch lebt in ihr, nie ganz unterdrückt, nie ganz zerstörbar die Unmittelbarkeit des Gemüts mit seinen ursprünglichen Tendenzen und Bewegungen. Aber je weniger diese Tendenzen sich in einer Formung erfüllen können, je mehr das Seelische seiner geistigen Inhalte entleert wird, desto mehr verkümmert es. Die auflösende Kritik des Subjekts dringt in alle sozialen Schichten, die schöpferische Kraft des Subjekts aber ist nur einzelnen gegeben und kann auch da nicht die unmittelbare Kraft des objektiven Geistes ersetzen.

Nicht für alle Massen und Stände gleichmäßig pflegt dieser Prozeß wirksam zu werden. Es kann eine Einzelschicht aus dem Gesamtleben ausgeschlossen und ganz zum Objekt herabgedrückt werden, wie z. B.

die Sklavenschicht. Es kann andrerseits, wenn in der Gesellschaft der Auflösungsprozeß schon weit vorgeschritten ist, eine Schicht relativ unberührt davon sein, wie etwa die ländliche Bevölkerung. Freilich sind beide Zustände vorübergehend: ist ein starkes organisierendes Prinzip vorhanden, so wird schließlich auch der Sklave und der Bettler miteingeschlossen, man denke an ihre Stellung in der hierarchischen Stufenleiter des Mittelalters. Und ist das Ferment der Auflösung da, so hält auch das scheinbar unbewegliche Land nicht stand. Man denke an den Gegensatz des Agrar-Kapitalisten und Land-Proletariers.

Betrachten wir nun die so entstehende Masse genauer. Man kann drei Stadien in ihr unterscheiden, nicht als eine geschichtliche Aufeinanderfolge (obgleich auch das zutreffen kann), sondern als eine Unterscheidung verschiedener Typen, die im allgemeinen gleichzeitig vorhanden sind, aber dem Sinne nach, dialektisch, als ein Nacheinander aufgefaßt werden müssen. *Wir unterscheiden die mechanische, die dynamische und die organische Masse.* Davon fällt die organische Masse außerhalb unserer Betrachtung, denn es ist die aufgehobene, ihres Charakters als Masse beraubte Masse. Sie zu nennen hat lediglich den Sinn, ein Idealziel der Massenentwicklung aufzustellen. Es bleiben also für unsere Betrachtung die mechanische und dynamische Masse.

Die mechanische Masse ist das unmittelbare Resultat des Auflösungsprozesses der geistigen und gesellschaftlichen Einheit. Ihr entscheidendes Merkmal ist die Entseelung infolge des Verlustes aller geistigen Formen, wie Religion, Sitte, Familie, Heimat, Beruf. Die treibende Kraft in den Bewegungen der mechanischen Masse sind darum die biologischen Instinkte, der unmittelbare Existenzwille, der Wille zur Macht in ungebrochener elementarer Gewalt. Für die Träger der geistigen und gesellschaftlichen Subjektivität ist die mechanische Masse Objekt und Mittel: Objekt der politischen Beherrschung, sei es durch absolute oder demokratische Kabinette, sei es durch Agitation von oben oder von unten; Objekt der wirtschaftlichen Beherrschung, die in der Masse nur Quantitäten bezahlter Arbeitskraft sieht; Objekt der Wissenschaft, der Medizin wie der Psychologie, der Statistik wie der Soziologie; Objekt der Kunst, die ihr Bedürfnis nach realistischen Stoffen oder nach interessanten Impressionen an der Masse befriedigt; Objekt der Moralpredigt und Bearbeitung mit Bildungsstoffen; Objekt der sozialen Gesetzgebung und humanitären Fürsorge. Immer aber Objekt, immer das, mit dem etwas geschieht, immer Mittel für einen über ihr liegenden Zweck, und infolge ihrer seelischen Abstumpfung und geistigen und gesellschaftlichen Entleerung gezwungen, sich zu unterwerfen, ein Machtmittel, ein Wirtschaftsmittel, eine Maschine: die mechanische Masse.

Doch in der Tiefe leben die urmenschlichen Tendenzen weiter, verkümmert, entgeistigt, aber nicht zerstört. Sie sind die Stätte, an der ein neues Prinzip geboren werden kann. Wo dies geschieht, da tritt an die Stelle der Unmittelbarkeit der biologischen Instinkte die Unmittelbarkeit eines geistigen Instinktes, noch vielfach verunreinigt und verdeckt durch die biologischen Tendenzen, dennoch das Tiefste in der Bewegung, die nun nicht mehr mechanisch, sondern dynamisch ist. Freilich, das Prinzip dieser Bewegung ist noch stumm; es hat sein Offenbarungswort noch nicht gefunden; es hat noch keine subjektiv-objektive Formung angenommen. Wer das Wort findet, annähernd findet, der ist, auch wenn er zunächst von den mechanischen Tendenzen der Masse ans Kreuz geschlagen wird, dennoch ihr Führer, nicht als Träger einer massenfremden geistigen Subjektivität, sondern als einer, der, im Tiefsten zusammengeschlossen mit der Masse, das offenbart, was als dunkles Prinzip in ihr ist.

Die Bewegung der dynamischen Masse hat zunächst eine negative Tendenz; sie richtet sich gegen die Formen der Subjektivität in Geistes- und Gesellschaftsleben, durch deren Wirksamkeit sie eben zur Masse geworden ist, oder, wenn der Prozeß nicht zum Abschluß gekommen ist, zu werden drohte. *Die dynamische Masse ist immer revolutionär,* nicht immer, nicht einmal am häufigsten, im politischen Sinne, immer aber geistig und gesellschaftlich zugleich. Sie muß es sein, denn der Sinn ihrer Bewegung ist ja die Überwindung des Zustandes als Masse und aller Formen, die diesen Zustand schaffen. Aus dem vorhandenen oder drohenden Dasein als mechanische Masse zu dem Ziel einer organischen, aufgehobenen Masse geht die Bewegung der dynamischen Masse, ganz gleich, ob das Ziel erreicht wird oder nicht. Die größten Zeiten der Geschichte erhalten ihre Monumentalität durch diese Bewegung; man denke an die religiöse Bewegung der hellenistisch-urchristlichen Zeit, an die politische und Rassenbewegung der Völkerwanderung, an die geistig-religiöse der Reformation, an die wirtschaftliche des Sozialismus. Ob es die Schicht der Sklaven und Unterworfenen oder der ausgeschlossenen Barbarenvölker oder der passiven Laien oder der unfrei-freien Lohnarbeiter war, immer ging aus der wirklichen oder drohenden Massenmechanisierung eine geschichtsumwälzende Massendynamik hervor.

Natürlich sind diese ganzen Dinge nicht schematisch-konstruktiv gemeint. Eine dynamische Massenbewegung kann da sein, noch ehe es zu einer wirklichen mechanischen Massenbildung gekommen ist; sie kann zu einer organischen Entmassung führen, sie kann aber auch mit einer Mechanisierung endigen, besonders wenn sie nicht alle Schichten wirklich in der Tiefe erfaßt hat, wie z. B. die englische und französische Revolution. Es ist auch nicht so, als ob eine bisher mechanische Masse plötzlich als Ganzes dynamisch wird; nur die vorwärts treibenden – aber doch zur Masse gehörenden – Elemente pflegen die Träger der Dynamik zu sein. Ebenso ist nicht gesagt, daß in der organischen, aufgehobenen Masse nun das mechanische und dynamische Element ganz fehlen wird. Immer gibt es Gruppen, die in die Gefahr der Mechanisierung geraten und in sozialen Kämpfen reagieren; immer gibt es einzelne, in denen eine überlegene Subjektivität geistiger oder gesellschaftlicher Art sich aufgipfelt, und immer gibt es Kreise mit radikaler Formkritik und revolutionärer Dynamik. Aber es ist etwas anderes, ob dadurch die geistige Einheit aufgehoben wird, oder ob sie stark genug ist, diese Spannungen zu ertragen.

Es hat demnach die Unterscheidung der drei Stadien der Massenbildung einerseits den Sinn einer inneren Gesetzlichkeit – die durchaus nicht historisch real zu werden braucht –, andererseits den Sinn einer Charakterisierung gewisser Zeiten, ohne daß die anderen Stadien ausgeschlossen wären. Und in diesem Sinne soll sie ihre Fruchtbarkeit nunmehr an dem Bildungsproblem erweisen.

II. Die Bildung der Masse

Der Entwurf eines Bildungsideals für die Masse in ihren verschiedenen Beziehungen muß ausgehen von der Bildung des Einzelnen, insofern er noch vor der Masse steht, des Einzelnen in der Subjektivität des Gemüts, und muß hinführen zu dem Zustand, in dem die Masse als solche nicht mehr existiert und der Einzelne eine subjektiv-objektive geistige Formung angenommen hat.

Die Sphäre des subjektiven Gemüts kann man als die Sphäre des Lyrischen bezeichnen im Sinne des unmittelbaren Empfindungsgehaltes der Seele. Die Bildungsarbeit in dieser Richtung hat die Aufgabe, die geistigen Werte in lyrischer Formung an die Menschen heranzubringen, losgelöst von ihrer objektiv-geistigen Bedeutung. Vor allem auf dem Land wird diese Richtung vorherrschen müssen, ohne darum in der Stadt ganz ausgeschlossen zu sein. Die Erkenntnisübermittlung wird soweit als möglich an die Heimat im geographischen, geschichtlichen und naturwissenschaftlichen Sinne anzuknüpfen haben. Der Begriff der „sinnigen Naturbetrachtung“ hat hier seinen Platz. Die Kunstvermittlung muß alle lyrischen Elemente in den Vordergrund stellen, das Lied vor allem, die Musik, soweit sie lyrisch bedeutsam ist, das Märchen, das Romanschicksal, soweit es im Grunde lyrisches und nicht dramatisches Schicksal ist; den Humor, soweit er das tägliche Leben umspielt; die bildende Kunst, insofern sie Darstellerin unmittelbarer Gemütswerte ist, wie Richter, Schwind und manche der Altdeutschen und Holländer, auch Volkstracht und Volkstanz. Auch sittliche und religiöse Werte lassen sich in dieser Form übermitteln: der Sinn und die Bedeutung der Sittenbildung in der Familie, des Sonntags und der Festzeiten, das Lyrische und Gemütsmäßige der Religion. Im ganzen: Darbietung von Feierstunden, in denen die Seele zu sich selbst kommt und zu der Seligkeit anschauender und begreifender Erfüllung ihres Sehnens. Vollkommen ist das freilich nur möglich, wenn die geistige Formung all dieser Dinge unerschüttert ist. Darin liegt die Begrenzung der ganzen Sphäre des Lyrischen. Denn es ist auf keinen Fall möglich, die Auflösung des objektiven Geistes und der Gesellschaft rückgängig zu machen und zu vorkritischen „Idyllen" zurückzulenken, wie lyrische Romantik so oft schwärmt. Nur das ist möglich, mit Hilfe der Darbietung dieser Gemütswerte die Sehnsucht nach neuen Erfüllungen wach zu halten und so zu der Überwindung des schweren Krisenzustandes der mechanischen Masse beizutragen.

Die Bildung der mechanischen Masse zu besprechen, kann nur den Sinn haben, einerseits festzustellen, wie sich in einer ausgesprochenen Massenentwicklung die Bildungsbestrebungen tatsächlich gestalten, und andererseits zu zeigen, was daran für eine höhere Betrachtung bekämpfenswert und was dauernd gültig ist. *Das Charakteristikum der Massenbildung in geistig-gesellschaftlichen Zerfallszeiten ist dieses, daß die Bildung Besitz einer kleinen subjektiv durchgeformten Bildungsschicht geworden ist und daß Volksbildung als der Versuch betrachtet wird, etwas von diesem Bildungskapital als Wohltätigkeit an die Schichten der Ungebildeten abzugeben.* Es entspricht das genau dem Verhältnis von subjektiver und objektiver Masse, das wir oben auf allen Gebieten nachgewiesen hatten. Der tatsächliche Zustand der Volksbildungsbestrebungen in den letzten Jahrzehnten des vorigen Jahrhunderts bestätigt diese prinzipielle Einsicht. Dem Bildungskapitalismus der „Gebildeten" kommt die Masse selbst entgegen, wenn sie die Bildung als Machtmittel der herrschenden Klassen auffaßt und sie zum Zweck eigener Machtergreifung erstrebt. Unter diesen Umständen tragen die Bildungsbestrebungen von oben und von unten her lediglich dazu bei, die Entwicklung zum mechanischen Massenzustand zu beschleunigen und den Zustand selbst zu verfestigen. Die Lage des Geisteslebens selbst wirkt in der gleichen Richtung: einerseits kritische Zersetzung aller gegebenen Werte, andererseits Dogmengläubigkeit vorläufigen Forschungsresultaten der Wissenschaft gegenüber; am unbedingtesten seitens der Masse, die dem lebendigen Prozeß des Forschens fern steht. So wird der Besitzcharakter des Wissens zu einem Elementargefühl. – Die Darstellung dieser Dinge enthält unmittelbar ihre Kritik. Aber die negative Kritik allein reicht nicht aus. Auch das mechanische Bildungsprinzip hat eine bestimmte, dauernde Bedeutung: *Es ist technische Formung, die hier erstrebt und erreicht wird.* Die Ausrüstung im Lebenskampf, die Beherrschung der Natur, die siegreiche Höherentwicklung der biologischen Organe, auch des Intellekts, das ist zwar ein technisch-mechanisches, aber doch notwendiges Ziel. Es darf freilich seine Stätte nur da haben, wo der technische Gesichtspunkt bewußt zur Anwendung kommt: in Fortbildungsschulen, in Fachschulen, in Parteischulen. Die Hauptsache ist, daß der technische und der geistige Gesichtspunkt klar geschieden werden. Wo das nicht geschieht, haben wir ein typisches Merkmal mechanischer Massenbildung.

Dieses Urteil gilt auch für die der mechanischen Massenbildung entsprechende Auffassung vom Wesen der Volkshochschule. Sieht man ihre Aufgabe darin, eine gewisse Elite aus der Masse herauszuheben und in die Sphäre der Bildungsschicht zu steigern, so hat man damit auf der einen Seite die Sphäre der subjektiven Geistigkeit, der „Gebildetheit" zu einem Idealziel gemacht, auf der anderen Seite die Masse als Ganzes gerade dadurch, daß man einzelne aus ihr herausfischt, in ihrer Verdammnis der „Ungebildetheit" gelassen; man hat den Gegensatz von Subjekt und Objekt vertieft, die mechanische Massenwerdung gefördert. Der tiefere Sinn der Volkshochschularbeit kann erst im Anschluß an die Bildung der dynamischen Masse besprochen werden, der wir uns nun als dem entscheidenden Problem zuwenden.

In der dynamischen Masse ist der Gegensatz von subjektiver Bildungsschicht und Masse als Objekt der Bildung aufgehoben. Nicht die biologischen Kräfte sind es, die dieser Masse ihren tiefsten Antrieb geben, sondern ein unbewußt geistiges Prinzip; nicht fremde, subjektive Bildungselemente sind es demgemäß, die sie formen können, sondern allein der aus jener Bewegung selbst hervorwachsende Geist. Es ist dabei ja selbstverständlich, daß dieser Geist nicht in jeder Beziehung etwas Neues schafft; will er zur Formung kommen, so muß er sich an die vorhandenen Formen in irgendeiner Kontinuität anschließen. Und darum ist es notwendig, daß die Führer der dynamischen Masse dieser Formen mächtig sind, aber nicht wie bei der mechanischen Massenbildung, um diese Formen als etwas Fertiges nach unten weiterzugeben, sondern um mit ihrer Hilfe, zerbrechend und umformend, aus der Tiefe des objektiven Prinzips zu neuer Formung zu gelangen.

Daraus ergibt sich für den Führer der dynamischen Masse, daß er von dem gleichen geistigen Prinzip bewegt sein muß wie die Masse, daß er innerlich frei sein muß von den Formen der subjektiven Geistigkeit, die er vor der Masse voraus hat. Nur wer durchgebrochen ist durch die gesamte Formenwelt der subjektiven Bildungsschicht, auch durch ihre höchsten Formen; nur wer innerlich frei geworden ist für die Dynamik des objektiven Geistes in der Masse; *nur wer die revolutionäre Kraft der dynamischen Masse in sich mitschwingen fühlt, kann ihr Bildner sein, d. h. kann in gemeinsamer Arbeit nehmend und gebend zu Formen führen, in der die Masse ihrer Bewegtheit Ausdruck sieht.* Ist das Gesetz der Unmittelbarkeit das erste Gesetz der Massenpsychologie, so ist die Forderung, unmittelbar zu sein im Geistigen, die erste Forderung an den Massenbildner.

Diese Unmittelbarkeit ist gegenwärtig nur schwer zu finden, am wenigsten ist sie vorhanden in der Sphäre der individualistisch-bürgerlichen Kultur, am meisten in den Kreisen der Konfessionen und sozialistischen Parteien, aber auch hier nur in gebrochener Weise. Der Gegensatz der Konfessionen und Parteien zerstört allenthalben die Unmittelbarkeit, indem er zu autonomen, subjektiv begründeten Entscheidungen treibt; und die Kraft der subjektiven Geistigkeit war groß genug, bis in die verschlossensten Kreise religiöser oder politischer Dogmengläubigkeit zu dringen. Die nationale Idee aber, die zeitweise mit gewaltiger Dynamik und Unmittelbarkeit die Massen ergriffen hatte und in ihrer Art als Musterbeispiel für dynamische Massenbewegung erscheinen konnte, hat durch ihre Zuspitzung auf den kapitalistischen Machtkampf und die militaristische Mechanisierung ihren unzureichenden geistigen Gehalt offenbart und demgemäß stark in der Richtung auf mechanische Massenbildung gewirkt. Da das nationale Prinzip nie letztes geistiges Fundament sein kann, ist der Protest der Massen gegen die Vorherrschaft dieses Prinzips geistig berechtigt. Um so schwieriger ist es, das eigentliche, tiefste Prinzip der Massendynamik gegenwärtig zu finden, und es ist zweifellos nicht möglich ohne eine Art prophetischen Erfaßtwerdens von ihm durch alle glänzenden Formen subjektiver Geistigkeit und alle trüben Formen biologischer Instinkte hindurch. Nur wer so erfaßt ist, kann selber erfassen, und dann formen und bilden.

Es gibt nun aber eine Hilfe für den Bildner der dynamischen Masse. Sie folgt aus dem zweiten Gesetz der Massenpsychologie, dem Gesetz der Steigerung. *Welches Prinzip es auch im Innersten sein mag, das die Massendynamik treibt, es hat unter allen Umständen die Form des Er-*

habenen, des dinglich Erhabenen oder Monumentalen und des persönlich Erhabenen oder Heroischen. Daraus folgt der Geist, in dem alle Bildungswerte überhaupt erst möglich werden für die dynamische Masse, der Geist des Monumentalen und des Heroischen. Deutlich wird das an dem Gegensatz zu dem, was charakteristisch ist für die bürgerlich-individualistische Kultur: dem Differenzierten und dem Problematischen. Es genügt, diese beiden Worte zu nennen und auf ihre unbedingt herrschende Bedeutung in der bürgerlichen Geisteskultur hinzuweisen, um zu erkennen, daß sie nicht die Form sein können, in der die Masse ihre Dynamik erlebt. Wir wollen nun kurz die wichtigsten Geistesgebiete durchgehen, um auf das Monumentale und Heroische in ihnen hinzuweisen. Selbstverständlich kann es sich nicht darum handeln, eine bestimmte Auswahl von Formen unter diesem Schema zu bringen und sie der Masse von außen her aufzudrängen; das wäre ja wieder durchaus nach Art der mechanischen Massenbildung; sondern es kommt darauf an, der Masse zu zeigen, wie in den gewaltigen Schöpfungen dieser Art die gleiche innere Dynamik sich Formen geschaffen hat, die auch in ihr lebendig sind. Unter dem Motto „tua res agitur" muß die Masse zum Mitschaffen, zum Nachschaffen und Umschaffen dieser Dinge geführt werden. Es darf ihr nichts dargeboten werden, was sie nicht erlebt als ihr eigenes Tun.

Die Architektur mit der monumentalen Linie, der Burg und ihrer Dynamik des Kampfes, des Domes mit seiner Dynamik nach oben, des modernen Fabrikgebäudes, des Bahnhofs und Hafens mit ihrer die Erde umspannenden Dynamik, die inneren Kräfte, die all das türmten und bezwangen, die Heraushebung dieser Elemente der Massenseele und ihre Steigerung und Wandlung in der Masse der Gegenwart, *die Hineinführung in den monumentalen Raum,* den sie sich schafft und umschafft als Symbol ihrer eigenen Größe: das ist der Sinn einer Bildung der dynamischen Masse. – *Der primitive, abstrakte und monumentale Stil in der Malerei,* fern von den subjektiven Differenziertheiten des Impressionismus wie des rein individualistischen Expressionismus, kann auch für die Malerei eine Beziehung zur dynamischen Massenpsyche herstellen, die gerade auf diesem Gebiet sehr schwer zu erreichen ist. *Der Tanz in den Massenformen der Prozession* und ihrer modernen Abwandlung, der *Demonstration;* in Form des Einzuges, der Parade, des Sportkampfes läßt die Dynamik der Masse in unmittelbar sinnliche Erscheinung treten und gibt ihr als Ausdrucksbewegung das Gefühl ihrer eigenen Monumentalität. – *Die Musik in der dramatischen Lyrik* manchen Chorals, Prozessions-, Kampf- und Revolutionsliedes, in der Massendynamik eines Oratoriums, mancher Oper und dramatischen Orchesterschöpfung treibt die Gefühlsgewalt der inneren monumentalen Bewegtheit zur Höhe und Bewußtheit und dient wie kaum etwas anderes dem Gesetz der Steigerung. – Wichtiger vielleicht noch ist *die Dramatik,* so wichtig, daß man, wie die subjektive Gemütssphäre als das Lyrische, *die Massendynamik als Sphäre des Dramatischen* bezeichnen kann. Hier ist der Ort des Heroischen, nicht freilich im Problemdrama subjektiver Psychologie, auch nicht im Sinn einer objektiven Darstellung für „interessierte" Zuschauer, sondern so, daß der Unterschied zwischen Schauspielern und Zuschauern aufgehoben, als ganz äußerlich überwunden ist und das Drama von allen miterlebt, mitgespielt wird, als ihr eigenstes wirklichstes Erleben. Nicht Kammerspiele für Feinschmecker und Psychologen, sondern das große Schauspiel für Träger revolutionärer, heroischer Dynamik.

Dieses dynamische Prinzip ist nun auch für die Stellung der dynamischen Masse zur Welterkenntnis grundlegend: die Auffassung der Geschichte nicht als eine Ansammlung von interessanten Ereignissen oder Forschungsproblemen, sondern als die Stätte der großen Dramatik des Massengeschehens der Völker, der Stände, der Ideen, der Heroen, bis hin zur Gegenwart, wo der Kampf weitergeht und jeder Einzelne Mitträger dieses Dramas der Weltgeschichte ist. Von hier aus auch Deutung des Naturgeschehens mit geschichtlich-dramatischen Kategorien, die Astronomie und ihre monumentale Anschauung des Welten-Werdens und -Sterbens, die Geologie mit ihrer Geschichte der Erdperioden und den ungeheuren Katastrophen, aus denen sie hervorgegangen sind, die Biologie und die Dynamik des Lebens bis hin zur Menschheit mit ihrem Kampf um die Erdherrschaft, und in allem die Beziehung auf die Gegenwart und ihre Fortsetzung dieses Werdens und Ringens: *das ist dynamisches Wissenserlebnis.* – Und endlich die philosophische Zusammenfassung und Sinngebung alles dessen in der Geschichte der Philosophie, die selbst ein Teil des großen Dramas ist und jetzt vor neue große Entscheidungen stellt; und schließlich das Wagnis einer eigenen kosmischen Dramatik, wie sie da war in der altchristlichen Heilsdramatik, in der augustinisch-kalvinistischen Reichsgottes-Geschichtsphilosophie, in der marxistischen Gesellschaftsdynamik.

Das führt nun weiter zur *Ethik.* Mit Nützlichkeits- und Tugendethik ist der dynamischen Masse gegenüber nichts getan; auch das gehört in die mechanische Massenbildung. *Sondern die unbedingte heroische Forderung ist es,* die allein von Wirkung ist, das Stellen einer innerlich unendlichen Aufgabe, die Einfügung in eine Gemeinschaft des Kämpfens um höchste Werte.

Damit ist unmittelbar *die Sphäre des Religiösen* berührt. In einer solchen Auffassung des geistig Dynamischen ist das Religiöse enthalten als innere Potenz, ohne daß es zu aktueller konfessioneller Ausprägung zu kommen braucht. Nur so kann in der gegenwärtigen Lage von einer religiösen Bildung der Masse die Rede sein: *die Religion als die innerste, unbewußte Glut, aus der die Dynamik der Masse ihre Kraft nimmt* – auch dann, wenn sie sich gegen die empirischen Religionsformen wendet.

Wir sind am Ende unseres Ganges durch die Bildungswerte. Nicht um Vermittlung von Formen handelt es sich, sondern um die Selbstanschauung des eigenen Innersten der dynamischen Masse in den Formen des Monumentalen und Heroischen. Je mehr diese Formen Ausdruck des Prinzips der gegenwärtigen Massendynamik werden können, desto freudiger werden sie angeeignet werden. Das aber ist die Last der Volksbildung unserer Tage, daß diese Formen noch nicht oder nur anfangsweise gefunden sind, daß wir noch auf die Einfühlung in fremde Formen angewiesen sind; und daß andererseits bei Führern und Masse die Belastung mit den Formen der subjektiven Geistigkeit so groß ist, daß das Erleben der eigenen inneren Dynamik dadurch oft ganz gehemmt wird. Darum brauchen wir Bildner, bei denen diese Hemmungen überwunden sind und die nichts geben wollen als Ausdruck dessen, was in der Dynamik der Masse, die auch sie beseelt, lebendig ist.

Daraus folgt nun eine höhere Idee der Volkshochschule, ganz anders als die in der mechanischen Masse. Nicht einzelne aus der Masse herausheben in die Sphäre der subjektiven Geistigkeit und sie dort festhalten, sondern sie durch diese Formen hindurchführen, um sie frei zu machen von ihnen und frei zu machen für das Erlebnis des in ihnen lebendigen Geistes; sie gewissermaßen zu einem Vortrupp derer zu machen, die der Masse das Wort finden helfen, in dem sie sich erlöst von der Unbewußtheit ihrer drängenden Dynamik und organische, d. h. aufgehobene, erlöste Masse wird.

Von der Bildung der organischen Masse zu reden, überschreitet unsere Aufgabe. In ihr ist die Idee vorhanden, die Form geworden ist, und formend das Leben des Geistes und der Gesellschaft durchdringt. Bildung heißt hier: an seinem Platz und in seiner Aufgabe geformt sein durch den das Ganze tragenden und durchdringenden Geist, der universell und individuell, objektiv und subjektiv zugleich ist. Doch damit dieser Zustand komme, damit die dynamische Masse organisch werde, muß sie sich erfaßt haben in ihrer eigenen Dynamik, muß Bildung der Masse Selbsterfassung der Massendynamik sein und unter dem Wort stehen: *daß die Armen wieder ihres Reichtums und die Reichen ihrer Armut froh geworden sind.*

Masse und Religion

I. Die Heiligkeit der Masse

„Das Thema der Religion ist Gott und die Seele", so wird man uns zurufen, sobald wir die Worte Masse und Religion zusammenstellen; „überall einige für Gott zu gewinnen, Seelen zu retten, religiöse Persönlichkeiten zu schaffen, das ist der Sinn der religiösen Botschaft, und alles andere ist nur Mittel, das verschwinden darf, sobald dieser Zweck erreicht ist" ... *„Das Thema der Religion ist die Aufrichtung des Gottesreiches über allen einzelnen,* über Völkern und Rassen; der Einzelne ist ein Baustein in diesem Riesenbau der göttlichen Wirklichkeitsformung; ob er an dieser oder jener Stelle steht, ob er mehr oder weniger geformt ist, das ist verhältnismäßig gleichgültig; es gibt Sterne vielerlei Ordnung, aber auch die Massen der niedrigsten Ordnung strahlen noch wider das innere Licht, das alles durchdringt" – so treten für uns ein die Träger des kirchlich-universalistischen Denkens und bezeugen, daß ohne Massen kein Bau aufgeführt werden kann, der in die Ewigkeit gebaut sein soll.

Mächtig hat dieser Gegensatz allezeit das religiöse Denken bewegt. Auf der einen Seite wurde es hingetrieben zu der grauenvoll-großartigen Paradoxie des Prädestinationsgedankens, des Glaubens an die Erwählung einzelner zu dem ewigen Ziel und der Verwerfung ganzer Völker, Massen, Zeiten in die qualvolle Nichtigkeit ewiger Zielferne. Auf der anderen Seite – und gerade aus der Unerträglichkeit dieses Gedankens hervorbrechend – wuchs eine religiöse Geschichtsphilosophie, in der die Frage nach dem religiösen Schicksal der Masse weltumspannende Antworten gefunden hat. Es ist eben der Widerstreit der beiden großen religiösen Gedanken, die allezeit miteinander ringen: die Unbedingtheit der göttlichen Majestät, die alles verbrennt, was nicht der unbedingten Forderung genügt, und die Universalität der schaffenden Allgegenwart, die Unendlichkeiten bewegt zur Offenbarung ihrer Herrlichkeit.

Wir wollen unsere Frage in zwei andere zerlegen, in die objektiv-prinzipielle nach der Heiligkeit der Masse und in die subjektiv-psychologische nach der Religion der Masse. Wir beginnen mit der ersten Frage als der grundlegenden: Was bedeutet die Masse für Gott und seine Selbstoffenbarung? Freilich: etwas über Gott aussagen – ein unmögliches Unterfangen, wenn Gott eine selbständige Wirklichkeit neben anderen Wirklichkeiten, wenn er ein Objekt über den Objekten, ein Wesen über den Wesen, wenn er darum ein Problem ist und nicht die Voraussetzung aller Problematik; wenn auch nur die Frage, ob er ist oder nicht ist, aufgeworfen werden kann. Eine Philosophie, in der man sinnvoll auch nur fragen kann, ob Gott ist oder nicht ist, ist gottlos; das Apriori jedes Gottesbeweises ist Gottlosigkeit. Aber selbst diese wie jede Form der Gottlosigkeit setzt Gott voraus; sie weiß es nur nicht. Denn sie weiß nicht, daß Gott die Voraussetzung jedes Fragens ist, weil jedes Fragen die Unbedingtheit des Wahrheitsbewußtseins in sich trägt und jede letzte Antwort den Geist hinwegträgt über den Abgrund des Nichts und den Widerspruch des Werdens und ihm Ruhe schafft in dem Erfassen des Unbedingt-Wirklichen – ob das Symbol dafür Gott oder Atom, Materie oder Ich, Geist oder Gesellschaft heißt, oder Tao, oder Atman, oder Ananke ... *was heilig ist, ist Gott.* Was aber ist heilig? – nicht so darf man fragen, sondern: was könnte nicht heilig sein, da doch durch alles der ewige Gehalt des Unbedingten *(das selbst nicht wieder ein Etwas ist)* hindurchbricht.

„Gott und die Masse", das heißt also die Offenbarung des Heiligen, des Unbedingt-Wirklichen durch die Masse hindurch. Hat die Masse ein ewiges Recht, ist sie eine einzigartige notwendige Offenbarungsform des reinen Gehaltes? Ist sie ein Wurzelelement des Geistes und des Seins – oder ist sie das zu Überwindende, das bloße Material zur individuellen Form, auf die aller Sinn zuletzt zielt?

Die alten Theologen in ihrer bildlich-metaphysischen Ausdrucksform unterscheiden zwei Elemente im Gottesbegriff: *Gott als allerrealstes Wesen und Gott als geistig-sittliche Persönlichkeit, Gott als absolute Substanz und Gott als vollkommenste Form.* Im katholischen Bewußtsein herrscht das erste Element, im protestantischen das zweite. Für den Katholiken ist Gnade Übertragung göttlicher Substanz, für den Protestanten ethische Gemeinschaft mit der göttlichen Persönlichkeit. Darum schafft der Katholizismus eine Religion der Massen und eine überpersönliche Mystik, die kein Gegensatz, sondern eine innere Konsequenz der Religion der Masse ist; und der Protestantismus schafft einzelne Persönlichkeiten und persönliche Gemeinschaft, was wiederum zusammengehört, und – verliert die Massen. Denn die Masse ist nur dann heilig, wenn im Prinzip des Heiligen selbst, im Unbedingten, ein Moment enthalten ist, das allein durch die Masse zur Offenbarung kommen kann. Dieses Moment aber kann nicht die ethisch-persönliche Form, sondern nur der substantiell-irrationale Gehalt des Unbedingt-Wirklichen sein. Nun kann man aber unschwer zeigen – und Religionsgeschichte, Religionspsychologie und -philosophie sind gemeinsam am Werke, es zu tun –, daß das Grundlegende in der Religion nicht die

Bejahung der unbedingten Form, sondern die Sehnsucht nach dem alle Form zersprengenden irrationalen Gehalt ist; ja, man kann zeigen, daß die Form-Frömmigkeit der ethischen Religion sich nur solange vom ethischen Rationalismus unterscheidet, nur solange Religion ist, als das Hindurchstrahlen des unerfaßlichen Gehaltes durch die Form des ethischen und logischen Gesetzes die inneren Schwingungen schafft. Es gibt keine Anschauung göttlicher Majestät, in der nicht die Unendlichkeit alles Seienden der Thron seiner Erhabenheit, in der nicht die Unerschöpflichkeit der Masse Ausdruck seiner Unbedingtheit ist. *Die Masse ist heilig; denn sie ist Offenbarung der schöpferischen Unendlichkeit des Unbedingt-Wirklichen* und insofern der Unbedingtheit des Unbedingten, angeschaut durch die Kategorie der Quantität. Es besteht also eine notwendige Beziehung zwischen dem Heiligen und der Masse; das Heilige könnte nicht als Heiliges, das Unbedingte nicht als Unbedingtes offenbar werden ohne sie.

Bisher war von der Masse im allgemeinen die Rede; was aber von ihr gilt, das gilt auch von der *Masse im soziologischen Sinne:* sie hat eine eigentümliche Heiligkeitsqualität über Persönlichkeit und Gemeinschaft hinaus. Mag sie jenen gegenüber als das Ungeformte, zur Form Bestimmte erscheinen, dem Absoluten gegenüber hat sie einen eigenen Sinn, ganz abgesehen von der Beziehung zur Persönlichkeitsform. Hier aber macht sich eine Schwierigkeit geltend: in der übrigen Wirklichkeit ist den Dingen kein Ziel gesetzt, das über ihr unmittelbares Dasein hinausgeht, infolgedessen besteht zwischen ihrem Einzelsein und ihrem Sein als Masse kein Widerspruch. Anders in der geistigen Welt, wo das Sein als Masse in Gegensatz treten kann zu dem Einzelsein der geformten Persönlichkeit. Nicht von Heiligkeit der Masse wäre dann zu reden, sondern von der Verwerflichkeit des Bleibens in der Masse, von der „massa perditionis", der negativen Seite der Vollendung Einzelner. Damit stehen wir wieder vor der anfangs angedeuteten Antithese.

Das religiöse Prinzip selbst gibt das Mittel zur Lösung: den Grundsatz der Paradoxie, um den man im Reformationszeitalter unter der Formel der Rechtfertigung gekämpft hat, der in der Mystik und Romantik als Einheit des Absoluten und Relativen erfaßt wurde und den wir heute wieder verstehen können als Hindurchbrechen des unbedingten Gehaltes durch die Bedingtheit jeder Form. Dieser Grundsatz besagt, daß keine Einzelform fähig ist, den Gehalt des Unbedingt-Wirklichen anders in sich zu tragen als durch eine paradoxe Verneinung zugleich und Bejahung des Relativen. Damit ist von der Idee des Heiligen aus jeder Anspruch eines Einzelnen abgewiesen, sich absolut zu setzen.

Weder eine Persönlichkeit, noch eine Gemeinschaft, weder ein Volk, noch eine Kirche hat Anspruch auf Absolutheit. *Es gibt keinen Kreis der Vollkommenen neben einer massa perditionis.* Die Unbedingtheit des Heiligen, die einerseits die unbedingte Forderung stellt, läßt andererseits nicht zu, daß irgend ein Wesen zwischen sich und den andern eine Kluft schafft, durch die es selbst in die Sphäre des Heiligen eingeschlossen, die anderen davon ausgeschlossen werden. Und das gilt für alle Menschen und alle Kreise, für alle Zeiten und alle Konfessionen; und es gilt nicht nur auf ethisch-religiösem, sondern auch auf intellektuell-ästhetischem und auf rechtlich-politischem Gebiet. Das ist der tiefste Grund, warum jede Entheiligung der Masse unheilig ist und notwendig zur pharisäischen Verzerrung des Bewußtseins führt. Damit ist die religiöse Wurzel der üblichen verkehrten Einstellung zur Masse aufgedeckt: das absolute, göttliche Urteil wird zu einem relativen, menschlichen Urteil herabgedrückt; das absolute Ja und Nein, das gleichzeitig über alle ergeht, wird zu einem Ja über Einzelne und zu einem Nein über die Masse. Damit ist es aber in seinem Wesen verkannt und entwürdigt. *Die Heiligkeit der Masse im soziologischen Sinne ist also darin begründet, daß die Majestät des Heiligen sich in ihr als Gnade offenbart, die trotz der unbedingten Geltung der ethischen Form nicht zuläßt, daß irgend ein Wesen sich vor dem Unbedingten über die andern erhebe.*

Von hier aus öffnet sich nun der Blick auf die unermeßliche Fülle der Geister, in deren Reichtum der unendliche Sinn des Seins zur bewußten Verwirklichung kommt. Denn es ist ja gerade das Wesen des Paradox, nicht alles einem abstrakten Schema zu unterwerfen: einem Gesetz, das knechtet, sondern sich in der schöpferischen Eigenart und Selbständigkeit jedes Wesens zur Darstellung zu bringen. So wird die unendliche Fülle der Geisterwelt in Völkern und Zeiten, in Ständen und Sprachen in noch höherem Sinne eine Offenbarung des Heiligen als die Welt der Dinge selbst; denn in diesen stellt sich das Heilige nur dar als Erhabenheit der schöpferischen Macht, in jener aber zugleich als Majestät der schöpferischen Gnade.

Wir haben bisher das eine Moment des Massenbegriffs behandelt, das quantitative der unübersehbaren Menge, die Heiligkeit der unendlichen Fülle in der Welt der Dinge und der Geister. Der Begriff der Masse hat aber noch ein qualitatives Moment in sich – und das ist das wichtigere –, nämlich den Zusammenschluß der einzelnen Teile zu einer Einheit, in der das Einzelne seine Eigenbedeutung verliert und eingeht in die Einheit der Masse und ihre Bewegung.

Das kann als bloßer Verlust erscheinen und wird auch meistens so gefaßt, ist es aber nicht; denn dem Verlust steht ein Gewinn gegenüber, auch in bezug auf die Offenbarung des Heiligen und ganz besonders in dieser Beziehung. *Die Eigenform der Dinge, ihre Selbstheit ist nicht nur Offenbarung, sondern auch Verhüllung des ewigen Gehaltes;* in jeder Individualität liegt die Tendenz, sich selbst als kosmisches Zentrum zu setzen und damit dem Sinn der Unbedingtheit, dem Heiligen zu widerstehen. Wo aber das Einzelne hineingezogen ist in die übergreifende Einheit der Masse, da wird es dieser Selbstheit beraubt und gezwungen, in unmittelbarer Weise seine periphere Bedeutung anzuerkennen; und zwar gilt das in doppelter Richtung, nach rückwärts der Ursache, und nach vorwärts dem Zweck zu: einerseits der Gedanke, daß jede Einzelform nur die Oberflächenkräuselung eines Ozeans gleichartiger Substanz ist, andererseits die Anerkennung, daß jeder Einzelzweck aufgehoben ist in der Bewegung der Masse nach umfassendem Gesetz zu umfassendem Zweck – beides zerbricht den unheiligen Hochmut der reinen Selbstzwecklichkeit und treibt zu der Idee, die die alten Theologen in dem immer wiederkehrenden Satz ausdrückten, daß der Zweck aller Zwecke die „Ehre Gottes" ist – die Durchsetzung der Unbedingtheit und Heiligkeit des reinen Gehaltes gegenüber jedem Einzelzweck.

In der Welt der Geister bedeutet die Zugehörigkeit zu der Masse zugleich das Fehlen der Geformtheit des Einzelnen, und diese geistige Ungeformtheit ist es ja gerade, die das traditionelle Aburteilen über die Masse begründet. Nun aber bedeutet individuelle Ungeformtheit nicht Ungeformtheit überhaupt, sondern sie bedeutet Unterworfenheit einer übergeordneten Form gegenüber, die nicht zum bewußten Eigenbesitz geworden ist, sondern unmittelbar triebhaft wirkt. Dadurch gerät die Masse trotz der brutalen Eigenwilligkeit des formlos-willkürlichen Einzelnen in eine viel tiefere Abhängigkeit von übergreifenden Gesetzen, als es der geistig durchgeformte Einzelne oder Einzelkreis je könnte. Die Masse ist ein feineres Instrument für kosmisches Geschehen als der verselbständigte Einzelne. *So wird die Masse zum Träger der übergreifenden Schicksale der Geisterwelt.* Denn das Schicksal kommt aus dem Irrationalen des reinen Gehaltes und spottet jeder Berechnung der Träger der Form: „vox populi vox dei", auch wenn sie „vox diaboli" ist, denn sie ist „vox fati", des Schicksals, das über Gut und Böse steht, über dem Gegensatz von Formbejahung und Formverneinung, und unmittelbare Offenbarung des reinen Gehaltes selbst. So erhebt sich über dem Schmerz und Zorn gegen die oft grauenvolle Ungeformtheit und Brutalität der Masse (und zwar *jeder* Masse, *jedes* Standes und *jedes* Kreises) die Ehrfurcht vor der Masse als Trägerin des ihr selbst unbewußten, Welt gestaltenden Schicksals.

Gegen diesen Gedanken erheben sich mehrere Einwände: in erster Linie der, daß es nicht die Masse, sondern die Persönlichkeiten sind, die geschichtsbildend wirken und in ihrem Willen das Schicksal tragen. Aber der Gegensatz in dieser Fassung liegt an der Oberfläche. Da die Masse als Masse keine bewußte Eigenform hat, so ist es selbstverständlich, daß eine Formgebung nur durch Einzelpersönlichkeiten vermittelt werden kann; und es ist weiter nur natürlich, daß bei dieser Vermittlung die Einzelpersönlichkeit auf Widerstände stoßen muß, die aus vergangenen Formungen stammen. Die Masse ist außerstande, von sich aus die in ihr lebendige Schicksalsidee zu fassen, ja sie erkennt sie oft nicht einmal, wenn sie ihr in einer Persönlichkeit als Offenbarung entgegentritt. Daher der Kampf zwischen Masse und Persönlichkeit. Dieser Kampf ist seinem eigentlichen Sinne nach ein Kampf der neuen, in der Masse vorbereiteten und zur Offenbarung drängenden Idee gegen die festgewordenen Formen früherer Ideen. Daß diese Deutung richtig ist, daß die neue Idee wirklich in der Masse als unbewußter Gehalt und Gestaltungsdrang vorhanden sein muß, wenn anders es sich um eine geschichtsbildende, um eine wahrhafte Schicksalsidee handelt, – das geht daraus hervor, daß eine Idee nur durch die Resonanz der Masse geschichtsbildend sein kann. *Eine Idee muß „vorbereitet" sein, nicht nur eine geistige, sondern auch eine politische Idee, eine weltbewegende Tat, die Massenkraft und Massenschwäche und Massensehnsucht braucht.* Die sieghafte Stärke, die Überzeugungskraft einer Idee, einer Tat, ist die Adäquatheit ihrer Form an die weltgeschichtliche Lage, an die unbewußte Notwendigkeit, die sich in den Symptomen einer heranbrechenden Epoche äußert.

Die hier gegebene Auffassung der Masse als Vermittlerin der großen weltgeschichtlichen Schicksale gibt zu weiteren Fragen nach dem Wesen und dem letzten Träger der Schicksalsmacht Anlaß. Einige Andeutungen mögen genügen. Es ist unbedingt notwendig, über die Annahme eines rein innergeistigen Prozesses hinauszugehen. Die idealistische Schicksalsdialektik, wie sie am bedeutungsvollsten Hegel vertreten hat, ist nicht zureichend, weil sie sich lediglich in der Sphäre der reinen Form hält und die formzersprengende Bedeutung des irrationalen Gehaltes nicht kennt. Hier liefert eine wichtige Ergänzung die marxistische Auffassung, insofern sie die Bedeutung der soziologischen Verhältnisse für die historischen Schicksale sehen gelehrt hat. Aber auch sie ist nicht zureichend, denn die wirtschaftliche und gesellschaftliche Lage kann nicht anders wirksam werden als durch die Seelen der Menschen hindurch, und auch diese unterliegen Veränderungen und schicksalsmäßigen Umformungen ihrer rezeptiven und reaktiven Organe. Die Seele aber steht in unmittelbarem Zusammenhang mit dem Leib. Die soziologische und psychologische Einheit der Masse ist zugleich eine biologische, eine Einheit der Körper. Und auch in den biologischen Bewegungen, die durch die Leibeinheit der Masse hindurchgehen, offenbart sich die Schicksalsgebundenheit aller Geschichte. Die biologische Bewegung aber ist wieder verwurzelt in den Tiefen des dynamischen und astralen Weltgeschehens, dessen Einzelgesetze die Naturwissenschaft zwar berechnen kann, dessen einheitliche Gesamtbewegung aber nur angeschaut werden kann als Idee eines kosmischen Schicksals, dessen unerfaßlicher Sinn alles Einzelne an den großen Schritt der Gesamtentwicklung fesselt. Diese Schicksalsidee ist frei von jeder idealistischen oder materialistischen, psychologischen oder soziologischen, biologischen oder mechanistischen Rationalisierung. Sie hat alle diese Seiten in sich, aber sie selbst liegt tiefer als jede Daseinsform in dem Abgrund des Unbedingt-Wirklichen, das mehr ist als jede seiner Formen. Diese Idee steht dann auch jenseits des Gegensatzes von Freiheit und Notwendigkeit, von Determinismus und Indeterminismus. *So wird durch die Schicksalsidee die individuellste geistige Form, die selbständigste sittliche Persönlichkeit unlöslich verbunden mit dem universalen kosmischen Geschehen. Vermittlerin aber des Weltschicksals für die Welt des Geistes ist die Masse.*

Ein zweiter Einwand geht nicht von der Einzelpersönlichkeit, sondern von der Gemeinschaft aus und dem Gedanken, daß die Gestaltungsgesetze des geistig-sozialen Daseins nie von der Masse als solcher, sondern nur von Kreisen bewußter geistig-sittlicher Formung getragen werden. Die Tatsache ist unbestreitbar: die sittliche Gemeinschaft ist, selbst wenn sie durch einen noch so kleinen Kreis dargestellt wird, Trägerin der gesamten sozialen und dadurch indirekt auch geistigen Existenz der Gesellschaft. Weder ein Einzelner noch die Masse ist dazu imstande. *Der Einzelne ist Offenbarungsmedium, die Masse ist Schicksalsvermittlerin; die unsichtbare und sichtbare Gemeinschaft der sittlich bewußten Persönlichkeiten aber ist Trägerin aller Form in der Welt des Geistes;* und es ist eine Schicksalstatsache von höchster Bedeutung, ob solche Kreise stark sind oder nicht. Oft braucht das Schicksal ihre Stärke, oft aber ihre Schwäche, um durch schnelleres Zerbrechen alter Formen Neues werden zu lassen, das dann freilich selbst wieder Kraft und Bedeutung nur durch jene gewinnen kann. Damit ist die Bedeutung der sittlichen Gemeinschaften gegenüber der Masse festgestellt, zugleich aber auch die Grenze ihrer Geltung eingesehen: auch der stärkste sittliche Wille kann nicht Formen erhalten, die schicksalsmäßig verfallen sind, in denen die Masse nicht mehr den Ausdruck des in ihr lebendigen Gestaltungswillens anerkennen kann. Der Versuch, Schicksal zu machen, muß auch dem reinsten sittlichen Wollen mißlingen, weil er eine Verletzung der Majestät und Irrationalität des Unbedingt-Wirklichen ist.

Somit haben wir das Verhältnis von Masse, Persönlichkeit und sittlicher Gemeinschaft in ihrer religiösen Bedeutung entwickelt, und es ist angebracht, auf den eingangs entwickelten Widerspruch von pietistischem und kirchlichem Denken zurückzublicken. Die Grenzen des kirchlichen Denkens, typisch vertreten von der katholischen Form des Christentums, liegen darin, daß es die Masse nur insoweit in Betracht zieht, als sie eingeschlossen ist in die Formeinheit des kirchlichen Organismus; die Masse außerhalb bleibt *massa perditionis.* Damit ist wieder eine *Form,* nämlich die der Kirche, absolut gesetzt und dementsprechend die pharisäische Beurteilung aller außerkirchlichen Formen herrschend. Es ist aber die eigenartige Heiligkeitsqualität der Masse solange nicht verstanden, als das Reich Gottes begrenzt gedacht ist von einer empirisch-kirchlichen Wirklichkeit. Das Reich Gottes ist aber unabhängig von jeder Form, auch von jeder kirchlichen und konfessionellen. Es bricht jederzeit und überall in die Welt des Relativen, wo immer das Unbedingte durch irgendeine relative Form hindurch erlebt wird. Weil es aber unabhängig ist von jeder Form, darum ist es vermittelt durch die schicksalstragende Masse, die niemals und nirgends eine *massa perditionis,* sondern immer und überall durch die Paradoxie des Unbedingten eine *massa sancta* ist. *Wir ergreifen also die universale Intention des kirchlichen Denkens, aber wir müssen ablehnen jedes kirchliche Absolutheitsbewußtsein. Nur dann ist die Heiligkeit der Masse und durch sie hindurch das Prinzip des Heiligen selbst gewahrt.*

Dem kirchlichen Universalismus, der die Massen sich eingliedern will, steht gegenüber der pietistische Individualismus, der unter Verzicht auf die Massen Einzelne zusammenschließen will zu formerfüllter, religiös-sittlicher Gemeinschaft. Auch diesem Ziel müssen wir unbedingt zustimmen, denn alle geistige Formung und damit die geistig-soziale Existenz auch der Massen beruht auf dieser unbedingten Bejahung der ethischen Form; und es ist berechtigt, von hier aus zu urteilen, daß jeder, der sich von einer solchen sichtbaren oder unsichtbaren Gemeinschaft ausschließt, das Ziel seiner persönlichen Formung nicht erreicht hat und darum „unselig" ist. Aber auch hier lehnen wir die Begrenzung ab, die darin liegt, daß alles, was in diese Form nicht eingegangen ist, aus der Beziehung zum Absoluten, aus der Sphäre des Heiligen überhaupt ausgeschlossen wird. Und wir lehnen ab, was damit notwendig zusammenhängt, daß diese Gemeinschaften ihren Sinn lediglich in ihrer Beziehung auf das Absolute sehen, anstatt sich zu wissen als Träger und Offenbarer der Heiligkeit der Form in einer formlos „unseligen", nach Form ringenden Gesellschaft und Masse. *Sie selbst aber, die Träger der Form, müssen sich getragen wissen von der Formsehnsucht, dem irrationalen Gehalt, der in den Massen lebt in verborgener Tiefe und jeden Einzelnen in schicksalsmäßige Abhängigkeit bringt von dem ewigen Gehalt selbst, dem Unbedingt-Wirklichen, dem Heiligen. Das ist der Sinn und das ist die Notwendigkeit des tiefparadoxen Satzes von der Heiligkeit der Masse.*

II. Die Religion der Masse

1. Es gibt zwei Grundtypen der Religion, und es gibt zwei Typen der Masse, die ihnen entsprechen: der Gehalts- und Formtypus der Religion, der organische und dynamische Typus der Masse.

Das Bewußtsein des Unbedingten, das die Grundlage der Religion als notwendiger Geistesfunktion bildet, kann sich in zwei Richtungen darstellen; es kann Bewußtsein des alle Einzelwirklichkeit zerbrechenden und zugleich erfüllenden, grauenvollen und zugleich beseligenden Gehaltes des Lebens und der Wirklichkeit sein: die mystische Erfassung des Unbedingt-Wirklichen; und es kann Bewußtsein des alle Einzelform übersteigenden, ewigen und unverbrüchlichen Soll sein: die ethische und logische Erfassung des Unbedingt-Gültigen. Das erste ist das Prinzip aller ekstatischen, enthusiastischen, formzerbrechenden Erscheinungen der Religion, das zweite ist Prinzip aller sozialen, rechtlichen, formschaffenden Wirkungen der Religion, doch ist das erste immer das tragende Prinzip; denn auch das Bewußtsein der gültigen Form stammt aus der übermächtigen Gewalt des Gehaltserlebnisses und hat sich nur langsam von ihm losgelöst und verselbständigt. Es kann sich aber nie soweit verselbständigen, daß nicht noch eine „Ekstase der ewigen Form" (vgl. Kants Grabschrift) da wäre – sonst ist das Gebiet der Religion verlassen. – Aus dem Gehaltstypus der Religion stammt auch das mystische und kultische Element der Religion, während der Formtypus seine Vollendung erreicht hat, wo er den Kultus umgewandelt hat in ethische Hingabe und den Mythos in die Anschauung des ewigen Gesetzes als Natur- und Sittenordnung.

Die Wirklichkeit bietet kaum Beispiele reiner Typen; und das entspricht nicht nur einem allgemeinen Gesetz des Lebens, sondern auch einer besonderen Eigenart des Religiösen. Die Religion hat allenthalben die Doppeltendenz, die gegensätzlichen Typen scharf herauszuarbeiten und – sie einer Synthese zuzuführen; in jeder bedeutungsvollen religionsgeschichtlichen Entwicklung wird es leicht sein, beides zu beachten: die allmähliche Loslösung des Formbewußtseins von den kultisch-mythischen Grundlagen bis zu heftigstem Widerspruch – die Entstehung engerer mystisch-ekstatischer Kreise – und die fruchtbaren Verbindungen zwischen beiden unter Aufnahme gereinigter Elemente des ursprünglichen kultisch-mythologischen Bewußtseins. Und doch gibt es sehr wesentliche Unterschiede in der Betonung des einen oder anderen Elementes. Wenn wir darum Typen aufstellen, so ist das berechtigt, obwohl in jedem der zu behandelnden Typen schon der Weg der Loslösung und Wiedervereinigung durchschritten ist. *Es ist die kultisch-pädagogische und die eschatologische Form der Frömmigkeit, von der wir sprechen müssen, beide eine Synthese von Form- und Gehaltsbewußtsein, die erste aber unter dem Exponenten des Gehalts, die zweite unter dem der Form.*

Die erste, die wir urbildlich anschauen können in der katholischen Kirche, trägt das Bewußtsein der ewigen Gültigkeit des Gesetzes in sich und macht von seiner Bejahung die Gemeinschaft mit dem Unbedingten abhängig; sie ist aber zugleich erfüllt von den mystisch-sakramentalen Kräften, die einerseits zum Gehorsam gegen das Gesetz befähigen, andererseits über die ganze Sphäre des Gesetzes hinausführen zu der gnadenvollen Berührung mit dem ewigen Gehalt selbst. In Mythos und Kultus stellt sie diesen ihren Besitz als unmittelbare Gegenwart des Göttlichen in jedem zugänglicher Weise dar, der grundsätzlich gewillt ist, sich ihrer ethisch-pädagogischen Zucht zu unterwerfen. Sie umfaßt und gestaltet von dem Boden des Heiligen her alle Lebensäußerungen des Einzelnen und gibt dem Leben der Masse eine große gehaltvolle, alles umschließende Form. Sie ist ein Symbol der Gegenwart des Ewigen und macht dadurch die Zeit bedeutungslos; das Bewußtsein streckt sich nicht nach vorn auf neu zu schaffende Wirklichkeiten, sondern nach oben zu der unveränderlichen Wahrheit und nach unten in den gegebenen Lebenskreis, der mit jener Wahrheit zu durchdringen ist. So verbinden sich individualgeschichtliche Motive, die der ethischen Forderung entstammen, mit einem universalgeschichtlichen Quietiv, das auf dem Besitz und der unmittelbaren Gegenwart des Göttlichen beruht.

In der eschatologischen Frömmigkeit ist alles Motiv und nichts Quietiv. Das Hereinbrechen der großen weltgeschichtlichen Katastrophe ist es ja gerade, was alle Kräfte aufs höchste spannt, und zwar nach vorn auf das kommende Gottesreich. Alle verborgene Sehnsucht, alle innere und äußere Not, die Last der Schuld und die Sinnlosigkeit der

Schicksale, die Verderbnis der Welt und die Ungerechtigkeit der sozialen Ordnung, all das ergießt sich in die leidenschaftliche Hoffnung des zukünftigen Absoluten. Gott ist nicht der Seiende, sondern der Kommende; er ist nicht ruhende Substanz, sondern weltverwandelnder Wille; des Menschen aber ist es, sich zu bereiten zur Teilnahme an der Herrschaft Gottes. – Die Leidenschaftlichkeit der Erwartung, die Wendung über alles Gegebene und Gegenwärtige hinaus, der Enthusiasmus der Sehnsucht, das macht es naturgemäß unmöglich, daß diese Frömmigkeit in ihrer reinen Ausprägung mehr ist als ein Übergangszustand. Die Gegenwart fordert gebieterisch ihr Recht auf Erfüllung mit heiligem Gehalt; die Hoffnung mit ihrer konkreten Form bleibt unerfüllt und wendet sich nach innen und nach oben. Der Enthusiasmus kann zwar die Menge einen Augenblick täuschen, wenn er ausgesprochen wird als Hort ihrer Sehnsucht, aber er kann nicht ohne Erfüllungen immerwährend dauern. So endet jede Bewegung dieser Art entweder als Enttäuschung, oder wenn sie tiefe Wurzeln in dem Schicksal der Zeit hatte, als kultisch-pädagogische Organisierung des Gegenwärtigen.

So geht die Bewegtheit des mystisch-kultischen Typs von unten nach oben und wieder zurück von oben nach unten und hat in dieser Doppelheit Bewegung und Ruhe in Einheit, während der eschatologische Typ ausschließlich nach vorn gerichtet ist, bis er durch die Gewalt der Gegenwärtigkeit umgebogen wird nach oben und nach unten und so übergeht in den anderen; weil aber die Unbedingtheit des Religiösen in dieser Beruhigtheit nicht weilen läßt, brechen aus ihr immer neue eschatologische Wellen hervor, die einen, um bald zu versanden, die anderen, um ein neues Meer zu bilden.

Der Einzelne in der mystisch-kultischen Form gehört zur Masse als Trägerin der unbewußten religiösen Substanz, aus der heraus alle Lebensäußerungen Gestalt gewinnen und die selbst tiefer liegt als alles einzelne; und wenn er hervorragt über die anderen, so doch nur als ausdrucksvoller Repräsentant des gleichen inneren Sinnes, und wenn er sich ganz loslöst zu den Höhen mystischer Einsamkeit, so ist es doch nur so, als ob er die Linie nach oben radikal durchführen wollte im Gegensatz zu dem natürlichen Schwergewicht, das nach unten zieht.

Der Einzelne in der eschatologischen Form tritt stärker heraus, weil infolge des Übergewichts des Ethischen die Teilnahme an dem absoluten Zustand abhängig gedacht ist von seiner ethisch-religiösen Qualität. Da aber die Bewegung eine Gesamtbewegung der stärksten religiösen Kräfte ist, da sie aus einem Gesamtschicksal geboren ist und auf ein Gesamtschicksal, das über jedem Einzelnen steht, hindrängt, ist auch hier der Einzelne eingeschlossen in die Masse – solange der Enthusiasmus vorhält. Erlischt er, so besteht die Möglichkeit einer Verselbständigung des Einzelnen in ganz anderem Maße als bei dem mystischen Typus.

Wo diese Möglichkeit zur Wirklichkeit wird, da haben wir es mit dem *ethisch-kultischen Typus zu tun, der urbildlich anzuschauen ist im Protestantismus.* Der tiefe innere Widerspruch, den er enthält (Ethik und Kultus), ist einerseits der Grund seiner Schwäche, andererseits der Ausdruck seiner paradoxen Tiefe. – Paradox und widerspruchsvoll ist auch sein Verhältnis zur Masse. Soweit er kultisch bestimmt ist und die Rudimente der Kultmystik in ihm leben, hat er eine ungeheure Bedeutung für die Masse der von ihm beherrschten Völker; soweit er die ethisch-persönliche Seite trägt, kann es ihm nicht gelingen, ein lebendiges Verhältnis zur Masse zu gewinnen. Das wäre nur möglich durch eine neue eschatologische Bewegung; aber die muß sein kirchlicher Konservativismus (das Quietiv) ablehnen. Daher denn die Volkstümlichkeit eschatologischer „Sekten" neben ihm und die gänzlich außerkirchliche eschatologische Massenbewegung des Sozialismus, die beide die Unzulänglichkeit des Protestantismus zur Lösung des Massenproblems bezeugen. *Es sind allein der mystisch-kultische und der eschatologische Typus, die für die Religion der Masse in Betracht kommen.*

Die Betrachtung der religiösen Typen hat schon von selbst zu Andeutungen über die entsprechenden Gestaltungen der Masse geführt. Die organische Masse ist die von einem unbewußten, unmittelbaren, selbstverständlich zwingenden, mystischen Prinzip erfüllte Masse, die, von diesem Prinzip aus gestaltet und geformt, alle Lebensäußerungen mit dem Bewußtsein der Heiligkeit und inneren Notwendigkeit vollzieht. Die dynamische Masse ist in Bewegung auf dieses Prinzip hin, das in ihr geboren werden soll durch offenbarendes Wort und gestaltende Tat, aber sie hat es noch nicht. Darum ist sie revolutionär bewegt, ganz gleich, ob sie die Weltänderung durch Eingriff von oben erwartet oder mit dem Schwert in der Hand selbst durchsetzen will. Hier ist die Masse als Masse in höchstem Sinne aktiv, als Schicksalsträgerin durch den Enthusiasmus der Sehnsucht oder der Tat.

Mit diesen Gedanken ist die allgemeine Grundlage gegeben, von der aus die Frage nach der Religion der Masse zu beantworten ist. Es kommt darauf an, ob einer der genannten Typen gegenwärtig vorhanden oder im Kommen ist und welche Gestalt er hat; das hängt aber von Entwicklungen ab, die im Innern der Religion selbst und in ihrem Verhältnis zum allgemeinen Geistesleben begründet sind.

2. Die Herausentwicklung des ethisch-kultischen Typs in der Reformation hat die mystisch-pädagogische Einheit der katholischen Kirche zerbrochen und der Autonomie des Einzelnen zu entscheidender Bedeutung verholfen. Dadurch wurde die Bahn frei für das Einströmen der im Mittelalter gebundenen, aber nicht überwundenen, autonomen Formentwicklung des griechischen Geisteslebens. Die Autorität der mystisch erfüllten und hierarchisch zum Absoluten sich aufgipfelnden Kirche wurde im Nerv getroffen; es wurde ihr eine Wunde zugefügt, aus der der unmittelbare Gehalt langsam ausströmte. Alle autoritativen Hemmungen in Orthodoxie und Gegenreformation führten zwar zu einer abstrakten Verschärfung des Autoritätsprinzips, konnten sein Zerbrechen aber nicht mehr hindern, da das Lebensblut der Unmittelbarkeit entflossen war. Mit der mystischen Unmittelbarkeit lösten sich langsam auch ihre mystischen und kultischen Ausdrucksformen auf; die ganze Welt der formzersprengenden, supranaturalen Mysterien und Symbole wurde eine Beute der autonomen Kritik des wissenschaftlichen Formbewußtseins. Was an die Stelle trat, waren große wirklichkeitsumspannende, aber nicht wirklichkeitsübersteigende Formbegriffe: die Prinzipien der philosophischen Systeme. Was an ekstatischem Lebensgefühl die Urheber erfüllte, das war nicht gerichtet auf die Transzendenz, sondern auf die neuerlebte, begeistert bejahte, begriffsdurchleuchtete, künstlerisch geschaute Immanenz: Natur und Geschichte. Das Heilige war vom Himmel auf die Erde gekommen, der Mythos zur Philosophie, der Kultus zur Kunst geworden.

Die Masse freilich hatte in dieser Entwicklung verloren, ohne zu gewinnen. Die kultisch-pädagogische Form ihres religiösen Lebens war zerstört; naturgemäß wandte sie sich der anderen, eschatologischen Form zu. Die Reformation wurde von den Massen aufgefaßt als eine revolutionär-eschatologische Bewegung; nur in dieser Form konnte sie lebendig an ihr Anteil nehmen. Aber diese Form wurde von den Führern abgestoßen zugunsten eines kultischen Konservativismus, der sich auf die weltlichen Mächte stützte. Nur so war ein Zurückfluten der Bewegung in den Katholizismus zu verhindern; so aber mußte die Sehnsucht der Massen ohne wirkliche Erfüllung bleiben. Diese Lage verschärfte sich, als auch die Reste des kultischen Bewußtseins von der aufklärerischen Kritik erschüttert wurden, die ästhetische Weltbejahung aber nur den obersten Schichten auf Kosten der Massen möglich war, die unter dem hemmungslos, weil unmystisch gewordenen Macht- und Autoritätsprinzip leiblich und seelisch verdarben. Und doch war auch in ihnen der Geist der Immanenz mächtig; *aber er konnte nicht, wie bei den Oberen, ein Geist der Weltbejahung sein, sondern er mußte ein Wille zur Weltgestaltung werden.*

Der revolutionär-eschatologische Geist, der aus der Reformationszeit nachwirkte, verband sich mit der Philosophie des absoluten Naturrechts, das als Gottes-, Vernunft- und Naturgesetz zur Verwirklichung drängt und die Welt verwandeln will in ein Reich der Vernunft und der Gerechtigkeit. Nicht von oben her kommt das Himmelreich durch einen weltverwandelnden Akt Gottes, sondern von der Menschheit wird es herbeigezwungen mit Geist und Schwert. Von der Französischen Revolution und ihren Auswirkungen im 19. Jahrhundert bis zu den extrem kommunistischen Kreisen der Gegenwart erfüllt dieser eschatologische Enthusiasmus die Massen und treibt sie als das Heilige, das ihnen geblieben ist, zu opfervoller Hingabe und heroischem Kampf.

Wir haben also seit der Aufklärung in Europa eine Massenreligion des eschatologischen Typus, die sich von den eschatologischen Sektenbewegungen dadurch unterscheidet, daß sie auf dem Boden der Immanenz steht. Aus diesem Unterschied ergeben sich nun eine Reihe von Konsequenzen, die es dem ungewohnten Auge oft schwer machen, hier von Religion zu reden, weil es üblich war, diesen Namen für die Beziehung zu einem transzendenten Gottwesen aufzusparen. Wer aber Religion als Funktion der Unbedingtheit oder Heiligkeit auffaßt, für den besteht an dem religiösen Charakter dieser Bewegungen kein Zweifel. – *Zunächst ist an Stelle autoritativer Bindungen irgendwelcher Art das Bewußtsein der Autonomie getreten;* es erfüllt die Massen mit einer Unmittelbarkeit und Leidenschaftlichkeit, die nur zu erklären ist aus dem Gefühl, einem schweren Joch entronnen zu sein; und es macht sie mißtrauisch gegen jeden Versuch, namentlich von religiöser Seite, sie unter ein neues Joch der Autorität zu zwingen. Dennoch hat diese Autonomie ihre heimliche Dialektik: das Mittel, durch das die Befreiung sich vollzog, war die Aufklärung – ein Wort, das in den Massen noch eine überraschend große Rolle spielt, nachdem es sonst im Geistesleben längst jeden Gebrauchswert verloren hat. Die Aufklärung aber ist wissenschaftliche Aufklärung; und so tritt an die Stelle der religiösen Autorität die wissenschaftliche. Aber wir müssen noch genauer hinsehen: es ist nicht die Wissenschaft als solche, die zur Autorität geworden ist – die gibt es ja auch nicht –, sondern eine bestimmte Wissenschaft, diejenige nämlich, in der die Masse den Ausdruck ihrer Lage, ihrer Sehnsucht, des in ihr lebendigen Prinzips finden konnte. So ist also das autoritative Element doch nicht die wissenschaftliche Form, sondern die unmittelbare Gewißheit, die gerade in dieser Form ihren Ausdruck findet. Diese Form konnte nicht der konkrete Mythos des naiven Bewußtseins, sondern mußte der abstrakte Mythos der Wissenschaft sein. Aber die Wissenschaft ist ins Unendliche problematisch. Das ist ihre Autonomie. Als Ausdruck einer bestimmten Innerlichkeit darf die Wissenschaft jedoch nicht Problem, sondern muß Gewißheit sein. Dieser innere Widerspruch wird sehr stark empfunden, sobald Volksbildungsarbeit den Dogmatismus der Revolutions-Philosophie zu erschüttern droht; dann verbindet sich häufig eine energische Abwehrbewegung mit einer höflichen Verbeugung vor der Wissenschaft: beides gleichberechtigt und gleich notwendig und doch vorerst unvereinbar. *Tiefer aber als das rationale Autonomiebewußtsein erfüllt die Gewißheit eines irrationalen Gehaltes, der unter keinen Umständen verschüttet werden darf, die Seele der Masse und gibt ihr trotz der Autonomie die Festigkeit und Geschlossenheit einer dogmatischen Überzeugung.*

Eine zweite Folge des Immanenzstandpunktes ist die, daß die Hoffnung auf den weltgestaltenden Umschwung sich nicht gründet auf die Kraft eines supranaturalen Eingriffs, sondern auf das Selbstgefühl der weltbeherrschenden Vernunft. Es scheint damit jedes religiöse Element aus der Hoffnung ausgeschieden zu sein; es scheint allein der Wille zu wirken, der sich von der Gottheit loslöst, weil er selbst weiß, was gut und böse ist, der den Turm zu Babel aufbaut als Zeichen der selbstgewissen Menschenkraft, der das Feuer vom Himmel holt und die Erde umschmiedet zur Stätte eigener Herrschaft. Aber auch diese Selbstgewißheit der Vernunft ist dialektisch; sie erweist ihre Vollendung erst in dem Augenblick, wo die Vernunft gleichsam den Menschen aus den Händen genommen und durch den Geschichtsprozeß zu einer übergeordneten Schicksalsmacht wurde. Ob man aber mit den Kreuzfahrern das „Gott will es" oder mit Hegel-Marx und ihren Gläubigen das „Es muß" des dialektischen Prozesses auf sein Banner schreibt, in beiden Fällen ist das Erlebnis der Tiefe vorhanden, in der das Geschehen die Weihe der Heiligkeit empfängt. Der Unterschied ist freilich der, daß im Gottesgedanken der irrationale Wille Gottes dem Menschen jede Entscheidung nimmt, während der dialektische Prozeß als Vernunftprozeß das vernünftige Wissen und Handeln des Menschen zu seiner Verwirklichung braucht. Daher denn auch an diesem Punkt eine Spannung die eschatologische Frömmigkeit der Massen belastet: der Gegensatz zwischen dem unbedingten Glauben an die Schicksalsnotwendigkeit, die sich in jedem Falle durchsetzen muß, und dem Willen, durch eigene Tat das Schicksal zu verwirklichen. *In dem Maße aber, in dem der Ton auf die zweite Seite fällt, geht die Gewißheit des jetzigen Schicksals über in die Probleme der revolutionären Taktik. Und doch ist das Tiefste auch hier nicht die Taktik, sondern der Glaube.*

Eng damit zusammen hängt die Frage nach dem Kultus der revolutionären Masse. An und für sich liegt dem eschatologischen Bewußtsein das Kultische fern, da es nicht durch die Gegenwart, sondern durch die

Zukunft auf das Absolute gerichtet ist. Aber dieses Gerichtetsein ist doch selbst wieder eine innerliche Wirklichkeit, die nach äußerem Ausdruck verlangt; und so finden wir denn in den unzweifelhaft typischen Kreisen eschatologischer Erfülltheit sofort mit einer inneren Abwendung von dem alten Kultus Ansätze eines neuen verbunden. Die Gemeinschaft des Geistes führt zu zeiträumlicher Gemeinschaft, und diese ist nicht möglich ohne gewisse Formen, die naturgemäß aus dem gemeinsamen Geist hervorwachsen. Auch die gegenwärtige revolutionäre Masse hat solche Formen ausgebildet. Freilich haben auch sie die Doppelheit in sich: teils Darstellungen innerlichen Gemeinschaftsgefühls, teils Mittel zu äußerlichem Kampf zu sein und demgemäß zwischen irrationalen Ausdrucksformen und rationaler Parteitechnik hin- und herzuschwanken. Das wird solange nicht als Gegensatz empfunden, als die politisch-taktische Einheit im wesentlichen unerschüttert ist; sobald aber hier scharfe Gegensätze hervortreten und überhaupt aus dem Parteileben der ursprüngliche Enthusiasmus zu entweichen beginnt unter dem Druck der technischen Verfestigung der Parteieinrichtungen, sucht sich in dem gleichen Maße das kultische Bedürfnis außerparteiliche Stätten (Jugendweihen, Feierstunden usw.). *Auch hier also ist tiefer und stärker als die Zweckeinrichtung das Gemeinschaftsgefühl und die Sehnsucht nach gemeinsamer Ausdrucksform des Heiligen.*

Das führt zu der Frage nach der Gemeinschaft und ihren Grundlagen selbst. An Stelle der Prinzipien religiöser Gemeinschaftsbildung scheint in der immanent-eschatologischen Massenbewegung ein äußerlich-empirisches Prinzip getreten zu sein: die Klasse. Sie ist die Grundlage der Partei und ihrer Lebensäußerungen, sie ist die Trägerin der revolutionären Gläubigkeit. Also nicht göttliche Berufung, sondern zufällige Zugehörigkeit zu einer bestimmten Gesellschaftsschicht begründet die Gemeinschaft der Masse. An keinem Punkte scheint der unreligiöse Charakter deutlicher zu sein als gerade hier. Und doch ist auch hier leicht zu sehen, daß etwas anderes, Umfassenderes im Hintergrund steht: *Das Klassenbewußtsein ist der historisch bedingte Ausdruck des Menschheitsbewußtseins.* Die Klasse ist Träger der Bewegung, aber das Ziel ist die Menschheit. Die Klasse ist der Erstling, die Völker und Rassen werden folgen. Das Menschheitsgefühl aber richtet sich nicht auf den Menschen als biologische Sondererscheinung, sondern auf die Menschheit als Trägerin aller Werte, als bestimmt, Werte zu verwirklichen auf mannigfaltigster Grundlage. Es handelt sich also um die autonome Wendung des Gedankens der Gottebenbildlichkeit aller Menschen, die alle Menschen zur Gemeinschaft der Gotteskinder bestimmt. Der Kampf aus Nationalismus, Konfessionalismus, Rassenhaß usw. wird deswegen ersetzt durch den Kampf gegen denjenigen, der die Menschenwürde des Menschen nicht achtend sich selbst aus der Menschengemeinschaft ausschließt. Das ist der Sinn des Klassenkampfes. Aber insofern die Klasse ein empirisch Gegebenes ist, wird der Sinn des Kampfes widerspruchsvoll und demgemäß die Gemeinschaft hinübergleitend zum Interessenverband des Klassen-Patriotismus: auch dieses eine Folge der inneren Dialektik des religiösen Immanenzstandpunktes.

Die letzte Wurzel dieser Spannungen aber ist folgende: Jedes Erlebnis des Heiligen in den Dingen bedeutet ein Transzendieren der Dinge, ein Hinausgehen über ihre Unmittelbarkeit und empirische Bedingtheit in eine Sphäre des Unbedingten. *Etwas als heilig ansehen heißt: durch etwas hindurch den Sinn der Unbedingtheit erfassen. Das geschieht im mystisch-kultischen Typ als Gegenwärtigkeit, im eschatologischen Typ als Herannahen des Unbedingten.* Beides aber bedeutet eine Paradoxie gegenüber jeder relativen Wirklichkeit: es bricht die selbstgenügsame Ruhe ihrer einfachen Gegebenheit und treibt in eine allen Formen jenseitige Sphäre. Diese Art notwendiger Transzendenz alles Religiösen verbindet sich nun mit einer immanenten Formbejahung, und daraus ergeben sich alle jene Widersprüche: zwischen innerer Bindung und Autonomie, zwischen Schicksalsglaube und politischer Taktik, zwischen Kultsehnsucht und Parteitechnik, zwischen Menschheitsgemeinschaft und Gesellschaftsklasse, zwischen unbedingtem Ziel und bedingten Mitteln, zwischen Heiligkeit und Zweck. *In der Not dieses Widerspruches verzehrt sich die religiöse Glut der eschatologischen Massenbewegung unserer Zeit.*

3. Es ist nicht möglich, dieser Not mit rückgewandten Forderungen einer neuen Transzendenz und Autorität zu begegnen. Es ist aber auch nicht nötig, denn eine tiefere Betrachtung wird zeigen, daß es sich hier im Grunde um eine jede eschatologische Frömmigkeit gleich drückende Schwierigkeit handelt und daß die Lösung der jeweilige Übergang in die kultisch-pädagogische Form ist. Sobald nämlich die transzendenten Hoffnungen inhaltlich bestimmt werden sollen, ergibt es sich, daß sie nur als idealisierte Schattenbilder der Immanenz gedacht werden können; und mehr noch: trotz alles Wartens auf den göttlichen Eingriff wird die Wartezeit zugleich als Vorbereitungszeit gedacht. Dem fern abwesenden Gottesreich ist die Bahn zu ebnen, zwar nicht in der Welt im Ganzen, wohl aber in der Gemeinde der Erwählten. Jede Aktivität aber zielt auf Formschöpfung und setzt Kulturwirklichkeit, auch wenn es sich um spezifisch religiöse Kultur handelt. Das aber ist nicht mög-

lich ohne Anwendung technischer Gesichtspunkte, wie sie z. B. in den späten Briefen des Neuen Testaments erscheinen. Der Unterschied ist freilich der, daß es sich hier um Formschöpfungen handelt, die ausdrücklich in der Weltgestaltung ihr Ziel finden. Aber der Unterschied verliert an Bedeutung, sobald man an die Kirchen denkt, die entweder an sich weltgestaltend wirken, wie der Katholizismus und Calvinismus, oder sich in den Dienst der staatlichen Wirklichkeitsformung stellen, wie das Luthertum und die griechische Kirche. Die immanente Eschatologie ist universaler, gleichsam kirchlicher (weil der individuelle Erwählungsgedanke keine Rolle für sie spielen kann) als die transzendent-eschatologischen Sekten. Darum ist aber auch auf dem Boden der immanenten Eschatologie eher eine Einigung mit dem kultisch-pädagogischen Typus möglich: es braucht nicht zu dem schmerzvollen Abbrechen der eschatologischen Hoffnung zu kommen wie bei einer enttäuschten Weltkatastrophenerwartung. Der technische Gesichtspunkt, der nur zu oft den religiösen Schwung herabdrückte, erweist sich darin als Mittel zu einem stetigen Übergang ohne Bruch und wirkt so indirekt religiös förderlich.

Die Lösung aus der dialektischen Not der immanenten Eschatologie ist also die Rezeption der kultisch-pädagogischen Sphäre auf ihrem Boden. Die Gegenwart des Heiligen erweist sich in dem Vorhandensein einer Gemeinschaft, die den unbedingten Willen zur Gestaltung einer neuen Wirklichkeit in sich trägt; aber diese Gemeinschaft ist nicht durch individuelle Auswahl zustande gekommen, sondern sie ruht auf dem schicksalgegebenen Vorhandensein einer revolutionären Klasse. Die Aufnahme der mystisch-kultischen Elemente bedeutet also keineswegs einen Verzicht auf den nach vorn gerichteten weltgestaltenden Willen; sie bedeutet aber die Bewußtwerdung des Unbedingten als innere Triebkraft dieses Willens und die Loslösung des Heiligkeits-Erlebens von Technik und Taktik.

So muß und wird die wissenschaftliche Autonomie sich scheiden von dem überwissenschaftlichen Symbol eines Erlebens der Welt, der Geschichte und des gegenwärtigen Schicksals. Es kann keine dogmatische Nationalökonomie, Historie oder Erkenntnistheorie geben; wohl aber kann es einen schöpferischen Willen geben, der sich einen Ausdruck sucht auch in den wechselnden Formen wissenschaftlicher Erkenntnis, in erster Linie aber eine Sinndeutung des Geschehens von einem eigenen fundamentalen Sinnerlebnis her ist. Die Wahrheit dieser Deutung ist eins mit der inneren Notwendigkeit des geschichtlichen Augenblicks, und sie ist solange unerschütterlich, also „dogmatisch", als sie innerlich notwendig ist und mit der Kraft des Heiligen die Seelen durchflutet.

Den Schicksalsaugenblick deutet keine Wissenschaft, sondern allein der schöpferische Wille; er aber unbedingt, denn er ist sich selbst Subjekt und Objekt. Er kann darum auch nicht kritisiert werden, sondern nur negiert; er kann auch durch keine Skepsis der von ihm erfüllten Masse genommen werden, er trägt sie und wird von ihr festgehalten wie ein unverbrüchliches Dogma. Und doch muß es kein Dogmatismus sein; denn nicht der wissenschaftliche Ausdruck wird geglaubt; nicht eine Form wird absolut gesetzt, sondern ein Sinn, ein Gehalt, eine Schöpfung. Noch ist ein solches Symbol nicht da; noch schwankt das Bewußtsein der revolutionären Masse zwischen Dogmatismus und Autonomie. *Die Schaffung eines Symbols, das beides in sich trägt, die unbedingte Sicherheit des Sinnes und die unendliche Problematik der wissenschaftlichen Form, ist die eine Voraussetzung einer kommenden Religion der Masse.*

Ebenso steht es mit dem Gegensatz von Schicksalsglaube und selbstherrlicher Vernunft. Nirgends ist es wichtiger als hier, die Loslösung zu vollziehen. Nur so kann die religiöse Gewißheit von dem kommenden Sieg des „Reiches der Vernunft" gegenüber allen Wechselfällen der politischen Lage und gegenüber allen Begrenztheiten jedes Zustandes erhalten bleiben. Das Schicksal kann nicht gemacht, es kann aber auch nicht berechnet werden. Weder die Willkür einer technischen Zielsetzung, noch der Zwang einer berechneten Dialektik des Logischen oder Wirtschaftlichen reicht an die Tiefe des Geschehens heran. Das Bewußtsein aber um seine Unergründlichkeit und irrationale Heiligkeit und zugleich um seine Offenbarung in den Seelentiefen der eschatologischen Masse, die Hingabe an diese Tiefe und Heiligkeit über aller rationalen Technik des Berechnens und Handels – das ergibt die unbedingte Gewißheit und die unbedingte Kraft der Massenreligion. Die technischen Dinge, die Mißerfolge und die Begrenztheiten, die Schwächen und Niederlagen, aber auch die Siege und Fortschritte der Bewegung stehen unterhalb der absoluten Gewißheit und können der absoluten Hingabe weder etwas hinzufügen noch hinwegnehmen. Denn nicht auf sie richtet sich der Glaube, sonst wäre es kein Glaube, sondern schwankende Wahrscheinlichkeitsberechnung. Die Verbundenheit mit dem zur Offenbarung drängenden heiligen Gehalt, mit der Schicksalstiefe, die aus der Unbedingtheit in die Welt des Bedingten hineinragt, sie ist die Wurzel der immanent-eschatologischen Frömmigkeit. Menschen, in denen dieser Gehalt bewußt oder unbewußt lebendig ist, sind die Glaubenden und Tragenden dieser Bewegung. Die Führer aber des politischen Kampfes und der wissenschaftlichen Erfassung sind getragen und beauftragt, ohne daß sie zum Guten oder Schlechten eine letzte Entscheidung geben könnten. Entscheidend ist allein die in der Tiefe wirkende unmittelbare Schicksalsmacht, das Bewußtsein um das Heilige in der Seele der Masse. *Damit kommt in die nach vorwärts drängende Dynamik, die so leicht in technischen, rationalen Aktivismus übergeht, ein mystisch-statisches Moment von oben und nach oben; an die Stelle des rationalen „Machens" tritt ein unmittelbares und darum zwingendes Gestalten von innen heraus.*

Damit ist nun auch die Grundlage für einen kultisch-pädagogischen Aufbau gegeben, der losgelöst ist von allen technischen Gesichtspunkten des Parteikampfes. Das Heilige als der letzte Sinn des Daseins wird angeschaut, sowohl in seiner ewigen Gültigkeit und immerwährenden Gegenwart, als auch in seiner die Weltlichkeit gestaltenden Energie. *Die kultische Anschauung richtet sich also in gleicher Weise nach oben und nach vorn; denn das Heilige ist immer zugleich das, was ist, und das, was sein soll:* das, was ist, als der unbedingte Gehalt, der erfaßt wird durch jede Form hindurch; das, was sein soll, als die unbedingte Gültigkeit der Form, die die Welt gestalten soll. Die einseitige Beziehung auf das zweite macht die Gegenwart unheilig und die Seele leer und macht schließlich die Person zum Mittel der Sache. Wo aber das Heilige lebendig gegenwärtig angeschaut und erlebt wird, da ist das „Himmelreich" niemals nur in der Zukunft, sondern immer schon mitten unter uns und in uns, und alles Weltgestalten ist Auswirkung eines Vorhandenen, das angeschaut und verehrt wird, nicht Anfertigung eines Gedachten oder Errechneten, das erhofft und gefunden wird.

Endlich muß auch das universale Menschheitsbewußtsein völlig befreit werden von der Verderbnis eines Klassen-Patriotismus und getrennt werden auch von der notwendigen Bejahung der Klasse als Hauptkämpfer des Überganges. Nicht die empirische, sondern die ideale Klasse ist Grundlage der religiösen Gemeinschaft. Die Kritik aber von der idealen her, die identisch ist mit der idealen Menschheitsgemeinschaft, richtet sich mit gleicher Energie gegen die eigene Klasse wie gegen die gegnerischen. In der Technik des politischen Kampfes ist das nicht möglich. In der Sphäre des religiösen Gemeinschaftsgefühls ist es selbstverständlich. Man denke an den „Krypto-Kapitalismus" in der Arbeiterklasse, an diktatorisches Führertum und Parteimechanismus. All das sind Folgen politisch notwendiger Dinge; und was notwendig ist, hat auch sein Recht vom Heiligen her. Aber es hat ebensoviel Unrecht wie Recht in sich. *Unbedingt heilig ist allein die ideale Klasse, die ideale Menschheitsgemeinschaft, das „Reich Gottes".*

Durch diese Scheidung des religiösen und technischen Gesichtspunktes, durch die Unterordnung des rationalen Prinzips unter das irrationale Schicksal ist der immanent-eschatologische Typ von seinem inneren Widerspruch befreit, ohne doch einer Reaktion zum Transzendenten anheim gefallen zu sein. Er ist fortentwickelt zum kultisch-pädagogischen Typ, ohne doch seinen eschatologischen Schwung verlieren zu müssen. Nicht um eine transzendente Wirklichkeit handelt es sich, sondern um ein inneres „Transzendieren", ein Hinausgehen der Dinge über ihren unerforschlichen Sinn zu dem Sinn des Unbedingten im mystischen und im aktivistischen, im anschauenden und im gestaltenden Sinn. Soweit nicht Hemmungen und Reaktionen vorliegen, entwickelt sich die Religion der Masse in dieser Richtung. Sie ist nicht kirchlich, aber sie ist auch nicht weltlich. Sie sieht die Verwirklichung des Heiligen nicht in der Seele und nicht in der Kirche, sondern in der Welt – das ist ihre Immanenz. Aber sie weiß, daß diese Verweltlichung nicht kommen kann durch Technik und Taktik, sondern allein durch die Seelen und ihre Gemeinschaft, aus der die Kraft des Unbedingten schöpferisch hervorbricht – das ist ihr Transzendieren. *So vereinigt die werdende Religion den eschatologischen und den kultisch-pädagogischen, den Form- und den Gehaltstypus der Religion auf dem Boden der Immanenz und bildet eine Einheit beider Formen der Religion der Masse.*

GRUNDLINIEN DES RELIGIÖSEN SOZIALISMUS

Es ist meine Aufgabe, unsere Überzeugungen in systematischer Zusammenfassung darzulegen. Was in den vorhergehenden Vorträgen gesagt ist, soll von einheitlichen Gesichtspunkten aus verstanden, bearbeitet und eingeordnet werden. Ein System aber ist eine individuelle Schöpfung; nicht eine äußerliche Zusammenfassung kann darum beabsichtigt sein, sondern ein selbständiger, alle berührten Probleme von innen her neu erfassender Aufbau. Nur die Gemeinschaft der letzten Zielsetzung und der entscheidenden Lösungsversuche ist gewahrt. Sie muß sich, wenn sie echt ist, unmittelbar, im produktiven Akt selbst bewähren.

Es sind vier Gedankenreihen, die der Reihe nach entwickelt werden sollen: Wir fragen nach der *inneren Haltung*, nach dem *Ziel*, nach dem *Gegner* und nach dem *Weg* des religiösen Sozialismus.

I. Die innere Haltung des religiösen Sozialismus

Wir unterscheiden zwei Grundhaltungen zur jeweiligen Gegenwart: die sakramental-geschichtsunbewußte und die rational-geschichtskritische. – Die sakramentale Haltung ist durch das Bewußtsein um die Gegenwart des Göttlichen bestimmt, sei es in primitiver Heiligung alles Wirklichen, sei es in Fixierung des Heiligen auf bestimmte Gegenstände und Handlungen. Hier liegt die Wurzel der heiligen Symbole und Formen, der heiligen Rechts- und Gemeinschaftsbeziehungen; von hier aus erklären sich die unantastbaren Zusammenhänge zwischen Mensch und Boden, zwischen gegenwärtigen und vergangenen Geschlechtern, zwischen Herrschern und Beherrschten, zwischen Bluts-, Volks- und Rassengemeinschaften. Alle diese Verhältnisse sind sakramental begründet, ganz gleich, welche Anlässe zu der sakramentalen Weihe geführt haben, und sie verdanken diesem Charakter ihre Gewalt, ihre Dauer, ihre Unverletzlichkeit, zugleich aber auch die Lebensfülle, die sie vermitteln, den Lebensgehalt, den sie offenbaren. Die Geschichte wird hier als Mythos geschaut. Sie zeigt die Anlässe, die zu sakramentaler Weihung geführt haben, sie enthält die göttlichen Taten, auf denen der Gehalt und der Wert der Gegenwart beruhen. Es kann kein Zweifel sein, daß auch heute noch weite Kreise, namentlich des Bauerntums, sich in dieser Geschichtsunbewußtheit befinden und daß die sakramentale Geisteslage aus der Bodengebundenheit immer neue Stärkung erfährt, wenn auch die Einwirkung des kritischen Geistes noch so energisch ist. Es ist ein großer Fehler, wenn man von städtischer Geisteslage aus diese Tatsache übersieht, und vor allem, wenn man ihr metaphysisches Recht und ihre Bedeutung für jeden sozialen Aufbau nicht begreift.

Die entgegengesetzte Geisteslage geht nicht von dem Gehalt und der Weihe, sondern von der Form und dem Recht aus. Auch in der sakramentalen Haltung gibt es Form und Recht, aber sie treten nicht als Form hervor: die innere Richtung ist nicht das Richtige, sondern das Heilige, das mit dem Richtigen eins sein, ihm aber auch widersprechen kann. In der rational-kritischen Haltung dagegen wird das Heilige, das nicht zugleich das Richtige und Geformte ist, abgelehnt. Der Geist richtet sich auf die Form und verliert darüber die Gegenwart des Heiligen; er kommt in Abstand zu allem Gegebenen und wird leer und gehaltlos; ins Unendliche geht er der unbedingten reinen Form nach, ohne sie finden zu können. Dieser kritisch-rationale Geist ist der echte Erbe des urmenschlichen Wandertriebes, und er erhebt sich vorzüglich in sozialen Verhältnissen, die auf Bodenentwurzelung beruhen, in Kolonien und Städten. Es ist der titanische weltgestaltende Wille, der das Heilige, dessen Gegenwart er verloren hat, durch Formschöpfung wiederherstellen will. Aber dieser Wille, aus dem alle schaffende Aktivität des Geistes fließt, zerbricht an dem Verlust, den er notwendig bewirkt: das gegebene Heilige kann nicht ersetzt werden durch das aufgegebene Heilige. Die Reflexion, die schaffende Aktivität ist unendlich und entleert alles Gegenwärtige zugunsten eines nie verwirklichten Zukünftigen. Das ist die Tragik aller Reflexion, daß sie die Entfernung zum Wirklichen, die sie aufheben will, durch sich selbst notwendig vertiefen muß. Das ist die Unfruchtbarkeit aller bloß reflektierten Haltung zur Gegenwart, daß sie die Zukunft, die sie fordert, nicht nur nicht schaffen kann, sondern ihr Kommen hindert. So wenig es in unserem Kreise notwendig ist, an der sakramental-geschichtslosen Auffassung Kritik zu üben, so notwendig ist es, auf die Gefahr der rationalen Kritik hinzuweisen. Zahlreiche kritische Gegenwartsbewegungen stehen unter dem Verhängnis der Reflexion und ihrer Unfruchtbarkeit, auch wenn sie wie z. B. die Jugendbewegung aus der Reflexion in das subjektive Gefühl flüchten. Gehalt schaffen kann das eine so wenig wie das andere; denn beide stehen auf dem gleichen Boden der subjektiven Loslösung von dem unmittelbar Heiligen und seiner unbedingt sinnerfüllenden Kraft.

Im Unterschied von beiden Richtungen nimmt der religiöse Sozialismus die prophetische Haltung ein. Sie ist die Einheit und höhere Form beider. Auf dem Boden eines gegebenen Heiligen erhebt sich die Forderung des gesollten Heiligen, Prophetie ist weder Mantik, die Künftiges voraussagt, noch Ethik, die Künftiges fordert. Prophetie erfaßt das Kommende, Gesollte aus dem Lebenszusammenhang mit dem Gegenwärtigen, Gegebenen. Sie hat das Heilige, aber sie hat es durch das Recht und die Form hindurch; sie ist losgelöst von der sakramentalen Indifferenz, aber sie verfällt nicht der rationalen Entleerung. – Die Prophetie ist eine konstante religiöse und geistige Funktion, die schwächer und stärker, reiner und verzerrter sein, die aber nie fehlen kann. Sie ist die religiöse Einheit von Ethos und Geschichtsmetaphysik und kann von Einzelnen, von Kreisen und Bewegungen, ja selbst von Massen getragen sein. Sie ist in dem Maße irrtumsfähig, als sie zur Mantik wird, und sie ist in dem Maße unfruchtbar, als sie zur Moral wird.

Für den religiösen Sozialismus kann es nur die prophetische Haltung geben. Sie ist im Sozialismus selbst da, wenn auch vielfach verzerrt durch Reflexion, Rationalismus und Taktik. Es kommt alles darauf an, daß diese Elemente im Sozialismus untergeordnet werden und seine reine prophetische Kraft offenbar wird. Ob das gelingt oder nicht, davon hängt das Schicksal der sozialistischen Bewegung ab. – Für alles Reden über religiösen Sozialismus ist entscheidend, ob es aus der prophetischen Haltung heraus geschieht oder nicht. Jede Debatte, die sich nur in der rationalen Ebene hält, dringt nicht zu dem Wesen vor. Es gibt ein notwendiges Mißverstehen des Prophetischen durch das Rationale. So hat die bürgerliche Wissenschaft den Sozialismus und die Aufklärung die Glaubenslehren widerlegt – mit Erfolg in der rationalen Sphäre, aber unter Verfehlung des Wesens selbst. Sie erreichte nicht das Metaphysische und Ethische und ihre Einheit, das Prophetische jener Schöpfungen. – Dennoch darf der religiöse Sozialismus das rationale Element nicht unterschätzen. Er muß gerade aus seinem prophetischen Bewußtsein heraus das Recht und die Form radikal bejahen; er darf die richtige Form nicht schwächer, sondern er muß sie stärker fordern als der Rationalismus. Aber er muß wissen, daß die Gegenwart des Unbedingten das Prius alles bedingten Handelns, daß der unbedingte Sinngehalt das Prius aller Sinnformen, daß das Wachsen der Gestalt das Prius aller Gestaltung ist.

Wir haben für den Inhalt der prophetischen Geschichtsschau das

Wort „Kairos“ gebraucht. Es bedeutet den mit unbedingtem Gehalt und unbedingter Forderung erfüllten Zeitmoment. Es enthält keine Weissagung auf eine nähere oder fernere Zukunft; soweit es derartiges mitschwingen läßt, gesellt sich Mantik zur Prophetie und Irrtumsmöglichkeit zur unbedingten Gewißheit. Aber Kairos bedeutet auch nicht eine bloße Forderung, ein bloßes Ideal. Soweit derartiges mitschwingt, ist es entweder als Blickrichtung gemeint, nicht als Wirklichkeit, oder es ist Utopie. Kairos ist der erfüllte Zeitmoment, in dem das Gegenwärtige und Zukünftige, das gegebene und das geforderte Heilige sich berühren und aus dessen konkreten Spannungen die neue Schöpfung hervorgeht, in der heiliger Gehalt sich verwirklicht in der gesollten Form. Prophetie ist Bewußtsein des Kairos im Sinne des Wortes: *„μετανοεῖτε· πεπλήρωται ὁ καιρός καῖ ἤγγικεν ἡ βασιλεία τοῦ θεοῦ.“* So einigen sich sakramentale und kritische Haltung im Bewußtsein des Kairos, im Geist der Prophetie.

II. Das Ziel des religiösen Sozialismus

Auf die Frage, was unter der „Herrschaft Gottes“ zu verstehen sei, muß zuerst und grundsätzlich die Antwort gegeben werden: die Verwirklichung des unbedingten Gehaltes in der unbedingten Form gemäß dem Wort, daß „Gott ist Alles in Allem“. Aber dieses Wort drückt eine Idee aus. Es spricht von der Wahrheit des Wirklichen, aber nicht von der Wirklichkeit selbst. In der Wirklichkeit finden sich eine Reihe schöpferischer Synthesen von Form und Gehalt, in denen sich die ewige Idee, die absolute Synthesis offenbart. Eine solche konkrete Synthesis nennen wir Theonomie. Sie ist der Inhalt der prophetischen Geschichtsschau, sie ist die Schöpfung, die im Kairos zugleich als gegeben und als gefordert (als nahe herbeigekommen) erlebt wird. Theonomie ist ein Zustand, in dem die geistigen und sozialen Formen erfüllt sind mit dem Gehalt des Unbedingten als dem tragenden Grund, dem Sinn und der Realität aller Formen. Theonomie ist die Einheit von heiliger Form und heiligem Gehalt in einer konkreten Geschichtslage. Die Theonomie erhebt sich in gleicher Weise über die Formindifferenz der sakramentalen Geisteshaltung wie über die Gehaltsentleerung der formalen Autonomie. Sie erfüllt die autonomen Formen mit sakramentalem Gehalt. Sie schafft eine heilige und zugleich gerechte Wirklichkeit.

Die Theonomie unterscheidet sich in gleicher Weise von der jenseitigen wie von der diesseitigen Utopie. Die jenseitige Utopie, die absolute Gottesherrschaft als konkretes Ideal, pflegt mit der sakramentalen, die diesseitige Utopie, das vollendete Vernunftreich, pflegt mit der kritischen Haltung verbunden zu sein. Die jenseitige Utopie ist tiefer, insofern sie die Einheit von Form und Gehalt in der absoluten Gottesherrschaft sieht und darum auch die Natur, die Grundlage aller Formverwirklichung, in den Zustand der Vollkommenheit mit aufgenommen denkt. Aber sie verwechselt Idee und Erscheinung, Wahrheit und Wirklichkeit. Sie macht die Idee zu einer höheren Wirklichkeit und ordnet damit das Unbedingte neben das Bedingte, was dem Wesen des Unbedingten widerspricht und das Bedingte entwertet. Nicht nur vom sozialistischen, sondern noch viel mehr vom religiösen Standpunkt aus muß jeder Theologie der Entwertung des Diesseits widersprochen werden. Die Wirklichkeit ist die Stätte der Offenbarung des Unbedingten, in der individuellen wie in der universalen Geschichte. Und niemand und keine Zeit kann an der Idee mehr Anteil haben, als er in der Erscheinung verwirklicht. Das ist der unbedingte Ernst, der dem Bedingten zukommt, im Einzelleben wie in der Gemeinschaft. Die Bejahung des Diesseits bedeutet aber nicht Bejahung der diesseitigen Utopie. Diese ist vielmehr ebenso nachdrücklich abzulehnen wie die jenseitige. Sie ist utopischer als jene, insofern sie die Natur unangetastet läßt und auf irrationaler Naturbasis einen rationalen Gesellschafts- und Geistesbau errichten will. Sie vergißt, daß die unbedingte Form niemals als solche verwirklicht werden kann, daß sie letzte Abstraktion, rein ideeller Richtungspunkt ist, aber keine Realität. Alles Wirkliche aber ist die individuell schöpferische Synthese von allgemeiner Form und irrationalem Naturgrunde. Denn alles Wirkliche ist konkret. Der religiöse Sozialismus unterscheidet sich von der Utopie dadurch, daß sein Ziel individuell-schöpferisch, konkret-geschichtsgeboren ist. Er will Theonomie, nicht rationale Utopie. In der Theonomie aber ist das Individuelle, Konkrete, Schöpferische gewahrt. Denn der Gehalt einigt sich nicht anders mit der Form als in dem schöpferisch Individuellen, auf dem irrationalen Naturgrunde.

Aus diesen Bestimmungen über das Wesen der Theonomie ergibt sich unmittelbar ihr Verhältnis zur Religion und Kultur. In der idealen Theonomie kann es kein Nebeneinander beider geben. Jede Nebenordnung von Unbedingtem und Bedingtem macht das Unbedingte bedingt und ein Bedingtes unbedingt. Alle Kultur ist aktualisierte Religion und alle Religion aktualisiert sich als Kultur. Es gibt keinen anderen Ausdruck für die Richtung des Geistes auf das Unbedingte als die bedingten Formen, und kein anderer Gehalt kann den bedingten

Formen Sinn und Realität geben, als der unbedingte Sinn, auf dem sie ruhen. Je mehr eine Geisteslage diese Einheit von Form und Gehalt verwirklicht, desto mehr ist sie als theonom zu bezeichnen.

Aber diese Bestimmungen sind nicht ausreichend. Die Theonomie verwirklicht sich individuell schöpferisch auf dem irrationalen Naturgrunde, dem sie ihre individuelle Formgebung abringt. Wo individuelles Schöpfertum ist, da ist auch Widerstand gegen den Schöpfungsprozeß, da sind Formen, die im Widerspruch zur Form stehen. Den Inbegriff dieser der unbedingten Form widerstrebenden und darum zerstörerischen und sich selbst zerstörenden Formen nennen wir das Dämonische, im Gegensatz zu der Einheit der dem Unbedingten unterworfenen Formen, dem Göttlichen. In jeder Kultur mischen sich göttliche und dämonische Formen. Niemals kann infolgedessen eine einfache Identifizierung von Religion und Kultur behauptet werden. Die Religion hat immer ein Doppelverhältnis zur Kultur. Sie enthält in sich ein Nein, ein „Reservatum religiosum", und ein Ja, ein „Obligatum religiosum". Vermöge des Reservatum religiosum zieht sich der religiöse Geist von den dämonisch verzerrten bedingten Formen einer Zeit auf sich selbst, auf die im engeren Sinne heilige Persönlichkeit und heilige Gemeinschaft zurück. So erklärt sich die kulturell negative Haltung des Urchristentums, der spätantiken Mystik, des Luthertums als religiöses Reservat gegen die Übermacht im sozialen, persönlichen und politischen Leben. Dieses religiöse Reservat kann und muß immer wieder in Wirksamkeit treten; es ist der Grund für die Abgrenzung einer heiligen neben der profanen Sphäre; aber es wird falsch und macht dem Dämonischen die Bahn frei, sobald es die andere Seite vergißt, das Obligatum religiosum. In Wirklichkeit ist die Religion ja niemals imstande, die kulturellen Formen zu entbehren. In dem innerlichsten Akt religiöser Vertiefung sind Formen kultureller Schöpfung wirksam, und die „die Welt" ablehnenden religiösen Gemeinschaften sind in den Formen ihrer Ablehnung und in ihren eigenen Lebensformen selbst „Welt". Das Reservatum ohne das Obligatum ist unmöglich und unwahr. Ebenso unwahr aber ist die Bejahung des Obligatum ohne Reservatum, wie sie dem autonomen Protestantismus sehr nahe liegt. Die Auflösung der Religion in Kulturarbeit vergißt, daß alle Kultur von dem Unbedingten lebt, das in der Religion gemeint ist und daß darum eine Kulturreligion nicht nur die religiöse Substanz vergeudet, sondern auch die Kultur ihres Gehaltes beraubt. Darum verhält sich die Kultur mit Recht so ablehnend gegen den Kulturprotestantismus, und darum lehnt die Religion mit Recht die Gleichsetzung von Religion und Sozialismus ab. Für den religiösen Sozialismus kann es nur diejenige

Stellung zur Kultur und auch zum Sozialismus geben, die mit der Doppelforderung von Reservatum und Obligatum religiosum bezeichnet ist.

Aus dem Gesagten ergibt sich endlich auch die Stellung der Theonomie zu den Kirchen und Konfessionen. Sie sind die Repräsentanten des Reservatum religiosum, und daraus folgt positiv und negativ ihre Wertung: positiv, insofern sie die Konzentrationspunkte des religiösen Geistes sind, negativ, insofern sie in ihren Formen genauso Kultur sind wie die ihnen gegenüberstehende profane Kultur; positiv, insofern es unmöglich ist und ein Fehler der kritisch-rationalen Haltung, wenn man meinte, Symbole machen zu können; negativ, insofern kein Symbol Anspruch auf Absolutheit erheben darf. Weder gegeneinander noch gegen die Formen der profanen Kultur sind die Kirchen mit ihren kultischen und mythischen Symbolen absolut. Jede Religion steht unter dem Nein vom Unbedingten her. Damit ist die Exklusivität des Konfessionellen aufgegeben, aber nicht durch Kritik am Konfessionellen überhaupt, sondern durch Vertiefung der Konfession bis zu dem Punkt, wo sie sich selbst vor dem Unbedingten aufhebt. Nicht skeptische und rationale, sondern nur innerreligiöse Kritik kann die Hybris der Konfessionen überwinden. Diese letzte Negation vor dem Unbedingten schließt darum keineswegs ein starkes Ja im Bedingten aus. In der empirisch kulturellen Sphäre hat der konfessionelle Kampf das gleiche Recht wie der Kampf in allen schöpferischen Geistesgebieten. Aber die schöpferische, symboltragende Überzeugung von der Wahrheit der eigenen Konfession ist nicht identisch mit der Gewißheit des Unbedingten selbst, die sich über die ganze Ebene der Überzeugungen, auch der konfessionellen, erhebt. Die Erfassung dieser Doppelheit von Gewißheit und Überzeugung gegenüber jedem religiösen Symbol ist die Voraussetzung für ein auf die Menschheit gerichtetes religiöses Einheitsbewußtsein, das fern ist von kritischer Entleerung des Konfessionellen und seiner individuell schöpferischen Symbole. Diejenige Religion hat allein die Kraft, die Weltreligion zu werden, die diese Negativität gegen sich selbst in ihr eigenes Symbol aufnimmt. Je mehr Negativität gegen sich selbst vom Unbedingten her, desto mehr berechtigter Absolutheitsanspruch einer Konfession und Kirche, desto leichter für den religiösen Sozialismus, in die Symbole einer solchen Kirche einzugehen. Aber nicht nur gegen sich selbst als Konfession, sondern auch gegen sich selbst als spezifisch religiöse Sphäre richtet sich das Nein vom Unbedingten her. Die Religion ist um so wahrer, je mehr sie, ohne Verlust ihrer spezifisch religiösen Kraft, sich selbst als Religion gegenüber der Kultur aufhebt, je näher sie der Theonomie steht, in der die religiösen Symbole der letzte und allgemeinste Ausdruck des autonomen Kulturbewußtseins sind und die autonomen Kulturformen Ausstrahlungen sind der Erfülltheit mit dem Gehalt des Unbedingten. Je näher eine Religion diesem Ideal der Theonomie steht, desto leichter kann der autonom geborene religiöse Sozialismus sich mit ihr einen. Denn Theonomie ist das Ziel des religiösen Sozialismus.

III. Der Kampf des religiösen Sozialismus

A. Grundsätzliches

Die Theonomie, wie sie von dem gegenwärtigen Zeitmoment aus sich darstellt, kommt am deutlichsten durch Erfassung dessen zum Ausdruck, was gegenwärtig der Verwirklichung der Theonomie entgegensteht. Aus dem Kampf des religiösen Sozialismus wird sein Ziel am sichtbarsten. Der Theonomie steht gegenüber die Herrschaft des Dämonischen. Der Kampf einer religiösen Bewegung kann sich niemals gegen das Profane, Unreligiöse richten. Das lebt in dem Religiösen und hat gerade so viel Realität, als noch religiöse Substanz in ihm steckt. Der Kampf der Religion ist vielmehr gegen die gegengöttliche Religion, gegen das Dämonische, gerichtet. Eine aus der Tiefe geschöpfte Feststellung der Kampfobjekte des religiösen Sozialismus muß darum von dem allgemeinen Wesen des Dämonischen ausgehen und von da aus die Dämonie dieses Kairos verstehen.

Das Dämonische ist die Erhebung des irrationalen Grundes aller individuellen schöpferischen Formverwirklichung im Widerspruch mit der unbedingten Form. Widerstand gegen die unbedingte Form kann das Irrationale aber nur leisten, insofern es sich selbst in Formen kleidet und diese der unbedingten Form entgegenstellt. Das Dämonische ist niemals formlos. Darin gleicht es dem Göttlichen. Es gleicht ihm aber auch darin, daß es nicht in der Form aufgeht, sondern gehalterfüllt die Form zersprengt. Das Dämonische ist anschaubar wie das Göttliche in dem Ekstatischen, Übermächtigen, Schauervollen. Während aber die Ekstatik des Göttlichen die unbedingte Form bejaht und darum Formen schafft, zerstört die Ekstatik des Dämonischen die Form. An der Stellung zur unbedingten Form scheiden sich Göttliches und Dämonisches.

In der unmittelbar sakramentalen Geisteslage ist Göttliches und Dämonisches gemischt. Die Erhebung des Göttlichen gegen das Dämonische, also die Zersprengung der sakramentalen Unmittelbarkeit, nennen wir theokratisch. Wir verstehen unter diesem Begriff nicht die äußerliche Erscheinung einer Priester- oder Religionsherrschaft, sondern den Willen, im Namen der heiligen, unbedingten Form die dämonischen Heiligkeiten zu überwinden; es wäre nicht schwer zu zeigen, daß die tiefste Wurzel auch der äußeren Theokratie diese innere theokratische Tendenz ist, die freilich oft genug selbst wieder ins Dämonische verkehrt wird. Theokratische Bewegungen in diesem Sinne sind also antidämonische innerreligiöse Reformbewegungen wie der jüdische Prophetismus, der Mohammedanismus, das Reformmönchtum, der Calvinismus, die sozial-ethischen Sekten. Eine theokratische Bewegung in diesem Sinne ist auch der religiöse Sozialismus.

Das Ziel der theokratischen Bewegungen ist die Herrschaft der unbedingten Form, des Richtigen und Gerechten. Sobald aber dieses Ziel erreicht ist, droht die Gefahr, daß der heilige Gehalt verloren geht. Es droht der Formalismus und die Entleerung. Die Form macht sich frei von der sakramentalen Gebundenheit und ihrer Gehaltsfülle. Sie wird profan. Die Theokratie geht über in Autonomie. Die Autonomie ist imstande, die reinen Formen in allen Gebieten mit rationaler Vollendung herauszuarbeiten, aber sie kann es von sich aus auf keinem Gebiet zu erfüllten Formen bringen. Sie lebt von dem Gehalt der Vergangenheit und wird um so lebensferner, je mehr sie die reinen abstrakten Formen herausbringt. Die vollendete Autonomie wäre die vellendete Zerstörung des Lebens. Aber das Leben läßt sich nicht zerstören, und ist der göttliche Gehalt der Theonomie vergeudet, so bricht aus dem Lebensgrunde der überwundene dämonische Gehalt hervor und benutzt die autonome Form zur Zerstörung der Form. Diese Wiedererhebung des Dämonischen ist das Merkmal autonom entleerter Zeiten und die eigentliche Gegenbewegung gegen die werdende Theonomie in unserer Zeit. Daraus ergibt sich die Doppelseitigkeit des Kampfes der werdenden Theonomie gegen die Dämonie dieses Kairos. Einerseits sind es unüberwundene Reste alter sakramentaler Dämonien, denen gegenüber der religiöse Sozialismus den theokratischen Kampf mit Hilfe der autonomen Formen fortsetzen muß. Andererseits sind es die Wiedererhebungen des Dämonischen, die in den von der autonomen Formkritik geschaffenen leeren Raum eindringen und unter Benutzung der autonomen Formen vielfach sakramentale Bedeutsamkeit anstreben. Zwischen beiden steht die autonome Form. Sie steht beiden gegenüber und kann doch niemals als Form, sondern immer nur als Ausdruck des Gehaltes gewollt werden. Gegen die sakramentale und gegen die naturale Dämonie richtet sich der Kampf des religiösen Sozialismus. Entsprechend der Doppelheit aller Formgebung, die entweder ideale oder reale, entweder theoretische oder praktische Formen schafft, kann auch der Stoff aller Formverwirklichung, der irrationale Grund, doppelt aufgefaßt werden: entweder als Trieb zur Einswerdung mit dem Seienden oder als Trieb zur Erhebung über das Seiende, als Wille zur Hingabe und als Wille zur Selbstbehauptung. Liebe und Macht sind die polaren und doch in der Wurzel identischen Urstoffe aller schöpferischen Formgebung und darum die Träger der göttlichen und der dämonischen Ekstase. Beide Urelemente des Schöpferischen sind von jeher gesehen und in meistens einseitiger Überordnung gewürdigt worden: die Liebe vor allem bei Plato, in zahllosen Erscheinungen der Mystik, in der Romantik u. a. m., der Wille zur Macht im Voluntarismus, in der Naturphilosophie der Renaissance, bei Böhme, Schelling, Schopenhauer, Nietzsche u. s. f., beide in der realistischen Psychologie und Soziologie, vor allem in der Dichtung, aber auch in der Wissenschaft. Maßgebend für die Heraushebung dieser beiden Kräfte als Symbole des schöpferischen Grundes ist ihr in sich dialektischer Charakter, ihre Fähigkeit, in göttlicher und dämonischer Ekstase durchzubrechen. Beide Kräfte sind in jeder schöpferischen Wirklichkeit enthalten; es ist nicht möglich, Machtwille von Liebe oder Liebe von Machtwille zu scheiden. Doch ist in jeder Erscheinung das eine oder das andere deutlicher zu erkennen. Die Herrschaft der reinen Form sucht beides auszutreiben; und die vollendete Autonomie der Form würde eine rationale Wirklichkeit ohne Erotik und Dynamik schaffen. Sie würde ohne Dämonie, aber auch ohne Göttlichkeit sein. Eine solche Wirklichkeit aber kann es nicht geben, denn das Wirkliche in allem Wirklichen sind die erotisch-dynamischen Kräfte, die seinen Grund und Abgrund bilden. Es wäre ein Mißverständnis, wollte man diese Begriffe in der universalen Anwendung, die sie hier finden, eigentlich, im psychologischen oder soziologischen Sinne gegenständlich, nehmen. Damit würde man sich einer schlechten Metaphysik schuldig machen. Vielmehr sind sie symbolisch zu nehmen als Ausdruck des schöpferischen Grundes, der in den durch sie benannten Erscheinungen sich besonders symbolkräftig offenbart. Was sie symbolisieren sollen, der irrationale Grund, ist aber nicht mehr logisch, sondern nur metalogisch erfaßbar.

Damit sind die grundlegenden Bestimmungen gegeben, mit denen es möglich ist, an eine Deutung des gegenwärtigen Kairos vom Unbedingten her heranzutreten. Auf allen Gebieten muß der religiöse Sozialismus den Kampf führen gegen die Dämonien der sakramentalen Geisteslage und gegen die neu hereingebrochenen naturalen Dämonien. In diesem Kampf muß er sich der reinen rationalen Form bedienen, wie sie ihm von autonomer Kultur der letzten Jahrhunderte übergeben ist. Aber er muß darüber hinaus um die Offenbarung eines neuen heiligen Gehaltes ringen, durch den die autonome Form erfüllt wird. In dem Kampf gegen sakramentale und naturale Dämonien nimmt der religiöse Sozialismus rationale, liberale und demokratische Elemente in sich auf. In dem Ringen um einen neuen Gehalt öffnet er sich den theonomen Elementen vergangener und gegenwärtiger sakramentaler Geisteslagen. In beiden Fällen aber sucht er die dämonischen Elemente auszuscheiden: im Liberalismus und Rationalismus die infolge der Entleerung eingedrungenen naturalen Dämonien, im Sakramentalismus die mitgeführten und vielfach verhärteten sakramentalen Dämonien.

B. Der Kampf in der theoretischen Sphäre[1]

Den Aufbau der Geistesfunktionen behandelt die Wissenschaftssystematik. Wir entnehmen ihr die grundlegende Einteilung in weltaufnehmende und weltgestaltende Funktionen und in jeder der beiden Gruppen wieder die Einteilung in Funktionen der bedingten Sinngebung und der Richtung auf den unbedingten Sinn. So stehen gegenüber in der theoretischen Sphäre Wissenschaft und Kunst der Metaphysik, in der praktischen Sphäre Recht und Gemeinschaft dem Ethos. Die Funktionen des Bedingten unterscheiden sich wieder so, daß Wissenschaft und Recht mehr der Form, Kunst und Gemeinschaft mehr dem Gehalt zugewandt sind.

In der sakramentalen Geisteslage ist die Richtung auf den unbedingten Sinn, den alles fundierenden Sinngehalt durchaus beherrschend. Die logischen und ästhetischen Formen sind Ausdruck des allgegenwärtigen Gehaltes; sie wurden bejaht um ihrer Ausdruckskraft für die metaphysische Schau, nicht um ihrer autonomen Geltung willen. Heilige Wissenschaft und heilige Kunst schaffen Symbole einer metaphysischen Grundhaltung. Sie sind eng verbunden, und ihr einheitliches Symbol ist der Mythos. Die Dinge haben mythische, innere, speziell sakramentale Bedeutsamkeit. Sie sind nicht eigentlich Dinge, sie sind Wesen von eigener Mächtigkeit und eigener Eroskraft, und durch Eros und Machtwille tritt der Geist mit ihrem innersten Kern in Beziehung.

Aber diese sakramentale Bedeutung der Dinge beraubt sie ihrer

[1] Vgl. mein Buch: Das System der Wissenschaften nach Gegenständen und Methoden. In: Gesammelte Werke. Band 1. Stuttgart 1959.

formalen Bedeutung. Sie werden nicht in ihren Eigenformen erfaßt, sondern in ihren metaphysischen Eros- und Machtbeziehungen. Sie werden vom Eros vergewaltigt, und sakramentale Formverzerrungen im Logischen wie im Ästhetischen erhalten heilige Unantastbarkeit und Absolutheit. Die dämonische Gewalt derartiger heiliger Sinnwidrigkeiten äußert sich in der Niederhaltung und Zerstörung der geistigen Freiheit und Schöpferkraft, mit der sie Völker und Klassen in untermenschlicher Unfreiheit und Unbeweglichkeit halten und jeden autonomen Versuch zerbrechen. Die unüberwindliche Furcht vor dem Dämonischen in den Dingen, die Knechtschaft des Tabu und das zerbrochene Wahrheitsbewußtsein sind die dämonischen Wirkungen der heiligen Formwidrigkeit in der theoretischen Sphäre.

Gegenüber diesen Formen des Dämonischen, die in dem sakramentalen und orthodoxen Konfessionalismus eine Gegenwartsmacht sind, muß der theokratische Kampf fortgesetzt werden, den der Protestantismus und die Renaissance begonnen haben und den die Aufklärung zur autonomen Reife geführt hat. Der Ernst und die Strenge der autonomen Haltung Kants, der empirischen Wissenschaften und der klassisch-realistischen Kunst darf der kommenden Theonomie nicht verloren gehen. Als Vorkämpfer der Gerechtigkeit im Sozialen muß der religiöse Sozialismus auch im Theoretischen den Dingen die Gerechtigkeit geben, die in der Bejahung ihrer Eigenformen, ihrer rationalen, logischen oder ästhetischen Zusammenhänge beschlossen liegt.

So lange dieser Kampf mit den Kräften prophetisch-theokratischen Gehaltes geführt wird, entgeht er dem Schicksal der Entleerung. Er ist getragen von Welt-Eros und -Dynamis, wie in den großen Erscheinungen der Renaissance bis hin zum 17. Jahrhundert. Sobald dieser Gehalt aber schwindet, bleibt nichts übrig als die leere Erhabenheit der autonomen Form und der unendlichen wissenschaftlichen und künstlerischen Formfindung. Und dieser leeren Form bemächtigt sich dann eine andere Erotik und Dynamik als die auf das Unbedingte gerichtete göttliche.

Das Verlieren innerer Mächtigkeit und Eroskraft, dem die Dinge in der rationalen Wissenschaft ausgesetzt sind, findet nicht etwa bei einem System formaler Beziehungen sein Ende, die ihren eigenen abstrakten, bloß formalen Charakter durchschauen. Vielmehr bemächtigt sich dieser Formen eine neue Dämonenfurcht. Es entsteht der Glaube entweder an die sinnlose Notwendigkeit oder an die sinnlose Willkür als Kern der Dinge. An Stelle sinnhafter Schicksalszusammenhänge und geistiger Wesenhaftigkeit, deren höchste Form die schöpferische Freiheit ist, tritt die dämonische Doppelgestalt Notwendigkeit und

Zufall. Ob im Naturalismus oder naturalistischen Voluntarismus, im Metaphysischen wie im Pragmatischen, immer hat der Gott dämonisch-ekstatische, sinnzerbrechende Züge. Weltgehalt und Weltsinn klaffen auseinander. – Dem Erkenntnisobjekt entspricht die Erkenntnishaltung. Die kritisch-rationale Nüchternheit und gehaltsindifferente skeptische Sachlichkeit der Wissenschaft wird benutzt, um eine Hybris des Rationalen zu begründen, die alle Reste sakramentaler Unmittelbarkeit auflöst, nun aber einen neuen irrationalen Grund sucht, um den verlorenen metaphysischen Gehalt zu ersetzen. Es ist die subjektive Eros- und Machtbeziehung zu den Dingen, die jene Hybris des Rationalen trägt, es ist ihre der Außenseite des Erkennenden zugewandte Außenseite, die Stelle, wo die Dinge sich dem subjektiven Eros und dem subjektiven Machtwillen öffnen, es ist die der Technik und dem Nutzen zugängliche Form der Dinge, auf die sich die rationale Hybris stützt. So entsteht ein naturaler Subjektivismus, der dem sakramentalen Objektivismus gleicht und die gleichen dämonischen Konsequenzen hat. Denn diese Abhängigkeit der Erkenntnishaltung von dem subjektiven Eros- und Machtwillen, deren klassischer theoretischer Ausdruck der Pragmatismus ist, bedeutet ein Zerbrechen des Erkenntnissinnes, eine Isolierung des Erkennenden vom Erkannten und ein Zerschlagen des universalen Organismus der Wahrheit. Der religiöse Sozialismus, der in der sozialen Sphäre die universale Gemeinschaft will, muß auch um die universale, lebendige Erkenntniseinheit ringen und der dämonischen Subjektivität des Pragmatismus entgegentreten, nicht nur in der liberal-individualistischen, sondern auch in der marxistisch-soziologischen Form. Er muß den Dingen ihre eigene Gestalt, ihre eigene Mächtigkeit und Eroshaftigkeit lassen; er muß ihnen Schicksal und Freiheit wiedergeben; und er muß darum durch die mechanisierte Außenseite hindurchdringen zu dem Punkt, wo der universale Zusammenhang des Erkennens und damit eine theonom- und nicht dämonisch-metaphysische Haltung erwächst. Die Lehre von der Gestalterkenntnis, von der schöpferischen Sinnerfüllung und von der metalogisch-dynamischen Methode der Philosophie sind Versuche, in dieser Richtung vorzustoßen. Es sollen Wege sein zur neuen Theonomie im Erkennen[2].

In der ästhetischen Sphäre bewirkt die Hinwendung zu den Eigenformen der Dinge eine klassisch-realistische Richtung. Die dämonischen Verzerrungen des hieratischen Stiles werden zugunsten der reinen geschlossenen Formen überwunden. Das Wesen des Ästhetischen als

---

[2] Vgl. Das System der Wissenschaften.

eigene Sinnfunktion mit eigenen Sinnormen wird offenbar. Entsprechend der theokratisch-autonomen Erfassung des Heiligen werden die mythischen Symbole klassisch durchgeformt und in die ästhetische Sphäre erhoben. Der Mythos verliert seine religiös-metaphysische Qualität und wird Kunst. Aber der klassische Realismus ist nur solange lebensvoll, als der mythische Gehalt in ihm nachwirkt. Verliert er ihn, so entsteht der klassizistische Formalismus, der nun seinerseits von dem subjektiven Eros- und Machtwillen ergriffen und zu neuen naturalistisch-dämonischen Schöpfungen gebraucht wird. Es sind die subjektive Erotik, die Impression und der Machtwille der ästhetischen Distanz, die die ästhetische Form benutzen und da, wo sie ihr eigenes dämonisches Wesen erfassen, den formlosen Realismus oder die Kunst der Dekadenz schaffen. Damit ist in der ästhetischen Sphäre die Parallelschöpfung zum Naturalismus und Pragmatismus erreicht. Dem gegenüber liegen in der expressionistischen Richtung und dem neuen Verstehen der hieratischen und primitiven Kunst Tendenzen auf eine mit sakramentalem Gehalt erfüllte theonome Kunst. Es ist für den religiösen Sozialismus, der um Symbole einer theonomen Gemeinschaft ringen muß, von höchster Bedeutung, an diesen Bewegungen teilzunehmen und sie durch Kritik vom Metaphysischen her davor zu schützen suchen, daß sie selbst wieder, wie es vielfach geschieht, der Subjektivität und dem Ästhetizismus unterliegen.

In beiden Gebieten der theoretischen Sinnerfüllung ist das theonome Ziel eine Haltung, in der die autonomen von sakramental-dämonischer Verzerrung befreiten Formen wiederum befreit werden von den mit ihrer Entleerung eintretenden naturalistisch dämonischen Verzerrungen und erfüllt werden mit dem Gehalt des Unbedingten. Das echte Metaphysische ist keine Theorie und kein Dogma, sondern es ist eine Richtung des sinnerfüllenden Geistes, die Richtung auf das Unbedingte; und es kommt darauf an, dieser Richtung in Wissenschaft und Kunst einen solchen Ausdruck zu geben, daß beide unbeschadet der Autonomie ihrer Formen in neuer Vereinigung Symbole schaffen einer neuen theonomen Vereinigung von Geist und Wirklichkeit.

C. Der Kampf in der praktischen Sphäre

1.

In der sakramentalen Geisteslage sind Recht und Gemeinschaft auf Verwirklichung des Unbedingten gerichtet. Die Gemeinschaft ist Kulturgemeinschaft, und alle sozialen Beziehungen haben sakramentale

Weihe. Die autonome Persönlichkeit und mit ihr das autonome Recht und die autonome Gesellschaft sind noch nicht hervorgetreten. Die Persönlichkeit ist vollkommen beherrscht durch die sakramentalen Beziehungen zum Boden, zum Besitz, zur Familie, zum Stamm, zur Klasse, zum Volk, zur staatlich-kultischen Hierarchie. In dieses auf Mächtigkeit und Eros beruhende kultisch geweihte System von sachlichen und persönlichen Beziehungen ist die Persönlichkeit eingeschlossen, aus ihm hat sie ihren Gehalt, ihre Fülle und ihre Bedeutsamkeit; aber durch dieses System wird auch ihre autonome Formentfaltung gehindert und gestört. Aus ihm stammen die heiligen Ungerechtigkeiten, die dämonischen Zerbrechungen und Opferungen der Persönlichkeit um der sakramental-geheiligten Macht- und Erosbeziehungen willen. Das Verhältnis zur Frau, zum Kind, zum Sklaven, zum Fremdling, zum Angehörigen der minderen Kaste, zum Feind usf., das Niederhalten der autonomen Persönlichkeitswerte und Sozialbeziehungen in dem eigenen Bluts-, Stammes-, Geschlechtszusammenhang, die Hinderung rational-technischer Beherrschung des Bodens und der übrigen Natur – all das sind die Konsequenzen der sakramentalen Sozialhaltung. Um ihretwillen beginnt der theokratische Kampf gegen den Sakramentalismus, der Kampf um Gerechtigkeit, Gleichheit, Anerkennung der Persönlichkeit, Befreiung von der Naturknechtschaft. In diesem Kampfe, der am gewaltigsten und erfolgreichsten von der jüdischen Prophetie geführt ist, muß sich der religiöse Sozialismus stellen; er muß alle sakramentalen Dämonien, ihre feudalen, bäuerlichen und kirchlichen Reste bekämpfen und geht in diesem Kampfe weithin mit dem Liberalismus und der Demokratie zusammen. Der Begriff des Menschenrechtes ist für ihn keine Phrase, sondern das Symbol siegreicher Überwindung heiliger Ungerechtigkeiten, sakramentaler Dämonien.

Aber der religiöse Sozialismus weiß auch, daß die leeren Formen der Freiheit und Gleichheit Abstraktionen und keine Wirklichkeiten sind; wenn der sakramentale Gehalt der sozialen Sphäre durch den Sieg der reinen Form entwichen ist, so bemächtigen sich der subjektive Eros- und Machtwille dieser Form und verzerren sie dämonisch. Der religiöse Sozialismus sieht die naturalen Dämonien, die sich mit dem wachsenden Sieg der rationalen Gesellschaftsform einstellen; er sieht seine Hauptaufgabe in ihrer Bekämpfung und dem Ringen um neuen Gehalt. Dieser doppelte Kampf gegen sakramentale und naturale Dämonien soll nun in den Gebieten der Wirtschaft, des Rechts, des Staates, der Gemeinschaft betrachtet werden.

2.

In der sakramentalen Geisteslage ist das Verhältnis zum Boden und zu den übrigen Sachen gefestigt und mythisch begründet. Die Mächte des Bodens und die Gottheiten der übrigen Güter stehen mit dem Besitzer in einer besonderen innerlichen Beziehung. Es ist ein heiliger Eros, der das Eigentum begründet, und eine heilige Mächtigkeit, die den Menschen über die Sache stellt, dabei aber der Sache ihr Eigenwesen, ihre innere Mächtigkeit läßt. Nur unter bestimmten Einschränkungen und in engen Grenzen ist die Nutzung der Dinge möglich; darüber hinaus wahrt die Furcht vor dem Tabu den Dingen ihr Eigenwesen. Die Sache ist noch nicht Sache, aber darum auch die Person noch nicht Person, und die verborgenen Gewalten der Dinge unterdrücken die Erhebung des Persönlichen mit dämonischer Gewalt. Infolgedessen erstreben theokratische und rationale Bewegungen immer auch eine Aufhebung der sakramentalen Sachheiligung und eine Erfassung der Dinge in ihrem rationalen Sachwert. Die Dinge werden ihrer inneren Mächtigkeit beraubt; sie werden rationale Wirtschaftsmittel; zuerst die beweglichsten Güter, am meisten das, was dem Tausch dient, das Geld, zuletzt der unbewegliche Boden. Mit dem rationalen Sachwert, den sie gewinnen, verlieren die Dinge ihren kultischen Eroswert. Je mehr das Ding Ware ist, desto weniger steht es mit dem Besitzer in Erosbeziehung, desto weniger innere Mächtigkeit hat es. In dieser inneren Entleertheit aber wird das Ding zum Objekt des subjektiven Eros und des subjektiven Machtwillens. Der bloße Genußwille und der unendliche Herrschaftswille bemächtigen sich der Dinge, die Waren geworden sind, und unterwirft sie sich in einem Maße, das auch die Möglichkeit innerer Erosbeziehungen aufhebt, ins Unendliche. Der rational geleitete, subjektive Machtwille hat keine Grenzen; aber er muß, um das Grenzenlose beherrschen zu können, sich selbst seines inneren Gehaltes begeben, ihn der leeren unendlichen Aktivität opfern. Was er den Dingen nahm, verliert er selbst und wird zu einer Sache in dem gewaltigen Sachprozeß der unendlichen Wirtschaft. Die naturale Dämonie zerbricht die Persönlichkeit genau wie die sakramentale.

Damit ist das eine entscheidende Problem der ökonomischen Ethik aufgenommen, das Bedürfnisproblem. Eine Befreiung von dem Unendlichkeitstrieb der rational-liberalen Wirtschaft ist nur möglich durch eine Umgestaltung des Erosverhältnisses zu den Dingen. Nicht das Eigentum ist verderblich, sondern dasjenige Eigentum, das nicht zum Eigentum im Sinne innerer Mächtigkeit und Erosbeziehung geworden ist. Eigentum im echten Sinne ist von Natur begrenzt und eine notwendige Grundlage der persönlichen Mächtigkeit. Nicht das dämonische Tabu, sondern das lebendige Erosverhältnis zwischen Person und Sache begründet in der Theonomie das Bedürfnis. Eine Wirtschaft, die der Bedürfnisbefriedigung in diesem Sinne dient, muß zu einer fundamentalen Umstellung der Wirtschaft führen. Sie ist ein Ziel des religiösen Sozialismus, so schwierig es auch zu erreichen ist, da die mit der rational unendlichen Weltnutzung verbundene Menschheitsvermehrung ein nur langsam zu überwindendes Hindernis ist.

Der zweite entscheidende Punkt in der Betrachtung der Wirtschaft ist das technische Verhältnis der Persönlichkeit zu den Dingen im Produktionsprozeß. Mit den Schranken des Tabu fällt jede Einschränkung der unendlichen technischen Dingnutzung. Es kommt ausschließlich die rationale Seite der Dinge in Betracht und mit ihr die Notwendigkeit, daß die Menschen sich ihr anpassen; es entsteht die Mechanisierung des Produktionsprozesses, deren Symbol die Maschine ist. Auch bei einer veränderten Bedürfniswirtschaft kann freilich keine Rede davon sein, daß die Maschine aufhört. Zerstörungen der Maschine sind Rückwanderungen zu der sakramentalen Dämonie und Anerkenntnisse, daß das die Technik hindernde Tabu zu Recht bestand. Nur darum kann es sich handeln, der Maschine das Mechanische zu nehmen, das in Wahrheit nur eine Seite ihres Wesens ist. Im Kern aber ist die Maschine eine echte Gestalt mit individuellen Gestaltqualitäten, die eine produktive Einfühlung und einen lebendigen Eros verlangt. Infolgedessen ist es keineswegs die mechanisierte, sondern die lebendige Persönlichkeit, die der Maschine adäquat ist, wenn auch in bestimmten und dem Handwerk gegenüber sehr wesentlichen Grenzen, die sich aus der Unterordnung unter die rationalen Gesetze ergeben. Aber auch diese Grenzen können erweitert und die einzelne technische Gestalt durch Einfügung in den universalen Zusammenhang der Produktion weit über das Handwerkliche an innerer Bedeutsamkeit hinausgehoben werden. Es kann und muß einen Mythos der Technik geben und darum auch eine kultische Weihe der technischen Produktion, wie es beides im Handwerk gab.

Für den religiösen Sozialismus ergibt sich aus dem Gesagten, daß er unter Anerkennung der technisch rationalen Dingverwertung das Eros- und Mächtigkeitsverhältnis zwischen Ding und Person neu begründen muß, daß er unter Ablehnung alles maschinenstürmerischen Ressentiments und auch aller Flucht in handwerkliche Idylle dem Erosverhältnis zwischen technischer Gestalt und Persönlichkeit zur Wirkung verhelfen und dem universalen, technischen und weltwirtschaftlichen Prozeß mythische und kultische Weihe geben muß. Damit ist sein Widerspruch ebensosehr gegen romantische Reaktion wie gegen die naturale dämonische Autonomie der Wirtschaft ausgedrückt und die Idee einer theonomen Wirtschaftshaltung aufgestellt.

3.

Das Wirtschaftsproblem muß immer von zwei Seiten her gefaßt werden; einerseits kommt das Verhältnis von Person und Sache, andererseits das Verhältnis von Person und Person in Betracht. Die erste Seite ist in den meisten ökonomischen Theorien vernachlässigt worden. Man hielt den unendlichen rationalen Machtwillen in der Wirtschaft für eine selbstverständliche Voraussetzung. Die letzten Ausführungen haben gezeigt, daß das keineswegs der Fall ist. Aber sie bedürfen freilich der Ergänzung durch die andere Seite.

Der Verhältnis von Person zu Person ist in der sakramentalen Geisteslage bestimmt durch die unmittelbare, kultisch geweihte Gemeinschaft. Mit der sakramentalen Unmittelbarkeit ist die dämonische Verkehrung von Macht und Eros, die Unterdrückung von Persönlichkeiten, notwendig verbunden. Die theokratische Reaktion gegen das Sakramentale erstrebt infolgedessen Befreiung der Persönlichkeit, und insofern diese Befreiung alle betrifft, Gleichheit vor dem Recht. Damit löst sich das Recht von der unmittelbaren Einheit mit dem Sozialen ab; es wird formal und autonom und tritt unter die Kategorien der Freiheit und Gleichheit. Die Idee der Menschenrechte ist der vollkommenste Ausdruck der theokratisch-rationalen Tendenz in der praktischen Sphäre. Es ist für den religiösen Sozialismus selbstverständliche Forderung, daß er der absoluten Rechtsidee zur radikalen Durchführung verhilft. Hier schließt der religiöse Sozialismus unmittelbar an den religiösen, theokratischen Liberalismus an und muß gemeinsam mit ihm den Kampf gegen die sakramental-dämonischen persönlichkeitzerstörenden Mächte fortführen – ganz gleich, ob gegen europäische Restbestände oder gegen asiatische Ungebrochenheit der sakramentalen Geisteslage.

Aber mit dem Sieg der reinen Rechtsform sind die heiligen Eros- und Machtbeziehungen und damit der lebendige Gehalt der Gemeinschaft entschwunden. Es ist das entstanden, was man Gesellschaft genannt hat, was aber nur eine unwirkliche Abstraktion ist, das System rationaler Beziehungen gleichberechtigter einzelner ohne Gehalt der Gemeinschaft. In diese gehaltlose Form aber brechen die subjektiv-naturalen Dämonien ein.

In der vollendeten Gesellschaft wird die Verteilung der Güter nach einer abgestuften inneren Mächtigkeit ersetzt durch den freien Wettbewerb. Die liberale Idee der freien Persönlichkeit wird naturalistisch-subjektiv umgebogen. Die stärkste intellektuelle und willensmäßige Kraft hat die größten Chancen, in dem rationalen Prozeß der Dingausnutzung zu siegen. Der unendliche Trieb der Dingbeherrschung, der getragen ist von dem subjektiven Eros jedes Einzelnen, führt zu dem unendlichen Kampf aller gegen alle. Wo in diesem Kampf sich Gemeinschaften bilden, sind sie durch den Kampf gegen die anderen bestimmt, ihr Ende ist das Ende des gemeinsamen Interesses. Und das gilt nicht nur für Verbindungen, die eigens zu diesem Zweck geschaffen sind, sondern es dringt auch in die andersartig gegründeten Gemeinschaften ein: Familie, Stand, Geschlecht, Ort, Nation werden zu wirtschaftlichen Interessenverbänden, soweit nicht die irrationalen Mächte, aus denen diese Gemeinschaften hervorgegangen sind, noch Widerstand leisten können. Die autonome unendliche Wirtschaft beginnt ihren Kampf um den Primat über alle anderen Sozialfunktionen und gewinnt ihn. In dem Maße aber, in dem sie ihn gewinnt, schafft sie soziale Lagen, die den Stempel des Dämonischen unverkennbar an sich tragen. Sobald die Beziehungen von Person zu Person in die der reinen Rechtsform aufgegangen sind und der Inhalt der gemeinsamen Arbeit die wirtschaftliche Dingnutzung geworden ist, gestaltet sich das soziale Machtverhältnis ausschließlich nach dem wirtschaftlich begründeten Machtverhältnis. Dieses aber ist bedingt einerseits durch überkommene sakramentale Machtstellungen, die ihres Sinnes verlustig gegangen sind, andererseits durch persönliche Eigenschaften, die der unendlichen rationalen Dingnutzung entsprechen, Eigenschaften, wie sie namentlich durch religiös-theokratischen Geist gezüchtet werden, z. B. im Judentum und Calvinismus. Aus diesen Voraussetzungen baut sich die rein sachliche Kapitalherrschaft auf, die einerseits jedem Einzelnen sein formales Recht gibt, andererseits jeden Einzelnen in das System des rationalen Wirtschaftsprozesses stellt, in dem es nur sachliche Abhängigkeiten, kein inneres Mächtigkeits- und Erosverhältnis gibt. Dieses System der rein sachlichen Macht auf der einen, der rein sachlichen Abhängigkeit auf der anderen Seite führte zu dem eigentlichen Klassengegensatz des kapitalistischen Zeitalters. Der Klassenkampf ist keine allgemeingültige soziale Erscheinung, sondern die Konsequenz einer rational durchgeformten ökonomischen Gesellschaftsordnung, in der die Beziehungen innerer Mächtigkeit zu äußeren Machtbeziehungen geworden sind. Die Kapitalherrschaft führt notwendig zum Klassenkampf, da es der rein subjektive Eros- und Machtwille ist, der das rationale Instrument in seinen Dienst nimmt. Zugleich aber erschwert der rationale Charakter der kapitalistischen Wirtschaft diesen Kampf außerordentlich, weil nur wenige die rationalen Qualitäten zur Wirtschaftsführung haben.

Für den religiösen Sozialismus ergibt sich daraus die Bejahung des Klassenkampfes, nicht im Sinne einer absoluten, sondern einer historisch bedingten Wirklichkeit. Der Klassenkampf ist die Abwehr des Unrechtes, das die innerlich gehaltlose radikale Durchführung der Menschenrechte gebracht hat. Der Klassenkampf ist aber selbst, genau wie der radikale Konkurrenzkampf, ein Ausdruck für den dämonischen Charakter der kapitalistischen Wirtschaft. Die innere Grenze des Klassenkampfes liegt darin, daß er in der Sphäre des unendlichen rationalen Wirtschaftswillens bleiben muß. In dieser Sphäre aber ist die Versachlichung der Machtverhältnisse unausbleiblich. Die Träger der Macht zerreißen, getragen von subjektivem Machtwillen und ausgestattet mit überlegener rationaler und wirtschaftlicher Kraft, jede heteronome Bindung. Es kann für sie keinen anderen Willen geben, da es keinen anderen Gehalt gibt. Ebenso werden die Unterworfenen notwendig mechanisiert, da sie nur in dieser Mechanisierung für das gemeinsame Ziel brauchbar sind. Der religiöse Sozialismus muß darum dem Klassenkampf ein Ziel geben, durch das er aus den Grenzen des rationalen Wirtschaftswillens gehoben wird. Sein letztes Ziel muß gerade die Befreiung von dem Ethos der unendlichen rationalen Wirtschaft und die Gewinnung einer theonomen Wirtschaftshaltung sein. Das Problem der Kapitalherrschaft ist nicht aus sich heraus lösbar, solange die Dämonie des unendlichen subjektiven Wirtschaftswillens herrscht. Der Gedanke, daß durch Vergesellschaftung der Produktionsmittel die Kapitalherrschaft zu brechen wäre, übersieht, daß der subjektive Eros- und Machtwille die rationale Wirtschaft getragen hat und daß sie zusammenbrechen muß, sobald dieser Träger ohne Ersatz ausgeschaltet wird. Nur dann kann die Sozialisierung Erfolg haben, wenn die Gemeinschaft der Gemeinwirtschaft einen Sinn geben kann, durch den an Stelle des subjektiven Machtwillens ein universaler religiöser Eros tritt. Nur ein solcher, im Unbedingten wurzelnder Wirtschaftssinn kann die Führer zu Trägern innerer Mächtigkeit machen und die Geführten entmechanisieren und ihnen das Bewußtsein des Anteils an der gemeinsamen Schöpfung geben. An Stelle rationaler Machtverhältnisse treten theonome Mächtigkeits- und Bedeutungsabstufungen. Der subjektive Eros verliert seine Schärfe dadurch, daß er aufgenommen wird in den universalen Eros.

Dadurch gewinnt nun auch der Begriff der Sozialisierung einen neuen Sinn. Sozialisierung im Sinne des Staatssozialismus ist der eroslose Gegenbegriff gegen die Subjektivität des absoluten Privateigentums. Während das absolute Privateigentum eine Konsequenz der isolierten formalen Rechtspersönlichkeit ist, ist der Staatssozialismus eine Konsequenz des formalen rationalisierten Rechtsstaates. Wo dagegen die sozialen Beziehungen bestimmt sind durch die innere Mächtigkeit und Eroskraft des Einzelnen und der rechtsetzenden Gemeinschaften, da tritt, trotz voller Anerkennung der formal rechtsgleichen Persönlichkeit, die Idee des Lehens auf, d. h. die Idee einer Verfügung über die Güter entsprechend der inneren Mächtigkeit und Bedeutsamkeit des Einzelnen und der einzelnen Gemeinschaft für den Lebensgehalt des Ganzen. Naturgemäß hört ein solches Verfügungsrecht mit dem Aufhören der Bedeutsamkeit des Betreffenden für das Ganze selbst auf. Dadurch verliert der Besitz seine Exklusivität; er wird repräsentativ und ermöglicht eine innere Teilnahme aller an dem Lehnsgut, über das einzelne verfügen. – Der religiöse Sozialismus kann also die eroslose Besitzenteignung ebensowenig vertreten wie das subjektive dynamische Verfügungsrecht; in einem auf der Lehnsidee und dem repräsentativen Eigentum aufgebauten Besitzrecht sieht er die Verwirklichung der theonomen Forderung.

4.

Träger alles Rechts ist die Recht setzende Gemeinschaft, der Staat. Welche Gemeinschaft zur Recht setzenden Gemeinschaft wird, ist dabei gleichgültig. Für die Gegenwart sind die Nationen die wesentlichen Träger der staatlichen Idee. In der sakramentalen Geisteslage ist der Staat getragen von derjenigen Schicht, die den Gehalt des Ganzen am mächtigsten in sich trägt; sie hat die Autorität; denn alle Autorität ist kultisch-sakramental begründet. Mit der sakramentalen Qualität der Autorität verbindet sich aber die dämonische Vergewaltigung sowohl der rechtsunterstellten wie der rechtsfremden. Demgemäß hat die theokratische Reaktion notwendig demokratische und universalistische Tendenzen. Mit der vollendeten Theokratie wäre die innerstaatliche Demokratie und die überstaatliche Rechtseinheit verwirklicht. Es ist das Ideal der radikalen politischen Demokratie, die unter Absehen von allen irrationalen Mächtigkeiten nur den rationalen Einzelnen und die rationale Allgemeinheit kennt. Die Erfüllung des demokratischen Ideals wäre die Auflösung des staatlichen in einen universalen, in sich ruhenden Rechtsorganismus: die reine praktische Form.

Aber alles Recht bedarf zu seiner Realisierung eines Recht setzenden und durchführenden Willens. Gegen die reine Form steht ja in jedem Augenblick die Formlosigkeit, die Willkür, und das Recht bedarf, um verwirklicht zu werden, der Macht, die im Kampf mit der

Willkür zur Gewalt wird. Mit diesem Element der Macht, das in jeder Rechtsetzung enthalten ist, verbindet sich der soziale Eros, der dem Recht einen individuell-schöpferischen Inhalt gibt. Beide aber, Macht und Eros, die unauflöslich mit dem Wesen des Staates verknüpft sind, werden, sobald die radikale Demokratie den sakramentalen Gehalt ausgetrieben hat, ins Natural-Dämonische umgebogen. Es sind im wesentlichen zwei Mächte, die um den Staat kämpfen, die Wirtschaft und das Nationale. Ihnen stehen gegenüber die Reste alter kultischer Aristokratien oder Hierarchien auf der einen, und die Demokratie und nationale Beamtenschaft als Vertreter des formal staatlichen auf der anderen Seite. Aus dieser Sachlage ergibt sich die Gruppierung der Parteien im gegenwärtigen Deutschland. Als Vertreter der rationalen Formidee vom Einzelnen her die Demokratie, vom Allgemeinen her die Beamtenschaft, die erste stark durchsetzt von Mächten der liberalen Wirtschaft, die zweite gestützt auf Elemente alter sakramentaler Autoritäten. Daneben die Altkonservativen als reine Repräsentanten der ehemals kultischen, inzwischen vielfach naturalistisch gewordenen Aristokratie und das Zentrum, gestützt auf hierarchisch heteronome Mächte, eine Nachwirkung vergangener Theonomie. Endlich die liberale Wirtschaftspartei und ihr Gegenspiel, die sozialistisch-kommunistische Reaktion, und die nationalistische Bewegung, die sich in der national-liberalen Idee mit der Wirtschaft und in der deutschnationalen Idee mit der konservativen Aristokratie verbindet. Der dämonische Charakter der Wirtschaftsherrschaft offenbart sich in der Benutzung der rationalen Rechtsform des Staates zur Begründung der Kapitalherrschaft, teils durch rein wirtschaftliche, teils durch in ihr begründete politisch-agitatorische Übermacht und in den besprochenen Auswirkungen dieser Herrschaft im sozialen Leben. Die Dämonie des Nationalismus zeigt sich in dem Verhältnis der Staaten zueinander, in der Aufhebung des Rechts gegenüber der fremden Nation und in den innerpolitischen und sozialen Rückwirkungen dieser Zerbrechung der Rechtsidee.

Die nationale Idee, im Sinne des gegenwärtigen Nationalstaates, ist keine direkte Nachwirkung des ursprünglichen sakramentalen Nationalbewußtseins. Sie ist vielmehr hindurchgegangen durch die jüdisch-christliche Verneinung der nationalen Gottheiten und durch die mittelalterliche Theonomie. Die gegenwärtigen Nationalstaaten sind entstanden durch Auflösung der mittelalterlichen übernationalen Theonomie. Der moderne Nationalismus ist als theokratischer Imperialismus geboren. Alle großen europäischen Nationalstaaten sind nicht aus primitiv-naturalem Machtwillen imperialistisch, sondern sie sind es als Träger theokratischer Ideen, am meisten diejenige Nation, die religiös am stärksten theokratisch war, die englische. Erst mit dem Entweichen des theokratisch-religiösen Geistes ergriff der subjektiv-nationale Eros- und Machtwille die theokratisch-rationale Staatsform und schuf den Nationalismus als religiöse Dämonie. Nationalismus und Wirtschaftswille stehen vielfach im Gegensatz zueinander. Am verderblichsten offenbart sich ihre Dämonie, sobald sie sich miteinander verbinden, wie z. B. im Weltkrieg.

Für den religiösen Sozialismus ergeben sich aus dieser Sachlage folgende Grundlinien: innerpolitisch kann eine parteiliche Festlegung für ihn nicht in Betracht kommen. Zu bekämpfen sind die Reste sakramentaler – hierarchischer und aristokratischer – Machtformen, die der Bejahung der reinen Rechtsform widersprechen; zu bekämpfen ist gleichzeitig die Erhebung der naturalen Machtformen, der Wirtschaft, der nationalen Idee oder jedes anderen auftauchenden Machtwillens, der die rationale Form des Staates in seinen Dienst nimmt. Zu bejahen ist als allgemeine Form der durchrationalisierte demokratische Rechtsstaat; aber diese Form, die nur ein abstraktes Regulativ, niemals eine Wirklichkeit ist, muß erfüllt werden mit dem heiligen Gehalt einer schöpferischen Theonomie. Der Staat muß getragen sein von dem Eros und der inneren Mächtigkeit derer, in denen der theonome Gehalt am mächtigsten zum Ausdruck kommt; er muß in sich tragen ein lebendiges System von Spannungen, in denen das Wirtschaftliche, das Nationale, das Bluthafte usw. in ihrer Bedeutung für die absolute übergreifende Idee gewertet werden. Die formale Gleichheit muß ergriffen und bis zur Durchbrechung erfüllt werden, nicht von naturaler, dämonischer, sondern von heiliger, göttlicher Ungleichheit, einer Ungleichheit, die auf der Spannung theonomer Mächtigkeit und Eroskraft beruht und eben darum eins ist mit einer Freiheit, die nicht das Recht subjektiver Willkür, sondern die Möglichkeit wesenhafter Entfaltung bedeutet.

Für die äußere Politik gilt in analoger Weise, daß die Dämonie des naturalistischen Nationalismus, insonderheit, wenn er sich sakramentale Weihe zu geben sucht, zu bekämpfen und die übergreifende theokratische Rechtsidee zu bejahen ist; aber nicht als leere Mächtigkeit und Eros vernichtende und darum von nationaler Willkür benutzte Form, sondern als Aufbau nationaler und rassenhafter Mächtigkeiten. Wie die stärksten Träger der innerstaatlichen Theonomie die nationale Führerschicht stellen sollen, so die stärksten Träger der theonomen Menschheitsidee die Führervölker. Nicht Bildung an sich, nicht Blut an sich, nicht rationale Kraft an sich, nicht bewußte Züchtung, aber auch nicht subjektive Genialität schaffen die theonome, innerlich mächtige Führerschicht, sondern die Erfülltheit mit der Kraft des heiligen Gehaltes, der das Ganze trägt. Erst wenn der subjektive Eros und die subjektive Mächtigkeit eingegangen sind in den heiligen Eros und die heilige Mächtigkeit, schaffen sie eine innerlich berechtigte und darum festgegründete Führerschicht.

Diese Stellungnahme bringt den religiösen Sozialismus in Gegensatz zu dem Recht verneinenden radikalen, inner- und außenpolitischen Pazifismus. Anschauungen wie die von Tolstoi haben nur scheinbar etwas mit dem religiösen Sozialismus zu tun. In Wahrheit heben sie ihn auf, insofern sie die eine seiner Grundlagen, die Bejahung der Rechtsform, nicht anerkennen. Sie übersehen, daß nur durch den Zwang gegenüber der Willkür das Recht als Recht sich behaupten kann und daß die Aufhebung des Zwanges der Willkür die Macht gäbe, also ein Zurückweichen des Theokratischen vor dem Dämonischen wäre. Oder aber sie verkünden den utopischen Glauben an eine willkürlose, des Dämonischen unfähige, darum auch eros- und machtlose und darum unschöpferische Welt. Sie verkünden eine mystische Aufhebung der Form. Der religiöse Sozialismus lehnt den mystischen wie den naturalistischen Anarchismus ab. Er steht auf der Form des Rechts und bejaht damit die Gewalt, die das Recht durchsetzt. Das gilt nicht nur innen-, sondern auch außenpolitisch: So sehr der naturalistische Anarchismus des Krieges zu verwerfen ist, so sehr auch die mystische Anarchie eines religiösen Pazifismus, der dem Rechtsbrecher nicht widersteht oder in utopischer Weise die spannungsreichen individuell-schöpferischen Mächte verleugnet. Es gibt keinen direkten Weg von der mystischen Gemeinschaftsidee zur politischen Gestaltung. Zwischen beiden steht das Recht und die Recht tragende Macht und die Gewaltanwendung gegen das Unrecht. Nur der Heilige und die heilige Gemeinschaft können in symbolisch repräsentativem Sinne auf das Recht verzichten, dessen Anerkennung und Bestand dabei aber Voraussetzung dafür ist, daß ihr Rechtsverzicht religiösen und nicht anarchischen Sinn haben soll. Niemals aber kann der Staat, die Recht tragende Gemeinschaft, auf Recht durchsetzende Gewalt verzichten.

5.

Der Staat als die Recht tragende Gemeinschaft ist die umfassendste Sozialerscheinung und zugleich diejenige, die für alle anderen die rationale Formung gibt. Aber das soziale Leben geht nicht auf in staatlich-rechtlicher Form. Es gibt eine vom Recht freibleibende, autonom soziale Form, die sich in Sitte, Tradition, Takt usw. symbolisch darstellt. Diese Formen sind infolge ihres stärkeren Widerstandes gegen die Rechtsrationalisierung länger Träger des Gehaltes als die rechtlich erfaßten Dinge. Sie sind infolgedessen auch länger mit kultisch-sakramentaler Qualität bekleidet und weniger entleert als jene, aber der Unterschied ist nur relativ. Einerseits sucht die rationale Rechtsform die unmittelbaren und symbolischen Gemeinschaftsformen möglichst weitgehend in sich aufzulösen, andererseits führt die Erhebung der autonomen Persönlichkeit zu einem Zerfallen der unmittelbaren Sozialformen. Den Anstoß zu dieser Entwicklung gibt die theokratische Reaktion gegen die dämonische Unterdrückung der Persönlichkeit, so z. B. im Geschlechtsverhältnis, im Familienverhältnis, im Geschlechter- und Ortsverband, im Herrschaftsverhältnis usf. Überall bedeutet hier die Theokratie Befreiung der autonomen Persönlichkeit, Aufhebung der sakramentalen Weihen und Forderung freier Gemeinschaftsbildung. Der religiöse Gehalt, der in der Theokratie lebendig ist, wirkt sich in der Persönlichkeit und ihrem Inneren aus; es entsteht die Sphäre der religiösen und seelischen Intimität, die so charakteristisch für die calvinistische Theokratie ist. Die Gemeinschaften, vor allem der Staat, werden gänzlich ihres Gehaltes beraubt. Nur in die Familie flüchtet sich ein Rest sakramentaler Unmittelbarkeit, der aber immer mehr durch das Eindringen des wirtschaftlichen Familienegoismus beschränkt wird. Die freien Gemeinschaften, die der Durchführung der theokratischen Idee dienten, werden zu Zweckverbänden im Dienste des subjektiven Eros- und Machtwillens. Aber auch die Persönlichkeit wird, je mehr sie autonom und rational wird, ihres heiligen Gehaltes beraubt. Es entsteht die Abstraktion des Trägers der reinen Vernunft, eine Abstraktion, deren Erhabenheit nicht darüber täuschen darf, daß sie unwirklich ist und daß die reine Vernunftform sofort von den Mächten des subjektiven Eros gepackt, erfüllt und durchbrochen wird. Es entsteht die naturalistische willkürliche Umbiegung der autonomen Persönlichkeit, in derem subjektiven Eros- und Machtwillen die theokratische Persönlichkeit zerbricht. Die übergreifenden Sozialformen sind gleichzeitig zu Gegenständen einer abstrakten Pflichtforderung geworden, die um so abstrakter und unwirklicher wird, je mehr sie sich vom sozialen Eros loslöst. Sie gehen über in die bürgerliche Sitte und werden eine Beute des wirtschaftlichen Machtwillens. An Stelle der abstrakten Pflichtordnung tritt der Mechanismus der wirtschaftlichen Notwendigkeit, an Stelle des Vernunftgesetzes tritt das Machtgebot der Wirtschaftsführer. Der Gehalt der Gemeinschaft ist entwichen, und die Gemeinschaftsformen sind Symbole der Interessengemeinschaft geworden, unter deren Decke der Interessengegensatz und der subjektive Eros ihr Spiel treiben.

Für den religiösen Sozialismus ergibt sich in allen Beziehungen des sozialen Lebens die Aufgabe, die sakramentalen Dämonien zu bekämpfen, z. B. Dinge wie die sakramentale persönlichkeitszerbrechende Ehre, und die Form der autonomen Persönlichkeit und der freien Gemeinschaft durchzusetzen. Gleichzeitig aber müssen die in die reinen Formen einbrechenden Dämonien, die Willkür der subjektiven Erotik und des subjektiven Machtwillens, bekämpft werden. Es gilt für den religiösen Sozialismus, um eine theonome Gemeinschaft zu ringen, in der die sozialen Formen, Sitten und Traditionen nicht Ausdruck und Verhüllung zugleich des wirtschaftlichen Machtkampfes und der subjektiven Erotik, sondern Symbole eines heiligen Gehaltes sind, der in die Eros- und Machtbeziehungen des reichen sozialen Lebens eindringt und sie erreicht und einer unbedingten Idee unterwirft. Nur Gemeinschaft im „Metaphysischen“ kann Gemeinschaften tragen und erfüllen. Alles andere kommt schließlich auf Willkür und Interesse heraus, auf Zufall oder Mechanisierung.

Der verlorene Gehalt der Gemeinschaft kann nicht ersetzt werden durch Gemeinschaft in Geist und Kultur. Denn der Geist, der bloße Form ohne Gehalt des Bedingten ist, löst die Gemeinschaft auf. Die autonome Form der Kultur, die formale Bildung, ist nur wenigen zugänglich; sie isoliert, und sie ist subjektiv bedingt, sie treibt zu unendlichem Gegensatz aller gegen alle. Sie schafft eine kleine Bildungsschicht und läßt den übrigen die abgenützten und korrumpierten Formen, den „Kitsch“, in Kunst und Wissenschaft, in Sitte und Rechtsauffassung. Es entsteht eine exklusive Aristokratie der Bildung an Stelle einer repräsentativen Aristokratie des Geistes. Auch der Geist, der erfüllt ist mit dem Gehalt, der das Ganze trägt, ist als Geist, als Formung nur wenigen zugänglich. Aber er schafft Symbole, die allen verständlich sind. Die Bildung dagegen, die Form ohne Gehalt angeeignet hat, bleibt unverständlich, treibt zu falscher Nachahmung an und macht die Kluft der wirtschaftlichen Klassenscheidung unüberbrückbar. Die dämonische Gewalt des Minderwertigen in der Masse gehört zu den verhängnisvollsten Wirkungen der exklusiven Formbildung. Der Instinkt packt die Form und macht sie sich in verunstalteter Weise zu eigen. Aber die subjektive Erotik im Geistigen, bei den Trägern der Bildung, ist dem Wesen des Geistes in gleicher Weise zuwider und von gleicher dämonisch verheerender Wirkung wie die Verunstaltung des Geistes in der Masse. Nur eine theonome Geistigkeit erträgt eine Geistesaristokratie. Denn durch die gemeinsame metaphysische Intention aller wird jede theonome Form zum gemeinsamen, verbindenden und nicht trennenden Symbol.

Auch hier sind die Richtlinien für den religiösen Sozialismus deutlich:

Anerkennung der autonomen Bildung gegen hierarchische oder aristokratische Heteronomien, Bekämpfung des subjektiven Eros der Bildungsträger und der Mechanisierung des Geistes in den Massen, Ringen um einen Gehalt, der gemeinsame, theoretische und praktische formende Symbole schafft und getragen ist von einer repräsentativen geistigen Aristokratie, die von dem gleichen Gehalt lebt wie alle anderen.

Damit sind im Praktischen wie im Theoretischen die Grundlinien dessen gezogen, was der religiöse Sozialismus zu bekämpfen und um was er zu ringen hat. Es ist das Dämonische im naturalen wie im sakramentalen Sinne, gegen das er kämpfen muß, und es ist die Theonomie im Sinne der Einheit von Form und Gehalt, um die zu ringen ihm aufgegeben ist. Überwindung der sakramentalen Dämonie durch theokratischen Kampf und Durchsetzung der autonomen Form, aber nicht, um bei der autonomen Form stehen zu bleiben, denn das ist nicht möglich – sie wird des göttlichen Gehaltes entleert, sofort eine Beute des dämonischen Gehaltes –, sondern um die autonome Form erfüllen zu lassen von theonomem Gehalt. Der Gegner ist das Dämonische, nicht in dem Sinne, als sollten die irrationalen Kräfte, Macht und Eros, die das Dämonische tragen, vernichtet werden – der Versuch dazu ist entweder rationaler Utopismus oder mystische Formzerstörung –, sondern das Gleiche, das im Dämonischen zerstörerisch, weil formzerbrechend offenbar wird, soll in der Theonomie göttlich, d. h. formerfüllend offenbar werden. Das entspricht der Idee des Kairos, der ja auch nicht auf rationale Utopie oder mystische Weltvernichtung geht, sondern auf neue schöpferische Erfüllung der Formen mit einem Gehalte, der getragen ist von Macht und Eros, aber hindurchgegangen ist durch den Gehorsam gegen die unbedingte Form und darum nicht dämonisch, sondern göttlich ist.

Die verschiedenen Seiten der theonomen Idee sind in dem Gesagten nur angedeutet, nicht durchgeführt. Ihre Durchführung ist die Aufgabe des religiösen Sozialismus, theoretisch und praktisch. Das Entscheidende aber, der neue Durchbruch des Gehaltes, ist nicht Sache des Arbeitens, sondern ist Schicksal und Gnade. Der Glaube an den Kairos ist der Ausdruck für das Bewußtsein, in einem solchen Schicksal zu stehen, von einem neuen Durchbruch des Unbedingten berührt zu sein. Alle rationale Arbeit in Theorie und Praxis kann keinen anderen Sinn haben, als diesem Gehalt Ausdruck zu geben auf jedem Gebiet.

IV. Der Weg des religiösen Sozialismus

Das Bewußtsein um den Kairos im Sinne der werdenden Theonomie schafft eine Gemeinschaft derer, die von dem gleichen Gehalt erfüllt sind und um das gleiche Ziel ringen. Es ist eine Gemeinschaft derer, die den Ruf des Kairos hören und sich in ihm verstehen. Eine solche Gemeinschaft ist keine Kirche im Sinne der sakramentalen Geisteslage, denn sie geht nicht von bestimmten heiligen Formen und Symbolen aus. Vielmehr steht sie in theokratischer und autonomer Kritik gegenüber den gegebenen Symbolen, deren dämonische Verzerrung sie bekämpft. Das gilt gegenüber allen vorhandenen Konfessionen, aber es gilt nicht allen gegenüber in gleicher Weise. Der religiöse Sozialismus steht derjenigen Konfession am nächsten, die das kritisch-theokratische Element am stärksten in sich trägt, wenn er sich auch im Ziel denjenigen Konfessionen näher weiß, in denen die theonome Idee eine, wenn auch dämonisch ausgeartete, Ausprägung gefunden hat. Das macht seine eigentümliche Doppelstellung gegenüber den reformatorischen und den katholischen Ausprägungen der christlichen Idee aus, daß er in der kritischen Haltung mit den radikal-reformatorischen Formen, in der theonomen Idee mit einem von der dämonischen Heteronomie befreiten Katholizismus gehen muß. Es folgt weiter daraus, daß der religiöse Sozialismus mit keiner der Konfessionen unmittelbar identisch ist. Ebensowenig ist die Gemeinschaft derer, die vom Bewußtsein des Kairos getragen sind, eine Sonderkonfession, eine religiöse Sekte. Neue religiöse Gemeinschaftsbildungen gehen nicht aus Autonomie und Kritik hervor, sondern nur aus einer Neuerfassung und Umbildung alter Symbole. Religiöse Neuschöpfungen stehen in lebendigem Zusammenhang mit den Schöpfungen der Vergangenheit. Sie brechen nur aus den tiefsten Spannungen innerhalb einer Konfession hervor. Der religiöse Sozialismus ist aber geboren auf dem Boden der kritischen Autonomie. Er hat von sich aus keine symbolschöpferische Kraft und kann darum keine religiöse Gemeinschaft im konkreten speziellen Sinne bilden. Ob er in kommenden Entwicklungen sich mit einer religiösen Gemeinschaftsbildung im engeren Sinne zusammenschließen wird, ist eine Frage, die gegenwärtig ohne Bedeutung ist.

Ebensowenig wie mit einer religiösen Konfession ist der religiöse Sozialismus identisch mit einer kulturellen Bewegung oder einer politischen Partei. Der religiöse Sozialismus ist also weder mit dem politischen Sozialismus identisch, noch bildet er eine Partei neben ihm. Er nennt sich „Sozialismus“, weil er die antidämonische Kritik des Sozialismus historisch und sachlich übernommen hat und den politischen Kampf des Sozialismus, soweit er die Herrschaft der politisch-sozialen Dämonien brechen will, unterstützt. Aber der religiöse Sozialismus übersieht nicht, inwieweit der politische Sozialismus selbst von diesen Dämonien ergriffen ist, und er weiß vor allem, daß die sozialistische Idee nicht mit dem Ziel der politischen Taktik gleichgesetzt werden darf. Er muß es darum ablehnen, der Partei als solcher oder einem Wirtschaftsprogramm als solchem religiöse Weihe zu geben. Er behält den Blick offen für die theonomen Elemente auch in anderen Parteien und Bewegungen, und er kann die Gemeinschaft mit sich nicht negativ oder positiv von der Parteizugehörigkeit abhängig machen. Aber er verlangt allerdings die Anerkennung der sozialistischen Kulturkritik und des sozialistischen Kampfes gegen sakramentale und naturale Dämonien.

Der religiöse Sozialismus ist eine Gemeinschaft von solchen, die sich im Bewußtsein des Kairos verstehen und um das Schicksal, um die Gnade der Theonomie ringen. Sie können in jeder Partei, Konfession, Bewegung wirken, soweit diese ihrem Wirken Raum geben und den Kampf gegen die dämonischen Elemente in ihnen zulassen. Nur so kann sich der religiöse Sozialismus davor schützen, sich vorzeitig zu objektivieren, heteronom zu werden und damit seiner eigenen Kritik zu verfallen. Wohl sind enge und engste Zusammenschlüsse der Kairosbewußten möglich. Aber sie müssen den Charakter des Vorläufigen behalten, bis Symbole und Formen gefunden sind, die der unmittelbare Ausdruck der gesamten Geisteslage sind, die darum nicht heteronom und rational wirken. Die Überwindung des Vorläufigen aber, das Wachsen einer neuen Theonomie kann nur geschehen durch einen neuen schöpferischen Durchbruch des Gehaltes, der in den Symbolen der Vergangenheit offenbar geworden ist. Ohne einen solchen Durchbruch ist eine theonome Geisteslage unmöglich. Ist er aber geschehen – und es ist der Kairosglaube, daß er geschieht –, dann ergießt er sich in die Formen, die aus seinem Geiste heraus geschaffen sind und an denen mitzuschaffen Aufgabe des religiösen Sozialismus ist.

DIE RELIGIÖSE UND PHILOSOPHISCHE WEITERBILDUNG DES SOZIALISMUS

Die theoretische Betrachtung von Sozialismus und Arbeiterbewegung, um die wir uns bemühen wollen, ist nicht zu verstehen als uninteressierte wissenschaftliche Beobachtung, also weder als biologische, psychologische, soziologische, noch als geschichtliche Untersuchung, aber auch nicht als formalphilosophische Klärung der grundlegenden sozialen Kategorien. Vielmehr beabsichtigen wir eine zielsetzende Theorie, eine Betrachtung, die aus der Sache heraus erwächst und darum für die Sache Bedeutung gewinnen kann. Mag man derartiges nicht Wissenschaft nennen, so wird man ihm doch im Hinblick auf die großen Schöpfungen der Vergangenheit den Namen Philosophie nicht versagen können. Im übrigen gehört es zu den wichtigsten Wirkungen der revolutionären Bewegung, daß sie die Wissenschaft in die Zeit gestellt und ihr dadurch den Lebenscharakter und den schöpferischen Sinn wiedergegeben hat. Die normative, zielsetzende Wissenschaft kommt aus der Wirklichkeit. Sie ist immer auch Bekenntnis, darum hat sie auch Wirklichkeit. Sie ist die Selbsterfassung einer Zeit im Begriff, und gerade die Wirkung des Marxismus hat gezeigt, welche Bedeutung eine solche Tat haben kann. Darum ist es nicht zufällig, daß Marx und sein großer Gegenpol Nietzsche in gleicher Weise den Symbolcharakter der echten Wissenschaft erkannt haben, der eine mehr soziologisch, der andere mehr biologisch gewendet. Wir brauchen eine Wissenschaft vom Sozialismus, die Kraft haben kann, den Sozialismus umzuschaffen.

Es sind drei Problemgebiete, um die wir unsere Gedanken gruppieren wollen: die Seinsphilosophie, die Geschichtsphilosophie, die sittlich-religiöse Frage.

1. Die Seinsphilosophie des Sozialismus und ihre Weiterbildung

Der Sozialismus hat eine eigene Ontologie bisher nicht hervorgebracht, aber er hat in seine historische Dialektik eine bestimmte, und zwar die geistloseste aller Ontologien aufgenommen, den naturwissenschaftlichen Materialismus. Von Marx kann man das freilich nur mit Einschränkung sagen. Sein historischer Materialismus ist etwas ganz anderes als der naturwissenschaftliche. Aber Marx hat doch auch nicht gehindert, sondern in mancher Beziehung, besonders auf dem Wege über Engels, mitverschuldet, daß sich in den letzten Jahrzehnten ein Vulgärmaterialismus breit machen konnte, der nichts war als das abgelegte schäbige Denkergewand der bürgerlich-kapitalistischen Haltung. Aber dieses Kleid paßt dem Sozialismus nicht, abgesehen davon, daß es schon vielfach durchlöchert und durchweg fadenscheinig ist.

Dieses Kleid war einmal sinnvoll, als es sich darum handelte, den Grund zu legen zur Beherrschung der Natur und zur Gestaltung der Gesellschaft. In diesem Augenblick mußten die Formen der Natur mit ihrer unmittelbaren Ausdruckskraft aufgelöst werden in Atome und Gesetze und die Formen der Gesellschaft mit ihren Mächten und Gemeinschaften in Einzelne und ihre allgemeinen Menschenrechte. Die heilige Scheu vor den lebendigen Tiefen der Natur mußte ebenso verschwinden wie die Ehrfurcht vor den übergeordneten Mächten der Gesellschaft. Denn sie hinderten die rationale, herrschaftliche Gestaltung von Natur und Gesellschaft. Das führte aber immer mehr dahin, daß das Seiende zu einer leeren Maschine wurde, in der eine heilige Tiefe und eine göttliche Wirklichkeit nicht mehr gefunden werden konnten. Und der Gott, der diese Maschine gebaut hatte, wurde überflüssig, denn sie lief von selbst und konnte ständig verbessert werden wie jede Maschine.

Dieser Materialismus ist nicht durch den Nachweis seiner theoretischen Widersinnigkeit zu überwinden. Dieser Nachweis ist so alt wie der Materialismus selbst und unwiderleglich. Aber er ist rein negativ und gibt keine eigene neue Anschauung des Seins. Überwunden werden kann die alte Anschauung nur durch eine Verkündigung vom Wesen der Natur und des Menschen und der Gesellschaft, die von der eigenen Lebenswirklichkeit aus unmittelbar verstanden werden kann, weil sie ihr eigentlicher Ausdruck ist.

Unter nichts leidet der Arbeiter mehr als unter der Gestaltlosigkeit seiner ganzen Existenz. Darin offenbart sich aber, daß Gestalt Wesen, Gestaltlosigkeit Wesenswidrigkeit ist. Und von dieser seiner Lage aus ist es möglich, dem Arbeiter die lebendige Gestalt als Form des Seienden zu verkünden. Es kann ihm gezeigt werden, wie das scheinbar mechanische Atom sich bei näherem Zusehen in wundervoller individueller Gestaltung darstellt, wie in den verschiedenen Seinsschichten die Gestalt sich immer klarer heraushebt, wie in der seelischen Gestalt das Geheimnis der Gestalt sich offenbart als Innerlichkeit und wie in der Gesellschaft eine neue übergreifende Gestalt, die soziale, sich entwikkelt, in die jeder gehört mit und ohne Willen.

Und noch einen Schritt weiter kann dieser Gedanke geführt werden, dahin, daß die Gesamtwirklichkeit selbst eine Gestalt ist. Denn nur so kann sie eine Einheit sein, nur so können die Gesetze der Natur an ihr sich unverbrüchlich vollziehen. Nur so erklärt sich die Herrschaft der mathematischen Sinngebilde über die astronomischen Welten.

Gleichzeitig kann gezeigt werden, wie dieser universale Sinn im Innern der lebendigen Gestalten als Geist seiner selbst bewußt wird und zum Nachschaffen in der Wissenschaft, zum Umschaffen in der Technik und zum Neuschaffen in der Ethik und Politik führt. So wird der Blick geöffnet für den Sinncharakter des Wirklichen, und es kann ohne religiös-kirchlichen Sprachgebrauch der Sinngrund verkündet werden, aus dem unerschöpflich neue Gestaltung und neue Sinnerfassung hervorbrechen, und der Geist, der dazu berufen ist, in sich den Sinn schöpferisch zu erfüllen.

Aber dieses alles, diese Botschaft von der Gestalt und dem Sinn, sind doch nur die eine Seite einer dem Sozialismus gemäßen Ontologie. Daß es die eine Seite ist, kann nicht bezweifelt werden, denn der Sozialismus ist ja in seiner Tiefe Wille zur Gestalt gegenüber der Gestaltlosigkeit und Wille zum Lebenssinn gegenüber der Sinnlosigkeit. Und daß gegenwärtig Wissenschaft und Philosophie allerorten auf eine Ontologie der Gestalten hindrängen, ist ein innerer Sieg der sozialistischen Idee, ohne direkte Wirkung des tatsächlichen Sozialismus, ja vielfach im Gegensatz zu ihm. – Eben darum aber ist die Gefahr entscheidend ins Auge zu fassen, die darin liegt, daß Sinn und Gestalt idealistisch oder romantisch verkehrt und gegen den Sozialismus gewendet werden. Das geschieht bereits in der organologischen Philosophie der politischen Rechten, die mit Hilfe der romantischen Gesellschaftslehre antimarxistische Schlagworte prägt.

Demgegenüber muß gezeigt werden, daß der Gestalt gegenüber steht die Gestaltlosigkeit, dem Sinn die Sinnwidrigkeit, der in sich ruhenden Form die jede Form zerbrechende und zerstörende Macht des Todes. Nicht schwer wird es sein, das dem Arbeiter zu sagen, der selbst in einem erdrückenden Übergewicht der Gestalt- und Sinnlosigkeit lebt, für den es fast unmöglich ist in seiner sinnlosen Lage, zu einem Lebenssinn durchzudringen und sich eine individuelle oder soziale Gestalt zu schaffen. Viel größer als beim Arbeiter ist bei den mittelständischen Schichten die Gefahr, den Gestaltbegriff idealistisch statt realistisch, romantisch statt gegenwartsfordernd, ästhetisch statt praktisch, mystisch statt dynamisch zu fassen. Darum ist es die Aufgabe der sozialistischen Philosophie, den Gestaltbegriff der Romantik und Reaktion, der konservativen wie der katholischen zu entreißen und ihn mit der Kraft eines ehrlichen, aus der Lage geborenen Realismus als den ihr eigenen Begriff zu erfassen. Erst dadurch kommt die Ontologie zu ihrer Tiefe. Sie ist Hindurchdringen zur Gestalt durch den Widersinn. Dann wird offenbar, daß auch die Gesamtheit des Seins nicht nur Gestalt ist, sondern auch Ringen um Gestalt, Durchbrochenwerden jeder Gestalt von der Dynamik, die aus unerschöpflichen Tiefen des Seins und des Sinnes immer neue Möglichkeiten und Widersprüche hervortreibt. Diese letzte Einheit von Grund und Abgrund, von Gestalt und Prozeß, von Sinn und Sinnunerschöpflichkeit ist das Geheimnis schlechthin. Weil es das aber ist, wird das Ja zum Sinn und zur Gestalt ein Glaube, der ein „Dennoch" gegen die immer gegenwärtige zerdrückende Welt der Gestaltlosigkeit und Sinnlosigkeit bedeutet, ein Glaube, der unserem Zeitalter und den in Gestaltlosigkeit versunkenen Massen unseres Zeitalters gemäß ist, ein Glaube, der darum zugleich die Tat wirkt, die das, was im Glauben erfaßt ist, unserer Lage gemäß verwirklicht.

II. Die Geschichtsphilosophie des Sozialismus und ihre Weiterbildung

Die letzten Worte führen uns hinüber zur Philosophie der Geschichte. Die Ontologie selbst treibt zur Dynamik. Denn das Sein ist erfaßt in seinem Zwiespalt. Hier erst liegt die eigentliche Größe der sozialistischen Philosophie. Hier finden wir ihre bedeutendste Schöpfung, die marxistische Dialektik der Geschichte.

Es sind drei Fragen, die wir im Anschluß an Marx behandeln wollen: die Frage nach dem Substrat der Geschichte, nach der Bewegung der Geschichte und nach dem Ziel der Geschichte.

Die erste Frage tritt bei Marx auf in der berühmten Lehre von dem Verhältnis des sozialen Unterbaus und Oberbaus. Die ökonomische Basis bewegt sich in streng kausaler Kette. Auf sie aufgebaut und von ihr abhängig ist die rechtlich-politische Sphäre, auf der in gleicher Weise das Religiöse, Philosophische, Ästhetische beruht. Das Bild des Aufbaus können wir zunächst beibehalten. Aber wir müssen zweierlei ändern: Es ist nicht richtig, daß die ökonomische Basis losgelöst von den übrigen Gebieten einer reinen Naturkausalität folgt. Vielmehr ist es so, daß sie zu dem gesamten Bau in unmittelbarer Beziehung steht. Das, was alles trägt, ist die Bauidee, oder besser der aus der Tiefe hervorbrechende Gestaltungstrieb, der sich ebenso als Kunsttrieb wie als Wissenschaftsmethode wie als Wirtschaftswille äußert und ohne den kein Zeitalter zu einer eigenen Form kommt. Wir setzen also auch hier an Stelle der mechanischen Kausalität die Gestalt, obwohl wir es für richtig halten, daß die Basis, der wuchtige Unterbau, das Ökonomische ist. Zugleich aber führen wir das Bild nach unten und nach oben weiter. Nach unten, insofern wir den Unterbau und damit das Ganze wurzeln lassen in den biologischen Grundtrieben, in dem unmittelbaren Lebenswillen, der immer zugleich Wille zur Macht und Wille zur Hingabe ist. Aus diesem Mutterboden des Unergründlichen wächst jede Gestalt hervor. Aber sie ist Gestalt nur, weil in ihr eine letzte Sinnerfassung zum Ausdruck kommt. Die unmittelbare Hinwendung auf diesen letzten Lebenssinn, die Sehnsucht, ihn zu erfassen und zu verwirklichen, ist Religion, deren Symbole einerseits das krönende Dach in unserem Bilde sind, andererseits dem Turme gleich hinausweisen zu der Höhe, die über jede Gestalt und jeden Bau erhaben ist.

Marx selbst gibt uns ein Recht, seine Gedanken in dieser Weise fortzubilden, denn er führt nun den einzelnen Bau über sich selbst hinaus zur historischen Dialektik. Damit macht er offenbar, daß dem statischen Bild des Baues nur ein vorläufiges Recht zukommt. Die Gestalten wandeln sich ohne Unterlaß, eine wird aus der anderen geboren in lebendigem schöpferischem Prozeß. Und die Dialektik sucht das Wesen dieses Wandels zu erfassen. Wo aber zwei Gestalten in einen dialektischen Zusammenhang gebracht sind, da ist das kausal-mechanische Schema durchbrochen. Dialektisches Verhältnis ist Sinnverhältnis, und in ein solches können nur Sinngruppen eingehen. Wenn Marx Zeitalter zusammenfaßt und charakterisiert, so hat er damit den ununterscheidbaren Fluß der kontinuierlichen Ursachenreihe durchschnitten und eine epochale Gestaltschau eingeführt. Damit aber ist im Grunde die Lehre von den historischen Gestalten bejaht.

Noch deutlicher wird das bei Betrachtung der Dialektik selbst. Dialektik ist die historische Kategorie schlechthin. Denn alle geschichtliche Bewegung geht durch Setzung und Gegensetzung, Spruch und Widerspruch. Die Philosophie der Geschichte sucht die Elemente, die in Spannung treten und die Bewegung bewirken, aufzudecken. Bei Hegel waren es logische Kategorien, bei Marx ökonomisch begründete Klassengegensätze. Das erste ist unmöglich, denn es widerstreitet dem unerschöpflichen irrationalen Lebensgrunde alles Geschehens. Die Auffassung von Marx steht der Wirklichkeit näher. Sie zeigt, daß jede besondere Gestalt einer Gesellschaft sich durch reale Machtgruppen verwirklicht. Aber es ist unzulänglich, dabei sich auf die ökonomische Machtgruppe zu beschränken. Das trifft zu für die von Marx analysierte Lage, das kapitalistische Zeitalter, wo der ökonomische Unterbau fast das ganze Gebäude einnimmt. Es trifft nicht zu für die Zeiten, in denen das Ökonomische zwar auch Basis war, aber auch Basis blieb und ein machtvolles Gebäude über sich trug, in dem das eigentliche Leben wohnte.

Die historische Dialektik ist dadurch begründet, daß in jeder Zeitlage die Träger der Gestaltidee zugleich die Träger der Macht sind, als solche aber nicht nur auf Grund innerer Mächtigkeit wirken, sondern auch durch Vergewaltigung neuer Strukturen, die sich im Schoße der alten entwickelt haben. Die Träger der neuen Tendenzen sind dann zugleich die Revolutionäre, und zwar sind sie das immer, ganz gleich ob die Überwindung des Alten rechtmäßig oder rechtzerbrechend geschieht. Von hier aus betrachtet erscheint jede Gestalt als zeitweiliger Ausgleich von Spannungspolaritäten, aus dem neue Kräfte und Spannungen hervorbrechen. Eine schematische Darstellung dieser lebendigen Dialektik ist freilich unmöglich. Nur eines läßt sich sagen: In allen Gegensätzen kehrt immer irgendwie der Gegensatz von Sinngrund und Sinnabgrund, von Form und Leben, von Moral und Mystik, von rationaler Durchformung und irrationalem Schöpferwillen wieder. Es ist das, was die St. Simonsche Schule in schematischer Weise als den Wechsel von organischen und kritischen Zeitaltern bezeichnet hat.

Die marxistische Dialektik ist von den sozialistischen Kantianern zurückgedrängt worden, sehr zum Nachteil der Sache. Man hat sie für ein bloß methodisches Hilfsmittel erklärt, neben dem Politik und Taktik als die entscheidenden Dinge stehen. Gleichzeitig war die Dialektik von dem metaphysischen Materialismus ergriffen und in einen mechanischen Prozeß umgedeutet worden, der naturhaft und nach Vorausberechnung sich erfüllen muß. Aber das alles ist mechanisches, bürgerliches Denken. Die echte Dialektik weiß, daß das historische Schicksal nicht wie eine Maschine abläuft, sondern sich durch die schöpferischen freien Kräfte der tragenden Gruppen verwirklicht. Echte Dialektik ist Lehre vom historischen Schicksal und ist gleich weit entfernt von dem Gedanken eines mechanischen Ablaufs wie von dem Gedanken einer bloßen politischen oder ethischen Forderung. Echte Dialektik ist historischer Prädestinationsglaube und hat in sich die ganze Gewalt der Aktivität, die das Bewußtsein bringt, Träger des Schicksals zu sein. Das ist die religiöse Kraft, die in der marxistischen Dialektik steckte, und die neu zu gewinnen von entscheidender Bedeutung für den Sozialismus ist.

Wir kommen zu dem dritten Punkt der geschichtsphilosophischen Erörterung, zu der Frage nach dem Ziel der geschichtlichen Entwicklung. Hier liegen die schwersten Probleme, die am wenigsten gelöst sind, in denen aber das geschichtsphilosophische Denken gipfelt. Es sind zwei Möglichkeiten, die sich hier dem Denken anbieten und die in engem Zusammenhang stehen mit der Polarität von Grund und Abgrund, von Form und Leben. Die eine Möglichkeit ist die romantisch-individualistische, die die Verwirklichung des Ziels in den einzelnen Gestalten findet und in ihrer Anschauung beharrt. Sie kann mehr mystisch-konservativ sein oder mehr ästhetisch-historizistisch. Im ersten Falle sind starke Nachwirkungen alter sakramentaler Bindungen da, im zweiten Falle ist die sakramentale Substanz aufgelöst in ästhetisch-logische Formen und dadurch ihrer eigentlichen Kraft beraubt. Beide Auffassungen ruhen in der gegebenen Gestalt. Sie heiligen die gegebenen Mächte und Wirklichkeiten, auch wenn deren Weihe eher dämonisch als göttlich zu nennen ist. Ihnen gegenüber steht nun die nach vorn gerichtete, innerlich gespannte eschatologische Haltung, die den ganzen Enthusiasmus der Endhoffnung in sich trägt. Auch sie kann doppelt aussehen, bald mehr auf das unmittelbare Kommen des Reiches gerichtet sein, noch erfüllt von den Spannungen der alten Eschatologie, die ins Jenseits geht, bald profaniert sein und in matte Fortschrittsstimmung schwunglos auslaufen. Der Sozialismus gehört grundsätzlich dem zweiten Typus an, und zwar seiner radikalen eschatologischen Form. Das Reich der Vernunft soll hereinbrechen, die Welt dem Gesetz unterworfen werden, Gleichheit und Recht sollen herrschen. Wo der Sozialismus kritisch-fortschrittliche Formen annimmt, hat er seinen ursprünglichen, religiösen Charakter eingebüßt. Dazu aber kommt es immer wieder, denn wo immer die Welt der rationalen Form unterworfen ist, entsteht eine große Leere und Nichtigkeit, in die dann, wie in einen leeren Raum, Mächte der Anarchie und Dämonie dringen. Es ist die große Enttäuschung, die allem diesseitigen Enthusiasmus anhaftet. Denn aller Glaube, das Ziel des Diesseits im Diesseits zu finden, ist Hybris und Verlust der Tiefe des Sinnabgrundes.

Aus dieser Not der sozialistischen Geschichtsphilosophie ist der Gedanke des Kairos geboren worden, der Gedanke der Fülle der Zeit, die zu einem neuen schöpferischen Augenblick ausholt. Nicht als sollte das Ziel der Geschichte, das Unbedingte, in die Geschichte kommen. Das Unbedingte ist immer das Kommende, das nahe herbeigekommen ist, von dem man aber nie sagen kann: „Hier oder dort ist es". Kairos bedeutet aber auch nicht ein Ruhen im Gegebenen oder gar eine romantische Rückwendung, sondern es bedeutet ein neues Durchbrechen von Gehalt in die Form, ein neues Durchbrechen der Gnade durch das Gesetz. Es bedeutet eine neue Lösung der ewigen Aufgabe, die jeder geschichtlichen Periode gestellt ist: in der Form des Bedingten das Unbedingte darzustellen, Symbol zu sein für die ewige unfaßbare Einheit von Grund und Abgrund, von Form und Leben.

Kairos ist immer zugleich Forderung und Gabe. Wäre er nur Forderung, so wäre er ein neues Gesetz. Wäre er nur Gabe, so wäre er Heiligung vergangener Macht. Der Sinn des dialektischen Denkens ist von hier aus nichts anderes als die Gewißheit, in dieser Gnade zu stehen. Denn historisches Schicksal ist Gnade. So gipfeln alle Linien der Seins- und der Geschichtsphilosophie in der Idee des Kairos, in dem Glauben an die gegenwärtige schöpferische Verwirklichung, in der wir stehen und die doch nur durch uns wirklich wird. So wird das zeitliche Ziel, das uns gegeben ist, zu einem Symbol des ewigen Ziels, in dem alles Geschehen seinen Grund und seinen Sinn findet.

III. Ethisch-religiöse Grundlinien

Das Handeln aus dem Bewußtsein des Kairos führt zum Problem der Ethik des Sozialismus. Wir geben nur einige Gesichtspunkte. Das Grundproblem der sozialistischen Ethik heißt: Wie kommt es zur sittlichen Gestalt, zur individuellen und zur sozialen, und eins mit dem anderen und durch das andere? Diese Frage aber zerfällt sofort in eine Reihe von anderen, deren wichtigste folgende sind: Wie wird aus der Masse Gemeinschaft? Wie wird aus den Klassen Volk? Wie wird aus den Völkern Menschheit?

Die erste Frage, wie aus der Masse Gemeinschaft werden kann, ist nicht beantwortet durch den Begriff der Solidarität. Solidarität ist bestimmt durch den Druck von außen, durch eine gemeinsame Gegnerschaft. Sie zerfällt, sobald der Druck nachläßt. Nur wenn innerhalb der Masse Keimzellen einer neuen Gemeinschaft sich bilden, Kerngemeinschaften, die zur Masse gehören und doch um den Kairos als Überwindung des Masseseins wissen, kann die Masse zur Gemeinschaftsbildung kommen. Dabei kommt alles darauf an, daß diese Kerngemeinschaften sich nicht aus der Masse herauslösen, daß sie nicht verdorben werden durch die entleerte Bildung der kapitalistischen Epoche, die individualistisch, formal und gemeinschaftszerstörend ist, sondern daß sie in gemeinsamer Arbeit mit solchen, die durch das Bürgerliche hindurchgebrochen sind, um neue Ausdrucksformen des in ihnen lebendigen Gehaltes ringen. Jedes Herausheben Einzelner aus der Masse heißt, die Masse in ihrer mechanischen Entleerung verewigen. Nur das Schöpferischwerden innerhalb der Masse kann die Masse erlösen, kann sie zur Gemeinschaft gehalterfüllter Persönlichkeiten führen.

Daraus ergibt sich schon eine Antwort für die zweite Frage: Wie kann aus den Klassen Volk werden? Nicht so, daß man, wie es vielfach von romantischer Seite geschieht, versucht, die verschiedenen Klassen davon zu überreden, daß das Volk eine Gemeinschaft sei. Das ist unreal und undialektisch. Es läßt die alten Mächte bestehen. Es wird der völlig neuen Lage des kapitalistischen Zeitalters nicht gerecht. Demgegenüber entspricht die Lehre vom Klassenkampf der Wirklichkeit. Aber daß ein Klassenkampf da ist, ist selbst ein Ausdruck für die Gestaltlosigkeit der Zeit. Es kann darum nicht die Aufgabe sein, den Klassenkampf zu verherrlichen, auch nicht dadurch, daß man als sein Ziel den klassenlosen Staat hinstellt. Es gibt keinen dialektischen Umschlag aus der Leere in die Fülle. Der Glaube daran ist Wunderglaube und nicht Dialektik. Nur wenn in dem Klassenkampf eine Schicht zum Träger der Idee der neuen Gesellschaft, zum machtvollen Kern einer neuen Gemeinschaft, zum Führer eines neuen Volkes wird, kann der Klassenkampf über sich selbst hinausführen. Nicht an der äußeren Macht, sondern an der inneren Mächtigkeit der siegreichen Schicht hängt die Überwindung des Klassengegensatzes und das Werden des Volkes.

Für die dritte Frage: Wie wird aus den Völkern Menschheit? ergeben sich folgende Grundlinien. Die Menschheit ist dazu bestimmt, Gestalt zu werden, denn die gesamte Menschheit ist Offenbarerin des Sinngrundes und Abgrundes, ist eins im Geiste und in Gott. Das ist die positive Formulierung, von der aus alle Fragen zu behandeln sind, nicht aber kann maßgeblich sein eine negative Formulierung wie die: Nie wieder Krieg! Das ist noch moralistisch und gestaltlos gedacht. Das Werden der Menschheitsgemeinschaft ist aber in erster Linie eine Frage des Rechts, nicht der Sittlichkeit, obgleich das Recht selbst im Ethos wurzelt. Sucht man aber das Recht zu umgehen und mit ihm die Recht setzende Gemeinschaft, den Staat, und mit ihm Macht und dem Rechtsbruch gegenüber Gewalt, so schafft man eine die Persönlichkeit auflösende Utopie. Denkt man aber von der Menschheit aus und ihrer Aufgabe, einheitliche, rechtsgeformte Gestalt zu werden, so sieht man auch, daß selbst in einer geeinten Menschheit die Spannung der Machtgruppen nicht aufhören kann, daß die Überwindung des Krieges noch keineswegs Überwindung der Revolution gegen die tragende und ihre Macht gegen höheres geschichtliches Recht festhaltende Gruppe ist. Der absolute Frieden aber ist im Ewigen und ist *Ziel* der Zeit und *Ziel* auch einer geeinten Menschheit.

In allen ausgeführten Gedankengängen stand im Hintergrund die Richtung auf den Sinngrund – und Abgrund, die Religion. Sie soll nun noch in einigen Worten in den Vordergrund gerückt werden. Die religiöse Idee, auf die alle Gedankengänge hinliefen, war die Idee des Kairos, der Zeitenfülle, des neuen Emporringens der Zeit zur Ewigkeit, der neuen Verwirklichung der Ewigkeit in der Zeit. Von hier aus sind drei Fragen zu stellen: das Verhältnis von Religion und Kultur, von Kirche und Proletariat und schließlich, und für alles entscheidend, von Gott und Welt.

Die Frage nach dem Verhältnis von Religion und Kultur ist im Grunde schon beantwortet. Der lebendige Gehalt aller Gestalten, Kultur- und Zeitlagen strömt aus ihrer Verbindung mit dem Unbedingten, ihrem Grund – und Abgrund. Die Idee des Kairos enthält einen Protest gegen die Isolierung von Religion und Kultur, gegen eine profane Kultur, die allein in den Formen des Bedingten lebt und das Unbedingte verloren hat, und gegen eine Religion, die nicht mehr weiß, daß sie mehr ist als eine Funktion neben anderen. Aus dieser Trennung folgt ebenso notwendig die Gestaltlosigkeit der Kultur, ihre zunehmende Entleerung, wie die Wirkungslosigkeit der Religion, ihre zunehmende Symbolunkräftigkeit. Einer solchen Zeit ist die Lebenstiefe verlorengegangen, und nur im Untergrund bewegt sich dann und wann der Vulkan, der zerstören und neuschaffen kann. Etwas von diesem vulkanischen Grunde aller Kultur haben Mitteleuropa und Rußland erfahren und diese Erfahrung ist unser Kriegsgewinn, der wichtiger ist als das Gewinnen des Krieges oder die Ruhe der Neutralität. – Eine Lage des Geistes, in der dieser Zustand der Trennung überwunden ist, in der die Wirklichkeit wieder Symbol des göttlichen Sinngrundes geworden ist, wo alle Lebensgebiete, auch die Wirtschaft, von dieser Tiefe zeugen, wo nichts grundsätzlich unfromm sein muß, wo heiliges Erkennen und heiliges Handeln sich einen, nennen wir Theonomie. Nur aus einer solchen Einheit von Kultur und Religion kann sich dem Proletariat und uns allen der Weg zum Heiligen öffnen, denn die Formen der Religion, die auf diesem Boden wachsen, sind unsere. Die Symbole, die hier geschaffen werden, verstehen wir.

Dieses ist die grundsätzliche Lösung der Frage nach dem Verhältnis von Kultur und Religion, aber sie ist nicht zulänglich, denn in der Wirklichkeit erhebt sich immer von neuem die Trennung von profan und heilig. Nicht die Technik ist profan, aber der technische Gebrauch aller Dinge, selbst der heiligen, profaniert sie. Darum ist die Sehnsucht nach der heiligen Sphäre, nach der Andacht, dem Symbol und der Gemeinde, nicht zu unterdrücken. Sie ist auch gegenwärtig da, aber das ist das Schwere der Lage in Deutschland, daß ein Zusammenkommen der Masse mit den Vertretern der religiösen Sphäre zur Zeit unmöglich ist. Die alten großen Worte und Symbole sind intellektuell herabgedrückt und verbraucht, und sie sind überdies der Arbeiterschaft Symbole dessen, was sie hassen, der bürgerlichen Kultur. Diese Lage zwingt uns, völlig frei zu sein von der Kirche mit all ihren Worten und wäre es das Wort „Gott" selbst, sofern es seine Ausdruckskraft verloren hat. Das aber kann wahrhaft nur geschehen in dem Bewußtsein, gebunden zu sein an die unsichtbare Gemeinde derer, die an den Kairos glauben. Denn diese verborgene Gemeinschaft ist es, die alles trägt und in die einzuführen der Sinn aller Arbeit in Kultur und Religion, in Proletariat und Kirche ist.

Endlich die letzte Frage, deren Antwort Voraussetzung ist für alles Gesagte, die Frage nach dem Verhältnis von Gott und Welt. Während sie in den Zeiten der ruhigen Kulturentwicklung nur zu schnell im Sinne einer selbstverständlichen Einheit beantwortet wurde, besteht seit der großen Erschütterung des letzten Jahrzehnts die Neigung, die Frage im Sinne eines ausschließlichen Gegensatzes zu lösen. Gott wird verkündet als das Gericht der Welt und nur als das Gericht. Das Unbedingte wird angeschaut als die Krisis des Bedingten und nur als die Krisis. Es liegt eine große prophetische Kraft in dieser Verkündigung. Aber sie darf uns nicht dazu verführen zu vergessen, daß auch die Verkündigung des Nein eine menschliche Position ist, daß sie zur Hybris wird, wenn sie sich absolut setzt. Wir dürfen nicht vergessen, daß das Ja größer ist als das Nein und daß die Welt keinen Augenblick Bestand hätte, wenn nicht das Ja in jedem Augenblick in ihr wirkte. Die Voraussetzung des Gerichts ist die Gnade und nicht die Verkündigung des Gerichts, sondern die der Gnade wirkt die tiefste Krisis. „Das Himmelreich ist nahe herbeigekommen." Das ist der Sinn des Kairos.

DIE BEDEUTUNG DER GESELLSCHAFTSLAGE FÜR DAS GEISTESLEBEN[1]

Der heutige Tag steht unter dem Zeichen des Abschlusses einer Arbeit, die Sie auf den verschiedensten Gebieten mit den Problemen des gegenwärtigen Geisteslebens in Verbindung gebracht hat. Sie kehren zurück zu ihren Berufen, und es mag in dieser Stunde die Frage auftauchen: Was bedeuten die geistigen Welten, in die wir geblickt haben, für unser Stehen in diesem Beruf, in dieser gesellschaftlichen Lage? Wir wollen versuchen, eine Antwort darauf zu geben, indem wir zunächst umgekehrt fragen: Was bedeutet die gesellschaftliche Lage für das geistige Leben, für seine Formen und Gestalten, für sein Entstehen und sein Sich-Wandeln? Was bedeutet es für meine geistige Haltung, für mein Erkennen und Anschauen, für mein Leben in der Gemeinschaft, in der Religion, daß ich dieser Gesellschaftsform, diesem Stande, dieser Klasse angehöre?

Zwei Antworten sind es, die sich uns darbieten. Die erste heißt: es bedeutet nichts! Das Geistesleben ist eine Wirklichkeit für sich, die ihre eignen Formen, ihre eignen Gesetze hat. Und alle, die an ihm teilhaben, sind an diese Formen und Gesetze gebunden, ganz gleich, in welcher Gesellschaftslage sie sich befinden, ob Bauer oder Unternehmer, ob Beamter oder Arbeiter – wer teilnimmt am Leben der Kirche oder der Kunst oder der Philosophie, muß diese seine Sonderungen hinter sich lassen und sich der Sache hingeben, die für alle die gleiche ist. Es ist die idealistische Antwort, die so lautet, die den Geist als eine höhere Wirklichkeit über der seelischen und sozialen anschaut, als einen Ort, zu dem man nur gelangen kann, wenn man sich von der Existenz, von dem Dasein als dieser Mensch in dieser Lage, abwendet.

Es liegt eine Wahrheit in dieser Antwort: Wer dem Geist dienen will, wer auch nur ein Gedicht, ein Bild, einen philosophischen Gedanken verstehen will, muß die Grenzen seiner zufälligen Existenz durchbrechen. Niemand darf glauben, daß er die Schöpfungen des Geistes herabziehen darf in seine Begrenzheit, ohne sie zu verzerren und zu entwerten. Geistiges fällt niemandem zu, der nicht gelernt hat, von sich selbst wegzugehen. Jede geistige Schöpfung spricht zu uns:

[1] Vortrag, gehalten auf der Abschlußfeier des 2. Studiengangs der Verwaltungsakademie Dresden im Juni 1927.

Werde anders! „Geist ist der Schmerz, mit dem das Leben selbst ins Leben schneidet." Und wer diesen Schmerz nicht kennt, der kennt den Geist nicht, der findet in jedem Werk, auch der Größten, nur sich selbst und seine eigne aufgeputzte Jämmerlichkeit. Das ist das Recht des Idealismus.

Sein Unrecht aber fängt an, wenn er meint, daß Geist jenseits des vitalen Lebens stünde; wenn er den Geist fernhalten will von dem Blut des Lebens, des naturbestimmten, des seelischen, des gesellschaftlichen Lebens. Sein Unrecht fängt an, wenn er den Geist als etwas Abstraktes, Jenseitiges auffaßt, das – einem Gesetze gleich – jedem gilt, jedem gegenübersteht, und darum – jeden vergewaltigt. Das Leben aber läßt sich nicht vergewaltigen; es wendet sich ab von dem Geist, es wendet sich sich selbst zu, seiner Zufälligkeit und seinem Behagen und wird leer und gestaltlos. Der Geist wird Sache von Feierstunden, d. h., er hört auf, Geist zu sein und wird Verzierung. Oder er wird Sache einzelner Höchstgeformter, die ihm ihr vitales Leben opfern und stolz sind, dem Chaos ihrer Seele und des öffentlichen Lebens zu entgehen. Dieses ist das Merkmal unserer Geisteslage seit dem Zusammenbruch des Idealismus der klassischen Zeit unseres Geisteslebens.

Demgegenüber erhebt sich nun und hat sich mit geschichtlicher Folgerichtigkeit erhoben die andere Antwort auf unsere Frage. Sie lautet: Das Geistesleben hat keinerlei Selbständigkeit in sich. Es ist völlig bestimmt durch das vitale Interesse des Menschen, durch seine seelische, bewußte und unbewußte, Gestaltung, vor allem durch seine wirtschaftliche und gesellschaftliche Lage. In mancherlei Formen kann dieser Gedanke auftreten. Die gegenwärtigste und geistigste Form ist die der Tiefenpsychologie, die aus dem unbewußten Seelenleben den ganzen Aufbau des Geistigen ableiten will. Die für unsere Frage wichtigste Form ist die soziologische Betrachtung, wie sie Karl Marx mit gewaltiger Denk- und Willenskraft vertreten hat. Von ihm stammt der Gedanke, daß alle geistigen Formen nur der Überbau einer wirtschaftlichbestimmten Klassenlage sind, daß sie, wie er sich ausdrückt, Ideologien sind, mit denen eine Klasse ihre eigne Lage und ihren eignen Herrschaftswillen verkleidet. Ob religiöse oder künstlerische, rechtliche oder philosophische Symbole, nie hat man zu fragen: Was ist ihre Wahrheit, was ist ihr geistiger Sinn, sondern man hat zu fragen: Was versteckt sich hinter ihnen für eine Klassenlage, für ein Machtwille; was ist ihr Lebenssinn?

Eine ungeheure weltgeschichtliche Kraft hat dieser Gedanke gehabt. Denn in ihm steckt eine Wahrheit, die allem Idealismus gegenüber recht behält. Jede geistige Form ist getragen von einem Lebenswillen. Jeder

Geist, der wirklich Geist und nicht bloß Abstraktion ist, ist getragen und erfüllt von Blut, von Blut unmittelbaren, einmaligen Lebens. Und weiter steckt die Wahrheit darin, daß die Berufung auf Geist und Wahrheit oft nichts ist als unbewußter oder gar bewußter Vorwand, den das Leben sich schafft, um hemmungslos sich selbst, seinen Machtwillen, durchzusetzen. Sowohl zum Guten wie zum Schlimmen steckt eine Wahrheit im Gedanken der Ideologie.

Und doch kann es nicht der letzte Gedanke bleiben. Wollte man ihn festhalten, so würde man selbst ins Sinnlose kommen, denn man müßte ja auch diesen eignen Gedanken für eine Ideologie, für eine Fassade, für Ausdruck eines Machtwillens erklären, d. h., man würde den Anspruch aufgeben, Wahrheit zu reden. Geist ist darum nicht weniger Geist, daß er getragen ist von Blut, daß er nur im wirklichen Lebensprozeß erlebt und verwirklicht werden kann. Und Geist ist darum nicht weniger Geist, daß er mißbraucht werden kann als Vorwand und Fassade.

Beide Antworten enthalten eine Wahrheit, und beide sind für sich unzulänglich. Geist und Leben, auch Geist und Gesellschaftsleben, stehen ineinander. Sie können nicht voneinander getrennt werden. Die Geistseite ist dem Allgemeinen, dem Gültigen zugewandt, die Lebensseite dem Besonderen, Einmalig-Schöpferischen. Lebendiger Geist aber ist beides in Einheit. Und nur im Sinne dieser Einheit sind die folgenden Darlegungen gemeint, in denen wir an einigen Beispielen das Ineinander von Gesellschaftslage und Geistesleben aufzuweisen suchen.

Ein zentraler, fast alle Gebiete beherrschender Begriff des Rechtslebens ist der Begriff des Eigentums. Für die ursprüngliche bäuerlich-kommunistische Gesellschaftsform ist Eigentum Teilhaben an dem Besitz der Gemeinde, ist Eigentum der Rechtsanspruch, der sich auf die Zugehörigkeit zur Gemeinde gründet, den gemeinsamen Besitz zu nutzen. In der Allmende und dem russischen Mir haben sich Reste solchen bäuerlichen Urkommunismus erhalten. Auch hier liegt Eigentum vor, Verfügungsrecht über Sachen, und keineswegs jeder hat dieses Recht. Wer es aber hat, der hat es nicht privat, sondern durch die Gemeinschaft hindurch. Und in die Gemeinschaft ist er eingefügt durch kultisch-geweihte, blutsmäßige Bindung. Wird er zum Frevler gegen sie, so wird er aus der Gemeinschaft, und damit aus dem Besitz ausgestoßen.

Im Feudalismus, also der Gesellschaftsordnung des germanisch-romanischen Mittelalters, hat das Eigentum den Charakter des Lehens. Wohl hat der Einzelne ausschließliches Verfügungsrecht, aber wieder hat er es nicht privat, sondern es ist ihm zur Verfügung gestellt, es ist ihm zugewiesen von seinem Lehnsherrn um seiner Bedeutsamkeit willen für das Ganze, um dessentwillen, was er repräsentiert in der Stufenreihe der sozialen Mächte. Nicht privates, sondern repräsentatives Eigentum liegt hier vor. Der oberste Lehnsherr ist der Kaiser; der aber hat sein Amt von Gott zu Lehen. So steht hinter dieser Auffassung der religiöse Gedanke, daß das Land Gott gehört und der Einzelne es in zahlreichen Abstufungen von ihm zu Lehen hat und darum verantwortlich ist gegen ihn.

Mit der Entwicklung des Bürgertums entsteht der Begriff des absoluten, unverantwortlichen Privateigentums. Bürgerliches Denken stellt die Gesellschaft völlig auf den Einzelnen. Wie es die Natur in Atome zerlegt und sie dann einem Gesetz unterwirft, so löst es die Gesellschaft in Einzelne auf und unterwirft sie dann dem Rechtsgesetz des Staates, dem Naturgesetz der Wirtschaft. Sowohl die alte kultische Gemeinschaftsbindung wie auch die verantwortliche Lehnsbindung hört auf. Die Gemeinschaft verliert ihren heiligen, sakralen Charakter. Sie wird profan, und der Einzelne, isoliert und unverantwortlich, wird zum Baustein der Gesellschaft. Damit sind die Voraussetzungen gegeben für die Entstehung des absoluten Privateigentums, das ins Unbegrenzte vermehrt werden kann, das beliebig verwendet und beliebig vertan werden darf. Es hat keine repräsentative Bedeutung mehr. Im Privathaus des unbekannten Einzelnen sammeln sich die Reichtümer, mit denen er als Kapitalbesitzer unverantwortlich eine Macht auf den Staat ausübt, wie kaum ein Lehnsherr es öffentlich vermochte. Und vom Staat wird das Recht so durchgestaltet, daß dieses absolute Privateigentum mit der ganzen Macht und der ganzen Weisheit des Gesetzes sanktioniert und geschützt wird. Das ist der bürgerliche Eigentumsbegriff, der uns so selbstverständlich geworden ist. Sein religiöser Hintergrund ist die Aufhebung jeder religiösen Bindung, die Erhebung des Einzelnen auf den Thron.

Gegen ihn entwickelt sich zurzeit ein neuer Eigentumsbegriff, der aus der antibürgerlichen Klassenlage des Proletariats, der Geistigen, in gewisser Weise auch der Beamtenschaft geboren ist. Er hat klar und allen gemeinsam das Negative: den Willen, die Starrheit des bürgerlichen Eigentumsbegriffs zu durchbrechen. Weniger klar und einheitlich ist das Positive: das Beamtentum und der Staatssozialismus wollen dem Staat möglichst weitgehende Befugnisse geben, die Geistigen wollen vielfach das Eigentum mit einer neuen Verantwortlichkeit belasten nach Art des Lehnsgedankens, der Kommunismus nähert sich den Idealen des Urkommunismus. Eine klare Linie ist nicht vorhanden, demgemäß, daß diese Gruppen keine einheitliche Gesellschaftslage vertreten. Sicher ist nur die Tatsache der Umwandlung, die sich am deutlichsten in der Einschränkung des absoluten Privateigentums durch die Sozialgesetzgebung ausdrückt.

Damit ist ein großes, das ganze Rechts- und Sozialleben durchdringendes Beispiel gegeben, das die Bedeutung der Gesellschaftsform für geistige Auffassungen zeigt. In der gleichen gesellschaftlichen Stufenreihe läßt sich der Wechsel einer Reihe anderer geistiger Gestaltungen aufzeigen. So etwa der nationalen Idee. Sie ist dem Feudalismus fremd. Die Ritterschaft der ganzen Christenheit fühlt sich trotz aller Fehden als die große tragende Gesellschaftsgruppe, deren Glieder sich abgrenzen gegen die Unterschicht: ein Querschnitt durch alle Nationen, der wichtiger war als die unsicheren nationalen Längsschnitte. In genau der gleichen Weise fühlt sich das heutige Proletariat – wenn auch nach dem Weltkrieg mit Abschwächung – als einheitliche, der bürgerlichen Gesellschaft gegenüber revolutionäre, zu ihrer Ablösung bestimmte Klasse. Und wieder erscheint der Querschnitt der Klassen wichtiger als der Längsschnitt der Nationen. Das Proletariat fühlte sich in solchem Maße sowohl von den geistigen wie von den materiellen Gütern der Nation ausgeschlossen, daß eben damit die nationale Idee für es kaum noch vitale, bluthafte Bedeutung hatte.

Demgegenüber ist das demokratische Bürgertum mit der nationalen Idee aufs engste verbunden und findet sich darin zusammen mit dem seit Ausgang der Feudalzeit national gespaltenen Adel. Für diese Schichten ist die Nation, deren geistige und materielle Güter sie besitzen, teils Angelegenheit vitalen Lebensgefühls, teils Angelegenheit gemeinsamen wirtschaftlichen Interesses. Die Nation ist Träger der Macht, die dem Bürgertum in der weltwirtschaftlichen Konkurrenz Schutz und Unterstützung gewährt. So kommt es, daß oft die nationale Idee des Bürgertums den Charakter eines weltwirtschaftlichen Interessenverbandes annimmt. Die Stellung der Geistigen ist gespalten. Teils bejahen sie die Nation in einem leidenschaftlichen Zusammen von Geist und Blut, teils kennen sie die jede nationale Sonderung überwindende Kraft des Geistes und stehen damit gebrochen zur Nation. – In der Beamtenschaft ist es die Nation nur indirekt, direkt aber der Staat, auf den ihr inneres Pathos gerichtet ist. Darum diente sie mit der gleichen Hingabe dem völlig unnationalen, landesfürstlichen Absolutismus wie gegenwärtig dem mit der Nation geeinten Staat.

Wieder ein mächtiges konsequenzenreiches Gebiet, in dem Gesellschaftslage und Geistesform ineinanderliegen! Und bis in die höchsten Formen des reinen Geistes gehen diese Zusammenhänge. Wir haben die vornehme, mystisch-erdgebundene Kunst der Feudalzeit, wir haben die aufstrebende aktiv-ekstatische Kunst der Gotik, wir haben die durchsichtige Klarheit und Vernünftigkeit des republikanischen Renaissancebürgertums, wir haben die barocke Gewalt landesfürstlicher Absolutheit und das Wiederdurchbrechen von Klarheit und Vernünftigkeit im Klassizismus der bürgerlichen Revolution. Wir haben die ästhetische Hochkultur im Impressionismus des Bürgertums und die mystisch-religiöse Revolutionsstimmung der Geistigen und des Proletariats im Expressionismus der letzten Jahrzehnte.

Nicht anders liegen die Dinge in der Philosophie, nicht anders in Sitte und Sittlichkeit, ja nicht anders einmal in der Religion. Sie, die Unbedingtheit beansprucht, scheint am wenigsten bedingt zu sein durch die Gesellschaftslage. Vielleicht ist sie es in Wahrheit am meisten. In seinem Gott schaut der Mensch das Ideal seiner Existenz an, der Bürger den Gott des Gesetzes und der persönlichen Geformtheit, der Aristokrat den Gott der Seinsfülle, den höchsten in der Hierarchie der Wesen. Der Proletarier lehnt beide ab, weil sie ihm zu Symbolen seiner Knechtung werden und er frei von jeder schwächenden Bindung den Kampf um seine Befreiung führen will. Darum ist der Proletarier zurzeit von der Kirche innerlich ausgeschlossen wie übrigens auch die meisten Geistigen. Sie ist in ihren Formen, in ihrer ganzen Haltung, teils dem Bauerntum, teils dem Adel und Kleinbürgertum nahe. Gedanken und Formen entstammen dieser Gesellschaftslage. Das ist die Tragik namentlich der protestantischen Kirche. Ihr universaler Anspruch bleibt unerfüllt infolge ihrer gesellschaftlichen Begrenztheit.

Doch genug der Beispiele. Sie zeigen die Einheit von Geist und Gesellschaft; und doch zeigen sie auch, daß der Geist mehr ist als ein Produkt der Gesellschaftslage, denn er schafft Spannungen in jeder Lage und treibt über jede hinaus. Er schafft neue Gesellschaften und damit neue Gestaltungen des Geistes.

Auch das Beamtentum ist eine solche Gesellschaft, die einst nicht war und vielleicht einst nicht mehr sein wird. Auch sie hat ihre besonderen Formen des Geistigen. Zugleich aber ist sie verantwortlich für alle. Und darum ist es ihre Aufgabe, über sich und ihre besonderen Formen hinauszublicken, die Fülle des Geistes und seiner Gestalten zu sehen, und den Einzelnen in seinen Anschauungen und seiner geistigen Haltung zu verstehen aus der Gesellschaftslage, der er entstammt. Wenn die Arbeit in der Akademie zu diesem Weitblick, zu diesem Hinauskommen über sich und seine besondere Geistesform beigetragen hat, dann war sie echter Dienst am Geist und wird zu echtem Dienst an der Gesellschaft führen.

SOZIALISMUS

I. Der Sozialismus als Wagnis

Begriffe sind lebendig, solange sie die Kraft haben, neue Inhalte aufzunehmen. Neue Inhalte aufnehmen heißt nicht, die alten abstoßen, heißt nicht, sich von den Ursprüngen losreißen, aus denen der Begriff einmal geboren ist. Neue Inhalte aufnehmen heißt vielmehr: die Macht eines Begriffes und durch ihn hindurch die Macht seines Ursprunges daran zu erweisen, daß er jede ihm drohende Erstarrung zu durchbrechen vermag. Einen Begriff, dem solche Erstarrung nicht drohte, gibt es nicht, weil es keinen Lebensprozeß gibt, der nicht die Neigung hätte, sich zu verhärten. Zahlreiche Lebensvorgänge erreichen diesen Härtezustand bald. Ihre Spannungen waren nicht stark genug, um über sich selbst hinauszuführen und eben damit sich lebendig zu erhalten. Manche Lebensprozesse aber haben diese Spannung, diese Tiefe und Mächtigkeit. Sie überwinden die drohenden Erstarrungen. Sie kommen über sich selbst hinaus und erhalten eben damit sich selbst. Denn lebendig sein heißt: über sich hinausgehen. Das gilt von allen Lebensgebieten, von den niedrigsten Lebewesen bis zu den größten geschichtlichen Gebilden. Wo Leben ist, ist eine Spannung zwischen „Einssein mit sich" und „Sichtrennen von sich". Wer diese Spannung nicht hat, wer nur eins ist mit sich, der ist tot. Und eine geschichtliche Bewegung, die nur eins ist mit sich, die sich nicht trennen kann von sich, die nicht hinausbrechen kann über sich, ist tot. –

Wer einer Bewegung verbietet, sich neue Begriffe zu schaffen, in denen sie sich ausdrückt, wer ihr verwehrt, die alten Begriffe und Lebensformen mit neuen Inhalten zu erfüllen, der bestreitet ihr das Recht, über sich hinauszugehen – er bestreitet ihr das Recht, Anteil zu haben am Lebensprozeß. Er macht sie zu einem starren, über und gegen das Leben gestellten Götzenbild, das man nicht antasten darf. Ein solches Götzenbild kann große Macht haben. Es kann Schrecken verbreiten, und es kann Rausch wirken. Und seine Priester werden alles tun, um diese Macht zu erhalten. Aber seine innere Macht ist gebrochen, und sobald jemand den Mut und die Kraft findet, es doch anzutasten, wird seine Ohnmacht offenbar. Das Götzenbild ist eine Abstraktion ursprünglichen Lebens, die über das Leben gestellt ist, die das Leben schreckt und hemmt, die aber nicht mehr gegenwärtiges Leben ausdrückt.

Es sind Kräfte am Werk, die den vergangenen lebendigen Formen der sozialistischen Bewegung den Charakter erstarrter Götzen verleihen wollen, Kräfte, die, wie jene Götzenpriester, *einem* Bild des Sozialismus zeitlose Dauer geben möchten, die ein Geschrei über Antastung des Heiligsten erheben, wenn das Leben selbst sich in neuen Formen und Begriffen darstellen will. Es ist nicht nur so, wie ihnen oft von radikalen Gruppen vorgeworfen wird, daß sie damit ihre eigenen priesterlich-bonzenhaften Machtpositionen aufrecht erhalten wollen – auch das kann mitspielen, und für marxistisch geschultes Denken ist selbstverständlich, daß es immer irgendwie mitspielt. Ebenso stark aber wirkt die menschliche Urangst vor dem Neuen, vor dem Wagnis, vor der Drohung, ins Nichts zu fallen. Sie treibt immer wieder zu Verhärtungen und Vergötzungen. Wer etwas von dieser Angst weiß, der versteht die menschlich-seelischen Hintergründe der marxistischen Orthodoxie (wie jeder Orthodoxie). Diese Hintergründe müssen zugleich mit den wirtschaftlich-machtpolitischen Hintergründen gesehen werden. Sonst ergibt sich ein agitatorisches Zerrbild der Wirklichkeit. Die Orthodoxie, auch die sozialistische, so verstehen, heißt sie gerechter beurteilen, als verantwortungsloser Radikalismus es kann. Aber es heißt nicht, sie bejahen. Angst kann nie, auch nicht in dieser ihrer tiefsten Form, bejaht werden. Denn sie ist das Einbruchstor für alle Arten von Verhärtung und Vergewaltigung und Schwachheit. Sie muß überwunden werden im Wagnis. Der Sozialismus muß neu gewagt werden, wie er einmal gewagt worden ist. Das Wagnis hört nicht auf, so lange Leben sein soll. Denn Leben heißt Vorstoßen ins Unbestimmte.

Wagnis ist auch das Gegenteil von opportunistischer Anpassung. Die Anpassung will ja gerade das nicht aufs Spiel setzen, was sie besitzt. Sie will es erhalten, sie will nicht das Neue. Sie fühlt, daß Neues gefordert wäre; aber sie hat nicht den Mut, es zu wagen. Und darum macht sie das Alte im Inneren starr und an der Oberfläche weich und unbestimmt. Dieses ist die klügste und hoffnungsloseste Form, nicht über sich hinauszugehen, denn sie erweckt den Schein und vermeidet die Wirklichkeit. Nicht die Politik, die immer Kampf um das jeweils Mögliche sein muß, ist durch diese Bemerkungen getroffen, sondern die innere Haltung, die der Politik gerade die großen Möglichkeiten raubt.

Die Arbeit, die die „Neuen Blätter für den Sozialismus" sich gesetzt haben, ist Vorstoßen, wagende Überwindung der Angst, die zur Vergötzung treibt. Wagnis unterscheidet sich sehr deutlich von Radikalismus. Im Radikalismus verbirgt sich auch Angst, und sein lautestes Geschrei ist oft nichts als Übertönen der Angst. Götzenstürmerei kann Götzendienst mit umgekehrtem Vorzeichen sein. Wagen aber heißt aus den Spannungen des Gegebenen vorstoßen auf das Kommende. So auch aus den Spannungen und der inneren Fragwürdigkeit der überlieferten Begriffe vorstoßen auf neue, lösende und weiterführende Begriffe. Wer den Sozialismus wieder zum Wagnis macht, der muß auch seine Begriffe wagen. Und es ist nicht nur in der religiösen, sondern auch in der wissenschaftlichen und politischen Orthodoxie so, daß man Begriffe, die einmal mächtig geworden sind, viel schwerer neu wagt als irgendwelche andere Lebensformen. Die Orthodoxie heftet sich an den Begriff als den Ort geringster Beweglichkeit. Wieder kann die marxistische Einsicht in die Gebundenheit des Denkens an die wechselnde gesellschaftliche Lage solche Verhärtungen auflösen, und gerade aus dem Geist des Marxismus heraus zum Ringen um neue Begriffe und neue Inhalte der alten Begriffe treiben.

Dabei gibt es unvermeidlich ein Abweichen nach zwei Seiten. Auch der Begriff muß beides zugleich haben: Stehenbleiben in sich und Sichtrennen von sich, wenn er ein lebendiger Begriff sein soll. Bei jeder neuen Wendung besteht nun die Möglichkeit, entweder, daß er in sich stehengeblieben ist, ohne über sich hinauszugehen, oder daß er sich von sich getrennt und nichts mehr mit sich, d. h. mit seinem Ursprung, zu tun hat. Beide Vorwürfe muß jeder vernehmen – und oft als berechtigt anerkennen –, der einen Begriff wagt, der aus den Spannungen einer Begriffsbildung, ohne sie verlassen zu wollen, vorstoßen will zu etwas Neuem. „Das ist nicht mehr Sozialismus" und „das ist nur der alte Sozialismus": zwischen diesen beiden Angriffen auf Wort und Sache muß jeder ständig hindurchgehen, der den Sozialismus wieder zum Wagnis macht. Und es ist niemals im voraus zu sagen, ob diese Angriffe im Recht sind oder nicht. Sie können recht haben, sonst wäre das Wagnis kein Wagnis. Entscheiden kann darüber keine Instanz, weder eine geistliche noch eine weltliche Hierarchie oder Demokratie. Entscheidend ist allein die Macht, mit der ein Begriff Wirklichkeit gestaltet und umgestaltet, weil er selbst aus der Wirklichkeit geboren ist. Unter diese und keine andere Entscheidung stellen wir die Begriffe von Sozialismus, die wir wagen und mit denen wir, ohne das Gegebene zu überspringen, vorstoßen wollen auf das Kommende.

II. Der Sozialismus als Grundlage der Gestaltung

Warum, so könnte gefragt werden und wird auch von manchem unserer Freunde gefragt, *Sozialismus* als Wagnis? Warum nicht etwas anderes, warum nicht Wagnis überhaupt? – Weil wir glauben, daß der Sozialismus trotz aller Bedrohung durch Orthodoxie und Radikalismus ein Lebendiges ist, das die Kraft hat, über sich hinauszustoßen, ohne sich zu verlieren. Und weil wir glauben, daß der Sozialismus dasjenige Lebendige in der Gegenwart ist, das Grundlage, Kraft und Ziel der Gestaltung des Gegenwärtigen in die Zukunft sein muß. Wir glauben an die Kraft des Sozialismus – nicht auf Grund einer fragwürdigen wissenschaftlichen oder politischen Meinung über die gegenwärtige Lage, sondern auf Grund unbedingter Ergriffenheit von dem, was im Sozialismus letztgemeint ist, und auf Grund unlöslicher innerlicher Verbundenheit mit denen, für die der sozialistische Glaube die sinngebende Kraft ihres sonst sinnlos gemachten Daseins ist. Ein so begründeter Glaube aber weiß, daß er in einer viel tieferen Schicht der Erkenntnis wurzelt als die längst zum Götzenbild mißbrauchte Wissenschaft, daß er – was wieder dem Sinne von Marx entspricht – in Einheit steht mit Tat und Entscheidung und eben darum Wagnis ist.

Die eine Wurzel unseres Glaubens an die Kraft des Sozialismus ist das unbedingte Ergriffensein von dem, was im Sozialismus letztgemeint ist. Das Letzt-Gemeinte ist das, was in allen Begriffen ausgedrückt werden soll und doch über alle hinausgeht, von keinem gegriffen werden kann. Darum sind alle letzten Begriffe, in die der Sozialismus seinen Sinn gelegt hat, Symbole – und nicht wissenschaftliche Marken, die man beweisen und widerlegen kann. Wenn Marx von klassenloser Gesellschaft spricht oder von der Geschichte des Menschengeschlechtes, die auf die Vorgeschichte folgt, so sind das ebenso Symbole für etwas Letzt-Gemeintes, nicht direkt Auszudrückendes wie die Forderung kommender Gerechtigkeit oder Freiheit oder Gemeinschaft in anderer Redeweise. Jeder dieser Begriffe meint mehr, als er unmittelbar aussagt. Er ist darum nicht widerlegt, wenn der unmittelbare Begriffsinhalt widerlegt ist. Der Begriffsinhalt wechselt, muß wechseln, mit der Gesellschafts- und Geisteslage, aus der er geboren ist. Das Letzt-Gemeinte, nie Faßbare wechselt nicht, oder besser, es ist dem Gegensatz von Wechsel und Erstarrung enthoben.

Weil dieses auch der Charakter aller echten ursprünglichen ideologisch oder rationalistisch unverzerrten religiösen Begriffe ist, fanden sich einzelne unserer Mitarbeiter vor Jahren unter dem Wahrzeichen

„Religiöser Sozialismus" zusammen. Der Name begegnete einem doppelten, anscheinend unüberwindlichen Mißverständnis. Von religiöser Seite wurde er als Versuch bekämpft, die Religion in den gegenwärtigen Sozialismus aufzulösen. Und von sozialistischer Seite wurde Religion im Sinne der gegenwärtigen Kirchen verstanden und darum die Verbindung von Religion und Sozialismus abgelehnt. Weder das eine noch das andere sollte der Begriff religiöser Sozialismus sagen. Gesucht war ein Verständnis und eine Gestaltung des Sozialismus von dem her, was in ihm letztgemeint ist, und gesucht war eine neue konkrete Verwirklichung der Religion von eben daher. Wir, d. h. diejenigen unter uns, die sich zur religiös-sozialistischen Bewegung rechnen, haben den Namen fallen lassen, um nicht die neue Sache mit den alten Mißverständnissen zu belasten. Von der Sache selbst können und werden wir nicht lassen. Eine Bewegung, die nicht die Tiefe hat, auf die letzte unbedingte Sinnfrage unseres Daseins eine Antwort zu geben, könnte nicht unser unbedingtes Ja haben. Wir meinen, daß der Sozialismus solche Antwort geben kann, und wir wollen daran arbeiten, daß diese Antwort nicht im Vorläufigen und Vorletzten stecken bleibt, sondern daß sie ein Hinweis wird auf das Letzt-Gemeinte, „Religiöse" im Sozialismus.

An Stelle von Gerechtigkeit, Freiheit, oder wie in der Zeit nach der Revolution der übliche Begriff war, von Gemeinschaft könnte gesagt werden: *die Forderung einer Gesellschaft, in der es jedem Einzelnen und jeder Gruppe möglich ist, ihren Lebenssinn zu erfüllen, die Forderung einer sinnerfüllten Gesellschaft.* – Die Frage nach dem Lebenssinn tritt in allen Kreisen der gegenwärtigen Gesellschaft, vor allem aber im Proletariat immer mehr in den Vordergrund. Sie ist die tiefste und zugleich die umfassendste Frage: sie enthält alle übrigen. Und die Antwort auf sie enthält die Antwort auf alle einzelnen Fragen in sich; sie umfaßt ebenso die materiell-ökonomische Grundlage wie das seelische Leben und die geistigen Ausdrucksformen. Und sie übersteigt dieses alles noch. Sie umfaßt den Einzelnen und die Gruppe, während bei Freiheit der Einzelne, bei Gemeinschaft die Gruppe das Übergewicht bekommt. Sie kann nicht utopisch sein, denn sie spricht nur von Möglichkeit des Lebenssinnes. Sie kann nicht ideologisch sein, denn der Lebenssinn kann nur aus den konkreten Spannungen der Gegenwart erfragt werden. Sie kann nicht reaktionär sein, denn der Lebenssinn ist das nie Erfüllte, immer zu Erfüllende. Und doch ist er kein blasses Ideal, sondern entweder lebendige, Leben ermöglichende Wirklichkeit, oder er ist gar nichts.

Wir bejahen also einen Sozialismus, der die Frage nach dem möglichen Lebenssinn aller Einzelnen und aller Gruppen in der Gesellschaft in Praxis und Theorie stellt, und um ihre Antwort in Wirklichkeit und Gedanke ringt. Ein solcher Sozialismus ist mehr als eine nur politische, er ist auch mehr als eine nur proletarische Bewegung. Er ist eine Bewegung, die jede Seite des Lebens und jede Gruppe der Gesellschaft zu erfassen strebt. Er erhebt universalen Anspruch und kann nicht zulassen, daß irgend etwas unbeansprucht danebensteht. Wird er in letzter Tiefe gefaßt, so muß er auch universal gefaßt werden. Er muß zur Grundlage werden können der geistigen und politischen Gestaltung, d. h. der Gestaltung alles dessen, was gestaltet werden kann.

III. Der Sozialismus als Kraft der Gestaltung

Wird der Sozialismus in dieser Tiefe und Breite erfaßt, so kann sich von neuem die Frage erheben, warum dann Sozialismus, warum nicht Gestaltung überhaupt? – Weil die sozialistische Bewegung der Ort ist, in der die Erfahrung der Sinnlosigkeit des Daseins sich den für die Gegenwart entscheidenden Ausdruck geschaffen hat. Denn hinter der sozialistischen Bewegung steht das proletarische Schicksal. Und im proletarischen Schicksal bricht das tiefste menschliche Schicksal unabweisbar auf. Hier ist die Sinnfrage konkret gestellt. Sie kann nicht abgeschoben werden. Denn die Sinnlosigkeit ist jedem Moment des typisch proletarischen Lebensprozesses aufgeprägt. In den meisten übrigen Schichten gibt es Überdeckungen durch geistigen oder materiellen Besitz, durch sinnvolle Aufgaben oder lockende Ziele. Im Proletariat fehlen grundsätzlich diese Möglichkeiten, die Sinnlosigkeit des Daseins zu verhüllen. Selbst die einfachsten seelischen Erfüllungen wie Liebe, Familie, Feiertag stehen meistens in Formlosigkeit und Verzerrung. Und das alles in einer Gesamtlage der Gesellschaft, in der formal jedem Einzelnen der Zugang zu allen Lebensgütern geöffnet ist, in der es keine innerlich anerkannte Stufenleiter der Lebenserfüllung gibt, in der die Unterschiede rein privaten und darum unverbindlichen, verantwortungslosen, grundsätzlich zufälligen Charakter haben.

Darum ist es töricht, den proletarischen Sozialismus von irgendeinem nichtproletarischen trennen zu wollen. Proletariat und Sozialismus gehören zusammen und bleiben zusammen, auch wenn kein einziger Proletarier repräsentativ in der sozialistischen Bewegung wäre, auch wenn weite nichtproletarische Kreise den Sozialismus aufgenommen hätten. Denn der Ort, aus dem ständig die realen Impulse, die Leidenschaft und selbstverständliche Hingabe für den Sozialismus hervorbrechen, ist der

Ort der vollkommensten Sinnlosigkeit der Existenz, ist das Proletariat. Darum hat das Proletariat die Schlüsselsituation für die gegenwärtige Lage, wenn die Frage nach einer sinnhaften Gestaltung der Gesellschaft gestellt wird. Es gibt keinen Ort, von dem aus sinnhafte geistige und politische Gestaltung in Angriff genommen werden könnte und der nicht mit dem Ort des Proletariats zum mindesten in engster Verbindung stünde. Nicht weil der Proletarier besser oder geeigneter ist für kommende Gestaltung: das Gegenteil ist häufig der Fall. Sondern weil er da steht, wo kommende geistige und soziale Gestaltung reale, mit der Existenz selbst gesetzte Forderung ist. Dabei ist durchaus folgendes möglich: die proletarische Situation könnte sich so wandeln, daß sie nicht mehr der Ort der radikalsten Sinnlosigkeit wäre. Es könnte eine andere Schicht, z. B. die der Angestellten, an ihre Stelle rücken, und sie ist es zum Teil schon. Es gibt ganze Angestelltengruppen, die durch den Wirtschaftsmechanismus in die gleiche Unsicherheit gestellt sind wie das Proletariat, ohne dessen äußere und innere Freiheit zu haben, und die durch diese ihre Lage oft genug in Verzweiflung und äußersten Radikalismus getrieben werden. Andererseits rückt das Proletariat vielfach in Arbeitspositionen, die an Verantwortung und Ertrag denen der unteren Angestellten erheblich überlegen sind. Man spricht zur Zeit viel von dem Arbeiter, der „Kleinbürger" geworden ist und Möglichkeiten gefunden hat, die Situation äußerster Sinnlosigkeit zu überdecken. Ja, manche meinen, daß diese Entwicklung notwendig und nicht unbedingt verhängnisvoll ist. Sie würde bedeuten, daß das Proletariat aufgehört hätte, Proletariat zu sein. Es läge nicht mehr „vor den Pforten", durch die es zu sinnhafter Einordnung in die Gesellschaft geht. Es wäre eingeordnet. Dann könnten andere Schichten dort liegen, also Proletarier geworden sein und Träger des Sozialismus werden. Oder es gäbe keinen Proletarier mehr. Alle wären eingeordnet, etwa nach Art eines allgemeinen Beamtentums mit Unfreiheit und Sicherheit: so würde die Gesellschaftslage als solche nicht mehr der Ort sein, an dem die Sinnlosigkeit der Existenz aufbräche. Vielleicht würde sie sich dann, wenn überhaupt, mehr in der seelischen als in der gesellschaftlichen Lage fühlbar machen – wie schon oft in der Vergangenheit. Aber dieses alles ist hypothetisch gesagt. Es geht uns in diesem geschichtlichen Augenblick nichts an, wo viele Millionen als wirkliches Proletariat in einer Lage stehen, die ihnen die Möglichkeit des Lebenssinnes nimmt und wo neue Schichten in die gleiche Lage gestürzt werden. Wer unter Absehen davon die Frage nach dem Lebenssinn stellt, wer sie nicht aus der Verbundenheit mit dem Ort entscheidender Sinnlosigkeit stellt, der bleibt abstrakt, ungegenwärtig, ideologisch. Und zahllosen Versuchen unserer

Zeit, die Sinnfrage aufzurollen, ist dieser Stempel unverkennbar aufgedrückt.

Die Fragestellung von dem Ort der größten Sinnlosigkeit aus stellen heißt nicht notwendig, die Antwort eben dort suchen, heißt nicht, das Proletariat zum Überwinder der Sinnlosigkeit und Träger des neuen Sinnes machen. Es besteht kein Anlaß, einen Messianismus des Proletariats zu verkündigen, die proletarische Lage auch positiv als den ausgezeichneten Ort für die Lösung der Sinnfrage zu bezeichnen. Damit ist vielleicht das schwierigste Problem des gegenwärtigen Sozialismus angedeutet, das völlig neuer Durcharbeitung bedarf. Die Annahme, daß eine gelingende proletarische Revolution von selbst einen sinnerfüllten Gesellschaftszustand herbeiführt, ist auf keine Weise haltbar. Daß Sinnlosigkeit durch einen politischen Umsturz sich in Sinn verwandelt, ist Wunderglaube, der keinerlei Überzeugungskraft hat. Das bedeutet nicht, daß eine proletarische Revolution unter allen Umständen abgelehnt werden soll. Sie kann der unumgängliche Weg sein, auf dem sich ein innerlich längst vorbereiteter neuer Gesellschaftsaufbau verwirklicht. Es kommt nur darauf an, was verwirklicht wird. Und das ist aus der proletarischen Situation als solcher nicht zu entnehmen. Nur eins kann und muß aus ihr entnommen werden: die notwendige Einordnung des Proletariats in einen sinnvollen Aufbau der Gesellschaft. Und diese Einordnung muß sich das Proletariat selbst erkämpfen, denn nur im Kampf zeigt es und entfaltet es zugleich die Macht, die ihm zukommt, die es gewinnen und halten kann. Würde ihm die Einordnung in den Schoß fallen, so müßte sie sofort wieder verlorengehen, weil sie innerlich unbegründet wäre. – Sofern es ohne Einordnung des Proletariats mit Rechten und Verantwortung keine sinnhafte Gesellschaft geben kann, ist der proletarische Kampf – und d. h. innerhalb der kapitalistischen Wirtschaftsordnung der Klassenkampf – die notwendige Voraussetzung für die Beantwortung der Sinnfrage. Insofern also ist das Proletariat nicht nur der Ort der sozialistischen Frage, sondern auch Träger der sozialistischen Antwort. Ohne den proletarischen Kampf keinen Sozialismus und ohne den proletarischen Sieg keine Antwort auf die Frage nach einer sinnerfüllten Gesellschaft.

Aber die Bedingung, ohne die es nicht geschehen kann, ist noch nicht die zureichende Bedingung dafür, daß es geschieht. Diese einfache logische Einsicht fehlt in vielen sozialistischen Gedankengängen. Es bleibt ja noch offen, in was das Proletariat mit der ihm eigentümlichen Mächtigkeit eingeführt werden soll. Ein Wort wie „klassenlos" hilft da nicht weiter. Denn klassenlos heißt ja nicht ungegliedert. Zur Gliederung aber gehören viele Glieder, und zu einer sinnerfüllten Gesellschaft gehört die Einfügung vielfachen Sinnes. Probleme wie Kapitalismus als Wirtschaftsform, wie Planwirtschaft und freier Markt, wie Monopolismus und Staatswirtschaft sind mit einem proletarischen Siege noch nicht gelöst. Ebensowenig die Fragen der Staatsform, der Erziehung, der Stellung der Geistigen, des Arbeits- und Lebensrhythmus, des Rechts, der Völkerbeziehungen. Von diesen Dingen kann man auch nicht sagen, daß sie von selbst kommen werden, wenn nur der ökonomische Unterbau geändert ist, denn sie alle sind ja Elemente der Wirtschaftsgestaltung selbst. Die Änderung der Wirtschaftsform ist schon definiert durch die Änderung all jener Momente, die zu ihr gehören, ihr also nicht nachfolgen können. Darum gibt es hier sozialistische Perspektiven, die über den unmittelbar proletarischen Kampf hinausführen und aus deren Durcharbeitung er unter Umständen Inhalt und Richtung gewinnen kann. Aber das nur, wenn diese Inhalte ihrerseits aus der innigsten Verbindung mit der proletarischen Lage und dem proletarischen Kampf gewonnen sind, wenn ihr negatives Gegenbild der Ort radikalster Sinnberaubung des Lebens ist. Und darum gilt doch in letzter Instanz: Der Sozialismus und in ihm der Kampf des Proletariats um eine sinnhafte Gesellschaft ist der Ort, von dem aus gegenwärtig die Frage nach einer sinnerfüllten Gesellschaft beantwortet werden muß, und ist die Kraft, durch die gegenwärtig allein das Ringen um sinnerfüllte Gesellschaft Notwendigkeit und Kraft gewinnt.

IV. Der Sozialismus als Gestaltungsziel

Die Frage, warum für uns der Sozialismus Grundlage und Kraft für die geistige und politische Gestaltung sein soll, ist doppelt beantwortet: einmal um deswillen, was wir das in ihm Letzt-Gemeinte genannt haben und auf das wir mit dem Wort hinweisen: „Eine Gesellschaftsordnung, in der sinnerfülltes Leben für jeden Einzelnen und für jede Gruppe möglich ist." Dann um der unlöslichen Verbindung willen mit dem Ort der radikalen Sinnlosigkeit, dem Proletariat, und um der Überzeugung willen, daß es keinen Weg zu dem vorgestellten Ziel geben kann, ohne den siegreichen Kampf des Proletariats um sinnhafte Einordnung.

Es muß nun die Frage gestellt werden, was das Ziel der Gestaltung ist. Die Antwort kann nicht zweifelhaft sein: der Sozialismus als Verwirklichung einer sinnerfüllten Gesellschaft, von der kein einzelner und keine Gruppe ausgeschlossen ist. Der „klassenlosen Gesellschaft" von Marx geben wir die positive Wendung „sinnerfüllte Gesellschaft",

d. h. eine solche, in der die Lebensmächtigkeit eines jeden Einzelnen und jeder Gruppe sich verwirklichen kann, und die selbst als Ganzes ihre Macht und ihren Sinn erfüllt, den nämlich, in all ihren Formen Hinweis zu sein auf den unbedingten, tragenden nie direkt aussagbaren Lebenssinn. Auf dem Boden der kapitalistischen Klassenspaltung ist das nicht möglich. Die eine Klasse, das Proletariat, ist von ihrem Lebenssinn abgeschnitten, und dadurch ist das Ganze verzerrt und entleert. Darum ist die Überwindung der kapitalistischen Klassenspaltung Grundlage jedes möglichen sinnhaften Aufbaus der Gesellschaft. Die kapitalistische Klassenspaltung aber kann nur aufgehoben werden mit dem Kapitalismus selbst. Denn sie ist sein Naturgesetz, die in ihm gesetzte „Dämonie", die nur mit ihm, nicht auf seinem Boden überwunden werden kann. Darum ist der Angriff auf den Kapitalismus (im Sinne eines wirtschaftlich begründeten Herrschaftssystems, nicht im Sinne von Marktwirtschaft) die erste und bleibende Aufgabe sozialistischer Gestaltung der Gesellschaft. Über die Methode dieses Angriffs kann im voraus nichts ausgemacht werden. Es gibt hier so wenig wie irgendwo anders eine absolute Methode, auch nicht in der Form des Marxismus. Den Sozialismus neu wagen heißt auch die Wege zu seiner Verwirklichung neu wagen. Das aber ist ein Gedanke, der in dem dialektischen Prinzip des Marxismus verborgen liegt und ihn selbst ständig über sich hinaustreibt. Denn Dialektik ist nicht Berechnung, sondern die Einheit von Erkenntnis und Wagnis.

Das kapitalistische Herrschaftssystem aber ist nicht isoliert, sondern eingebettet in ein umfassendes, alle Äußerungen bestimmendes Lebenssystem. Und nur in Einheit mit diesem kann es überwunden, in einen sinnerfüllten Aufbau der Gesellschaft übergeführt werden. Es sind bestimmte Auffassungen vom Wesen des Menschen und seiner Stellung zu sich, zum anderen und zur Welt, durch die die liberal-autonome Wirtschaft ermöglicht wurde, wie auch umgekehrt mit dem Sieg dieser Wirtschaft das neue Verständnis des Menschen sich durchsetzte. Noch ist es vielfach im Sozialismus so, daß die Auffassung vom Menschen, mit der das kapitalistische System unlöslich verknüpft ist, als selbstverständlich vorausgesetzt und damit ungewollt das System gestützt wird. Denn an der Auffassung vom Menschen hängt die Beantwortung aller Fragen nach dem Sinn der Wirtschaft und ihrer Stellung im Ganzen, nach dem, was produziert werden soll und für wen, nach dem Sinn und den Grenzen jedes Machtaufbaus in Staat und Gesellschaft, und darüber hinaus nach dem Ziel und den Wegen der Erziehung, nach der Formung des Rechts, nach dem Rhythmus von Arbeit und Freude, nach den Symbolen der Kunst und Religion. Dieses alles und sehr vieles andere ist mit der Auffassung vom Menschen entschieden. Und es ist nicht so, als ob sie neben der politischen Praxis und Theorie stünde, sondern sie ist selbst immer auch Politik, wie umgekehrt jede politische Handlung und Theorie eine Auffassung vom Menschen durchsetzt. Die ältere sozialistische Entwicklung hat diese Einheit nicht deutlich genug gesehen und herausgearbeitet. Die Gründe dafür sind leicht zu entdekken: die Lage des Proletariats im Frühkapitalismus ließ jeden anderen Gesichtspunkt hinter der ökonomischen Not verschwinden. Das Menschliche ging als leidenschaftlicher politischer Wille, als heroische Opferbereitschaft, als Hoffnung auf kommendes sinnerfülltes Leben in die politische Theorie und Praxis ein. Aber es blieb undurchgearbeitet, unbestimmt. Es erschöpfte sich vielfach in Verneinung der bürgerlichen Lebens- und Geistesformen, blieb aber in Grundlegung und Methode von ihnen abhängig. Die verhängnisvollen Konsequenzen dieser Haltung haben sich in den letzten zehn Jahren mit dem Einrücken des Sozialismus in politische und gesellschaftliche Machtstellungen vor aller Augen gezeigt. Mit dem Schwinden der Unterdrückung und des Heroismus wurde das Fehlen einer durchgearbeiteten selbständigen Auffassung vom Menschen auf allen Gebieten einschließlich der Wirtschaftstheorie und politischen Praxis offenbar. Hier ist Unendliches nachzuholen, wenn der Sozialismus Gestaltungsziel bleiben will.

Eine Gesellschaftsgestaltung mit den Mitteln der liberal-aufklärerischen Auffassung vom Menschen ist längst unmöglich geworden. Die lebendigen Kräfte aller Gebiete haben sich losgerissen davon. Alle drängen auf etwas Neues. Nur im Sozialismus finden die alten bürgerlichen Ideen und Lebensformen vielfach noch eine Freistätte. Sie sollte ihnen nicht gewährt werden; denn mit ihnen gewährt der Sozialismus dem, zu dessen Überwindung er bestimmt ist, eine Freistätte. Zugleich gibt er damit reaktionären Ideologien die Möglichkeit, sich als Neues und Kommendes anzubieten und Menschen lebendiger vorwärtsdrängender Art, die innerlich zum Sozialismus gehören, für sich zu gewinnen. Hier muß vollkommen umgelernt werden. Hier wird unser entschlossener unnachgiebiger Angriff einsetzen. Denn hier handelt es sich um die gefährlichste Waffe des Gegners: daß er den Sozialismus mit Elementen seiner eigenen Seelen- und Geisteshaltung durchsetzt und ihm dadurch seine Durchschlagskraft nimmt. Viel zu wenig hat der ältere Sozialismus gesehen, in welchem Maße er dieser Waffe schon erlegen ist. Er sah gebannt auf den Gegensatz, wie es im Kampfe selbst schwer anders sein kann. Er bemerkte nicht die Einheit, die während des Kampfes immer größer wurde und ihm trotz äußerer Überlegenheit die innerlich sieghafte Kraft nahm.

Damit sind die Voraussetzungen und die Ziele unserer Arbeit gezeigt. Alles einzelne ist Sache der Durchführung. Es ist ein gewandeltes Bild vom Sozialismus, das wir sehen. Die erste heroische Periode des Sozialismus ist abgeschlossen. Äußerlich leichter, innerlich schwerer ist die zweite gestaltende Periode. Sie muß manches wegtun, was der ersten Periode angemessen war, und vor allem: sie muß unendlich viel Neues auf jedem Gebiet aufnehmen, durcharbeiten und verwirklichen. Darüber zu wachen, daß solche Durcharbeitung aus der letztmöglichen Tiefe und darum in größtmöglicher Universalität geschehe, ist der Sinn der „Neuen Blätter für den Sozialismus". Darin liegt ein Dreifaches: Erstens, daß sie kein inhaltlich fixiertes Programm haben. Ein solches steht am Ende der gestaltenden Durcharbeitung, nicht an ihrem Anfang, und auch dann mit dem Vorbehalt, den jedes Fragen vom Letzten her machen muß. Zweitens, daß es kein Gebiet gibt, das aus der Fragestellung ganz herausfallen könnte, daß darum Arbeit auf allen Gebieten unabweisbar ist, wie der Kreis unserer engeren und weiteren Mitarbeiter zeigt. Drittens, daß alles dies geschieht im Hinblick auf die gegenwärtige sozialistische Bewegung, die Not, aus der sie geboren ist, die proletarische Situation, den Weg, den sie gegangen ist und die Aufgabe, die ihr gestellt ist.

Kein Programm, sondern Wagnis aus der letzten Tiefe und in der ganzen Breite dessen, was menschlich ist, soll der Sozialismus sein, dem wir dienen als der Grundlage, der Kraft und dem Ziel sinnhafter Gestaltung des Kommenden.

RELIGIÖSER SOZIALISMUS I.

Nicht viele werden eine klare Vorstellung davon haben, um was es in der religiös-sozialistischen Bewegung geht. Das liegt nicht nur an der verhältnismäßig geringen Zahl ihrer Anhänger, sondern ebenso an der Vielfältigkeit ihrer Gruppen und Auffassungen und der Schwierigkeit der Probleme, mit denen sie ringt. Der religiöse Sozialismus ist eine junge Bewegung, besonders auf deutschem Boden. Erst nach der Revolution hat er sich bei uns durchgesetzt, nachdem er in England und vor allem in der Schweiz schon lange hervorragende Vertreter gefunden hatte. Der deutsche Boden war besonders ungünstig für ihn. Religion und Sozialismus standen hier in einem scheinbar unversöhnlichen Gegensatz. Ein großer Teil des politischen Kampfes der deutschen Sozialdemokratie war ein Kampf gegen die Kirchen, vor allem gegen die protestantischen Kirchen. Und ein großer Teil der Waffen gegen die Sozialdemokratie wurde von Religion und Kirche geliefert. Schlagworte wie das von den „gottlosen, kirchenfremden Massen" hörte man ebenso oft in Predigt, in kirchlicher Propaganda wie das Schlagwort von „Thron und Altar" in den Parteiversammlungen der Sozialdemokratie und in ihrer politischen Agitation. Die Kluft schien unüberbrückbar. Und diese Stimmung ist in vielen sozialistischen und kirchlichen Kreisen, namentlich der älteren Generation, noch heute wirksam. Aber sie ist nicht mehr selbstverständlich, nicht mehr ungebrochen. Eine jüngere Generation auf beiden Seiten bestreitet, daß der Gegensatz von Religion und Sozialismus notwendig und unabänderlich sei. Sie sucht zu verstehen, wie es einmal zu diesem Gegensatz gekommen ist, nicht um ihn zu verewigen, sondern um ihn zu überwinden. Auch wir wollen diesen Weg einschlagen und zuerst davon reden, warum Religion und Sozialismus in solche tödliche Feindschaft geraten mußten, und dann von dem Ringen des religiösen Sozialismus um ein neues Verhältnis beider und von der Bedeutung dieses Ringens für die kommende Gestaltung des religiösen und gesellschaftlichen Lebens.

I.

Wir wollen zuerst die Vorwürfe hören, die von religiöser Seite dem Sozialismus gemacht wurden, dann die umgekehrten Vorwürfe des

Sozialismus gegen die Kirchen und zum Teil auch gegen die Religion, um zum Schluß zu zeigen, wie der religiöse Sozialismus gerade aus diesen Vorwürfen die Kraft gewann, einen neuen Weg zu weisen.

Man kann die gegenseitigen Vorwürfe in zwei Gruppen teilen, deren erste die weltanschauliche, deren zweite die sittliche Auffassung des Gegners angreift. Von religiöser Seite wird der weltanschauliche Gegensatz in folgenden Punkten gesehen: Dem Sozialismus wird vorgeworfen, erstens, daß er alles auf die menschliche Vernunft stelle und sich gegen den Glauben an göttliche Offenbarung und göttliches Handeln in der Welt absperre, zweitens, daß seine Auffassung der Welt materialistisch sei, und drittens, daß seine Hoffnung diesseitig und nicht jenseitig sei.

Blickt man zurück auf die Entstehung und Entwicklung der deutschen Sozialdemokratie im 19. Jahrhundert, so kann jedenfalls das Tatsächliche, das in diesen Vorwürfen liegt, nicht bestritten werden. Die sozialistische Philosophie in fast allen Schattierungen hat die Aufklärungsphilosophie übernommen. Der Mensch steht auf sich selbst und seiner Vernunft. Die mathematische Naturwissenschaft hat gezeigt, daß man auf diese Weise zu sicheren Ergebnissen kommen kann; und nicht nur zu theoretischen, sondern auch zu solchen, mit denen man die Welt gestalten, für den Menschen einrichten kann. Da ist kein Platz für die verborgenen unberechenbaren jenseitigen Mächte, von denen die Religion zeugt. Was nicht durchschaubar und beherrschbar ist, wird bestritten. Selbst die Geschichte macht keine Ausnahme. Zwar ist sie komplizierter als die Natur, aber auch sie kann man berechnen. Man kann auf Grund der gesellschaftlichen Bewegungsgesetze die Zukunft in gewissen Grenzen voraussagen und kann sein Handeln danach einrichten. Man kann dafür sorgen, daß die Ziele des eigenen Handelns nicht in Widerspruch stehen zu den Kräften, die in der Gesellschaft wirken und die sich auf alle Fälle durchsetzen mit oder gegen das eigene Handeln. Es ist einer der entscheidendsten Einflüsse, die der Sozialismus von Marx erfahren hat, daß er die Zukunft des Menschengeschlechtes grundsätzlich für ebenso berechenbar und gestaltbar erklärt hat wie die Natur. Für religiöse Sinndeutung der Geschichte scheint da kein Platz zu sein. Die Kirche scheint im Recht zu sein, wenn sie sich gegen diesen Versuch des Menschen wendet, sein Schicksal völlig von sich aus zu gestalten.

Diese Überzeugung kann noch verstärkt werden durch den zweiten Vorwurf, den die Kirche dem Sozialismus macht: daß seine Weltanschauung materialistisch sei. Auch das nicht mit Unrecht. Verdanken doch Marx und der Marxismus ihre Weltanschauung zum nicht geringen Teil der Philosophie Feuerbachs, jenes Schülers von Hegel, der die Auffassung seines Meisters auf den Kopf oder, wie er selbst meinte, auf die Füße gestellt hat. Hatte Hegel gesagt, daß Gott durch den Menschen sich selbst denkt, so sagte Feuerbach, daß der Mensch durch Gott sich selbst denkt. Das bedeutet, daß Gott eine Schöpfung der menschlichen Sehnsucht nach Unsterblichkeit und Vollkommenheit ist. Wirklich ist allein der Mensch mit seinen natürlichen Trieben, Hoffnungen und Befürchtungen. Die Götter hat er nach seinem Bilde geschaffen. Diese zunächst rein bürgerliche Auffassung wurde dann von Marx dahin weiter geführt, daß es nicht der Mensch überhaupt ist, der die Götter und alle anderen Ideen schafft, sondern der Mensch in der Gesellschaft. Gesellschaft aber ist Klassengesellschaft. Das Klasseninteresse ist es also, das den Menschen dazu treibt, Geist und Gott zu schaffen. Und wieder ergriff Marx die Geschichte und gründete mit Hilfe seiner berühmten materialistischen Geschichtsauffassung Religion und Kultur auf den Machtwillen der Klasse. Geistlos und unerträglich wurde dieser Materialismus freilich erst, als er sich mit dem ganz andersartigen Materialismus eines Ernst Häckel verband und alle Dinge, auch Mensch und Geschichte, aus dem Würfelspiel von Atomen ableiten wollte. Leider ist er in dieser und nicht in der geistvollen Marxschen Form in die Massen eingedrungen und wird hier vielfach auch jetzt noch festgehalten. Es ist verständlich, daß die Kirchen über diesen Anstoß nur schwer hinwegkommen.

Damit verband sich ein drittes, das für die Haltung des Sozialismus und seiner religiösen Kritiker besonders wichtig ist. Das Ziel der Menschheitsentwicklung liegt im Diesseits. Ein Ziel, das über unsere Gestalt der Welt hinausweist, gibt es nicht. Das Reich der Gerechtigkeit, die klassenlose Gesellschaft ist das letzte Ziel, das menschliche Entwicklung haben kann, für den Einzelnen und für die Gesamtheit. Der religiöse Gedanke eines jenseitigen Gottesreiches scheint damit ausgeschlossen zu sein. Auch hier Kampf von Religion und Sozialismus, nicht religiöser Sozialismus.

Schärfer noch als in der Weltanschauung waren und sind die religiösen Vorwürfe gegen die sittlichen Anschauungen des Sozialismus. Sie schließen sich eng an die weltanschaulichen Kampfpunkte an. Der Mensch, der auf sich selbst steht, muß, so meint man, notwendig dazu kommen, alle göttlichen Ordnungen aufzulösen. Er wird revolutionär und nicht nur im Politischen, sondern ebenso auf den übrigen Gebieten menschlichen Zusammenlebens, im Verhältnis von Mann und Frau, von Eltern und Kindern, von Herrschaft und Gesinde. Daß diese Revolution vom Bürgertum angefangen worden ist, wird ihm nicht mehr ernsthaft zum Vorwurf gemacht, seitdem es sein Ziel erreicht, eine neue Ordnung geschaffen hat und sie nun verteidigt, oft mit Hilfe religiöser Wertungen. Der revolutionäre Sozialismus dagegen wird als menschliches Titanentum gekennzeichnet, als Kampf gegen Gott. – Zugleich wird der weltanschauliche Materialismus auch als praktischer Materialismus verstanden. Es wird dem Sozialismus vorgeworfen, daß er eine Gesinnung fördere, die ausschließlich den materiellen Dingen zugewandt sei, daß er die Menschen von allem Hohen und Idealen ablenke und zur Vertretung ihrer niedrigsten Interessen treibe; vor allem aber, daß er die Menschen im Diesseits festhalte, ihnen den Zugang zu dem nehme, was an Erschütterungen und Antrieben aus den Gedanken an Tod und Jenseits folge. – Also Kampf auf der ganzen Linie: Religion gegen Sozialismus.

II.

Und ebenso umgekehrt: jedem Vorwurf entspricht ein Gegenvorwurf. Greifen wir das wichtigste heraus: Kann, so fragt der Sozialismus – hierin unterstützt von weiten Kreisen der bürgerlichen Bildung –, der Mensch den Weg zurückgehen, den er einmal vorwärtsgegangen ist, kann er in die Denkformen zurückfallen, die vor der Aufklärung stehen? Kann er wieder primitiv werden? Und wenn nicht, warum schleppen die Kirchen soviel Altes, Primitives, für uns Unzugängliches mit sich? Sollte das noch andere als sachliche Gründe haben? Soll damit eine Machtposition aufrechterhalten werden? Und noch schärfer wird der Angriff: Die Kirchen, sagt man, bekämpfen den sozialistischen Materialismus, sie selbst seien idealistisch, eben damit aber verlören sie die Wirklichkeit. Mit ihrer Verkündigung einer geistigen, göttlichen, vor allem einer zukünftigen Welt lenken sie ab von der grauenvollen sozialen Wirklichkeit und machen auch nicht einmal den Versuch, sie zu ändern. Auch da, wo sie einzelnen Menschen helfen, lassen sie das Ganze unangetastet. Wem zu gute? Denen offenbar, so geht der Angriff weiter, die aus der gegenwärtigen Lage Vorteil ziehen, der herrschenden Klasse zugute. Und daraus folgert man dann weiter, daß Geist und Gott Ideologien sind, d. h. Begriffe, die man benutzt, um damit seine Macht zu festigen. Gegen die Kirchen wird der Ideologieverdacht geschleudert, der tödlich für sie sein muß, wenn er sich als berechtigt erweist. Denn wenn das, was das Heiligste zu sein beansprucht, als Mittel des Machtwillens durchschaut wird, so ist es damit entweiht und zerstört. Naturgemäß wird auch die Jenseitspredigt der Kirche und ihre Verurteilung aller Revolution in diesen Zusammenhang gebracht. Man deutet sie als gewollte oder ungewollte Hilfe für den gegenwärtigen

Aufbau der Gesellschaft. Denn wer im Jenseits seine Erfüllung findet, braucht sie nicht im Diesseits zu suchen. Und wer die bestehenden Ordnungen heilig nennt, wird keinen Angriff auf ihre irdischen Träger unternehmen. – Der Ideologieverdacht ist die schärfste Waffe des Sozialismus gegen die Kirche. Und niemand kann bestreiten, daß eine Fülle von Tatsachen ihm recht zu geben scheint. Die namentlich in Deutschland so enge Verbindung von Staat und Kirche, von bestimmten Gesellschaftsgruppen oder bestimmten Parteien mit der Kirche nährt ständig im Bewußtsein der Massen den Ideologieverdacht.

Der Sozialismus hat darum vor allem gegen diese Verbindungen Front gemacht und den berühmten Satz „Religion ist Privatsache" in das Erfurter Programm aufgenommen. Die eigentliche innere Stellung des Sozialismus zu der kirchlichen Religion ist damit freilich noch in keiner Weise gekennzeichnet. Alles, was wir gesagt haben, hat gezeigt, daß der Gegensatz in viel tieferen Schichten liegt, als da, wo es sich um den Kampf gegen Staats- und Landeskirchentum handelt. Jener Satz bedeutet daher keineswegs eine wirkliche Lösung des Problems Religion und Sozialismus. Es ist im Grunde ein liberaler Satz, und er hat für die wirklichen Fragen, um die der religiöse Sozialismus ringt, kaum irgendwelche Bedeutung.

III.

Wir haben Vorwurf gegen Vorwurf, Angriff gegen Angriff gestellt. In diese Lage greift der religiöse Sozialismus ein. Er sucht zu zeigen, daß die Ebene, in der der Kampf sich abspielt, gar nicht die ist, auf die es ankommt, und daß in der eigentlich entscheidenden Ebene die Dinge völlig anders aussehen, daß dort die beiden Gegner im letzten verbunden und aufeinander angewiesen sind.

Wie kann das sein? Gehen wir die Kampfpunkte durch: Die Religion wirft dem Sozialismus vor, daß in ihm der Mensch ganz auf sich selbst gestellt sei. Aber auch in der Religion gibt es einen Punkt, wo der Mensch ganz auf sich selbst gestellt ist. Die Verantwortung, die der Mensch für sich vor Gott hat, kann ihm auch in der katholischen Kirche niemand abnehmen. Er selbst entscheidet schließlich über sein ewiges Schicksal. Darüber hinaus finden wir auf protestantischem Boden die Berufung auf das Gewissen des Einzelnen als letzte Instanz, die für ihn maßgebend sein kann, und einen ständigen Protest gegen jeden Versuch der Kirche, sich selbst zum Richter der Wahrheit zu machen. Darum konnte sich vor allem auf protestantischem Boden ein christlicher Humanismus entwickeln, aus dem die moderne Kultur ihre stärksten Kräfte gezogen hat. Und umgekehrt kennt auch der Sozialismus nicht nur den Einzelnen, der auf sich selbst gestellt ist, er kennt ein historisches Schicksal, er kennt gesellschaftliche Mächte, die auch gegen unseren Willen all unser Handeln bestimmen. Er glaubt, ohne das Wort zu gebrauchen, an eine Vorsehung, die durch das menschliche Handeln hindurch zu einer kommenden Erfüllung der menschlichen Hoffnungen führen wird. Freilich denkt er diese Erfüllung innerhalb von Zeit und Geschichte; aber die innere Leidenschaft, mit der er diesem Ziel zustrebt, die Opferwilligkeit, die auch die Hingabe des Lebens nicht scheut, die Unzerstörbarkeit durch alle widerfahrenen Enttäuschungen beweisen deutlich: Hier handelt es sich um etwas, was mehr ist, als die Begriffe sagen, in denen es ausgedrückt ist. Die Begriffe sind fragwürdig, die Sache ist wahr und voll religiöser Kraft. – Und steht wirklich die Jenseitshoffnung der Religion im Gegensatz dazu? Vielleicht dann, wenn sie so aussieht, wie gegenwärtig bei sehr vielen religiösen Menschen, daß für sie das Jenseits nur der Ort ist, auf den sie selbst als Einzelne hoffen. Aber die ursprüngliche christliche Jenseitshoffnung sieht ganz anders aus; sie ist Hoffnung auf das Kommen des Gottesreiches auf die Erde, auf Verwandlung der Welt, der Menschheit, der Völker. Und sie fordert auf zur Arbeit an dieser Wandlung, zunächst in der Gemeinde und dann auch außerhalb ihrer. Freilich, die Symbole der Religion klingen anders als die des Sozialismus. Aber ein Gegensatz in der letzten Schicht besteht nicht.

Nicht einmal für das Problem des Materialismus gilt das. Freilich, jener schlechte geistlose Materialismus, wie wir ihn oben charakterisiert hatten, muß von der Religion abgelehnt werden. Aber ebenso entschlossen ist er längst abgelehnt von der Philosophie aller Richtungen, vom Geistesleben in all seinen Formen. Und der geistvolle Materialismus, nämlich Feuerbach und Marx, hat tiefe Wurzeln in der christlichen Beurteilung des Menschen. Daß die menschliche Natur verderbt sei, daß Triebe und Machtwille auch in die höchsten geistigen Dinge hineinragen, hat die religiöse Seelenforschung immer gewußt, und Luther hat ausdrücklich vor dem selbstgemachten Gott, dem bloßen Wunschgott, der ein Götze und eine Einbildung ist, gewarnt. Die Religion hat in sich selbst den dauernden Ideologieverdacht. Daß Feuerbach und Marx ihn so machtvoll verkündeten, sollte die Kirche mit Dank aufnehmen. Darin liegt nicht eine religionsfeindliche, sondern eine religiöse Tat, obwohl auch hier die Formeln und Begriffe anders aussehen. Und umgekehrt beweist ja auch die Kirche durch ihre Liebestätigkeit, daß sie die materielle Lage des Menschen als wesentlich für seine Haltung betrachtet. Echte Religion hat den Menschen nie in Leib und Seele auseinandergerissen und die Seele retten wollen, während sie den Leib verkümmern ließ. Wohl gibt es Momente in Religion und Sozialismus, wo das Leibliche geopfert werden muß zugunsten des Lebenssinnes selbst. Abgesehen davon aber weiß auch die Religion, daß der Mensch eine Einheit ist. Und der religiöse Sozialismus hat ein Recht, wenn er sich darauf beruft und behauptet: Die gegenwärtige Lage des Proletariats ist erfüllt von einer solchen materiellen Not, daß darüber der Lebenssinn zerbrechen muß. Von zerbrochenem Lebenssinn, von dem Gefühl völliger Hoffnungslosigkeit, Ausgeschlossenheit, Lebensunsicherheit zeugen zahllose proletarische Selbstbekenntnisse, zeugt jedes Gespräch mit einem Proletarier, der über sich selbst nachgedacht hat. Es ist frevelhaft, einen Menschen, der sein ganzes Leben lang vor die einfachste Existenzfrage gestellt ist, des Materialismus zu beschuldigen, wenn der Kampf um seine Existenz alles andere in ihm erdrückt.

Der religiöse Sozialismus meint, daß die Kirche diese Lage des Proletariats verstehen muß und daß ihr daraus die Kraft erwachsen muß, gegen eine Gesellschaftsordnung zu kämpfen, die mit Notwendigkeit immer neuen Millionen den Sinn eines vollen Menschenlebens raubt. Eine solche Gesellschaftsordnung, meint der religiöse Sozialismus, ist dämonisch, es herrschen in ihr sinnwidrige, lebenszerstörende Mächte. Und die Religion hat die Aufgabe, in Nachfolge der Propheten die Dämonie solcher Verhältnisse zu enthüllen und sie dadurch überwinden zu helfen; und sie braucht sich dabei nicht zu schämen, manche Worte von Marx als Ausdruck altprophetischen Geistes zu werten, wenn auch hier wieder die Begriffe ganz andere sind.

Damit entfällt auch der Gegensatz der ethischen Auffassung, der Gegensatz von revolutionärer und religiös-konservativer Haltung. Solange die Religion lebendig war, hat sie die Welt revolutioniert, hat Gesellschaftsordnungen zerbrechen und neue schaffen helfen. Das, was sie gewahrt und geschützt hat, ist die Ordnung selbst, nicht eine bestimmte Ordnung, nicht einen bestimmten Gesellschaftsaufbau, nicht eine herrschende Klasse. Auch Paulus will in seinem Wort von der Notwendigkeit, der Obrigkeit untertan zu sein, nur die Ordnung selbst schützen, die von dem religiösen Schwärmertum bedroht war, nicht aber eine bestimmte Verfassung. Um eine solche kümmerte er sich aus seiner Zeit und seiner Lage heraus überhaupt nicht. Wo die Religion zur Dienerin der herrschenden Klassen geworden ist, da war sie schon nicht mehr Religion, sondern dämonischer Mißbrauch des Heiligen. Und wo der Sozialismus gegen solchen Mißbrauch gekämpft hat, da stand er in der echten prophetischen Linie der Religion selbst. Darum haben Männer wie die Blumhardts in Württemberg, wie Kutter und Ragaz in der Schweiz mit Recht behauptet, daß zu bestimmten Zeiten das Göttliche stärker in der scheinbar religions- und kirchenfeindlichen Sozialdemokratie als in der offiziellen kirchlichen Vertretung der Religion sich finden könne – ein hartes und radikales Bußwort an die Religion aus Religion, an die wirkliche Kirche aus dem Glauben an die wahre Kirche.

Das alles bedeutet natürlich keine Bestätigung des Sozialismus, wie er ist. Mit der gleichen Schärfe, mit der der religiöse Sozialismus das Dämonische in der Kirche bekämpft, bekämpft er das Entleerte, Geistlose und Flache im Sozialismus. Nur weil er kritisch gegen beide sein kann, kann er die tiefe Verbindung und Einheit beider erkennen. Er meint, daß beide sich in dem Augenblick finden, wo sie zu ihrer eigenen Tiefe kommen. Er glaubt nicht, daß es eine fertige Religion und einen fertigen Sozialismus gibt, sondern er meint, daß beide in der Wandlung begriffen sind und daß sie gegenwärtig, in unserer Gesellschaftslage auf dem religiösen und geistigen Boden des Abendlandes, zueinander gehören, vielleicht nicht für alle Zeit, wohl aber für das, was uns und unserer Zeit als Aufgabe gestellt ist: die Schaffung einer neuen sinnerfüllten Gesellschaft, in der jede Gruppe und jeder Einzelne ihren Lebenssinn finden können, in der die gegenwärtigen Dämonien aufgehoben sind – ohne daß darum das Ende der Geschichte gekommen wäre. Solange Geschichte ist, werden neue Probleme und auch neue Dämonien auftauchen. Das Ewige und Vollkommene verwirklicht sich nie ganz in der Zeit, aber es bricht hinein in die Zeit und schafft Neues in ihr. Und um das Neue, das für unsere Zeit vom Ewigen her gefordert ist, ringt der religiöse Sozialismus.

RELIGIÖSER SOZIALISMUS II

I.

Die Verbindung von Religion und Sozialismus in dem Begriff „Religiöser Sozialismus" kann sehr verschieden aufgefaßt werden. In jeder dieser Auffassungen drückt sich ein bestimmter *Typus des Religiösen Sozialismus* aus. Für eine systematische Darstellung ist es notwendig, von vornherein den Sinn deutlich zu machen, in dem das Wort Religiöser Sozialismus gebraucht wird, und ihn gegen andersartigen Gebrauch abzugrenzen.

a) Die primitivste und darum vielerorts durchschlagendste Form des Religiösen Sozialismus ist die *gesetzliche*. Sie behauptet, daß der Sozialismus die eindeutige Konsequenz der sittlichen Forderungen der Religion, speziell des Christentums sei: dem christlichen Liebesgebot entsprechend handeln, heißt für den Sozialismus eintreten; durchsetzung des Sozialismus ist Erfüllung der christlichen Ethik. Namentlich im Frühstadium des Sozialismus traten derartige Anschauungen hervor. Sie sind auch jetzt noch wirksam und treten häufig als die Behauptung auf, daß Jesus der erste Sozialist war; die Befolgung seiner Lehre müsse notwendig zum Kampf für den Sozialismus führen. Der gesetzliche Typus zeigt naturgemäß sektenhafte Züge. Er hat darin recht, daß er einen ursprünglichen historischen und systematischen Zusammenhang zwischen dem Liebesgebot und der sozialistischen Idee behauptet. Er hat unrecht in der direkten, paradoxielosen Art, in der er die Verbindung herstellt.

b) Unter *romantischer* Auffassung ist hier der Versuch verstanden, dem tatsächlichen Sozialismus eine religiöse Weihe zu geben. „Sozialismus *ist* Religion." Wer tief und lebendig an der sozialistischen Bewegung teil hat, an ihrer Gemeinschaft, an ihrer Persönlichkeitsformung, an ihrer Idee, an ihrem Schwung, ihrer Opferbereitschaft, ihrer Siegesgewißheit, der hat eben damit das, was in der Religion gemeint ist. Der Sozialismus ist seine Religion. Damit ist die für den Religiösen Sozialismus grundlegend wichtige Wahrheit ausgesprochen, daß das religiöse Prinzip sich nicht auf die spezifisch religiöse Sphäre beschränkt; aber sie ist in einer Weise ausgesprochen, durch die sie unwahr wird. Das Moment radikaler Kritik, das jeder Religion gegenüber ihrer tatsächlichen Verwirklichung innewohnt, ist vergessen. Die Tiefe, von der aus die Religion jede Wirklichkeit erschüttert, ist überdeckt. Man fragt, was eigentlich mit der Benennung des Sozialismus als Religion gewonnen sei.

c) Demgegenüber versucht der *praktisch-politische* Typ des Religiösen Sozialismus die tatsächliche sozialistische Bewegung mit den tatsächlichen Verwirklichungsformen der Religion, also mit dem kirchlichen Christentum, zu vereinigen. Es kommt dabei in erster Linie auf Personalunion an, auf die Möglichkeit, als evangelischer oder katholischer Christ Sozialist zu sein. Der Kampf dieser evangelischen und katholischen Sozialisten richtet sich darum gegen alle diejenigen Elemente des Sozialismus, die jene Personalunion unmöglich machen, und gegen die entsprechenden Elemente der Kirchen. Dieser Typus des Religiösen Sozialismus hat zur Zeit die breiteste und politisch wirksamste Vertretung. Er ist der notwendige und sinnvolle Ausdruck der konkreten Lage zahlreicher sozialistischer Protestanten und Katholiken. Seine Grenze ist die, daß er infolge seiner praktischen Orientierung nicht immer zu der grundsätzlichen Problematik durchstößt und darum nicht zu einer Wandlung beider Realitäten aus der tiefsten Schicht heraus gelangt.

d) Diese Aufgabe stellt sich der vierte Typus, der als *dialektisch* oder *dynamisch* zu bezeichnen wäre. Er sucht das statische Gegenüber der Begriffe Religion und Sozialismus zugunsten eines dialektischen Verhältnisses aufzulösen. Er bleibt nicht stehen bei den vorgefundenen empirischen Größen Religion und Sozialismus, sondern sucht sie aus ihren letzten Wurzeln heraus zu verstehen und dadurch umzugestalten. Dieser Typus des Religiösen Sozialismus ist gekennzeichnet durch grundsätzliche Arbeit an den theoretischen Problemen. Seine unmittelbar praktische Wirksamkeit ist demgegenüber gering. Er ist der Standort, von dem aus der folgende systematische Entwurf gegeben ist.

II.

a) Der Religiöse Sozialismus ist eine Erscheinung, die auf dem Boden der spannungsreichen Verbindung von Christentum und Humanismus erwachsen ist. Er ist eine Erscheinung des *„christlichen Humanismus“*. Christlich ist ein Humanismus, in dem die allgemeinen und rationalen Formen des Menschlichen getragen sind von christlichem Gehalt. Es gibt keinen Humanismus überhaupt und darum auch keinen einfachen

Gegensatz zwischen Christentum und Humanismus; wie auch der antike Humanismus nicht Humanismus überhaupt ist, sondern griechischer Humanismus, also getragen vom Gehalt griechischen Heidentums. Im Sozialismus sind also von vornherein christliche und humanistische Elemente vereinigt.

b) Und doch ist es zu schärfstem *Gegensatz zwischen Christentum und Sozialismus* gekommen. Aus zwei Gründen: einmal weil der Humanismus sich von seinem religiösen Hintergrund und von seinen religiös gemeinten Ursprüngen losgelöst hat, weil er profanisierte und – da es eine leere humanistische Form nicht gibt – sich auf diesem Wege antichristlichen Gehalten öffnete. Dann, weil die christlichen Kirchen sich teils auf ihre vorhumanistischen Formen fixierten, teils in Anpassung an die humanistische Profanität zugleich von dem antichristlichen Geist, der in sie einströmte, ergriffen wurden. Dadurch kamen sie in doppeltem Sinne in Gegensatz zum Sozialismus. Sofern er humanistisch begründet ist, opponiert er gegen die orthodoxe Fixierung von vorhumanistischen Symbolen. Sofern er christliche Elemente in sich trägt, bekämpft er den antichristlichen Gehalt, von dem die Profanität und mit ihr weithin die Kirchen erfüllt waren. Und umgekehrt erfährt er die Ablehnung durch die Kirchen einerseits wegen seiner humanistisch-profanen und antichristlichen Elemente, andererseits wegen seines Angriffs auf denjenigen Humanismus, den die Kirchen rezipiert hatten. Die Sachlage ist also sehr vieldeutig und nur einer *dialektischen Analyse* zugänglich. Jedes einfache Gegeneinander- oder Zueinanderstellen von Religion und Sozialismus versagt der Wirklichkeit gegenüber völlig.

c) Träger des christlichen Humanismus von seinen religiösen Ursprüngen bis zu seiner profan antireligiösen und antichristlichen Ausgestaltung ist die *bürgerliche Gesellschaft*, d. h., eine soziale Gruppe mit bestimmten soziologischen Qualitäten, deren entscheidendes negatives Merkmal die Loslösung von den feudal-hierarchischen Bindungen, deren entscheidendes positives Merkmal der Wille zur rationalen Natur- und Gesellschaftserkenntnis und -gestaltung ist. Für die grundsätzliche Haltung des Religiösen Sozialismus sind folgende Stadien der bürgerlichen Gesellschaft maßgebend: 1. ihr antidämonisch-theokratischer Hintergrund; 2. ihre Losreißung von diesem Hintergrund, Verendlichung und Profanisierung; 3. die autonom-rationale Durchführung ihres Prinzips; 4. ihre materialistische und idealistische Sinngebung; 5. die romantischen Gegenbewegungen gegen sie und deren teilweise Rezeption; 6. die revolutionären Gegenbewegungen gegen sie. – Zu den letzten gehört der Sozialismus. Es ist nun für die Geschichte, namentlich des deutschen Sozialismus, entscheidend gewesen, daß er gleichzeitig im Gegensatz gegen die idealistische Sinngebung der bürgerlichen Gesellschaft und gegen die romantische Bekämpfung des bürgerlichen Geistes seine Form fand: den *Marxismus*. Darin lag soziologisch die Ablehnung der in Deutschland verbündeten Mächte, Bürgertum und Feudalität, durch das Proletariat und religiös die Benutzung der materialistisch-revolutionären Sinngebung des Bürgertums zur Bekämpfung sowohl der idealistisch-fortschrittlichen wie der romantisch-revolutionären Auffassung der Religion. *Eines* der Elemente des bürgerlichen Geistes, das materialistisch-revolutionäre, wird vom Sozialismus aufgegriffen und gegen das andere idealistische Element gewendet, das der vorbürgerlichen Sinngebung entgegenkam. Die Aufnahme des materialistischen Elements der bürgerlichen Gesellschaft führte zu dem Kampf zwischen Religion und Sozialismus, der für die deutsche Situation bis zum Krieg und in weiten Kreisen beider Gruppen bis zur Gegenwart charakteristisch ist. Der innere Gegensatz, in dem das Christentum zum Geist der bürgerlichen Gesellschaft stand, wurde nur schwach empfunden. Idealistisch-romantische Sinndeutungen sorgten für Überdeckung der Kluft. Um so schärfer war die Ablehnung derjenigen Bewegung, die den Gegensatz unverhüllt zum Ausdruck brachte, des Sozialismus.

d) Eine *Überwindung dieses Gegensatzes* war nur möglich, sofern 1. der Sozialismus sich frei machte nicht nur von der idealistischen, sondern ebenso von der materialistischen Sinngebung der bürgerlichen Gesellschaft, sofern er also den Gegensatz zu ihr tiefer und radikaler faßte, als es gemeinhin im 19. Jahrhundert geschehen war; 2. das Christentum sich frei machte sowohl von der romantisch-feudalen, wie von der idealistisch-bürgerlichen Form seiner Verwirklichung, sich selbst also und seine Freiheit von jeder, auch der eigenen Form, tiefer und radikaler faßte.

e) Auf *religiöser* Seite wurde dieser Weg beschritten von dem Religiösen Sozialismus, der an die Bewegung der Blumhardts anknüpfte. Hier ist der Ursprung des dialektischen Typus des Religiösen Sozialismus. Für ihn ist der Gedanke entscheidend, daß es in der Religion nicht um eine besondere religiöse Sphäre, sondern um ein Handeln Gottes mit der Welt geht, daß darum die Möglichkeit besteht, in einer profanen, ja antichristlichen Erscheinung wie dem Sozialismus, Gottes Wirken deutlicher zu sehen als in der ausdrücklichen religiösen Sphäre der Kirche. Damit war die Möglichkeit einer Verbindung von Religion und Sozialismus gegeben, die tiefer liegt als die Schicht, in der die Gegensätze unüberwindlich sind. Auf deutschem Boden waren es vor allem theologische Erwägungen, die zur Einsicht in die innere Dialektik der Religion führten und eine theologische Begründung des Religiösen Sozialismus ermöglichten. Auf *sozialistischer* Seite haben Einwirkungen der bürgerlichen *Jugendbewegung*, die selbst in Opposition zum Geist der bürgerlichen Gesellschaft stand, in der jüngeren Generation des Sozialismus den Boden gelockert und die materialistisch verhärtete Dogmatik der offiziellen Partei erschüttert. Auch mehrte sich die Zahl *bürgerlicher Intellektueller*, die zum Sozialismus stießen und dem vergröberten bürgerlichen Geist, dem sie zum Teil in der Bewegung begegneten, Widerstand entgegensetzten. Sie konnten sich dabei insofern auf Marx berufen, als dieser im dialektischen Denken ein Prinzip vertrat, das zu dem dogmatischen Materialismus des 19. Jahrhunderts in radikalem Gegensatz stand. Persönlichkeiten, die gleichzeitig in der beschriebenen religiösen und sozialistischen Dialektik standen, begründeten den dialektischen Typus des Religiösen Sozialismus. – Für die übrigen Typen ist eine besondere geistesgeschichtliche Zurückführung nicht erforderlich. Der *praktisch-politische* Typ hat eine selbständige theologisch-soziologische Theorie noch nicht gegeben. Teils hat er dialektische Elemente aufgenommen, teils drückt er sich – besonders in der politischen Werbung – gesetzlich aus. Der rein *gesetzliche* Typ wird nur selten und dann mehr von isolierten Einzelnen als von Gruppen vertreten. Er hat mehr geistestypologische als geistesgeschichtliche Wurzeln. Der *Religion und Sozialismus identifizierende* Typus endlich scheint in Rußland einen geistesgeschichtlich vorbereiteten Boden gefunden zu haben. Der Bolschewismus bekämpft zwar den Begriff Religion; aber er setzt sich selbst in jeder seiner Äußerungen subjektiv und objektiv an die Stelle der Religion und muß darum – sicher gegen seinen Willen – als der größte Vertreter des identifizierenden Typus verstanden werden.

III.

a) Der Gegensatz von Religion und Sozialismus erscheint in erster Linie als ein Gegensatz in der *Auffassung des Menschen.* Hier ergibt sich folgende Sachlage: Soweit der Sozialismus der typisch bürgerlichen Auffassung des Menschen folgt, und zwar ebenso in der idealistischen wie in der materialistischen Form, steht er im Gegensatz zur christlichen Anthropologie. Soweit er dagegen selbst der bürgerlichen Auffassung opponiert, vertritt er, wenn auch in starker Verhüllung, entscheidende Motive der christlichen Lehre vom Menschen. Das ist schon die Sachlage bei Feuerbach, dem der Sozialismus seine anthropologische

Grundlegung verdankt. Die Lehren Feuerbachs von der Unendlichkeit der menschlichen Triebtendenzen, von der Entstehung der religiösen Ideen durch Projektion und Vergegenständlichung der Triebinhalte sind die Grundlage der marxistischen Ideologielehre. Nur setzte Marx an Stelle des Menschen überhaupt den geschichtlich bestimmten Menschen, die Klasse. Aber dieser Ersatz war doch nicht radikal. Denn um überhaupt von einer durch Klassenkampf geformten Gesellschaft reden zu können, muß der Marxismus eine allgemeine Charakteristik des Menschen voraussetzen, auf Grund deren er trotz aller Variation immer wieder zur Bildung von Klassen getrieben und schließlich über die Klassensituation hinausgetrieben wird. – Die Auffassung des Menschen, die hinter diesen Gedanken steht, erfährt durch den Religiösen Sozialismus eine dreifache Würdigung: 1. Die Beurteilung des Menschen, wie sie in der Projektions- und Ideologielehre enthalten ist, wird unbedingt bejaht. Es ist der ständige Verdacht gegen die Wunschreligion, gegen den „selbstgemachten Gott", gegen den unbewußten Gebrauch des Göttlichen im Dienste des Machtwillens: ein Protest, der jeder prophetischen Religion innewohnt, und dem die Feuerbach-Marxsche Ideologielehre einen machtvollen Ausdruck gegeben hat. Die Religion muß den *konstanten Ideologieverdacht* gegen sich selbst in sich selbst aufnehmen, und dazu kann ihr die Feuerbach-Marxsche Anthropologie dienen. 2. Die materialistische Form, in der sich beide ausdrücken, betont auf der einen Seite die Ernsthaftigkeit des antiidealistischen Protestes dieser Anthropologie und wird insofern einschließlich des Wortes *historischer Materialismus* vom Religiösen Sozialismus bejaht. Andererseits lehnt der Religiöse Sozialismus die materialistische Dogmatik als Sinngebung bürgerlicher Mechanisierung der Welt ab. 3. Das in der marxistischen Anthropologie enthaltene idealistische Moment, die Erwartung eines gewandelten, der Idee der Gerechtigkeit restlos unterworfenen Menschenwesens wird gerade aus den tiefsten Motiven der Feuerbach-Marxschen Anthropologie heraus vom Religiösen Sozialismus verworfen. Das darin enthaltene prophetische Moment dagegen, die Beziehung des menschlichen Seins auf ein transzendentes, unbedingt gültiges und erfüllendes Prinzip wird mit dem prophetisch-revolutionären Hintergrund von Bürgertum und Sozialismus bejaht. – Zusammenfassend kann gesagt werden, daß der Religiöse Sozialismus die entscheidende Intention der marxistischen Anthropologie aufnimmt und sie radikalisiert unter Abstreifung derjenigen Elemente des Marxismus, die dem bürgerlichen Materialismus oder Idealismus entnommen sind.

b) Die Anthropologie des Religiösen Sozialismus sucht eine Basis, die jenseits des Gegensatzes von materialistischer und idealistischer Auffassung des Menschen liegt. Sie geht aus von der *Einheit des Vitalen und Geistigen* im Menschen und dem gleichzeitigen *Bruch dieser Einheit,* auf dem die Bedrohtheit des menschlichen Seins beruht. Aus dem doppelten Gesichtspunkt der Einheit und des Bruches in der Einheit von Vitalem und Geistigem ergeben sich folgende Grundlinien der religiös-sozialistischen Beurteilung der Situation des Menschen an sich und in der Gesellschaft: 1. Aus der Einheit des Vitalen und Geistigen, des Seins und des Sinnes ergibt sich ein Verstehen der proletarischen Situation als *Situation radikaler menschlicher Bedrohtheit.* Der Verlust eines sinnhaft-vitalen Daseins in der typisch proletarischen Existenz bedeutet die Drohung und Wirklichkeit des Verlustes sinnhafter Existenz überhaupt. Es ist unstatthaft, von seiten der Kirche oder eines philosophischen Idealismus Kompensation für die sinnentleerte vitale Seite in einer davon unabhängigen geistigen Welt zu fordern. Das Zerbrechen des vitalen Lebenssinnes bedeutet für die proletarische Situation (von einzelnen heroischen Ausnahmen ist hier nicht die Rede) das Zerbrechen des Lebenssinnes überhaupt. Denn der Mensch ist Einheit von Leib und Seele, und der Sinn seiner Existenz kann nicht losgelöst werden von dem Sinn seiner leibhaften Existenz. In dieser Auffassung vertritt der Religiöse Sozialismus ursprüngliche Intentionen des Alten und Neuen Testaments. Er überwindet in gleicher Weise die idealistische wie die materialistische Isolierung der Seiten des menschlichen Seins. 2. Aus dem Bruch in der Einheit von Geistigem und Vitalem ergibt sich eine Auffassung des Menschen, die ihn in der wesentlichen, im Dasein selbst nie schwindenden Bedrohtheit sieht und darum jede *Utopie,* d. h. Erwartung einer innergeschichtlichen Vollendung ablehnt. Der mit dem Geist-Sein des Menschen gegebene Bruch in seiner Einheit (die dadurch keine Zweiheit wird) bedeutet für den Menschen als Menschen die Drohung, sein Sein und seinen Sinn zu verlieren. Und diese Drohung ist *Wirklichkeit* und bleibt Wirklichkeit, solange der Mensch Mensch ist. Darum rechnet der Religiöse Sozialismus für jeden Gesellschaftsaufbau mit diesem Menschen und zieht daraus die Konsequenzen für seine Ethik (siehe unten 5). 3. Der radikalen Bedrohtheit des Menschen als Menschen entspricht die Frage nach einer Getragenheit, die ebenso radikal ist, eben darum aber nicht der menschlichen Situation entspringen kann, sondern dem Jenseits des Menschlichen und seiner Gebrochenheit, dem Jenseits von Sein und Freiheit, von Vitalem und Geistigem. In der Beziehung des menschlichen Seins auf dieses *Jenseits von Sein und Freiheit* sieht der Religiöse Sozialismus die Wurzel des prophetisch-eschatologischen Elementes im Sozialismus (wie auch in der ursprünglichen bürgerlich-idealistischen Utopie). Weil es zum menschlichen Sein gehört, historische Zeit zu haben, d. h. bezogen zu sein auf transzendente Sinnerfüllung, stellt sich der Religiöse Sozialismus zu dem weltgestaltenden und weltumwandelnden Willen des Sozialismus, auch hier gegenüber einem kultischen Konservatismus biblischen Motiven treu.

IV.

a) Der Religiöse Sozialismus steht grundsätzlich auf dem Boden der von Marx gegebenen *Analyse der kapitalistischen Gesellschaft*. Das bedeutet: 1. Er erkennt an, daß die Struktur der gegenwärtigen Gesellschaft bestimmt ist durch die kapitalistische Wirtschaft, daß der Markt das strukturelle Zentrum dieser Wirtschaft und Gesellschaft ist und daß die Randgebiete des Marktes, auch wenn sie quantitativ den Markt überragen (was immer weniger der Fall ist), strukturell sekundär sind. Das gilt für alle Arten *vorbürgerlicher* Gesellschaftsformung. Sie sind durch das Auftreten der bürgerlichen Gesellschaft antiquiert und sind für die Erkenntnis des Gegenwärtigen und die Gestaltung des Zukünftigen direkt nicht maßgebend. 2. Innerhalb der kapitalistischen Gesellschaft sieht der Religiöse Sozialismus mit Marx den notwendigen Gegensatz der Besitzer der Produktionsmittel zu denen, die auf diese Produktionsmittel angewiesen sind. Dieser Gegensatz schafft dadurch, daß er sich auf Bildung und Lebensschicksal ausdehnt, den *Klassengegensatz*, der unlöslich mit der kapitalistischen Struktur verbunden ist und an dem objektiv jeder teil hat, ob er subjektiv darum weiß oder nicht. 3. Die notwendige Folge des Klassengegensatzes ist der *Klassenkampf*, der nach Auffassung des Religiösen Sozialismus unabhängig von dem guten Willen des Einzelnen eine Strukturnotwendigkeit der kapitalistischen Gesellschaft darstellt und darum nicht unter individualistische Beurteilung gestellt werden darf. Er ist ein Verhängnis, dem sich in der liberalen Gegenschaltung der Interessen niemand entziehen kann. 4. Aus der Klassenkampfstruktur des Kapitalismus folgt die Tendenz zur Überwindung der ihn bedingenden Gesellschaftsform. Diese Tendenz kann mit Marx in der Ökonomie wie auf allen anderen Gebieten *dialektisch* dargestellt werden. Doch bestreitet der Religiöse Sozialismus in Einheit mit den ursprünglichen Gedanken von Marx, daß Dialektik Berechnung von Notwendigkeiten ist. Er weiß, daß in der Geschichte das Schicksal sich durch Freiheit verwirklicht und daß ohne die Träger des sozialistischen Schicksals der Sozialismus nie Wirklichkeit werden kann. 5. Der Religiöse Sozialismus sieht mit Marx im *Proletariat* den schicksalhaft gegebenen Ort des Widerstandes gegen die kapitalistische Gesellschaftsstruktur. Er stellt sich darum an die Seite der proletarischen Bewegung, deren politischer Ausdruck im wesentlichen die sozialistischen Parteien sind. Der Religiöse Sozialismus ist sich jedoch bewußt, daß auch die Schicksalsstellung des Proletariats nicht Gegenstand einer Berechnung sein kann und darum verlierbar ist. 6. Die Zustimmung des Religiösen Sozialismus zu der soziologischen Analyse der kapitalistischen Gesellschaft durch Marx bedeutet nicht ohne weiteres seine Zustimmung zu seiner *ökonomischen Theorie.* Zu ihr hat der Religiöse Sozialismus als solcher überhaupt keine Stellung. Er ist nur der Überzeugung, daß die Arbeit an der Theorie und die Veränderung der Situation genauso über Marx hinausführen werden wie er über die bürgerliche Ökonomie hinausgeführt hat. Der Sozialismus ist weder abhängig von einer bestimmten ökonomischen Theorie noch von der Verwirklichung *einer* bestimmten Wirtschaftsform. Wesentlich ist für ihn nur das Kommen einer Wirtschaft, in der die Gegenschaltung des Kapitalismus überwunden und mit der die Möglichkeit einer *sinnerfüllten Gesellschaft* gegeben ist. Und das Gleiche, was vom Ziel gilt, gilt auch vom Weg. Es ist nicht Aufgabe des Religiösen Sozialismus, konkrete wirtschafts- und staatspolitische Aufgaben zu lösen. Wohl aber kann er indirekt durch seine Gesamthaltung Einfluß auf sie gewinnen.

b) Diese Analyse der Struktur der kapitalistischen Gesellschaft führt den Religiösen Sozialismus in Verbindung mit seinen Aussagen über die menschliche Situation zu folgender *religionssoziologischer Deutung* der gegenwärtigen Gesellschaftslage: 1. Die bürgerliche Gesellschaft als Träger des christlichen Humanismus ist eine Entwicklungsform des Christentums, die zu den innerreligiösen Formen des Christentums in einem dialektischen Verhältnis steht. Im christlichen Humanismus ist die innerreligiöse Verwirklichung des Christentums verwandelt in eine außerreligiös-autonome. Darin liegt einerseits die Befreiung von *Dämonisierungen* der innerreligiösen Sphäre, andererseits die Entleerung von ursprünglich-religiöser Substanz und das Offenwerden für außerreligiös-profane Dämonisierungen. 2. Der Religiöse Sozialismus sieht im kapitalistischen System die zentrale Dämonisierung auf dem Boden des christlichen Humanismus und der ihn repräsentierenden bürgerlichen Gesellschaft. Dämonisch nennt der Religiöse Sozialismus das kapitalistische System einerseits wegen der in ihm vorhandenen Vereinigung von schöpferischen und zerstörerischen Kräften, anderseits wegen der *Unausweichlichkeit der Klassenkampfsituation* und ihrer

Unabhängigkeit von subjektiver Sittlichkeit und Frömmigkeit. Die Wirkung des kapitalistischen Systems auf die Gesellschaft und jeden Einzelnen in ihr hat die typische Form der *Besessenheit;* sie hat dämonischen Charakter. Die Möglichkeit, daß sie sich mit anderen zum Teil ursprünglicheren Dämonien verbindet (z. B. mit dem sich ausdrücklich heidnisch gebärdenden Nationalismus), bedeutet keine Einschränkung seiner maßgebenden Bedeutung für die gegenwärtige Situation. 3. Der Religiöse Sozialismus hält es für die entscheidende religiöse Aufgabe gegenüber der gegenwärtigen Gesellschaft, an der *Aufdeckung und Bekämpfung der kapitalistischen Dämonie* mitzuwirken, und er stellt sich demgemäß auf die Seite des kämpfenden Proletariats, um dessen ursprüngliche Berufung für diesen Kampf er weiß. Zugleich aber weiß er, daß die Berufung des Proletariats nicht unverlierbar ist, und er richtet radikale religiöse Kritik gegen die im Sozialismus selbst sich vollziehenden Profanisierungen und Dämonisierungen. 4. Der Religiöse Sozialismus sieht in dem Kampf gegen die dämonisierte und für eine sinnerfüllte Gesellschaft einen notwendigen Ausdruck der *Erwartung des Reiches Gottes.* Er lehnt ebenso die Identifizierung des Sozialismus mit dem Reiche Gottes ab, wie die religiöse Indifferenz gegenüber den innerweltlichen Gestaltungsaufgaben. Die in der sozialistischen Dialektik enthaltene Einheit von Erwartung und Forderung des Kommenden hält er für eine begriffliche und zugleich konkret gegenwärtige Umformung der christlichen endgerichteten Spannung. Dabei ist er sich der Unsicherheit jeder konkreten Erwartung und des Abstandes jeder konkreten Verwirklichung von der letztgemeinten unbedingten Erfüllung bewußt. Er unterliegt darum nicht der grundsätzlichen Enttäuschung, die mit jeder ungebrochenen, konkreten Enderwartung notwendig verbunden ist.

V.

Aus der religiösen Anthropologie und Soziologie des Religiösen Sozialismus folgen bestimmte *ethische Grundgedanken,* auf die hier nur insoweit eingegangen werden kann, als sie für die Struktur des religiössozialistischen Denkens wesentlich sind.

a) Für das Handeln des Einzelnen gilt 1., daß die *primitiv eudämonistische* Theorie, die den möglichst hohen Lustgewinn zum sittlichen Prinzip macht, ebenso abzulehnen ist wie die *heroisch-idealistische* Theorie, die Unterwerfung unter ein abstraktes, dem Menschen jenseitiges Gesetz verlangt. Die Einheit von Sein und Sinn bedeutet eben dieses, daß schon in den unmittelbarsten Triebimpulsen Hinwendung zum Sinnhaften enthalten ist und umgekehrt in der Hinwendung zu den höchsten Sinnformen noch Triebtendenzen tragend sind. Das ist zugleich die Widerlegung eines Ideologiebegriffes, der den Menschen assoziationspsychologisch mechanisierte, in der sinnlichen Empfindung die ursprüngliche psychische Realität sieht und alles übrige darauf zurückführt, bzw. von da aus auflöst. In Wahrheit ist jede Empfindung ein nur durch schwierige Abstraktion herauszulösendes Element eines Gesamtgeschehens, in dem das Geistige in all seinen Richtungen in keinem Augenblick weggedacht werden kann. Eine sozialistische Ethik, die an diesem bürgerlich-positivistischen Gedanken festhält und sie durch idealistische Moral ergänzt, wird vom Religiösen Sozialismus als unsozialistisch abgelehnt. 2. Die Ethik des Religiösen Sozialismus ist wie seine gesamte Auffassung dynamisch. Sie kennt kein abstraktes, allgemeingültiges Wert-System, sondern einen im Seienden selbst enthaltenen *Forderungscharakter*, der je nach Art der Begegnung des Menschen mit einem Seienden gewandelt wird, der erfüllt und verfehlt werden kann, der aber immer konkret ist. Abstrakte Wertsysteme werden als Ideologien herrschender Gruppen enthüllt, die instinktiv durch den Ewigkeits- und Transzendenzcharakter, den sie ihrer Ethik zuschreiben, ihrer Herrschaft Ewigkeit geben wollen. An Stelle dessen setzt der Religiöse Sozialismus die Hingabe an den in Dingen und Situationen lebendigen Sinn und seine Forderung. 3. Aus der Einheit von Sein und Sinn ergibt sich als *pädagogische Aufgabe* die Einführung des Einzelnen in sinnhafte Gebilde, denen er sich hingeben kann, also nicht an eine abstrakte Bildung, sondern ein konkretes Einfügen in den Sinn des Begegnenden. Voraussetzung dafür ist das Vorhandensein solcher sinnhaften Gebilde. Voraussetzung der Erziehung ist also ein sinnhafter Gesellschaftsbau mit Institutionen, die dem Einzelnen die Hingabe ermöglichen. Von hier aus erhebt sich die Kritik des Religiösen Sozialismus gegen die Sinnentleerung der menschlichen und dinglichen Beziehungen im kapitalistischen System. 4. Aus dem Wissen um die Gebrochenheit des menschlichen Seins folgt die Ablehnung jeder *utopistischen Ethik* durch den Religiösen Sozialismus. Daß der Mensch gut sei und nur die gesellschaftlichen Verhältnisse ihn schlecht machen, ist als allgemeiner Satz ebenso falsch, wie es für eine konkrete, z. B. die kapitalistische Situation relativ zutreffend sein kann. Die Bedrohtheit des menschlichen Seins wird auch in der vollkommensten Institution nicht aufgehoben. Die vitale Selbstverwirklichung jedes Seienden bedeutet immer die Möglichkeit, fremdes Sein zu vergewaltigen. Gerade, weil das Sein dynamisch ist, weil es Wagnis und nicht Mechanismus ist, steht es in dieser Möglichkeit. Die geforderte Hingabe an die Sinnforderung des Begegnenden kann verfehlt werden. Das gilt für jede Gesellschaftsordnung und ist die Grundlage für jede sozialethische und politische Theorie.

b) Der Religiöse Sozialismus lehnt die abstrakt egalitäre und anarchische Theorie des Gesellschaftsaufbaus ab. Seiner Überzeugung nach hört auch in der klassenlosen Gesellschaft *die* Geschichte nicht auf, die Marx „Vorgeschichte" nennt. Auch in ihr gibt es Spannungen der Mächtigkeit des Seienden, das sich dynamisch verwirklicht, Gewalt übt und Gewalt erfährt. Hier erhebt sich das Problem der *Macht*, an dem die sozialistische Theorie infolge ihrer liberal-anthropologischen Grundlegung fast immer vorübergegangen ist. Der Religiöse Sozialismus ist der Überzeugung, daß das Miteinander alles Seienden auch in der kommenden Gesellschaft in der Polarität von Macht und Liebe steht. Macht als Selbstverwirklichung des Einzelnen wie der Gruppe, Liebe als Hingabe an den Sinn fremder Selbstverwirklichung. Von da aus ergeben sich folgende Gesichtspunkte für das *sozialethisch-politische* Denken des Religiösen Sozialismus. 1. Der Aufbau der Gesellschaft kann nur ein Aufbau in *Schichten der Mächtigkeit* sein. Das gilt in gleicher Weise für den inneren Aufbau der Völker wie für das Verhältnis der Völker zueinander. Der Versuch, dem zu entgehen, führt, wie die Geschichte der Demokratie gezeigt hat, zu dem Auftreten verhüllter Machtgruppen, deren Macht zerstörerisch, weil verantwortungslos ist *(Kapitalherrschaft)*. 2. Macht beruht grundsätzlich auf – meistens unbewußter – Anerkennung der überragenden Mächtigkeit fremden Seins. Mit der Macht ist die Möglichkeit der Vergewaltigung gegeben, die über die Anerkanntheit hinausstößt und sie untergräbt. Auf der Verwechslung von Macht und Möglichkeit der Vergewaltigung beruhen diejenigen Auffassungen, die im Gegensatz zur anarchischen Utopie den Machtgedanken isolieren und sich an ihm berauschen *(Faschismus)*. Sie vergessen, daß mit der Hingabe an den konkreten Sinn fremden Seins das Fundament der Macht, die Anerkennung der überragenden Mächtigkeit der Träger der Macht aufgehoben ist. Die objektiven Institutionen der Macht können einer solchen entleerten Machtgruppe noch längere Zeit die Möglichkeit der Vergewaltigung geben. Aber die wirkliche Macht ist mit der Anerkanntheit zerbrochen. – Hieraus ergibt sich die sachliche und sittliche Notwendigkeit, gegebenenfalls revolutionär vorzugehen. Der Religiöse Sozialismus lehnt darum das antirevolutionäre Dogma des Luthertums ab, wie er auch seine biblische Begründung für durchaus falsch hält. 3. Anerkennung und Hingabe an den Sinn des Anderen setzen ein übergreifendes Sinnprinzip voraus. Eine Gruppe, in der ein solches vorhanden ist, könnte als *Ge-*

meinschaft bezeichnet werden, sofern diesem Begriff alle subjektiven und romantischen Züge genommen werden. Die Entstehung einer sinnerfüllten Gesellschaft, in der die sinnhafte Mächtigkeit fremden Seins zur Anerkennung gelangen kann, oder, was dasselbe ist, die Entstehung einer Gemeinschaft als Einheit von Macht und Liebe ist das sozialethische Ideal des Religiösen Sozialismus. 4. Aus dem anthropologischen Grundgedanken des Religiösen Sozialismus sowie aus seiner Lehre von Mächtigkeit und Macht ergeben sich eine Fülle von Konsequenzen für die Theorie von Recht und Staat, Konsequenzen, die weit hinausführen über das liberale Grundschema, das der Sozialismus vom Bürgertum ungeprüft übernommen hat. Der Religiöse Sozialismus nimmt damit Tendenzen in sich auf, die u. a. auf Nietzsche zurückgehen und zur Zeit ausschließlich von antisozialistischen Gruppen vertreten werden. Er meint, daß auf dem Boden einer tieferen Auffassung des Menschen die berechtigten Motive, die dort zum Ausdruck kommen, vom Sozialismus aufgenommen und in entdämonisierter Form zur Durchführung gebracht werden können.

VI.

Die *theologische* Voraussetzung des Religiösen Sozialismus ist die radikale Anwendung des prophetisch-protestantischen Prinzips auf Religion und Christentum. Das bedeutet 1. die dialektische Stellung zu der eigenen *konfessionellen* Form des religiösen Lebens. Der konfessionelle Charakter jeder konkreten Religion wird bejaht und nicht zugunsten einer rationalen Überkonfessionalität aufgegeben. Der radikale Charakter des religiösen Prinzips verbietet jedoch einen sich selbst absolut nehmenden Konfessionalismus und schafft einen Punkt im System jeder Konfession, auf dem sie über sich hinaus ist und offen für den Sinn der anderen. Das ist freilich spezifisch protestantisch formuliert. Aber es stammt gerade aus dem Element des Protestantismus, in dem dieser nicht Konfession ist. Darum ist der Religiöse Sozialismus *konfessionell ungebunden*. Er tastet die konkrete Konfession des Einzelnen nicht an; und darum nennt er sich religiöser und nicht christlicher, katholischer, protestantischer Sozialismus. 2. Die Dialektik des religiösen Prinzips befreit von der Bindung an die religiöse Sphäre als eine gesonderte und macht offen für das *religiöse Verständnis der Profanität*. Dieser Punkt ist entscheidend für die Grundlegung des Religiösen Sozialismus. Denn von ihm aus ist es möglich, eine religiöse Analyse der profanen Formen des Sozialismus zu geben und aufzuzeigen, daß diese, abgesehen von ihrer eigentlichen Bedeutung, Ausdruck einerseits der menschlichen Situation überhaupt, andererseits einer bestimmten religions- und kirchengeschichtlichen Lage sind. Der Religiöse Sozialismus überläßt die theoretischen und praktischen Lebensformen des Sozialismus nicht der Profanität ihrer Erscheinung, sondern er dringt zu dem religiösen Charakter ihres Grundes vor. So zeigt er z. B., daß die marxistischen Grundbegriffe im Bewußtsein des sozialistischen Proletariats nicht den Charakter einer problematischen Wissenschaft, sondern eines *dogmatischen Symbols* haben, daß die Partei für ihn nicht nur eine politische Gruppe ist, der er sich aus Zweckmäßigkeitsgründen anschließt, sondern eine Schicksalsgemeinschaft, die ihn trägt, und die darum für ihn den Charakter der *Gemeinde* hat, daß die Erwartung der klassenlosen Gesellschaft das profane Symbol für eine *religiös-eschatologische* Erwartung ist, daß bestimmte Lebensformen der sozialistischen Bewegung Ansätze zu *kultischer Gestaltung* zeigen usf. Der Religiöse Sozialismus zeigt zugleich die Zweideutigkeit dieser latent religiösen Symbole und die Gefahren, die sich aus dieser Zweideutigkeit ergeben. 3. Die umgekehrte Analyse nimmt der Religiöse Sozialismus entsprechend der Dialektik des religiösen Prinzips gegenüber der Existenz und den praktischen und theoretischen Lebensformen der *Kirche* vor. Er zeigt die Profanität, in der alle religiöse Wirklichkeit steht, eben dadurch, daß sie Wirklichkeit ist. Er geht darum Hand in Hand mit der tiefenpsychologischen und soziologischen Analyse der kirchlich-religiösen Formen, nicht, um sie dadurch aufzulösen, sondern um sie in ihrer Konkretheit und Dynamik verständlich und dadurch beweglich zu machen. Das gilt ebenso für Dogma, Ritus und Kirchenverfassung wie für die ethischen Anschauungen. In der radikalen Anerkennung der unmittelbaren Profanität dieser Formen erschließt sich erst der dialektische Charakter ihres religiösen Sinnes. 4. Der dialektische Charakter des religiösen Prinzips löst das Problem des Verhältnisses von Transzendenz und Weltgestaltung. Der Religiöse Sozialismus hat für die Lösung das neutestamentliche Wort „*Kairos*" benutzt. Es besagt in dieser Verwendung, daß Welt- und Gesellschaftsgestaltung unausweichlich in der Konsequenz des religiösen Prinzips liegen, daß diese Gestaltung aber nicht abstrakt und utopisch aufzufassen ist, sondern konkret und getragen von dem, was in einer Zeit sich erfüllen soll. Kairos ist immer, wo zeitliche Formen sich wandeln sollen und der ewige Sinn in zeitlicher Erfüllung neu durchbrechen will. In welchem Maße das geschieht, wie stark also eine bestimmte Zeit innerlich erschüttert ist, das entscheidet über Macht und Tiefe eines Kairos. Der Religiöse Sozialismus meint, daß die Erschütterung der bürgerlichen Gesellschaft, ihrer geistigen und gesellschaftlichen Prinzipien einen solchen Kairos darstellt. Und er sucht die Forderung, die in ihm enthalten ist, zu vernehmen und ihr zu gehorchen. 5. Das Ziel der Gestaltung aus dem Kairos ist *Theonomie.* Auch dieser Begriff folgt aus der Dialektik des religiösen Prinzips. Er enthält den Protest gegen eine angeblich sachliche, religiös indifferente Kultur. Er behauptet, daß es kulturelle Formen geben kann, die sich gegen die Erfüllung mit transzendentem Gehalt verschließen, und andere, die sich ihm öffnen, die Hinweis und zugleich Erscheinung des transzendenten Sinnes sind. Der Religiöse Sozialismus meint, daß die profanisierte bürgerliche Gesellschaft einen solchen, der Transzendenz gegenüber sich verschließenden Charakter hat, und meint, daß ihre Erschütterung und Wandlung den Weg zu einer neuen Theonomie im Gesellschafts- und Geistesleben bedeutet.

VII.

a) *Der Religiöse Sozialismus ist an keine soziologische Form gebunden.* Er kann getragen sein von Einzelnen, von Arbeitskreisen, von kirchen- und staatspolitischen Gruppen. Er kann sich selbständig organisieren, und er kann eine Richtung in bestehenden Organisationen darstellen. Für jede seiner Verwirklichungen aber gilt: Da er um den dialektischen Charakter des religiösen Prinzips weiß, kann er keine religiöse oder politische Gruppe, auch nicht sich selbst absolut setzen. Seine Aufgabe ist es, Religion und Sozialismus in gleicher Weise zu ihrer eigenen Tiefe zu treiben und dadurch ihre letzte und zugleich konkrete Einheit aufzuweisen und in der Wirklichkeit durchzusetzen. Er muß dazu immer zugleich an Religion und Sozialismus, an Kirche und Partei einsetzen, mit beiden verbunden und gegen beide kritisch.

b) Die Problematik des Religiösen Sozialismus ist *universal.* Er greift alle Gebiete des wirtschaftlichen, gesellschaftlichen und geistigen Lebens an und sucht sie in bezug auf das religiöse Prinzip einerseits, die gegenwärtige gesellschaftliche Wirklichkeit andererseits zu durchdringen. Er ist also keineswegs einseitig politisch oder ökonomisch orientiert. Er weiß, daß die theonome Gesellschaftsordnung, auf die er zugeht, alle Seiten menschlichen Seins in sich begreifen muß, um auch nur eine Seite ihrem Sinn gemäß zu erfüllen. Darum ist er auch an keine ökonomische Theorie oder politische Aktion gebunden. Ob die bisherige sozialistische Wirtschaftstheorie, ob besonders der Marxismus zulänglich ist, um die kommende ökonomische Entwicklung erkennbar zu machen, ist für die religiös-sozialistische Idee gleichgültig. Ob die gegenwärtigen sozialistischen Parteien die zulänglichen Träger der sozialistischen Idee sind oder bleiben werden, ist im voraus nicht zu entscheiden. Ebensowenig, ob das Proletariat dauernd der wichtigste Träger des antidämonischen Kampfes sein wird. Das bleibt offen. Ebenso auf dem Boden welcher Kirche und ob überhaupt in einer der gegenwärtigen Kirchen die Einigung mit dem Sozialismus sich vollziehen kann. Die Idee des Religiösen Sozialismus ist von all dem unbetroffen. Und ebenso bleibt bestehen, daß der Religiöse Sozialismus für die Gegenwart auf seiten des konkreten Sozialismus und seiner Parteien und damit auf seiten des kämpfenden Proletariats steht. Der Radikalismus des religiösen Prinzips hebt die Konkretheit der jeweiligen Situation nicht auf.

Kirchengeschichtlich betrachtet ist der Religiöse Sozialismus ein Versuch, die Radikalität und Transzendenz des Religiösen zu vereinen mit der Konkretheit eines immanenten Gestaltungswillens. Er sucht hinauszuführen 1. über einen *exklusiven Protestantismus,* der der Transzendenz des Religiösen die konkrete Gestaltung opfert; 2. über eine *humanistische Frömmigkeit,* die der konkreten Gestaltung die religiöse Radikalität opfert; 3. über eine *pietistische Innerlichkeit,* die dem *reservatum religiosum* das soziale *obligatum religiosum* opfert; 4. über einen *hierarchischen Katholizismus,* der mit Hilfe einer sakral geheiligten Ethik die konkrete Situation verrät.

Zum Schluß ist gegenüber allem hier Gesagten zu betonen, daß der Religiöse Sozialismus in den Anfängen seiner Entwicklung steht und weder theoretisch noch praktisch seine endgültige Form gefunden hat.

KLASSENKAMPF
UND RELIGIÖSER SOZIALISMUS

Wir behandeln das Thema „Religiöser Sozialismus“ in grundsätzlicher Beziehung auf die Frage des Klassenkampfes. Das ist nicht zufällig; denn die Stellung zum Klassenkampf ist der Maßstab dafür, ob ein Sozialismus, vor allem auch, ob ein religiöser Sozialismus den Anspruch auf Ernsthaftigkeit erheben darf. Oder ob er eine gutmütige aber unmaßgebliche Meinung ist über Ideale, die einmal verwirklicht werden könnten, und Wege, die dahinführen. Klassenkampf ist eine Realität. Wer in seinen nach vorn gerichteten Gedanken an dieser Realität vorbeisieht, verfehlt mit der Tiefe der Gegenwart auch den Sinn der Zukunft. Er steht in Wahrheit außerhalb der Realität. Sofern der Sozialismus aber religiös ist und in Wahrheit ein Recht hat, sich so zu nennen, steht er zugleich jenseits der bloß tatsächlichen Lage. Er hat die Macht, kritisch zu ihr zu sein. Die Einheit von unbedingtem Ernstnehmen der tatsächlichen Lage und unbedingter Freiheit ihr gegenüber ist in dem Thema „Klassenkampf und religiöser Sozialismus“ angedeutet.

Religiöser Sozialismus ist der Versuch, den Sozialismus religiös zu verstehen und aus diesem Verständnis heraus zu gestalten und zugleich das religiöse Prinzip auf die soziale Wirklichkeit zu beziehen und in ihr zur Gestalt zu bringen. Religiöser Sozialismus ist also nicht etwa das hoffnungslose Unternehmen, die beiden als fertig gedachten Größen „Religion“ und „Sozialismus“ auf irgendeine Weise miteinander zu verbinden. Etwa so, daß man sagt, „Sozialismus ist Religion“ oder so, daß man sagt, „aus Religion folgt Sozialismus“ oder so, daß man ein Bündnis zwischen beiden als selbständigen Größen zu vermitteln sucht. Das alles kann der Bindestrich zwischen religiös und sozialistisch nicht bedeuten. Er ist das eigentlich Fragwürdige und Mißverständliche am religiösen Sozialismus. Er kann nur eine Wirklichkeit meinen, in die Religion und Sozialismus so eingehen, daß eine neue konkrete Gestalt entsteht.

I. Systematische Grundlegung

Wir beginnen mit der Betrachtung des religiösen Elementes im religiösen Sozialismus. Eine Erscheinung religiös verstehen, heißt sie verstehen als Ausdruck des menschlichen Seins schlechthin; also nicht als

Ausdruck irgendeiner Beziehung, in der das menschliche Sein steht zu irgendeinem Gegenstand unter oder über ihm. Wo die Religion in solchen Beziehungen gesucht wird, ist ihr tiefster Punkt nicht getroffen. Das Sein in sich, das Sein als Sein, abgesehen von jeder Qualität und Beziehung, das Sein absolut, d. h. losgelöst betrachtet, sofern es uns als solches im menschlichen Sein gegeben ist, ist der Ort religiösen Verstehens. Den Sozialismus religiös verstehen heißt also, ihn von dieser letzten Frage her verstehen, den Hebel an dem Punkt ansetzen, jenseits dessen es keinen Punkt mehr gibt: bei dem Sein als solchem, angeschaut vom menschlichen Sein.

Das menschliche Sein ist die Erhebung des Seins über sich selbst oder die Erhebung des Seins zur Freiheit. Im Menschen kommt das Sein los von sich, von seiner Gebundenheit, von dem Zwang und der Dumpfheit des unmittelbaren, ungebrochenen Lebensprozesses. Im Menschen ist der Lebensprozeß gebrochen und darum frei von sich selbst und darum Geist. Frei zu sein von sich selbst, gebrochen zu sein in sich selbst, als Geist zu stehen gegen sich selbst, das ist menschliches Wesen, das ist seine Größe und seine Gefahr. Denn mit der Erhebung über das Sein ist zugleich die Möglichkeit gegeben, das Sein zu verfehlen. Der Mensch hat das Sein nicht mehr unmittelbar gegenwärtig, er fragt nach ihm. Und er kann es in der Antwort verfehlen. Der Mensch hat das Sein nicht mehr unmittelbar gegenwärtig, denn er fordert es, und bei dem Versuch der Erfüllung kann er es verfehlen. Er ist das Wesen, das mit Nicht-Sein bedroht ist, mit einem Nicht-Sein, das in einer ganz anderen, viel tieferen Schicht liegt als das leibliche Nicht-Sein, als der Tod. Der Mensch hat sein Sein nur dadurch, daß er es verfehlen kann. Er ist gebrochenes Sein, aber er ist auch Freiheit vom Sein.

Erhebung des Seins über sich selbst ist Erhebung des Seins in den *Sinn*. Im Menschen kommt das Sein zum Sinn, es erfüllt sich im Sinn, aber es kann auch seine Erfüllung verfehlen und mit dem Sinn die Wahrheit seines Seins verlieren. Das Sein des Menschen ist Sein im Sinn, und die Bedrohung des Menschen ist die, daß er im Sinnwidrigen das Sein verfehlt. Die menschliche Freiheit, die Freiheit des Seins von sich selbst im Menschen, ist also zugleich die menschliche *Bedrohtheit*. Im Menschen ist das Sein bedroht mit Nicht-Sein. Wo Freiheit ist, ist Möglichkeit des Nicht-Seins. Und nicht nur Möglichkeit, sondern auch Wirklichkeit. Die Freiheit steht immer zwischen Sinnerfüllung und Nichterfüllung des Sinnes, zwischen Sinn und Sinnwidrigkeit. Wo aber Zwiespalt ist zwischen Sinn und Sinnwidrigkeit, zwischen Erfüllung und Nichterfüllung, da ist in Wahrheit die Nichterfüllung, die Sinnwidrigkeit herrschend. Die Freiheit ist in Wahrheit Unfreiheit. Das menschliche Sein steht unter dem Verhängnis, in seiner Freiheit unfrei zu sein, unfrei nämlich, die Frage zu beantworten, die Forderung zu erfüllen, die ihm gestellt ist, unfrei also, zu dem Sein zu kommen, das es in Wahrheit ist. Und doch kann der Mensch nicht zurück in das bloße Sein, in den ungebrochenen Lebensprozeß. So gern er es möchte, so häufig auch philosophisches Denken es ihm empfiehlt: es ist unmöglich. Der Bruch ist vollzogen und kann nicht rückgängig gemacht werden. Der Mensch *muß* frei sein und mit der Freiheit unfrei. Mensch sein heißt in diesem Verhängnis stehen müssen, frei zu sein und zugleich unfrei, frei sein zu müssen und nicht zurück zu können in das ungebrochene Sein. Das ist die menschliche Lage schlechthin, die zu allen Zeiten von jeder tieferen Schau menschlichen Wesens gesehen und gesagt ist. Das ist seine Bedrohtheit, das ist sein Verhängnis.

Den Sozialismus als religiöse Wirklichkeit verstehen bedeutet darum: verstehen, inwiefern sich im Sozialismus diese Bedrohtheit des menschlichen Seins ausdrückt, inwiefern die sozialistische Wirklichkeit und der sozialistische Gedanke das Verhängnis des menschlichen Seins zur Darstellung bringen, das Verhängnis, in der Sinnerfüllung des Sinnes verlustig zu gehen, in der Freiheit unfrei zu sein.

Doch ist mit allem Gesagten das menschliche Sein noch unvollständig beschrieben. Das menschliche Sein ist nicht nur bestimmt durch das Verhängnis, den Sinn zu verfehlen. Im menschlichen Sein ist nicht nur Bedrohtheit, sondern auch *Getragenheit.* Und doch liegt hier ein prinzipieller Unterschied vor. Die Getragenheit ist nicht, wie die Bedrohtheit, unmittelbar mit dem menschlichen Sein gegeben. Sie stammt nicht aus ihm, sie stammt nicht aus der Freiheit, denn die Freiheit steht unter dem Verhängnis der Unfreiheit; und sie stammt nicht aus dem unmittelbaren Lebensprozeß, denn die Unmittelbarkeit ist gebrochen. Weder aus dem Sein noch aus der Freiheit stammt die Getragenheit des menschlichen Seins. Im Wechselspiel von Sein und Freiheit, im Ringen um Sinn und im Verfehlen des Sinnes ist Getragenheit nicht gegeben. Ist sie dennoch da, so kann sie nur als etwas da sein, das aus dem Jenseits dieses Widerspiels, aus dem Jenseits von Sein und Freiheit stammt. Und sie ist da. Nicht so, daß sie beschrieben werden kann als Menschliches im Menschlichen, aber so, daß auch das Menschliche nicht beschrieben werden könnte, wenn sie fehlte. Es ist unmöglich, von der Bedrohtheit zu wissen ohne ein Wissen um die Getragenheit – die Getragenheit, die aus dem Jenseits von Sein und Freiheit stammt. Die Getragenheit ist das Primäre. Erst auf ihrem Boden ist menschliches Sein mit seiner Bedrohtheit, mit seinem Verhängnis überhaupt möglich. Und doch ist dieser Boden selbst nicht mehr menschliches Sein.

Vom Sozialismus als religiöser Wirklichkeit reden heißt darum: verstehen, in welchen Formen der sozialistischen Wirklichkeit wie des sozialistischen Gedankens sich das Bewußtsein um jene Getragenheit des menschlichen Seins ausdrückt. – *Wir stellen also dem Sozialismus gegenüber die doppelte Frage: Inwiefern drückt sich in ihm die menschliche Bedrohtheit, inwiefern die menschliche Getragenheit aus?* Diese Fragen stellen heißt, religiös vom Sozialismus reden. Die Antwort auf diese Frage ist die erste und grundlegende Aufgabe des religiösen Sozialismus.

Daß Bedrohtheit und Getragenheit sich im menschlichen Handeln und Denken ausdrücken müssen, ist selbstverständlich; denn alles menschliche Handeln und Denken ist Ausdruck menschlichen Seins, also auch der Bedrohtheit und der Getragenheit des menschlichen Seins. Diese *müssen* sich ausdrücken. Es ist nicht möglich, daß sie sich nicht ausdrücken; aber ihr Ausdruck kann verschieden sein. Es gibt zwei grundlegende Möglichkeiten, in denen die Bedrohtheit und Getragenheit des menschlichen Seins sich im menschlichen Lebensprozeß darstellt. Die eine Möglichkeit ist die, daß Lebensformen geschaffen werden, in denen sich Bedrohtheit und Getragenheit unmittelbar, direkt und ausdrücklich darstellen. Solche Lebensformen sind im eigentlichen und engeren Sinne religiös. – Die andere Möglichkeit ist die, daß Lebensformen geschaffen werden, in denen sich unmittelbar und direkt nur das Widerspiel von Sein und Freiheit ausdrückt, die Bedrohtheit und Getragenheit des menschlichen Seins demgemäß im Hintergrund bleibt und nur indirekt zum Ausdruck kommt. Diese Haltung ist der Intention, der inneren Richtung nach nicht religiös. Der Intention nach ist sie „kulturell". Da es aber keine Lebensform geben kann, in der sich nicht das menschliche Sein selbst ausdrückt, so ist auch diese Haltung ihrem objektiven Sinne nach religiös. Sie ist indirekt, mittelbar, verhüllt religiös.

Wird der Sozialismus als religiöse Tatsache gewürdigt, so muß auf beide Ausdrucksmöglichkeiten geachtet werden. Maßgebend für den Sozialismus ist die zweite, indirekt-religiöse Haltung. Aber auch Wirkungen der ersten sind geschichtlich und sachlich festzustellen, Wirklichkeiten freilich mehr negativer als positiver Art. – Mit diesen Gedanken ist die systematische Grundlage der religiösen Betrachtung des Sozialismus gelegt.

II. Geistesgeschichtliche Grundlegung

Der Sozialismus ist keine isolierte Wirklichkeit. Er ist ein Element der gesamten abendländischen Geistes- und Gesellschaftslage. Nur aus dieser Gesamtlage kann er auch religiös verstanden werden. Wir müssen also dem systematischen Unterbau einen geistesgeschichtlichen hinzufügen. Wir müssen die gegenwärtige Lage der abendländischen Gesellschaft verstehen von den gleichen Voraussetzungen aus, von denen wir an den Sozialismus herangehen. Wir hatten unterschieden eine direkt- und eine indirekt-religiöse Haltung, eine solche, in der alle Lebensformen unmittelbar darauf gerichtet sind, Bedrohtheit und Getragenheit auszudrücken, und eine solche, in der die Lebensformen auf sich selbst, auf ihren eigenen formalen Charakter gerichtet sind und nur mittelbar, vielleicht wider Willen, Bedrohtheit und Getragenheit ausdrücken. In dieser zweiten Haltung bleibt das menschliche Sein in sich selbst, in dem Widerspiel von bloßem Sein und Freiheit. Es ist berechtigt, diese Haltung humanistisch zu nennen. *Humanismus ist der Versuch des Menschen, sich auf sich selbst zu stellen, in seinem eigenen Sein die Erfüllung seines Sinnes zu finden.* Damit ist zunächst nicht gesagt, daß das Bewußtsein um die Bedrohtheit und Getragenheit des menschlichen Seins verschwunden wäre. Es ist da, aber es ist als Hintergrund da; und darum kann es abklingen. Der ursprüngliche Humanismus kann aufgefaßt werden als eine Abwehrhaltung gegen religiöse Dämonie, d. h. gegen den Versuch, um des „Jenseits von Sein und Freiheit" willen Sein und Freiheit, d. h. das menschliche Wesen zu zerbrechen. Religiöse Dämonie liegt überall da vor, wo im Namen dessen, was das menschliche Sein bedroht und trägt, menschliches Wesen zerbrochen wird. Dämonie ist Einheit von Seinsjenseitigkeit und Zerstörung. Der Humanismus ist Abwehr gegen das zerstörerische Einbrechen des Seins-Jenseits ins Sein. Sein religiöser Hintergrund ist eben dieser, daß er die religiöse Dämonie zu bekämpfen, das menschliche Wesen als solches zu bewahren sucht. So kämpft er gegen leibliche Zerstörungen, die sakral begründet sind, wie Sklaverei, Kastenwesen, Krieg, Blutrache usw., gegen seelische Zerstörungen, die sakral begründet sind, wie die heilige Prostitution und den heiligen Rausch; gegen geistige Zerstörungen, die sakral begründet sind, wie das Zerbrechen des Wahrheitsbewußtseins um des Dogmas willen. Der Kampf gegen diese Dinge gibt dem Humanismus sein Pathos und seine religiöse Kraft. Es ist, mythisch gesprochen, ein Kampf um die Gottesebenbildlichkeit des Menschen gegen sakrale Verzerrung und Zerbrechung. Sofern nun dieser Kampf gegen religiöse Dämonie im Christentum zu seiner Höhe und zu seinem grundsätzlichen Sieg gelangt ist, muß gesagt werden, daß der Humanismus auf christlichem Hintergrund ruht. Wohl ist er vorbereitet im Griechentum und im Alten Testament, wohl sind dort Formen geschaffen worden, die der christliche Humanismus übernehmen konnte; aber er konnte es doch nur, nachdem er die dämonischen Elemente, die in allem vorchristlichen Humanismus wirksam waren, ausgestoßen hatte. Darum ist der nachchristliche Humanismus eine Entwicklungsform des Christentums: er ist die spezifisch christliche und darum erst vollkommene Durchführung der Autonomie, des humanistischen Versuches, das menschliche Wesen auf sich selbst zu stellen. – Es ist also eine Fehldeutung, wenn man dem christlichen Humanismus gegenüber von „modernem Heidentum" spricht. Das Wesen des Heidentums ist dämonische Gottbesessenheit, echtes Heidentum ist eine Wirklichkeit von ungeheurer religiöser Gewalt. Diese Gewalt ist auf christlichem Boden gebrochen. Es ist auf ihm nicht möglich, zum Heidentum zurückzukehren. Wohl kann das Christentum einen christlichen Humanismus aus sich heraus entwickeln und sich dabei anschließen an Formen eines heidnisch begründeten Humanismus. Aber es kann nicht selbst wieder heidnisch werden. Darum ist zu sagen: *Die gegenwärtige Wirklichkeit der abendländisch-christlichen Völker ist beherrscht von einer Entwicklungsform des Christentums, die als christlicher Humanismus zu bezeichnen ist.*

Es ist möglich, drei Grundformen dieses Humanismus zu unterscheiden. Die erste Form ist der *revolutionäre Humanismus,* wie er im 18. Jahrhundert vorliegt. In Begriffen wie Aufklärung, Vernunft, Freiheit, Autonomie usw. klingt ursprünglich die Leidenschaft des Kampfes gegen den dämonischen Zerbrechungswillen der Religion. Diese Begriffe, die für uns jetzt einen überaus nüchternen Klang haben, waren ursprünglich erfüllt von religiöser Gewalt. – Die zweite Form ist der *klassische Humanismus.* Er ist der Moment der Reife, wo der revolutionäre Abwehrkampf sich durchgesetzt hat, das menschliche Wesen aber noch erfüllt ist von den Gehalten der religiösen Periode und sich zugleich erfaßt in seiner menschlichen Form. Für die deutsche Kultur ist der klassische Humanismus anschaubar in Goethe. – Die dritte Form ist der *romantische Humanismus.* Die humanistische Form bleibt, aber man fühlt ihre Gefahr, die Gefahr des Abklingens des religiösen Hintergrundes, und man sucht dieser Gefahr zu entgehen dadurch, daß man religiöse Formen der Vergangenheit, humanistisch umgestaltet, aufzunehmen sucht. Diese Haltung ist am anschaulichsten verwirklicht in der deutschen idealistischen Philosophie.

In allen drei Formen des Humanismus ist der religiöse Hintergrund wirksam, aber er ist als *Hintergrund* wirksam. Auch der Romantik gelingt es nicht, ihn in den Vordergrund zu stellen. Und weil er Hintergrund bleibt, klingt er ab. Das menschliche Wesen, das auf sich selbst gestellt ist, saugt gleichsam das Jenseits seiner selbst in sich hinein und hebt es als Jenseits auf. Das Bewußtsein um die Bedrohtheit geht verloren und mit ihm das Bewußtsein um die Getragenheit. *Der Humanismus wird profan.* Dieser Prozeß ist nicht zufällig, er ist in der Gestalt des Humanismus selbst begründet. Es ist die Dialektik der indirekt-religiösen Haltung, die sich in der Entwicklung des Humanismus auswirkt. Es ist das schließliche Mißlingen des Versuches, das Jenseits von Sein und Freiheit auf die Ebene zu ziehen, in der das Widerspiel von Sein und Freiheit stattfindet, des Versuches, das Jenseits des Menschlichen selbst zu etwas Menschlichem zu machen. Dieser Versuch endet notwendig mit der Abschließung vom Jenseits, mit der Isolierung des Menschlichen, mit der Profanität. Dieses nun ist unsere Lage, und dieses ist die Voraussetzung des Sozialismus, wie er gegenwärtig vorliegt. Wir stehen auf dem Boden eines religiös abgeklungenen Humanismus, eines Menschentums, das abgeschnitten ist von den transzendenten Bezügen. Der Mensch steht auf sich selbst. Er sucht die Erfüllung seines Sinnes in sich.

Von hier aus wird verständlich die typisch abendländische Haltung: jene Unendlichkeit der Versuche, im Endlichen seinen Sinn zu erfüllen, jene nie ruhende Dynamik des Daseins, die alle Wirklichkeit umspannt, um in ihr die Ruhe unbedingter Sinnerfüllung zu finden. Aber zu solcher Ruhe kann es nie kommen. – Die stärkste Ausdrucksform für diese Lage ist das technisch begründete, wissenschaftlich durchgebildete, politisch durchgesetzte Wirtschaftssystem des abendländischen Kapitalismus. Es ist das vollkommene Symbol des profanisierten Humanismus. Es ist seinem Wesen nach unendliche, alles ergreifende Aktivität, Unruhe, zu der keine übergeordnete Ruhe gehört. Das Leben des in dieses System eingespannten Menschen ist ein Wechsel von Spannung und Abspannung, dem keine Entspannung folgt. Alle Versuche, auf dem Wege namentlich körperlicher Erziehung Entspannungsformen zu schaffen, werden durchkreuzt von dem Gesellschaftssystem, das jeden Einzelnen in sich hineinzwingt.

Die Unruhe des auf sich selbst gestellten Menschentums zeigt sich zugleich in der ständigen Steigerung des Tempos aller Lebensäußerungen, d. h. in der Aufnahme einer übermäßigen Fülle von Lebensinhalten in einen begrenzten Zeitmoment und der damit gegebenen Entwertung jedes einzelnen Erlebnisses. Sie zeigt sich in der auf kapitalistischem Boden notwendigen ununterbrochenen Steigerung der Bedürfnisse und ihrer Befriedigungsmöglichkeiten. Sie zeigt sich in dem rein herrschaftlichen Verhältnis zur Natur und in der unendlichen Gegenschaltung aller Interessen in der Gesellschaft. Wohl ist die Macht der religiösen Dämonie gebrochen; aber mit ihr ist auch das verloren, was in jener dämonischen Form enthalten war, die Beziehung zu einem transzendenten, unbedingt sinngebenden Prinzip, das hinweghob über die Unendlichkeit der einzelnen Sinnakte und ein Ort metaphysischer Ruhe war. Durch das Abschneiden dieser Beziehung schwingt der Mensch einsam in sich selbst, umgeben von einer unendlichen Leere. In all sein Ringen um Sinn dringt ständig ein eisiger Hauch von Sinnlosigkeit, der ihn erstarren läßt. – Das ist die Lage auf dem Boden des religiös abgeklungenen christlichen Humanismus und der Herrschaft des kapitalistischen Systems.

III. Die Bedrohtheit des menschlichen Seins im Proletariat

Der Sozialismus ist das Aufbrechen und Offenbarwerden dieser Situation in der *gesellschaftlichen* Sphäre. Es gibt noch eine Reihe anderer Punkte, an denen in anderen Sphären dieses Aufbrechen festgestellt werden kann. Zum Teil hängen sie mit dem Sozialismus zusammen, zum Teil haben sie besondere Ursachen. Der religiöse Sozialismus bemüht sich um die Zusammenschau all dieser Punkte, aber unter Anerkennung der Tatsache, daß der Sozialismus der wichtigste und am tiefsten die gegenwärtige Realität erschütternde Ort des Aufbrechens ist. *Den Sozialismus als religiöses Phänomen betrachten heißt also: ihn anschauen als Offenbarwerden der menschlichen Situation in unserer Gegenwart.* Er deckt auf, was gegenwärtig ist, und er kann es in einer Tiefe aufdecken, durch die er zum Hinweis wird auf die menschliche Lage überhaupt und ihre Bedrohtheit.

Das Proletariat ist der Ort, an dem die Bedrohtheit des menschlichen Seins in der Gestalt unentrinnbarer gesellschaftlicher Bedrohtheit ständig erlebte Wirklichkeit ist. Das, wofür der Humanismus gekämpft hatte, das menschliche Wesen, zerbricht in der proletarischen Existenz. Die menschliche Wesenhaftigkeit geht verloren in diesem Bezirk des auf sich selbst gestellten Menschtums. Die Bedrohtheit der menschlichen Lage im Proletariat drückt sich aus in einer Reihe von Begriffen, die das proletarische Lebensgefühl widerspiegeln.

In erster Linie steht die Erfahrung der *Ungesichertheit,* und zwar in vielfachem Sinne. Die Sicherungsmittel, die in früheren religiös fundierten bäuerlichen oder feudalen Existenzformen vorhanden waren, fehlen dem Proletariat. Selbst in der stärksten Bedrückung durch

Hörigkeit und Sklaverei, also auf dem Boden religiös-gesellschaftlicher Dämonien, war mit der Bindung eine Art Sicherung gegeben. Mit der Aufhebung der Bindungen sind auch die Sicherungen verloren gegangen. Der Einzelne ist isoliert gegen den anderen. Feudal oder patriarchalisch begründete Geborgenheit ist verschwunden. Jeden Augenblick besteht die Möglichkeit, die Arbeit verlassen zu müssen, ganz auf sich selbst gestellt zu sein. Die Willkür des Vorgeordneten, namentlich niederen Ranges, entscheidet über Sein und Nicht-Sein. Kaum etwas anderes drückt so wie diese Situation auf das proletarische Bewußtsein. – Dazu fehlen alle Sicherungsmittel im Geistigen. Es fehlt die Möglichkeit, die in der bürgerlichen Situation immer noch gegeben ist, in geistige Sicherungen zu flüchten. Und es fehlt endlich die Möglichkeit, durch gegenseitige Hilfe die Unsicherheit entscheidend zu beheben. Denn die Klassensituation bleibt bestehen und mit ihr die Ungesichertheit aller und damit die Unmöglichkeit, die Gesamtsituation zu ändern.

Mit dem Gefühl der Ungesichertheit verbindet sich das der *Ausgestoßenheit.* Es wird das vielleicht auf dem Boden Mitteleuropas stärker empfunden als in Westeuropa, weil die Demokratie zu spät gekommen ist, um eine Aufnahme des Proletariats wenigstens in die für alle gleiche bürgerliche Situation zu ermöglichen. Im Westen wurde der Proletarier zusammen mit dem kämpfenden Bürger wenigstens grundsätzlich in die Einheit der Gesellschaft aufgenommen. Das ist weiter nach dem Osten zu nicht mehr gelungen. Und darum ist hier das Gefühl der Ausgestoßenheit aus der Einheit der Gesellschaft viel stärker. Es fehlt die innere, selbstverständliche Bejahung durch die anderen Schichten des Volkes. Es fehlt das Aufgenommensein in einen erosgetragenen Gemeinschaftszusammenhang. Alle humanitären Versuche bestärken nur diese Situation. Sie machen das grundsätzliche Ausgeschlossensein evident. Besonders empfindlich wird dieser Tatbestand dadurch, daß der Proletarier ständig erleben muß, wie von allen durch die Gesellschaft und d. h. wesentlich durch ihn produzierten Gütern ihm immer das Schlechteste, das eigentlich Minderwertige zugeschoben wird. Das beginnt mit den Straßen, in denen er wohnt, und geht bis zur Bildung, die man ihm übermitteln will.

Der dritte Begriff, in dem der Proletarier seine Situation ausdrückt, ist der der *Hoffnungslosigkeit.* Es ist die Unmöglichkeit, sich über diese seine Existenz, in deren Mechanismus er sehr früh hereingezogen wird, irgendwann zu erheben. Er hat nichts zu verkaufen als seine Arbeitskraft, und deren Wert drückt sich im ganzen in der Negativität der proletarischen Situation aus. Durch sie kann er selbst bei günstigen

Konjunkturen niemals über die proletarische Existenz hinaus kommen. In zahlreichen Selbstzeugnissen jüngerer Proletarier kommt die Trostlosigkeit dieser Perspektive zum Ausdruck. Das auf sich selbst gestellte Menschentum bedeutet für die größte Klasse ein hoffnungsloses Festgebundensein an das äußerste Minimum erfüllten menschlichen Lebenswillens.

All dieses zusammen führt den Proletarier schließlich zu dem Bewußtsein einer völligen *Sinnlosigkeit* seiner Existenz. In den Selbstzeugnissen namentlich der älteren Proletarier, aber auch schon verhältnismäßig früh, finden sich erschütternde Ausbrüche der Verzweiflung am Lebenssinn. Der Versuch des Menschen, sich auf sich selbst zu stellen, den Sinn im menschlichen Wesen selbst zu suchen, führt zu einem Zerbrechen des Sinnes, zu einer Verzerrung menschlichen Wesens: das ist die proletarische Situation.

Man hat versucht, diese Situation religiös mit einem positiven Vorzeichen zu versehen, sofern darin die menschliche Bedrohtheit überhaupt aufbricht und nun die Möglichkeit gegeben ist, die kirchliche Verkündigung anzubringen. Aber dieser Gedanke ist kurzsichtig. Sofern die kirchliche Predigt das sinngebende Jenseits zum Inhalt hat, das erheben soll über die Sinnlosigkeit der diesseitigen Situation, wird der Proletarier überhaupt nicht davon getroffen. Er kann seine Situation nicht auffassen als gottgewollt, als sinnvolles Schicksal, in das er sich fügen muß. Ein derartiges Bewußtsein ist nur möglich, wo wirklich ein statisches Schicksal als feste und unabänderliche Größe menschliches Dasein bestimmt. Beim Proletariat aber ist nichts statisch, sondern alles dynamisch. Sein Leben ist nicht bestimmt durch ein allgemeines, tragendes, im Seins-Jenseits begründetes System. Sein Schicksal ist die Isolierung, die Gegenschaltung, der Kampf. Der Klassenkampf ist das proletarische Schicksal. Daher die leidenschaftliche Ablehnung jedes Versuches, dem Proletarier die Sinnerfüllung seiner Existenz in einer transzendenten Existenz in Aussicht zu stellen. Er kann gar nicht anders, als eine derartige Verkündigung für den Versuch der ihm feindlichen Klasse zu halten, ihn zu beruhigen, ihm die Leidenschaft des Klassenkampfes zu nehmen. Darin aber ist der Proletarier prinzipiell im Recht. Denn der Klassenkampf ist für ihn Wirklichkeit und Schicksal.

IV. Klassenkampf und Marxismus

Die proletarische Situation ist wesensmäßig Situation des Klassenkampfes; denn der Klassenkampf ist die klassenmäßig sich auswir-

kende Gegenschaltung aller Interessen im System der liberalen Wirtschaft. Im Liberalismus ist die Gegenschaltung der Interessen das leitende Prinzip. Die liberale Theorie dachte dabei an das einzelne Wirtschaftssubjekt. Sie dachte nicht daran, daß in dem Augenblick Klassen entstehen mußten, wo die Gegenschaltung verbunden war auf der einen Seite mit dem Besitz der Produktionsmittel, auf der anderen Seite mit der völligen Besitzlosigkeit. In dem Augenblick, wo dieser Gegensatz in Erscheinung trat, mußte er jeden anderen an Bedeutung weit übertreffen, d. h., er mußte zum grundsätzlichen Klassenkampf werden. Die Gegenschaltung der Klassen ist mit dem Wesen des Kapitalismus unlöslich verbunden; und sie erhält ihre Tiefe dadurch, daß sie über den Marktkampf hinausgreift und die gesamte Lebenssituation umfaßt. Klasse ist Gemeinsamkeit einer wirtschaftlich begründeten Lebenssituation, die im Gegensatz steht zu anderen auch wirtschaftlich begründeten Situationen.

Der Klassenkampf ist begründet in den Naturgesetzen der liberalen Wirtschaft. Fast alle Erscheinungen des Klassenkampfes sind nichts als ein Ausdruck dieser objektiv gegebenen Situation. Jeder Einzelne wird notwendig und unentrinnbar in den Klassenkampf hineingezogen. Er geht auch nicht einseitig vom Proletariat aus. Klassenkampf wird immer zugleich von oben und von unten geführt. Er ist eine polare Situation, die ständig akut ist, die in einem gegebenen System keinen Augenblick aussetzen kann. Er hat darum mit Gefühlswerten wie Klassenhaß und dergleichen zunächst gar nichts zu tun, obgleich er schwerlich ohne solche Begleiterscheinungen auftreten kann, besonders auf seiten der im Kampfe wesentlich unterdrückten Klasse. Da der Klassenkampf eine mit der Struktur des Kapitalismus gegebene Wirklichkeit ist, sind moralische Urteile über die im Klassenkampf Stehenden ein unverantwortliches oder böswilliges Anwenden von Maßstäben, die einer völlig anderen Sphäre entstammen. Gegenüber Wirklichkeiten wie dem Klassenkampf sind moralische Forderungen oder Wünsche etwa dahingehend, daß man auf ihn verzichten soll oder ihn mindern soll, lächerlich oder selber ein Kampfmittel im Klassenkampf. Man kann weder für noch gegen den Klassenkampf eintreten. Er ist eine Wirklichkeit, freilich eine dämonische Wirklichkeit, eine Wirklichkeit also, durch die jeder Einzelne unvermeidlich gezwungen wird, an der zerstörerischen Tendenz des Systems teilzunehmen. – *Der religiöse Sozialismus hat den Klassenkampf in seiner Unentrinnbarkeit zu verstehen und seinen dämonischen Charakter zu offenbaren.* Nicht kann es seine Aufgabe sein, einen Sozialismus ohne Klassenkampf zu fordern. Täte er das, so verriete er die wirkliche Situation des Proletariats, so stellte er sich außerhalb der Realität, so wäre er Utopie, die dadurch nicht besser würde, daß sie sich religiös zu begründen versuchte.

Im Klassenkampf will das Proletariat das erreichen, was ihm vorenthalten wird, den Sinn eines menschlichen Lebens. Jeder einzelne Kampf, mag er um eine politische Einzelheit, mag er um einen Tarifvertrag gehen, ist im letzten Grunde ein Kampf um Erfüllung mit Seinsfülle und Lebenssinn. Von seinem (oft genug abgeklungenen) Hintergrund aus gesehen, ist der Kampf des Proletariats ein Kampf um die Überwindung des Dämonischen, das dem Proletarier in seiner ganzen zerstörerischen Gewalt offenbar wird, also ein Kampf um das Reich Gottes. Und durch diesen Kampf erhält das Proletariat einen Lebenssinn. Es fühlt sich als Träger des Kampfes um das Reich Gottes, es fühlt eine Art messianischer Sendung für sich und für die ganze Gesellschaft. Aus Ungesichertheit und Hoffnungslosigkeit wird es gehoben, in seiner Sinnlosigkeit wird ihm ein Sinn gegeben: es ist Träger des Kampfes gegen eine Situation, in der dem Menschen der menschliche Sinn genommen wird. Die Schaffung dieses Bewußtseins war die historische Aufgabe des *Marxismus.*

Der religiöse Sozialismus hat nicht die Aufgabe, den Marxismus abzulehnen, nicht einmal in seiner materialistisch-ökonomischen Form. Der Marxismus ist zuerst eine Wirklichkeit und dann erst ein Gedanke Die Wirklichkeit des Marxismus ist die Tatsache, daß das Proletariat aus fast völligem Sinnverlust zu einem machtvollen Sinnbewußtsein durchgedrungen ist. Selbstverständlich steht hinter dieser Wirklichkeit eine Idee, eine Idee, die aus ihrer Gegenwart geboren war und darum die Kraft hatte, ihre Gegenwart umzuwandeln. Sofern die Idee sich gedanklich ausgedrückt hat, kann sie gedanklich umgestaltet, ja widerlegt werden. Aber der gedankliche Ausdruck ist nicht das Entscheidende in ihr. Die marxistische Dialektik ist gedanklicher Ausdruck. Im Hintergrund aber steht ein religiöses Schicksalsbewußtsein. Und so ist jene von nur wenigen verstandene Dialektik für Unzählige zum Symbol geworden, zum Symbol für den Glauben, daß er bestimmt ist, für ein Reich zu kämpfen, das sich mit Schicksalsnotwendigkeit durchsetzt und das darum von keinem Widerstand gehindert werden kann. Darin liegt Bewußtsein um Getragenheit, um Getragenheit aus einem Unbedingten, Seins-Jenseitigen. Aber dieses Bewußtsein verbindet sich mit begrifflichen Ausdrucksformen, die ihm schlechthin widersprechen. Der Marxismus hat – auf die letzte Struktur gesehen – eine des kommenden Sieges gewisse eschatologische Gemeinde geschaffen. Hier ist nicht nur verkündet worden, sondern hier ist Sein geformt, menschliches Sein, Sein von Massen, die ohne Form und Sinn dahin lebten. Und der Marxismus ist die einzige Kraft, der dieses gelungen ist. – Gerade darin zeigt sich das religiöse Element des Marxismus, daß in ihm die *Polarität* alles religiösen Denkens zu deutlichem, wenn auch nicht religiösem, sondern dialektischem Ausdruck gekommen ist: auf der einen Seite die an jeden Einzelnen gerichtete Forderung des Handelns, auf der anderen Seite der Glaube an die schicksalhafte Notwendigkeit, daß das geschieht, wofür man sich einsetzt. Naturgemäß hat es nicht an Versuchen gefehlt, die Einheit beider Elemente zu sprengen. Auf der einen Seite hat man die Dialektik verwandelt in kausale Berechnung von Naturnotwendigkeiten, auf der anderen Seite in moralische Forderungen. Weder auf die eine noch auf die andere Weise hätte eine Wirklichkeit wie der Marxismus geschaffen werden können. Beides sind rationale Abstraktionen, die die letzte religiöse Schicht des menschlichen Seins nicht treffen. Im echten Marxismus ist diese Schicht getroffen und in profaner Form zum Ausdruck gebracht.

Den Sozialismus als religiöses Phänomen verstehen heißt also sehen, daß in ihm die Bedrohtheit des menschlichen Seins bis hin zur dämonischen Besessenheit einer ganzen Gesellschaft offenbar wird und daß auf der anderen Seite Elemente eines neuen Sinnglaubens, einer neuen Getragenheit eschatologischen Charakters in Wirklichkeit und Symbol hervortreten. Dieses alles aber auf dem Boden eines religiös abgeklungenen Humanismus und in den Formen eines solchen.

V. Die Zweideutigkeit der sozialistischen Formen

Der Sozialismus nimmt eine Haltung ein, die wir als indirekt-religiös charakterisiert haben. Das Religiöse ist in ihm niemals ausdrücklich gemeint. Nirgends, weder in der Theorie noch in der Praxis, findet sich ein direkter Hinweis auf das Seins-Jenseits. Ausdrücklich religiöse Symbole werden durchweg verworfen, im besten Fall dem Privaten und der Innerlichkeit überlassen, niemals aber ausdrücklich gemeint. Daraus ergibt sich die eigentümliche Dialektik, die tiefe Zweideutigkeit, die allen Lebensäußerungen des Sozialismus anhaftet. Das gilt zunächst für die Stellung des Proletariats zur *Wissenschaft.* Das Proletariat glaubt an die Wissenschaft, und es glaubt mit unbedingter Gewißheit an die Wissenschaft des Marxismus. Nun ist Wissenschaft als solche niemals Gegenstand des Glaubens. Jede wissenschaftliche Form steht unter der Kritik und wird überwunden. Wenn der Proletarier instinktiv im Marxismus endgültige Wissenschaft sieht, so ist er ihm zum Symbol geworden, und das, woran er glaubt, ist sein Symbolgehalt, der in der wissenschaftlichen Form nur unzulänglich zum Ausdruck kommt. An das Symbol glaubt er, kann er und muß er glauben, weil es den Mythos seines Seins und von ihm aus gesehen den Mythos des menschlichen Seins überhaupt ausdrückt. Sein Wissenschaftsglaube ist also verhüllter Glaube an den Mythos, d. h. verhüllter religiöser Glaube.

Das gleiche liegt in der *Politik* vor. Sie ist real, sie ist innerweltlich, sie arbeitet mit allen Mitteln politischer Taktik und Strategie. Und durch alles hindurch schwingt der Glaube, daß auf diese Weise der klassenlose Staat, das Reich der Gerechtigkeit, das Reich Gottes herbeigeführt würde. Nichts wäre törichter, als wollte man diese Haltung eindeutig auffassen und widerlegen. Jeder einzelne Schritt kann widerlegt werden, jeder einzelne Schritt kann als fehlerhaft, ja verhängnisvoll aufgewiesen werden, die tiefe Profanität und Verderbtheit alles politischen Handelns kann aufgezeigt werden, das alles ändert den Glauben nicht, daß auf diese Weise das Ziel erreicht wird. Auch die Stellung zur Partei enthält die gleiche Zweideutigkeit. Sie ist für den Proletarier unendlich viel mehr als eine politische Partei. Sie ist für ihn immer auch religiöse Gemeinde, in der er getragen ist, die ihn von der Sinnlosigkeit seiner Existenz befreit, die ihm eine Berufung und ein letztes unbedingtes Ziel gibt.

Die gleiche Zweideutigkeit wie die Formen des Denkens und Handelns hat die letzte *Zielgebung* des Sozialismus. In der Zeit, auf dem Boden des menschlichen Seins, soll das Unbedingte, das letztlich Sinngebende verwirklicht werden. Das ist Utopie. Aber der Geist der Utopie greift in Wahrheit hinaus über die Zeit und über die Endlichkeit und zerbricht die endlichen Vorstellungen, in denen er sich ausdrückt. Hier liegt die tiefste und entscheidende Zweideutigkeit der sozialistischen Haltung. Man hat dem Sozialismus oft vorgeworfen, daß er seinen Zielgedanken inhaltlich nicht ausführe. Das ist rational betrachtet sicher ein Mangel. Im Geist der Utopie ist es notwendig und berechtigt, genau so berechtigt wie es ist, wenn alle höheren Religionen eine Ausmalung der Transzendenz innerlich ablehnen, auch wenn sie sie äußerlich zulassen. Auch dieser Verzicht ist ein Beweis für den religiösen Hintergrund und für die Unangemessenheit der utopischen Ausdrucksform und damit für die innere Zweideutigkeit des Sozialismus. – Mit dieser Zweideutigkeit sind die großen *Gefahren* verbunden, die den Sozialismus ständig aufs schwerste bedrohen. Die eine Gefahr ist die, daß der ins Seins-Jenseitige drängende Geist infolge der

Unangemessenheit seiner Ausdrucksformen geschwächt, ja zerstört wird, daß relative Erfolge unbedingte Bedeutung erlangen, daß durch vorläufige Sicherungen die Bedrohtheit des menschlichen Seins verhüllt wird. Man spricht viel von dem kleinbürgerlichen Charakter, den der Sozialismus angenommen hat und wahrscheinlich immer mehr annehmen werde. Aber nicht das Bild des Kleinbürgertums ist das Entscheidende, sondern der Trieb nach vorläufigen Sicherungen, das Verebben des religiösen Schwunges, das Abklingen des ursprünglich noch so mächtig wirkenden religiösen Hintergrundes. Das ist kaum zu vermeiden, wenn das religiöse Symbol als ökonomische Wissenschaft, die religiöse Gemeinde als politische Partei, das religiöse Ziel als klassenloser Staat zur Darstellung kommt.

Die andere, größere Gefahr ist die der Enttäuschung. Es gibt etwas wie *metaphysische Enttäuschung*, und das gehört wesensmäßig zu jeder Utopie wie zu jeder Vergötzung irgendeiner Wirklichkeit oder Zeit. Wo immer Endliches ins Jenseitige übersteigert wird, folgt notwendig die metaphysische Enttäuschung. Sie kann zur Verzweiflung führen, endet aber für gewöhnlich in Abstumpfung, in Kompromiß und müdem Fortschrittsglauben. – Die meiste Kritik am Sozialismus wird von hier aus geübt. Wo er diesen Gefahren erlegen ist, steht er der Kritik in der Tat schutzlos offen. *Es ist die Aufgabe des religiösen Sozialismus, die Kritik am Sozialismus radikal durchzuführen, aber auf dem Boden des Sozialismus.* Seine Kritik darf nicht zur Dämpfung des sozialistischen Geistes werden. Er darf nicht das leidenschaftliche Ringen des Proletariats abschwächen. Vielmehr muß er die Leidenschaft dadurch stärken, daß er sie vertieft, daß er dem Sozialismus vorhält, was eigentlich in ihm gemeint ist und daß er das Gemeinte zur kritischen Norm des Tatsächlichen macht. – Nur wenn der religiöse Sozialismus den Klassenkampf in seiner Notwendigkeit durchschaut und zugleich die dämonische Situation enthüllt, aus der er unentrinnbar folgen muß, hat er das Recht, diejenigen Impulse abzulehnen, die sich gegen einzelne Menschen richten, statt gegen die Situation als solche. Nur dann darf er die Menschen in beiden Klassen radikal trennen von der Klassensituation als solcher, darf er abwehren jede Idealisierung des Proletariers als Menschen und jede Dämonisierung des Bürgers als Menschen. Beides hat ein letztes Recht nur dann, wenn es auf dem Boden der radikalen Anerkennung und Enthüllung der Klassenkampfsituation geschieht, nicht aber von einer angeblich jenseits der Gegensätze befindlichen Stellung. Eine solche Stellung gibt es nicht. Auch die religiöse, auch die christliche Haltung gibt an und für sich im kapitalistischen System keine Position, die jenseits des Gegensatzes läge. Das ist Illusion, die in Wahrheit dem Bestehenden und der herrschenden Klasse zugute kommt. Darum ist eine religiöse Kritik am Sozialismus nur in Verbindung mit einem Ja zur Klassenkampfsituation berechtigt.

VI. Gläubige Sachlichkeit

Für die religiöse Gestaltung ergibt sich aus der geschilderten Lage folgendes: Es ist zur Zeit keine religiöse Haltung innerlich berechtigt, in der sich das religiöse Prinzip nicht gleichsam horizontal, in einer Linie nach vorn auswirkt, in der nicht das Element der Weltgestaltung maßgebende Bedeutung hat. Die christliche Frömmigkeit, vor allem in ihrer lutherischen Ausprägung, hat die Linie nach vorn vernachlässigt zugunsten der Linie nach oben. Sie hat mit Recht betont, daß von jedem Raum- und Zeitpunkt aus eine unmittelbare Linie nach oben möglich ist. Sie hat aber nicht gesehen, daß die Linie nach oben ohne die Linie nach vorn, d. h. ohne den aktiven, gestaltenden Willen eine in sich schwingende Frömmigkeit schafft, daß an Stelle einer unmittelbaren Beziehung Gottes auf die Welt ein Heilsverlangen der einzelnen Seele tritt. Der Proletarier ist durchaus im Recht, wenn er sich dieser Haltung entzieht, wenn er der Richtung nach oben, der die Richtung nach vorn fehlt, letzte Wahrhaftigkeit abspricht. Es ist ihm unmöglich, ein Christentum zu verstehen, das die unbedingte Forderung an den Menschen verkündet und zugleich die dämonisch zerrissene Situation des Proletariats übersieht oder gar verfestigen hilft. Ein Christentum, in das nicht die ständige Enthüllung und Bekämpfung der sozialen Dämonie aufgenommen ist, gilt ihm mit Recht als Abfall von der christlichen Idee, auch wenn es noch so sehr sich um die einzelnen Opfer der Dämonie durch Fürsorge bemüht.

Ebenso aber gilt dem Sozialismus gegenüber, daß die Linie nach vorn in Enttäuschung enden muß ohne die Linie nach oben. Die Kritik des religiösen Sozialismus arbeitet ja gerade darauf hin, das utopische Element des Sozialismus zu überwinden, nicht zugunsten eines resignierten Fortschrittsdenkens, sondern zugunsten einer Aufnahme der Linie nach oben in die Linie nach vorn. Der Sozialismus muß erkennen, daß in der Sphäre des Menschlichen Sinnerfüllung des Menschlichen nicht möglich ist. Sinnerfüllung ist nur gegeben als jeweiliges Hereinbrechen des Seins-Jenseits in das Widerspiel von Sein und Freiheit. Es ist die Bedeutung der Kairos-Idee, daß sie die Linie nach vorn mit der Linie nach oben verbindet. Die Kairos-Idee fordert den Blick nach vorn auf eine neue Wirklichkeit, aber auf eine Wirklichkeit, die nicht selbst das Jenseits ist, sondern von ihm geschaffen ist und von ihm gerichtet wird. Jede Erfüllung in der Zeit steht unter dem Nein, das über alles Zeitliche ergeht, und doch gilt es zu ringen um jeweilige Erfüllung in der Zeit. Die Fülle der Zeit sagt nicht, daß das Reich Gottes da ist, sondern daß es „nahe herbeigekommen ist", daß es gleichsam die Wirklichkeit berührt und ihr eine neue Sinnerfüllung gezeigt hat. Jede Überwindung eines Dämonischen oder, was das gleiche ist, jede Erscheinung einer Gestalt der Gnade in der Wirklichkeit ist „Fülle der Zeit", ohne darum Ziel oder Ende der Zeit zu sein. Der Satz von Marx, daß mit dem klassenlosen Staat die Vorgeschichte der Menschheit abgeschlossen sei und die Geschichte beginne, ist falsch. Denn die Vorgeschichte, das ist die eigentliche Geschichte der Menschheit. Wir sind immer in der Vorgeschichte, nämlich in der Geschichte, die vor der Erscheinung des Unbedingten steht. Mit dieser Erscheinung ist nicht nur die Vorgeschichte, sondern auch die Geschichte zu Ende. Das aber ist nicht mehr ein Begriff, sondern ein Mythos.

Im Gegensatz zur Utopie und im Gegensatz zu der ausschließlich nach oben gerichteten Frömmigkeit hat der religiöse Sozialismus die Aufgabe, die Sache „Religion" und die Sache „Sozialismus" in einer solchen Tiefe zu zeigen, daß ihre Einheit offenbar wird, und darum ist seine Haltung die der *reinen oder gläubigen Sachlichkeit.* Sachlichkeit nimmt die Sache so, wie sie in sich ist, sie tut nichts hinzu, und sie nimmt nichts hinweg, sie bläht nicht auf, und sie vergewaltigt nicht. Sie ist Gehorsam gegen die innere Notwendigkeit dessen, was ist, aber sie sucht die innere Notwendigkeit in der letzten Schicht des Seins, für die sie nur den Namen hat: „Jenseits des Seins". Erst dort schaut sie den letzten unbedingten Sachgehalt, die Sache in ihrer eigentlichen Mächtigkeit. Eine solche Haltung ist religiös betrachtet *protestantisch.* Und darum ist der religiöse Sozialismus, ohne sich konfessionell gebunden zu wissen, geboren aus protestantischem Geist, aus einem Geist, der das Jenseits von Sein und Freiheit unmittelbar bezieht auf die Wirklichkeit und die Aufgaben, die sie stellt; aus einem Geist, der die Wirklichkeit nicht übersteigert und nicht vergewaltigt; aus einem Geist, der darauf verzichtet, neben die Wirklichkeit eine heilige Sphäre, ein sakramentales Gebiet zu stellen, in das er sich flüchtet, um zum Seins-Jenseits zu gelangen. Nimmt der religiöse Sozialismus diese Haltung ein, so tut er ein protestantisches Werk, so macht er an seinem Teile wieder gut, was in der Geschichte des Protestantismus gegenüber den sozialen Problemen und gegenüber dem Proletariat schlecht gemacht ist. Er stellt die protestantische Kirche vor die Frage, ob sie sich weiterhin der Aufgabe entziehen will, mit prophetischer Kraft der sozialen Dämonie unserer Zeit entgegenzutreten, oder ob sie, wie bisher einerseits sich der Opfer dieses Systems annehmen, andererseits unter dem Schein religiöser Neutralität das System als solches stützen will. Je machtvoller es dem religiösen Sozialismus gelingt, die Kirche vor diese Frage zu stellen, desto mehr ist er das, was er seinem Wesen nach sein will, und desto deutlicher erweist er sich als ein Weg protestantischer Verwirklichung.

DAS PROBLEM DER MACHT

Versuch einer philosophischen Grundlegung

I. Die sozialistische Auffassung vom Menschen

Jede Arbeit an der sozialistischen Ideologie muß sich die Frage stellen: Welche Elemente bürgerlicher Ideologie hat der Sozialismus übernommen? Hat er es bewußt getan oder unbewußt unter dem unausweichlichen Zwang der allgemeinen Situation? Und – ob bewußt oder unbewußt – ist die Übernahme von der sozialistischen Voraussetzung aus notwendig oder nicht, ist sie berechtigt oder nicht?

Der Sozialismus hat die durchgeformteste Gesellschaftstheorie geschaffen, die es gibt. Zu jeder Gesellschaftstheorie gehört eine Auffassung dessen, der vergesellschaftet ist, des Menschen. Und da der Mensch in der Natur steht und auch in der Natur Erscheinungen der Vergesellschaftung vorliegen, so gehört zu jeder Gesellschaftstheorie auch eine Auffassung von Natur. Beides fehlt der sozialistischen Gesellschaftslehre nicht. Aber beides ist in ihr nicht ausdrücklich geworden. Menschen- und Naturauffassung der antiidealistischen Strömungen des 19. Jahrhunderts bestimmen die sozialistische Auffassung von Natur und Mensch. Feuerbach wirkt aufs stärkste. Er gibt die anthropologische Grundlage der Ideologielehre. Und der naturphilosophische Positivismus gibt den Horizont des Weltbildes überhaupt. – Geschichtlich ist das verständlich. Der Idealismus war Ausdruck eines mit feudalen Elementen durchsetzten, konservativen Bürgertums, das der Reaktion weder geistig noch politisch einen ernsthaften Widerstand entgegenzusetzen hatte, während die antiidealistischen Gedanken von den revolutionären Gruppen des Bürgertums getragen waren. Auf die Ideologie des revolutionären Bürgertums war der Sozialismus zunächst angewiesen. Zwar trat er sofort auch in Gegensatz zu ihr. Aber der Gegensatz hob nicht die Gemeinsamkeit der Grundlage auf. Zwar versuchte er, das Bürgerliche abzustreifen und das Revolutionäre zu behalten. Aber Revolution hat keine Ideologie im allgemeinen. Was der Sozialismus übernahm, war trotz aller Umformung der Substanz noch bürgerlich-revolutionäre Ideologie.

Die geschichtliche Notwendigkeit, die dem entstehenden Sozialismus die Natur- und Menschenauffassung des revolutionären Bürgertums mitgab, ist keine Wesensnotwendigkeit für den Sozialismus überhaupt. Und wenn in der Gegenwart die Natur- und Menschenauffassung in entscheidenden Wandlungen begriffen ist, so entsteht für den Sozialismus die Aufgabe, sich dieser seiner Hintergründe bewußt zu werden und sie gegebenenfalls umzugestalten. Er kann die neuen Auffassungen nicht mit dem Verdacht abweisen, sie seien spätkapitalistische Ideologie. Er muß auch, wenn er diesen Verdacht hat, in eine Sachuntersuchung eintreten und kann erst dann seinen Verdacht als bewiesen betrachten, wenn die Sachuntersuchung die theoretische Unhaltbarkeit jener Auffassungen gezeigt hat. Gelingt der negative Nachweis nicht – und ich glaube, daß er trotz aller Ungeklärtheit der neuen Gedanken nicht gelingen kann –, so erhebt sich die positive Aufgabe, die gesellschaftlichen Strukturwandlungen aufzudecken, mit denen die Begriffswandlungen zusammenhängen, und diese Einsichten für die eigene Begriffsbildung fruchtbar zu machen.

Das Problem der Macht hat Eigenschaften, die es für eine derartige Untersuchung als besonders geeignet erscheinen lassen. Es ist zugleich aktuell und grundsätzlich; es betrifft ebenso die Auffassung der Gesellschaft wie die des Menschen und der Natur. Die Stellung zu ihm enthüllt mit großer Klarheit sowohl den Horizont eines Weltbildes wie die politische Situation einer Gruppe. Außerdem hat die ständige Verwechslung von Macht und Gewalt in der Beurteilung der Machtgruppen und des gesellschaftlichen Aufbaus so viel Verwirrung gestiftet, daß schon eine Klärung der Begriffe von erheblicher Bedeutung wäre.

Das Folgende kann wegen seiner räumlichen und formalen Begrenzung nicht mehr geben als den nachdrücklichen und vielseitigen Hinweis auf das Problem und nicht mehr erstreben als einen Appell an das denkerische Gewissen der sozialistischen Theoretiker, Versäumtes von entscheidendem Gewicht nachzuholen. Beide Zwecke aber werden am besten dadurch erreicht, daß eine eigene, von der üblichen nicht unerheblich abweichende Deutung der Macht zur Diskussion gestellt wird.

II. Mächtigkeit und Macht

Wenn Macht als die gesicherte Möglichkeit von Gewaltausübung verstanden wird, so muß sie in dem Maße verneint werden, als die Gewalt verneint wird, d. h. sie müßte vom Sozialismus radikal verneint werden. Aber es ist falsch, Macht so zu verstehen. Zwar gehört zur

Macht die Möglichkeit, Widerstand zu brechen, also Gewalt anzuwenden. Aber diese Möglichkeit begründet nicht den Begriff, sondern folgt aus ihm. Das Begründende des Machtbegriffs liegt in der Struktur des Seins selbst. Und zwar des menschlichen wie des vormenschlichen Seins.

Alles Lebendige zeigt sich in der Begegnung mit ihm als Einheit von Bleiben in sich und Vorstoßen über sich hinaus. Denn eben darauf beruht die Möglichkeit des Begegnens überhaupt. Je größer die Kraft ist, über sich hinauszustoßen, ohne sich selbst zu verlieren, desto größer ist die Mächtigkeit, mit der ein Lebendiges begegnet, ist seine räumliche, zeitliche und innere Spannweite. Wie groß sie ist, das entscheidet sich in der Begegnung selbst, in dem wechselseitigen Vorstoßen und Zurückweichen. Man kann das Sein auffassen als einen ständig wechselnden Ausgleich von Mächtigkeiten in der Begegnung, ja man kann sagen, daß dieses die ursprüngliche Auffassung der Wirklichkeit ist und daß die abstrakte Frage nach dem Sein erst in einer späten einmaligen Begegnungsspannung entstehen konnte (die Situation der griechischen Philosophie).

Von diesem Gedanken aus ergibt sich die Ablehnung der positivistisch-gegenständlichen Natur- und Menschenauffassung, sofern sie als einzige Form wissenschaftlicher Betrachtung auftritt und so auch vom Sozialismus unkritisch übernommen ist. Dafür besteht die Möglichkeit eines Rückgriffs auf das dialektische Prinzip, wie es in den Gesellschaftsanalysen von Marx wirksam war. Auch die Dialektik kennt keine auf ihr „Wesen" festgelegten Gegenstände, sondern Funktionszusammenhänge, in denen je nach dem Moment der Entwicklung das Einzelne etwas anderes „ist". Sein Sein stellt sich her in der gesellschaftlichen Spannung. Da aber in den gesellschaftlichen Spannungen auch allgemein menschliche und naturhafte Spannungen zur Auswirkung kommen, so darf die Gesellschaftsanalyse nicht an ihnen vorbeigehen.

Ist Sein überhaupt Ausgleich von Mächtigkeitsspannungen, so ist gesellschaftliches Sein Ausgleich von Machtspannungen. Denn Macht ist Mächtigkeit in der Ebene des gesellschaftlichen Daseins. Mächtigkeit als allgemeine, Natur und Mensch umfassende Bestimmung begegnet ebenso in der Wucht einer ins Land einreißenden und zurückweichenden Meereswoge wie in der Entfaltungskraft eines Baumes, der andere überschattet, bis er selbst vielleicht überschattet wird, wie in der überragenden Stellung eines Tieres in der Herde, die ihm vielleicht bald ein anderes strittig macht, wie in dem Eindruck des Erwachsenen auf das kleine Kind und der gleichzeitigen Abhängigkeit des Erwachsenen von diesem. Mächtigkeit hat jedes Ding, das auf uns vorstößt, das sich Geltung verschafft, das eindringlich ist – vielleicht, um im nächsten

Augenblick zurückzuweichen und einem eindringlicheren Platz zu machen. Unsere ganze Wahrnehmungswelt ist so aufgebaut, und dieses Begegnen in wechselseitiger Spannung von Mächtigkeit und Ohnmächtigkeit ist das ursprüngliche Sein der Dinge. – In der gesellschaftlichen Ebene ist es ebenso. Doch kommt hier ein neues Moment hinzu: der Ausgleich der Mächtigkeitsspannung vollzieht sich nicht ohne Bewußtsein und Wille. Gesellschaftliche Mächtigkeit erweist sich in dem erfolgreichen Vorstoß des einen Willens gegen den anderen. Macht hat, wer einen solchen Ausgleich erlangen kann, daß er die Chance behält, seinen Willen durchzusetzen. Wie kann in der Gesellschaft eine solche Chance entstehen? Offenbar nicht so, daß der eine wie ein Wegelagerer den anderen bedroht, ihm seinen Willen aufzwingt, sondern so, daß bestimmte Machtpositionen von der Gesellschaft geschaffen und bestimmten einzelnen übergeben werden. Macht als gesellschaftliche Erscheinung hängt immer an einer von der Gesellschaft anerkannten Machtposition, an einem Ort, in dem die Gesellschaft die ihr innewohnende Mächtigkeit zusammenfaßt und sich dadurch überhaupt erst konstituiert. Die Mächtigkeit einer Gruppe kann nur so wirklich werden, daß sich die Gruppe einen einheitlichen, vorstoßenden und eventuell zurückweichenden Willen schafft. Der Ort, an dem das geschieht, ist die von der Gruppe gesetzte Machtsphäre. Nur wer direkt oder indirekt, offen oder verhüllt in sie aufgenommen ist, ist im Besitze gesellschaftlicher Macht.

Die Macht, in der die Gruppe ihre Mächtigkeit, und das heißt ja ihr Sein als Gruppe gewinnt, ist immer zugleich Macht der Gruppe und Macht über die Gruppe. Und sie ist eines nicht ohne das andere. Wäre sie nicht Macht über die Gruppe, so käme es zu keiner einheitlichen Zusammenfassung und darum nicht zum gesellschaftlichen Sein. Wäre sie nicht Macht der Gruppe, so hätte die Gruppe nicht die Machtposition geschaffen, die Voraussetzung jeder gesellschaftlichen Macht ist.

III. Der Aufbau der Gesellschaft

Die von der Gruppe bereitgestellte Machtposition kann grundsätzlich ebenso von allen einzelnen (wie in der konsequenten Demokratie), wie von einem einzigen (wie in der konsequenten Diktatur) eingenommen werden. In der Wirklichkeit kann weder das eine noch das andere ausschließlich vorkommen. Auch in der vollendeten Demokratie gäbe es (abgesehen von der Frage der Vertreter und der Funktionäre) einzelne und Gruppen von überragender Mächtigkeit, die indirekt die eigentlichen Träger der Macht wären (vgl. die indirekte Herrschaft des Kapitals in der gegenwärtigen Demokratie). Und in der vollendeten Diktatur gäbe es eine den Diktator tragende, ihm zur Verfügung stehende Gruppe, die eben damit den Diktator von sich selbst abhängig machen und entscheidenden Anteil an der gesellschaftlichen Machtsphäre gewinnen würde (vgl. die Prätorianer im alten, die faschistische Partei im neuen Rom). In jedem Falle ist es eine Gruppe innerhalb der übergeordneten Gruppe, die durch die gesellschaftliche Machtposition zur Macht gelangt, offen in der feudalen Schichtung, verhüllt in der Demokratie, offen oder verhüllt in der Diktatur. Dabei ist diese Untergruppe selbst wieder Schöpfer von Machtpositionen in sich (Führerhierarchie), die in vielen Fällen als solche in die Machtposition der oberen Gruppe eintritt (Identität von Parteiführer und Regierungschef).

Welches ist nun die tragende Gruppe, von der ganz allgemein die gesellschaftliche Machtposition ergriffen wird? Grundsätzlich diejenige, in deren Mächtigkeit die Gesamtgruppe ihre eigene Mächtigkeit anschauen kann. Nun steht die Mächtigkeit der übergreifenden Gruppe nicht fest, ehe sie sich nicht in einer Machtposition zusammengefaßt hat, ehe also nicht eine Untergruppe die Macht ergriffen hat. (Ein Zustand, der freilich nie wirklich ist, sondern nur als abstrakte Möglichkeit gedacht werden muß.) Es ist ein und derselbe Vorgang, in dem eine Gruppe zu einem bestimmten Sein kommt und in dem eine Untergruppe in ihr die Machtposition ergreift. Darauf beruht die Zweideutigkeit jeder konkreten Macht; sie kann verstanden werden als Ausdruck des Gesamtwillens einer Gruppe oder als Erzeugung dieses Willens durch die herrschende Gruppe. Für das erste sprechen Fälle, in denen ein offenbares Versagen der herrschenden Schicht eine andere, schon vorher an der Macht beteiligte Schicht zur ausschließlichen Herrschaft bringt (so in der französischen Revolution). Für das zweite sprechen Fälle, wie die Unterwerfung eines Stammes durch einen fremden. (Auf solche Fälle berufen sich Staatstheorien wie die von Franz Oppenheimer, die den Staat aus der Fremdherrschaft ableiten. Sie übersehen, daß auch in dem unterworfenen Stamm schon eine Machtposition und eine durch sie mächtige Gruppe da war.) Und doch widerspricht sich beides nicht. Auch im ersten Fall wird der neue Wille der Gesellschaft erst Wirklichkeit durch die revolutionäre Veränderung der Macht. Und auch im zweiten Fall tritt der fremde Stamm, respektive dessen herrschende Gruppe, in eine vorgegebene Machtposition, deren mangelhafte Besetzung durch die einheimische Machtgruppe die Möglichkeit der Unterwerfung gab und sie sogar (mehr oder weniger bewußt) erwünscht sein ließ (so z. B. vielfach bei der Unterwerfung fremder Völker durch die Römer).

Aus dem unlöslichen Ineinander von Mächtigkeit der Gesamtgruppe und der machthabenden Untergruppe ergibt sich die Doppelstellung einer Gesellschaft zu der sie zusammenfassenden Macht: es ist das Ineinander von *Anerkennung* und *Forderung*. Die Anerkennung ist nur selten ausdrücklich. Gewöhnlich ist es das ausdrückliche Waltenlassen der Machtgruppe auf Grund des Gefühls, in ihr die eigene Mächtigkeit repräsentativ oder durch Vertretung anschauen zu können. Solche unausdrückliche Anerkennung trägt jeden Staat. Die parlamentarische Opposition z. B. versagt der Regierung diese unausdrückliche Anerkennung nicht. Sie bekämpft nur bestimmte Methoden der Machtverwirklichung. Das ist der Sinn der „loyalen Opposition". Erst wenn die Opposition, wie meistens in Deutschland, das System als solches und mit ihm die Gruppen, die durch das System zur Macht kommen, angreift, entsteht eine Erschütterung der Macht. Denn nun ist die unausdrückliche Anerkennung versagt und damit der Macht die entscheidende Grundlage entzogen. Die Gesamtgruppe findet die ihr eigene Mächtigkeit in der herrschenden Gruppe nicht wieder.

Die loyale Opposition ist Vertreterin der Forderung der Gesellschaft an die machttragende Gruppe. Die Forderung geht dahin, daß die Machtposition der tragenden Gruppe Lebenssinn und Seinsmächtigkeit der Gesamtgruppe zum Ausdruck bringe, daß also Recht und Politik eines Staates der sinngemäßen Identität von Gesamtsein und Gruppensein entsprechen. Dabei ist keineswegs die Forderung der gleichen Rechte aus dem Charakter jener Wesensforderung an die Macht zu entnehmen. Es kann durchaus, wie in der Feudalzeit, als gerecht empfunden werden, daß die Träger der überragenden Mächtigkeit, in denen sich die Gesamtgruppe selbst anschaut, mit Vorrechten ausgestattet sind. Erst wenn die Vernunftfähigkeit des Menschen als seine eigentliche Mächtigkeit aufgefaßt wird, folgt die Forderung der gleichen Rechte.

IV. Macht, Recht und Interesse

Auf diesem Boden kann sich dann die Tendenz entwickeln, die Macht aufzulösen zugunsten eines in sich schwingenden Rechts, an dessen Vollzug Funktionäre, aber nicht Inhaber von Macht arbeiten. Allen sozialistischen Zielvorstellungen ist dieses Ideal gemeinsam. Die Frage aber ist die: Gibt es formell und gibt es inhaltlich ein freischwebendes Recht? Die Antwort muß in beiden Fällen verneinend sein. Formell gibt es kein freischwebendes Recht, weil zum Recht die in freier Entscheidung Recht setzende und durchsetzende Macht, also der Staat, gehört, der darum niemals in einen Verwaltungsmechanismus aufzulösen ist. Inhaltlich gibt es kein freischwebendes Recht, weil in jedem Recht sich ein konkretes Sein ausdrückt. Und zwar der Idee nach das Sein der Gesamtgruppe, der Wirklichkeit nach das Sein der Einzelgruppe, in der die Gesamtgruppe sich selbst verwirklicht. Nur eine total homogene Gesamtgruppe bedürfte keiner sie vertretenden Untergruppe. Aber eine solche Homogenität ist nirgends zu erwarten, wenn anders die Beschreibung zutrifft, nach der das Lebendige als Einheit von Bleiben in sich und Vorstoßen über sich begegnet. Denn jede dieser Tendenzen erfordert eine bestimmte seelische und soziologische Struktur, also eine besondere tragende Gruppe. Es ist charakteristisch, daß homogene Gruppen (soweit die Berichte zuverlässig sind) nur in ganz primitiven, völlig undynamischen Gesellschaften gefunden werden, deren Lebensprozeß im wesentlichen vegetativ verläuft. Die Annahme, daß nach Beseitigung des Klassengegensatzes durch die proletarische Revolution eine völlige Homogenität der Gesellschaft eintritt, würde zu der Erwartung eines statisch-vegetativen Endstadiums zwingen. Eine solche Erwartung würde freilich nicht, wie Marx meint, den Beginn, sondern das Ende der Geschichte bedeuten. Der Mensch würde in die untergeschichtliche Sphäre fallen und damit aufhören, das zu sein, was für uns konkret „Mensch" ist.

Sobald aber die Voraussetzung einer schlechthin homogenen, statisch vegetativen Gesellschaft aufgegeben ist, erhebt sich die Frage nach der Art, in der eine Gruppe innerhalb der Gesellschaft die Funktion des Vorstoßens übernimmt. Jeder Vorstoß einer Gruppe beruht auf „Interesse" und hat abgesehen davon keine Realität. Interesse ist hier keineswegs gleichzusetzen mit ökonomischem Interesse, es sei denn, daß man ökonomisch so weit faßt, daß es alle Möglichkeiten menschlicher Seinserfüllung umschließt. Interesse ist gemeint als Spannung auf höhere Seinserfüllung in jedem Sinn. Und es ist nicht zu bezweifeln, daß eine gesellschaftliche Gruppe, die Träger jenes Vorstoßes ist, es nur ist aus dieser Spannung heraus. Das hat aber zur Folge, daß Recht und Politik eines Staates immer auch Ausdruck des Interesses der machttragenden Gruppe sind. Das ist mit der allgemeinen Gleichung von Sein und Mächtigkeitsspannung, von gesellschaftlichem Sein und Machtspannung gegeben und kann so wenig weggedacht werden wie die Dynamik des Lebens und die Konkretheit des Geistes selbst. Denn nur dadurch, daß Geist Ausdruck eines Seins, also einer Macht ist, ist er konkreter, wirklicher Geist und nicht Abstraktion und ohnmächtige Utopie. Wer Macht im Sinne unserer Darlegungen verneint, muß auch den konkreten Geist verneinen, muß die Wirklichkeit auflösen in ein abstraktes Vernunftschema. – Sinnlos wird der Machtaufbau der Gesellschaft erst in dem Augenblick, wo die von einer Gesellschaft geschaffene Machtposition im Besitz einer Gruppe ist, deren Interesse mit dem Interesse anderer Gruppen und damit der Gesamtgesellschaft in einen ausschließlichen Gegensatz geraten ist. In diesem Augenblick ist die revolutionäre Situation gegeben, d. h. das gesellschaftliche Sein ist in eine existenzbegründende Entscheidung geworfen. Die Frage nach dem Sein einer Gruppe ist neu gestellt als Frage nach der Gruppe, die in ihr zur Macht kommen soll. Und die Entscheidung dieser Frage geschieht notwendig in einer latenten oder manifesten Revolution.

V. Macht und Geist

Wenn der Begriff der Macht für die gesellschaftliche Machtposition in Anspruch genommen wird, so scheint ein Begriff wie „geistige Macht" seinen Sinn zu verlieren. Denn geistige Macht wirkt zwar in die Gesellschaft hinein, aber gerade nicht auf Grund einer Machtposition, sondern durch die Macht des Geistes selbst. Und zur Macht des Geistes gehört, daß sie gewaltlos wirkt; es ist für sie weder möglich noch notwendig, sich gewaltsam durchzusetzen. Denn geistige Wirkung ist Wirkung durch Freiheit.

Und doch ist es nicht angängig, eine von den gesellschaftlichen Mächten unabhängige geistige Macht zu statuieren. Zunächst ist offenbar, daß geistige Wirklichkeiten wie die mathematische Naturwissenschaft oder die Hegelsche Philosophie deswegen Mächte sind, weil sie gesellschaftliche Wirkungen größten Stils gehabt haben, wobei zu gesellschaftlicher Wirkung ebenso die Bildung von Ideologien wie die Veränderung von Lebensformen gehört. Nun gibt es aber keine gesellschaftlichen Wirkungen, denen nicht gesellschaftliche Tendenzen Wirkungsraum geschaffen haben. Keine geistige Schöpfung kann sich durchsetzen, wenn ihr nicht „Interessen" entgegenkommen, deren symbolkräftiger Ausdruck sie ist. Max Schelers Lehre von der Ohnmacht der Ideen, sofern sie nichts sind als Ideen, hat trotz der Fragwürdigkeit ihrer Durchführung darin ihre der marxistischen Ideologielehre verwandte Wahrheit. Nur der Geist, der Ausdruck einer Lebenstendenz ist, ist lebensmächtig. Wohl können „Gedanken, die auf Taubenfüßen kommen, die Welt regieren", wohl kann der von allen gesellschaftlichen Machtpositionen ausgeschlossene Denker und Geistige überhaupt unermeßliche gesellschaftliche Wirkungen haben. Aber er kann es nur, weil in seinen Gedanken eine seelische oder gesellschaftliche Lebensrichtung sich ausdrückt und dadurch zu Form und Wirkungsmacht gelangt.

Daraus ergibt sich, daß geistige Macht Macht im übertragenen Sinne ist. Geist ist Macht immer nur in Einheit mit Leben. Und wie nach den vorhergehenden Untersuchungen es keine Macht gibt, in der nicht das geistige Element der „Anerkennung" maßgebend ist, so gibt es auf der anderen Seite keine Wirkungsmächtigkeit des Geistes, die nicht getragen ist von einer Lebenstendenz, einem Interesse. Darum gilt: Was niemals und nirgends von den mittelbaren oder unmittelbaren Trägern der gesellschaftlichen Machtposition ergriffen und in gesellschaftlich zwingende Form gebracht wird, das hat auch keine Wirkungsmächtigkeit. Es ist machtlos in jedem Sinne. Nicht, daß viele einzelne einen Gedanken nachdenken, gibt diesem Gedanken Macht, sondern daß durch diesen Gedanken zwingende Formen menschlich-gesellschaftlichen Daseins geschaffen werden. Geistige Wirkungsmächtigkeit ist abhängig von der Ausdruckskraft, die eine geistige Schöpfung für die vielleicht sehr verborgene Lebenstendenz einer Gesellschaftsgruppe hat. Was solche Ausdruckskraft nicht hat, kann geistreich oder gelehrt oder sublim sein. Wirkungsmächtigkeit und in diesem Sinne Macht kann es nicht besitzen.

Wohl ist Wahrheit die letzte, die eigentliche Macht; aber nicht als abstrakte Norm, die in die Wirklichkeit hineinstößt und sie verändert, sondern als konkreter Ausdruck letzter Tendenzen des Wirklichen. Wahrheit hat Macht nur als konkrete Wahrheit, das heißt als Wahrheit einer Lebenstendenz, soziologisch gesprochen als Wahrheit einer Gesellschaft, noch genauer als Wahrheit der innerlich mächtigen Gruppe in ihr.

VI. Macht und Gewalt

In der Schaffung einer Machtposition verwirklicht eine Gesellschaft die ihr eigene Mächtigkeit; denn durch sie kommt die Gesellschaft zur Einheit eines konkreten Rechtes und zur Möglichkeit einer politischen Aktion. Nun ist die Einheit jeder Gesellschaft bedingt durch die Überwindung der der Einheit entgegenstehenden Tendenzen, sowohl der Untergruppen wie des Einzelnen. Das zu leisten ist Aufgabe der Macht. Es wird von ihr auf doppelte Weise geleistet: zuerst und grundlegend durch den Charakter der Macht selber, den wir Anerkanntheit genannt haben. Soweit die unausdrückliche oder ausdrückliche Anerkennung der Macht reicht, soweit reicht ihre unmittelbare Kraft, die Widerstände zu überwinden. Darüber hinaus setzt sie sich als Brechung des Widerstandes durch, als Gewalt. Praktisch sind diese beiden Momente (Überzeugung und Zwang) nicht zu trennen. In der Anerkennung jeder als noch so begründet empfundenen Rechtssetzung schwingt das Bewußtsein mit, daß sie gegebenenfalls gewaltsam durchgesetzt wird und in jeder von einer anerkannten Macht ausgehenden Gewalt macht sich die stillschweigende Anerkennung der Macht geltend und hilft, die Kraft des Widerstandes zu brechen. Dennoch muß beides grundsätzlich unterschieden werden, da es mit wechselndem Übergewicht sich gegenseitig durchdringt. – Es gibt also eine Gewalt (weitaus am häufigsten wirksam als Gewaltdrohung), die zur Macht gehört und in ihr mitanerkannt wird. Die Tatsache, daß jeder Einzelne in sich selbst dauernd Untergruppen von Lebenstendenzen zugunsten seines einheitlichen Lebensprozesses unterdrücken muß, zeigt, daß es sich um ein sehr tief gelagertes Phänomen handelt, durch das die utopische Gewaltablehnung widerlegt wird. In jedem sinnvollen Lebensprozeß eines Einzelnen und einer Gesellschaft gibt es Brechung widerstrebender Tendenzen um der Einheit willen, also Gewalt.

Sinnwidrig wird Gewalt, wo die Voraussetzung sinnhafter Macht, die unausgesprochene Anerkennung des Machtaufbaus geschwunden ist und nun die Macht sich vermöge des ihr zur Verfügung stehenden Machtapparates halten will. Die schlimmsten Exzesse der Gewalt finden sich in Situationen, wo der Macht die innere Grundlage entzogen ist. Gewalt, die sich so von der Macht isoliert, deren Funktion sie ist, löst sich freilich bald auf. Denn die Gewalt lebt von der schweigenden Zustimmung zu ihr, auch bei den Betroffenen.

Auch mit der revolutionären Gewalt steht es nicht anders. Sie setzt voraus, daß sich die machttragende Gruppe im Widerspruch zum Lebenssinn der Gesamtgesellschaft nur noch durch den Besitz der Machtapparatur an der Macht erhält, daß die Mächtigkeit der Gesamtgruppe längst in einer anderen als der herrschenden Gruppe lebendig ist und daß darum die sinnhafte Gewalt, diejenige, die mit der wirklichen Macht geeint ist, den Trägern der Revolution zukommt. Die wahre, auf unausgesprochener Anerkennung ruhende Macht setzt sich gewaltsam durch gegen eine nur noch durch den Besitz der Machtapparatur vorhandene Macht: das ist der Sinn der Revolution.

Freilich ist dieser Sinn nicht berechenbar. Revolutionen sind Fragen, deren Antwort nicht im voraus festliegt. Es ist durchaus möglich, daß die herrschende Gruppe, obgleich sie nicht mehr eindeutiger Ausdruck des Sinnes der Gesamtgruppe ist, sich an der Macht hält, weil die revolutionäre Gruppe es noch weniger ist. (So etwa die Niederlage der Bauern im Bauernkrieg, die nicht nur in der überlegenen Machtapparatur der feudalen Gruppe, sondern auch in der zu geringen Mächtigkeit der revolutionären Gruppe begründet war.) – Darum bedeutet auch die gewaltsame Inbesitznahme der gesellschaftlichen Machtmittel noch keine Entscheidung für den Sieg einer Revolution. Erst wenn es ihr gelingt, einen neuen Machtaufbau zu schaffen, dem die Kraft unausdrücklicher Anerkennung zuströmt, ist die Entscheidung für sie gefallen, sonst gegen sie. Darum ist die Auffassung durchaus verfehlt, daß die Übernahme der Machtapparatur und ihre rücksichtslose Verwendung durch die Revolution den Sieg garantiere. Die Machtapparatur muß sich ständig aus den Kräften der Gesellschaft erneuern, aus personalen, materiellen und ideellen Kräften. Geschieht das nicht, so bricht sie zusammen, auch wenn ihr heute die technischen Mittel der gewaltsamen Machtdurchsetzung eine längere Dauer ermöglichen, als es in technisch unentwickelteren Zeiten der Fall war.

VII. Macht und Menschheit

Die letzten übergreifenden Gruppen, die um der Verwirklichung ihres gesellschaftlichen Seins willen eine Machtposition schaffen, sind gegenwärtig die Nationalstaaten, in ihren Hauptrepräsentanten als „Mächte", d. h. als umfassendste Träger gesellschaftlichen Seins gekennzeichnet. Die Souveränität ist das Merkmal einer Machtgruppe, die nicht mehr in eine übergreifende Gruppe eingeht. Die Begegnung der souveränen Mächte geschieht infolgedessen ohne den Ausgleich einer durch sie geschaffenen Machtposition. Die Begegnung vollzieht sich in einem labilen Gleichgewicht, dessen Konstellation sich ständig ändert. Da die anerkannte Machtposition fehlt, ist willkürliche Gewaltdrohung und -anwendung die grundsätzlich einzige Form der Machtdurchsetzung. Die Änderung der Lage ist nur möglich durch Schaffung einer übergreifenden Machtposition mit Anerkanntheit und Rechtsgebundenheit, also durch Schaffung einer die Souveränität aufhebenden übernationalen staatlichen Einheit. Eine solche kann sich auf doppeltem Wege entwikkeln. Entweder auf dem Wege über die Mächte im Sinne der nationalen Machtstaaten. Das ist der Versuch des Völkerbundes. Oder auf dem Wege über gleichartige Gruppen in den einzelnen Mächten. Das ist der Versuch vor allem der sozialistischen Internationalen.

Die Leistung des Völkerbundes ist trotz allen Versagens die, daß er den Gedanken einer übergreifenden Machtsphäre gegen die Souveränität durchgesetzt hat; der Machtkampf der nationalen Gruppen vollzieht sich wenigstens zum Teil in der Arena einer Rechtsordnung, die der Form nach demokratisch ist, dem Gehalt nach von einer Gruppe führender Nationen (die „Sieger im Weltkrieg“) bestimmt wird. Die Tatsache der Rechtsordnung ermöglicht es, Forderungen an die maßgebende Gruppe zu stellen und darum ihr als Träger dieses Rechts eine, wenn auch sehr begrenzte Anerkennung zuteil werden zu lassen. Begrenzt bleiben muß diese Anerkennung, solange die nationalen Gruppen geschlossen gegeneinander stehen, solange also das gesellschaftliche Sein des Menschen sich in höchster Form national verwirklicht. Überwunden werden kann dieser Zustand nicht oder nur in engen Grenzen durch Bildung umfassenderer Mächte (Paneuropa-Idee); grundsätzlich nur durch Entstehung von Machtgruppen, die zu den Mächten quer liegen: das Kapital, die Intellektuellen, die Kirchen, das Proletariat. Da das Kapital sich zur Zeit durch den Protektionismus national abschließt, den Kirchen und Intellektuellen die gruppenschaffende Kraft realer Interessen fehlt, so bleibt für die Bildung einer quergelagerten Machtgruppe nur das Proletariat, das freilich infolge der eigenen Gespaltenheit und des Übergewichts der national gebundenen Schichten nicht so bald zum Träger eines übernationalen Machtaufbaus werden wird. – Sicher ist jedenfalls, daß das Werden einer Menschheit als gesellschaftliche Realität (nicht nur als abstrakter Begriff) nicht durch einfache Aufhebung der Mächte möglich ist, sondern nur durch Entstehung von Machtpositionen, in denen die Souveränität der nationalen Gruppen, sei es vertikal, sei es horizontal, durchbrochen ist. Auch die gesellschaftliche Verwirklichung der Gruppe „Menschheit“ ist ein Aufbau durch Machtspannungen und Schaffung einer übergreifenden Machtsphäre.

VIII. Der Verzicht auf Macht

Wenn Mächtigkeit „Sein überhaupt“, Macht „gesellschaftliches Sein überhaupt“ ist, so ist das Fehlen von Mächtigkeit Aufhebung des Seins, das Fehlen von Macht Aufhebung des gesellschaftlichen Seins. Der Verzicht auf Mächtigkeit oder Macht wäre danach der Verzicht auf Sein. Ein lebendiges Wesen, das auf jeden vitalen und geistigen Vorstoß in Raum und Zeit verzichtet, ein Mensch, der nicht Anteil nimmt an der Macht der Gruppe, in der er steht, eine Gruppe, die sich nicht behaupten will in der verborgenen oder offenen Spannung aller Gesellschaftsgruppen, haben ihre Existenz aufgegeben.

Zweifellos ist solch Verzicht möglich. Es fragt sich aber, ob er einen positiven Sinn haben könnte oder ob er nur der Ausdruck nachlassender Lebensspannung ist, wobei unentschieden bleiben muß, was daran Zwang und was Verzicht ist. Der eindeutige positive Verzicht auf Macht müßte aus der Fülle, nicht aus der Erschöpfung entspringen. Er wäre dann Ausdruck nicht von Ohnmacht, sondern von höchster Mächtigkeit. Gäbe es eine solche Möglichkeit, so hätte durch sie das Problem der Macht eine neue Dimension bekommen. Religionen wie Christentum und Buddhismus setzen diese Dimensionen, d. h. den positiven Sinn von Verzicht auf Macht voraus. Sie können es, weil sie grundsätzlich über die Sphäre hinausgehen, in der der Aufbau der Mächtigkeiten und Mächte liegt. Der Verzicht auf Macht bedeutet dann selbst ein Hinausgehen über diese Sphäre, die Vorwegnahme von etwas, das immer den Charakter des „Hinausgehenden" hat. Sofern es aber in die Sphäre der Mächte eintritt, muß es, um zu existieren, selbst Macht werden. Und so entsteht jenes paradoxe und doch höchst wirkliche Gebilde der „Macht aus Verzicht auf Macht". Die Möglichkeit solcher Paradoxie ist darin begründet, daß der Sinn, der in jeder Macht stillschweigend anerkannt wird, gerade das Hinausgehen über jeden greifbaren, begrenzten Sinn sein kann.

Ja noch mehr, jeder Sinn *muß* ein Moment jenes Hinausgehens enthalten, um in Wahrheit Sinn zu sein, und das bedeutet: in jeder Macht ist ein Moment Verzicht auf Macht, und von diesem Moment lebt die Macht. Denn das Sein ist angelegt auf Hinausgehen über sich selbst. Der in jeder Macht enthaltene Verzicht auf Macht drückt sich zu allen Zeiten aus in dem Heiligkeitscharakter der Mächte, der nicht einfach als Ideologie wegerklärt werden kann. Selbst im Marxismus hat das Proletariat als Träger der jene Erfahrung übersteigenden, kommenden Erfüllung menschlichen Seins eine objektive Heiligkeitsqualität, eine „Berufung", kraft derer es den siegreichen Kampf um die Macht führen kann. Zugleich aber ist die Heiligkeit der Macht die kritische Norm, der sie jederzeit unterworfen ist. Diese Norm ist identisch mit dem Symbol, das jeweilig für das Hinausgehen über die Sphäre des Machtaufbaus steht. So die Gerechtigkeit (nicht im juristischen, sondern im prophetischen Sinn); die Liebe (die im Christentum mehr ein Erwartungs- als ein Erfahrungsbegriff ist); die klassenlose Gesellschaft (deren Pathos die Aufhebung der Gewaltordnung ist); die Identität alles Seienden (in der das indische Weltbewußtsein über die Machtordnung hinausgeht). Diese Normen können freilich nicht mechanisch gehandhabt, sondern müssen immer von neuem gegenüber den Mächten verkündet werden. Sie werden dadurch konkretisiert und erfüllt mit den Problemen der jeweiligen Gesellschaftslage, aber sie weisen immer auch über diese hinaus.

Der ausdrückliche Verzicht auf Macht ist nur dem Menschen möglich; das Tier ist gebunden an seinen Lebensprozeß. Es verwirklicht seine Mächtigkeit in den Grenzen, die ihm gesetzt sind. Es fragt sich nun, ob für menschliche Gruppen Verzicht auf Macht möglich ist. Grundsätzlich ist zu antworten: diese Möglichkeit besteht, soweit eine Gruppe sich einheitlich in dem freien Entschluß zusammenfindet, Macht zu haben nur in der paradoxen Form des Verzichtes auf Macht. Eine solche Gruppe ist „Kirche" im Wesenssinne des Wortes, d. h. eine Gemeinschaft, die in ausdrücklicher und repräsentativer Weise bestimmt ist durch jene transzendenten Normen, in denen sich der Verzicht auf Macht ausdrückt. Eine Kirche, die dieses wirklich wäre, was sie ihrem Wesen nach ist, würde der Ort sein, an dem der Machtaufbau der Gesellschaft und des Seins überhaupt innerlich überschritten wäre. Sie wäre die anschaubare Brechung der Ontologie der Macht.

Endlich ist zu fragen, ob ein Volk, also eine Gruppe, die zunächst nicht Kirche ist, in einem gemeinsamen Entschluß auf Macht verzichten, also Kirche werden könnte. Auch diese Möglichkeit ist grundsätzlich nicht zu verneinen. Nur dürfte ein solcher Entschluß selbst nicht mit Hilfe des staatlichen Machtaufbaus zustandekommen. „Kirche" kann ein Volk nur werden, wenn es in einem unerwarteten geschichtlichen Augenblick als Ganzes ergriffen wird von der transzendenten Norm und um ihretwillen auf Macht verzichtet. Ein solches Ereignis würde zu den großen Wendepunkten der Menschheitsgeschichte gehören, es würde vielleicht „Menschheit" schaffen.

IX. Folgerungen

Sozialismus und Nationalsozialismus stehen darin auf gleichem Boden, daß für beide Macht definiert ist durch die Möglichkeit der Gewaltausübung. Vom Sozialismus wird daraus – wenigstens für die Zukunft und so weit als möglich auch für die Gegenwart – die Folgerung gezogen: „Macht soll nicht sein und wird einmal nicht sein; denn Gewalt soll nicht sein." Vom Nationalsozialismus wird demgegenüber die Folgerung gezogen: „Macht soll sein und wird immer sein; denn Gewalt soll sein."

Beide Folgerungen sind abzuweisen. Doch ist der sozialistischen das höhere Recht zuzugestehen. Denn sie hat, wenn auch in verhüllter Form, den Gedanken des Verzichts auf Macht in sich. Der Blick in die Zukunft, in der mit der Klassenherrschaft Macht und Gewalt aufhören, ist der, wenn auch fragwürdige Ausdruck für das Hinausgehen über die Sphäre des Machtaufbaus. Fragwürdig ist der Ausdruck, weil er das Hinausgehen über die Geschichte wieder in der Geschichte, in irgendeiner kommenden Geschichte, lokalisiert und ihm damit die echte Transzendenz nimmt. Verzicht auf Macht bedeutet aber Hinausgehen über die Geschichte selbst, d. h. über den Aufbau des Seienden aus Mächtigkeits- und Machtspannungen.

Darin ist der Nationalsozialismus konsequenter. Er sieht, daß das Sein des Seienden nicht ablösbar ist vom Mächtigsein und In-Macht-Stehen. Aber er übersieht das Entscheidende: daß Macht ohne die Anerkennung, die ihr zuteil wird, und ohne die Forderung, die an sie gestellt wird, nicht Macht, sondern Straßenräuberei und Vergewaltigung ist. Er will nicht eingestehen, daß die Macht einer Gruppe davon abhängig ist, daß sich in ihr das Sein einer Gesamtgruppe darstellt; er verdeckt sich, daß brutale Gewaltanwendung Kennzeichen von Ohnmacht ist. Und er vergißt endlich, daß aus der Sphäre des Verzichts auf Macht ein ständiges Gericht ausgeht über jede Macht.

Der Sozialismus muß vom Nationalsozialismus lernen, das Problem der Macht ernster zu nehmen als zuvor, sich loszusagen von der Verwechslung geschichtlichen und übergeschichtlichen Verzichts auf Macht (auch wenn diese Verwechslung agitatorisch nützlich ist), die menschlichen und damit gesellschaftlichen Möglichkeiten utopiefrei zu sehen. Wohl kann er dem Nationalsozialismus nachweisen, daß dessen Anbetung der Macht Ausdruck entmächtigter Schichten ist, die aus Ressentiment gegen ihre Ohnmacht eine brutale Gewaltideologie pflegen. Aber er muß sich auch selbst darüber klar sein, daß die bürgerlich aufklärerische Anti-Macht-Ideologie Ausdruck des verborgenen Machtwillens des Bürgertums im Gegensatz zu dem offenen, direkten Machtaufbau der feudalen Gesellschaftsordnung war. Der Sozialismus hat keinen Grund, diese Verhüllung mitzumachen. In der Überzeugung, daß sein Kampf der Kampf um die kommende gerechte Gesellschaftsordnung ist, soll er die gesellschaftliche Machtposition in ganzer Breite zu erobern suchen, dabei aber in jedem Akt dieses Ringens sich bewußt bleiben, daß der Besitz der Machtapparatur den Besitz nicht garantiert, daß der Sieg erst errungen ist, wenn der Sozialismus die innere Mächtigkeit, Reife und Durchformung bekommen hat, die ihm trotz alles lauten Widerspruchs die schweigende, wenn auch widerwillige Anerkennung der Gesamtgruppe verschafft. Der Besitz oder Nichtbesitz solcher inneren Mächtigkeit ist auf die Dauer allein maßgebend für die Macht der sozialistischen Gruppen und den Sieg des Sozialismus. Innere Mächtigkeit aber kann eine Gruppe nur in dem Maße erringen, als sie sich selbst unter die Norm stellt, die als Jenseits der Macht jeder Macht Bestand und Weihe gibt.

PROTESTANTISMUS UND POLITISCHE ROMANTIK

I. Wesen und Wirklichkeit der politischen Romantik

Der Begriff der politischen Romantik reicht in seinem Umfang weit hinaus über die Ideen der romantischen Politiker des beginnenden 19. Jahrhunderts. Er umfaßt ältere Erscheinungen wie gewisse Gedanken Herders und ist maßgebend für das Verständnis der gegenwärtigen politischen Lage. *Politische Romantik ist mehr als eine geschichtlich begrenzte politische Theorie. Sie ist eine politische Grundhaltung, ja eine menschliche Möglichkeit überhaupt.* Man kann zwei Grundhaltungen des Menschen unterscheiden, die eine, die in seiner Kreatürlichkeit, die andere, die in seiner Menschlichkeit begründet ist. Die erste ist die Richtung auf das *„Woher"*, die zweite die Richtung auf das *„Wozu"*. Der Mensch weiß sich *getragen;* und die Frage nach dem Woher ist die Frage nach dem ihn tragenden Grund. Und der Mensch weiß sich *gefordert;* und die Frage nach dem Wozu ist die Frage nach dem ihm gesetzten Ziel.

Alle Seiten menschlichen Seins sind durch das Ineinander und die Spannung beider Richtungen bestimmt. Aus der Frage nach dem Woher quillt die Heiligkeit des *Ursprünglichen,* aus der Frage nach dem Wozu die Heiligkeit des *Geforderten,* das die Bindung an den Ursprung bricht und das „Neue" gegen das „Alte" stellt. Beide Momente sind in jedem Augenblick menschlichen Daseins wirksam. Wir stehen immer im Ursprung, und wir müssen uns immer losreißen von ihm. Die Macht des Ursprungs zwingt uns immer wieder, ihn heilig zu sprechen; und die Macht des Menschlichen in uns, die Macht zu fragen und Forderungen zu vernehmen, reißt uns immer wieder heraus aus den heiligen Banden des Ursprünglichen.

Die Macht des Ursprungs wirkt in dem dreifachen Ursprung aus Boden, Blut und sozialer Gruppe. Dazu kommt die von der Transzendenz her weihende Macht: das Priestertum. Auf Verbindung und Kampf dieser Mächte des Ursprungs beruht die menschliche Geschichte, soweit sie bestimmt ist durch das „Woher". Das menschliche Bewußtsein unter ihrer Herrschaft ist *ursprungsmythisch* erfüllt und gebunden. Das Gefühl, getragen zu sein von Mächten, die immer waren und aus deren Gewalt zu entrinnen Frevel ist, bestimmt die Denk- und Lebensformen. Kennzeichnend für den Ursprungsmythos und die Gesellschaftsformen, in denen er herrscht, ist die Gebundenheit an den *Raum.* Sei es der „vegetative" Raum des Bauern und Landherrn, sei es der „animalische" Raum der kämpfenden Führerschicht, sei es der soziale Raum der geschlossenen Gruppe, sei es der nationale Raum, in dem diese Elemente sich vereinigen: immer ist es ein begrenzter Raum, der ursprungsmythisch verklärt und priesterlich geweiht wird. Die Bindung an das Woher drückt sich aus in der Bindung an den *Kreislauf* einer Lebensbewegung, die zu sich selbst zurückkehrt.

Der Ursprungsmythos wird auf doppeltem Wege gebrochen, dem *prophetischen* und dem *humanistischen.* Der Prophet stellt das Wozu, die unbedingte Forderung gegen die Heiligkeit der tragenden Mächte. Er stellt das Sein unter das Gericht des Soll. Er macht die Beziehung zum transzendenten Ursprung abhängig von der Erfüllung der sittlichen Forderung. Nicht die Mächtigkeit ursprünglichen Seins, sondern gerechte Gestaltung des Seienden gibt Heiligkeit. Die priesterliche Weihe wird abhängig gemacht von der Erfüllung der prophetischen Forderung. Die prophetische *Erwartung kommender Gerechtigkeit* reißt das Bewußtsein los von der Richtung auf den uralten und heiligen Ursprung. Die Transzendenz bleibt, aber es ist eine Transzendenz des Wohin und nicht des Woher. Der Mythos bleibt, aber er ist gebrochen durch das Ethos.

Erst im Humanismus, auf dem Boden der *Autonomie,* wird das Mythische beseitigt. Der Mensch stellt sich auf sich selbst. Von sich aus nimmt er die Gestaltung der Welt in die Hand, kritisch löst er den Ursprungsmythos auf, analytisch bestimmt er die Elemente des Seienden, mit denen er neue Seinsgestalten schafft, berechnend und entwerfend. An Stelle des mythischen Bewußtseins, gebunden zu sein an ursprüngliche Mächte, „Mütter" und „Väter", tritt die Gewißheit, in einer berechenbaren, erhellbaren und darum beherrschbaren Wirklichkeit zu stehen. Auch die Forderung verliert den Charakter der Jenseitigkeit und bezieht sich auf fortschreitende Analyse und Umgestaltung der begegnenden Wirklichkeit. Es entsteht das *rationale System,* dessen Träger die bürgerliche Gesellschaft ist und in dem der Ursprungsmythos nur nachklingt als Traum und Gemütsbedürfnis, ohne Realität und seinsgestaltende Kraft.

Politische Romantik ist der Versuch, auf dem Boden eines gebrochenen Ursprungsmythos zum Ursprungsmythos zurückzukehren. Es ist der Versuch, von der Autonomie her die heiligen Bindungen wieder zu gewinnen, gleichsam vom „Sohn" her Vater und Mutter wieder einzusetzen. Die tragenden Kräfte der politischen Romantik sind diejenigen gesellschaftlichen Gruppen, die mehr oder weniger im Ursprungsmythos geblieben sind oder (nach teilweiser Einfügung in das rationale System) zu ihm zurückwollen, also Bauerntum und das mit ihm verbundene Handwerk, Adel und Militär, gewisse Gruppen des Beamtentums und das Priestertum. Diese Mächte sind nicht beseitigt dadurch, daß sie in ihrer unmittelbar tragenden Kraft gebrochen sind. Sie sind da, aber als Entmächtigte, und wollen die Macht wieder herstellen, die sie einst durch den Ursprungsmythos hatten. Sie wollen nichts Neues schaffen, sondern dem Alten, das in ihnen noch lebt, die Macht und Heiligkeit wiedergeben, die es einst hatte: das ist die *konservative Form* der politischen Romantik.

Daneben steht die *revolutionäre Form*, getragen von denjenigen Gruppen, die sich ganz in das rationale System einordnen ließen, ohne jedoch die Ursprungssehnsucht zu verlieren. Seelische, wirtschaftliche, bluthafte, gesellschaftliche, religiöse Beziehungen zu den alten ursprungsmythischen Mächten sind geblieben. Das proletarische Schicksal, ganz in die Mechanik des rationalen Systems zu geraten, hat sie noch nicht getroffen, aber es bedroht sie. Angestellte, kleinbürgerliche Schichten aller Art, auch solche Teile der alten ursprungsmythischen Gruppen, die dem ökonomischen Untergang und der geistigen Zersetzung ausgeliefert sind, gehören dazu. In diesen Schichten nimmt die politische Romantik revolutionären Charakter an. Die Tradition ist abgebrochen; auch geistig und religiös hat das rationale System gesiegt. Es wurde bejaht, so lange es die Kraft hatte, Vorteile zu bringen. Es wird verlassen und leidenschaftlich angegriffen, sobald die Kehrseite der Kapitalherrschaft erlebt wird und der Übergang in das Proletariat droht. In dieser Krisis werden die ursprungsmythischen Momente in ihnen lebendig. Man wendet sich darum nicht gemeinsam mit dem Proletariat gegen die Kapitalherrschaft, sondern man kämpft gegen das Proletariat für die Ideen der politischen Romantik in der Meinung, mit ihrer Hilfe und im Bündnis mit der konservativen Romantik das rationale System niederwerfen zu können.

In beiden Formen der politischen Romantik, der konservativen wie der revolutionären, liegt ein tiefer Widerspruch. Beide machen den Versuch, das Ursprüngliche mit den Mitteln des Entworfenen, die Urgestalten durch bewußte Gestaltung wiederzugewinnen. Ihre Kraft ist die Wahrheit, daß menschliches Sein immer auch Getragensein ist. Ihr Erfolg ist darin begründet, daß in einer Zeit der Krisis des rationalen Systems, in einer Zeit, wo die Autonomie für die meisten zu einer fast unerträglichen Last geworden ist, die Sehnsucht nach den ursprünglich bindenden, aber auch tragenden Kräften aufwachen muß. Ihre Fragwürdigkeit und Schwäche ist eben der Widerspruch, daß das Woher zu einer Forderung und damit zu einem Wohin wird. *Dieser Widerspruch hat zur Folge, daß die politische Romantik nur siegen kann durch Ausrottung des rationalen Systems, d. h. durch Chaos und Fellachisierung.* Nur wenn das rationale System verschwunden ist, kann ein echter, ungewollter und ungebrochener Ursprungsmythos entstehen.

II. Das Verhältnis des Protestantismus zur politischen Romantik

In der konservativen Form der politischen Romantik werden die Ursprungsmächte geweiht durch *Uroffenbarung und heilige Tradition.* Anders in der revolutionären Form: die heilige Tradition ist abgebrochen, das Bewußtsein ist entmythisiert. Darum erhebt sich hier die paradoxe Forderung eines *neuen Mythos,* die den tiefen inneren Widerspruch der politischen Romantik ganz enthüllt. Der neue Mythos kann entweder das von der Prophetie zerbrochene Heidentum wieder zu wecken suchen, oder er kann ein verhülltes Heidentum durch Mißbrauch der vorhandenen religiösen Traditionen schaffen. Nur diese zweite Form hat Erfolgschancen, die erste bleibt Literatur und Phantastik.

Der Stellung der politischen Romantik zu den religiösen Traditionen entspricht die Stellung der verschiedenen christlichen Konfessionen zu ihr. Im *Katholizismus* sind vereinigt ursprungsmythische und prophetische Elemente in einer priesterlich getragenen und gesicherten Tradition. Die Sicherheit und zugleich Spannweite des Katholizismus erlaubt ihm, bald dem einen, bald dem anderen Element das Übergewicht zu geben. Er kann die Mächte des Ursprungs weihen und dadurch ihre Macht festigen, er kann die konservativen Traditionen weihen und stützen, aber nur, sofern sie sich der Macht der Kirche und den von ihr ausgehenden Forderungen unterwerfen. Auf die gegnerische Seite muß er in dem Augenblick treten, wo die Mächte des Ursprungs sich befreien von der Offenbarung, die prophetische Forderung abweisen und offen oder verhüllt den heidnischen Mythos wiederherstellen. Die Abwehr des Katholizismus richtet sich darum vor allem gegen die revolutionäre Form der politischen Romantik, während sie mit der konservativen nicht nur paktieren, sondern selbst ihr wichtigster Träger werden kann. In Ländern mit katholischer Feudalherrschaft ist das in weitem Maße der Fall.

Während der Katholizismus trotz aller Spannungen eine einheitliche Grundposition gegenüber der politischen Romantik einnimmt, ist der *Protestantismus* gespalten. Es ist die ursprüngliche Spaltung in den lutherischen und reformierten Typus des Protestantismus, die zur Zeit keine dogmatische Bedeutung hat, dafür aber politisch außerordentlich wirksam ist. Der gleiche Gegensatz, der Luther und Zwingli im Marburger Religionsgespräch auseinandertrieb, schafft heute eine unüberbrückbare politische Kluft: hier sakramentale Heiligung von Seiendem, dort prophetische Forderung, das Seiende dem göttlichen Gesetz zu unterwerfen. In dem Wörtchen „ist", das Luther auf den Tisch schrieb, während er mit Zwingli über die Bedeutung des Abendmahls verhandelte, ist auch heute noch der andere Geist ausgedrückt, den das Luthertum erfüllt. Die Frage, ob das Endliche fähig ist, das Unendliche zu fassen, die Frage also, ob ein Seiendes unmittelbar den Charakter des Heiligen haben könnte, trennt die großen Gruppen des Protestantismus heute mehr denn je, nur mit dem Unterschied, daß heute politisch ist, was damals dogmatisch war.

Der *Calvinismus* bestreitet die Möglichkeit, daß das Unendliche von einem Endlichen gefaßt werde. Darum bestreitet er alle Arten heiliger Mächte von den Bodenmächten bis zum sakramentalen Priestertum. Dafür faßt er das Reich Gottes als eine Aufgabe, an deren Erfüllung die Gemeinde kämpfend mitzuwirken hat. Denn die Erfüllung ist nicht nur jenseitig, sondern auch diesseitig. Die Prädestinationslehre entlastet den Einzelnen von religiösen Akten, die auf sein persönliches Heil gerichtet sind. Nicht erkennbar und nicht herstellbar ist die persönliche Erwählung, aber doch wirkt sie sich aus im Leben, im Kampf für die Durchsetzung des göttlichen Willens. Der göttliche Wille ist ausgedrückt im Gesetz, das göttlich und natürlich, christlich und humanistisch zugleich ist. Der Humanismus auf calvinistischem Boden ist kein *Bildungshumanismus,* wie der von Melanchthon in das Luthertum eingeführte. Es ist ein Humanismus aktiver Wirklichkeitsgestaltung, ein *Realhumanismus,* wie Marx den kämpfenden Humanismus der bürgerlichen und proletarischen Revolution gegenüber dem Bildungshumanismus der deutschen Klassik genannt hat.

Aus diesen Voraussetzungen ergibt sich auf calvinistischem Boden die Brechung aller sakralen Ursprungsbindungen. *An Stelle des heiligen Seins tritt die sachgeforderte Funktion.* Funktionen sind Handlungen, die bestimmt sind durch eine Sache und deren Gesetze. Die Funktion ist unabhängig von ursprünglicher *Seins*mächtigkeit, sie ist abhängig lediglich von Sacherfülltheit und Sachhingabe. *Die Geschichte hat eine Richtung.* Sie ist wachsende Beseitigung heiliger Dämonien, sie ist Herstellung einer Welt, die dem Willen Gottes und den Normen einer aktiven Humanität unterworfen ist. Selbst die konservativen Gruppen in England sind nicht Träger politischer Romantik. Zwar sind sie stark durchsetzt von feudalen Traditionen, aber so, daß die bürgerliche Lebensordnung durch sie gestützt und verklärt, nicht bekämpft wird. Selbst die englische Hochkirche ist im Grunde keine Sakramentskirche, sondern eine Aktionsgruppe. Aus diesem Grunde werden auch religiös-sozialistische Gedankengänge nicht als unchristlich empfunden, wie sie sich selbst nicht in Gegensatz zum Christentum stellen. Sie sind Versuche, die calvinistische Grundhaltung nach einer bestimmten Richtung hin radikal durchzuführen.

Ganz anders der *lutherische Protestantismus.* Auch er beginnt mit einem Kampf gegen die priesterliche Kirche und die ursprungsmythische Weihe, die das Priestertum für sich in Anspruch nimmt. Der Unterschied gegenüber dem Calvinismus ist aber der, daß auf lutherischem Boden die Sphäre des göttlichen Naturgesetzes fehlt. An seiner Stelle steht die Idee einer irrationalen göttlichen *Vorsehung.* Gott ist an nichts gebunden, in jedem Augenblick schafft er neu, kein Naturgesetz steht zwischen ihm und den Dingen. „Masken Gottes" sind die geschichtlichen Mächte, er selbst wirkt in ihnen und durch sie. Ihr Kampf, das Aufsteigen der einen und der Sturz der anderen, sind Ausdruck des „wunderlichen" Waltens Gottes in der Welt, das einfach hinzunehmen und weder zu berechnen noch zu kritisieren ist. Der dämonische Hintergrund alles göttlichen Handelns wird gerade im politischen Leben sichtbar. – Von da aus konnte die lutherische Staatsphilosophie Züge entfalten, die die Gegner als Machiavellismus kennzeichneten: das Fehlen jeder ethischen Norm in der Beurteilung politischer Vorgänge. Von da aus kann heute der Träger der politischen Macht als Werkzeug Gottes heilig gesprochen, der „Führer" als Maske Gottes gedeutet werden. Von da aus ist, wenn auch in vollkommener Profanisierung, der Hymnus auf den Willen zur Macht und die Dämonie des Lebendigen verständlich, den Nietzsche angestimmt hat.

Es gibt also für das ältere Luthertum keine Ordnung in Natur und Gesellschaft, die ursprünglich, natürlich und von Gott gewollt wäre. Wie die lutherischen Theologen gegen die Naturgesetze der mathematischen Naturwissenschaft kämpften, weil durch sie das *unmittelbare Handeln Gottes* eingeschränkt werde, so kämpften sie gegen die naturrechtliche Theorie und ihren Versuch, die geschichtlichen Mächte auf Naturrecht zu gründen und an ihm zu messen. Auf diesem Boden gibt es keine Funktion im Sinne sachunterworfenen, gesetzlich normierten Handelns. Bis in die Gegenwart reicht der Widerwille gegen den Funktionär auf lutherischem Boden. An seine Stelle tritt der Amtsträger, der nicht einer Sache, sondern einer Person, in letzter Instanz der göttlichen Person verantwortlich ist. Nicht Weltgestaltung auf Grund eines göttlich-humanen Naturgesetzes, sondern Akte der Liebe auf Grund religiöser Fülle werden von ihm verlangt. Das Dämonische wird bekämpft, nicht durch eine göttliche Ordnung, nicht durch Einrichtungen, sondern durch die Liebeskraft des einzelnen Menschen. Liebe aber durchbricht jede gesetzliche Norm. Das *Irrationale* von unten und das Irrationale von oben begegnen sich und beseitigen die mittlere Sphäre, die Sphäre des Gesetzes. In jeder Lage sind Akte der Liebe möglich, wie an jedem Ort der erhöhte Leib Christi gegenwärtig ist. Nicht auf Ordnungen der Gesellschaft kommt es an, sondern auf Wirksamwerden der latenten Kräfte des mystischen Leibes Christi durch das Handeln des Einzelnen aus der Liebe, vor allem aber desjenigen Einzelnen, der verantwortlich ist für das Ganze, des Trägers der Obrigkeit.

Aus diesen Voraussetzungen ist der Kampf Luthers gegen das Gesetz verständlich. Die demokratische Lebensform wird als unerträgliche Mechanisierung der irrationalen Kräfte verstanden. Der Ursprungsmythos nimmt die Form der Unterwerfung unter einen irrationalen personhaften Willen an. *Von Gottes Gnade* ist der Amtsträger, was er ist, nicht von Gnaden der Sache und ihrer gesetzlichen Notwendigkeit. Der demokratische Staat ist für lutherisches Bewußtsein Sache, Gesetz geworden. Es will den Staat verkörpert haben in einer Person, die ihm als Person begegnet, die ihn niederwirft, aber auch erhöht, die ihm gebietet, ihn aber auch verantwortlich trägt. Nicht umsonst hat Luther gegenüber dem katholischen Dogma Gott radikal personalisiert. Nur auf unmittelbare personale Begegnung zwischen Mensch und Gott kommt es ihm an. Alle kirchlich gesetzlichen Vorbedingungen werden abgelehnt. Dieser lebendige, bewegte *Personalismus* und *Irrationalismus* hat das Bewußtsein der lutherisch erzogenen Völker bis ins tiefste geprägt. Das Schlagwort von der „formalen Demokratie", das im Westen ganz unverständlich wäre, die Charakterisierung des demokratischen Staates als „System" mit dem Vorzeichen stärkster Ablehnung sind Nachwirkungen dieses lutherischen Welt- und Gottesverständnisses. Erst die unentrinnbare Einfügung des Proletariats in die Gesetze der ökonomischen Mechanik bewirkten eine Umgestaltung des Bewußtseins auch auf dem Boden des Luthertums, freilich nur im Proletariat selbst. Die übrigen Gruppen blieben unberührt davon.

Beide Konfessionen des Protestantismus gerieten durch ihr geschichtliches Schicksal in den Zwang, aus ihrem religiösen Prinzip eine *politische Ideologie* zu machen. Auf calvinistischem Boden besteht die Ideologie in der Voraussetzung, daß durch die bürgerliche Haltung eine durchgängig christlich-humanistische Weltanschauung möglich sei. Der Gedanke, daß die erfolgreiche Bewältigung der Lebensaufgabe im bürgerlichen Sinne als religiöse Bewährung zu werten sei, geriet in Widerspruch mit der Tatsache, daß durch die Klassenschichtung Millionen aus der Möglichkeit bürgerlicher Bewährung ausgeschlossen sind. In der *Gleichsetzung von bürgerlicher Lebensordnung und Reich Gottes* wurde die Klassensituation ideologisch überdeckt. Die Rechtfertigung der Weltherrschaft der englischen Völker durch ihre Funktion, Träger christlicher Humanität zu sein, wurde zu einer ideologischen Rechtfertigung ihres ökonomischen Imperialismus. – Es ist die Bedeutung der Barthschen Theologie, daß in ihr das reformierte Denken zur kritischen Selbstbesinnung gegenüber seiner Ideologisierung gelangt ist. Die Kluft, die Barth aufreißt zwischen Welt und Gott, und zwar aufreißt im Zusammenhang mit religiös-sozialistischen Traditionen, ist der entscheidende Angriff auf die naiv-ideologische Gleichsetzung von Reich Gottes und bürgerlicher Gesellschaft.

Ganz anders liegen die Dinge auf lutherischem Boden. Auch die lutherische Grundhaltung ist Ideologie geworden. Die ursprungsmythischen Mächte geben sich mit ihrer Hilfe die *Weihe der Gottgewolltheit.* In einer Welt, die beherrscht ist durch das rationale System, wird die Fiktion aufrechterhalten, als könnten patriarchalische Beziehungen von Mensch zu Mensch die Dämonie des Systems einschränken. Völlig ideologisch ist vor allem die Meinung, als könnte innerhalb eines solchen Systems der Wille einer „christlichen Obrigkeit" die Konsequenz der wirtschaftlichen Gesetze brechen. Ein selten offenes Dokument solcher Ideologisierung des protestantischen Prinzips ist die erste Erklärung der gegenwärtigen Reichsregierung. Moralische Schulmeisterei und vielfache Berufung auf das Christentum verbinden sich mit politischen Erklärungen, die der eindeutige Ausdruck der spätkapitalistischen Herrschaftssituation sind. Es wird vergessen, daß der lutherische Patriarchalismus gebunden ist an eine bestimmte geschichtliche Situation, daß der Versuch, ihn heute wieder herzustellen, in Wahrheit die religiöse Weihung der Kapitalherrschaft ist und darum notwendigerweise die der Kapitalherrschaft unterworfenen Schichten in radikale religiöse und politische Opposition treiben muß. Eine Erklärung wie diejenige der Reichsregierung ist geeignet, alle Versuche, Christentum und Proletariat auf deutschem Boden anzunähern, auf Jahrzehnte hinaus unmöglich zu machen. *Protestantismus als Ideologie* bedeutet auf die Dauer Selbstvernichtung der protestantischen Kirche. Eine Kirche, die nicht die Kraft hat, in sich selber den Kampf gegen den „selbstgemachten" Gott aufzunehmen, wird irgendwann einmal mit diesem selbstgemachten Gott zusammenbrechen.

In dieser Gefahr steht der deutsche Protestantismus in der Gegenwart. Offizielle Neutralitätserklärungen ändern nichts an der Tatsache, daß Protestantismus und politische Romantik beider Formen sich auf deutschem Boden gefunden haben. Nur an wenigen Stellen erklingt noch in der Kirche der prophetische Protest gegen die neuen ursprungsmythischen Tendenzen. Der Protestantismus durchschaut nicht mehr, daß das Bündnis, das ihm besonders die revolutionäre Form der politischen Romantik anbietet, nicht auf dem Willen beruht, sich der prophetischen Kritik des protestantischen Prinzips zu unterstellen, sondern auf dem Willen, den Protestantismus in den Dienst einer absolut gesetzten politischen Idee zu stellen, *sich die priesterliche Weihe für den neuen Mythos geben zu lassen.* Die Lage ist deswegen so schwierig, weil die evangelischen Kirchen in den letzten Jahrzehnten immer ausschließlicher von denjenigen Gruppen getragen wurden, die zugleich Träger der politischen Romantik sind, während die übrigen Gruppen, Bürgertum, Proletariat, weiteste Kreise des Beamtentums, sich von dem Leben der protestantischen Kirche immer mehr entfernt haben. Unter diesen Umständen ist kaum abzusehen, wie der deutsche Protestantismus dem Schicksal entrinnen soll, in die Katastrophe der politischen Romantik und seiner Ideologie hineingerissen zu werden. Und doch ist er seinem Prinzip nach in der Lage, Widerstand zu leisten. Er ist geboren aus dem prophetischen Protest gegen die ideologische Absolutsetzung der römischen Kirche, er hat in sich das radikale Nein zu jedem menschlichen Tun, das unter Berufung auf die Heiligkeit des Ursprungs sich der unbedingten Forderung entziehen will. Und diese seine Möglichkeit kann Wirklichkeit werden in dem Augenblick, wo die enttäuschten Gruppen der revolutionären Romantik den inneren Widerspruch der Romantik durchschauen, nicht durch Aufklärung, sondern durch das Schicksal, dem sie nicht entgehen können. In diesem Augenblick gibt es zwei Möglichkeiten. Entweder wird der lutherische Protestantismus begreifen lernen, daß trotz alles Irrationalen und Dunklen der Vorsehung die Gesetze des gesellschaftlichen Lebens ebenso unzerbrechlich sind wie die Gesetze der Natur und daß kein Mythos und keine patriarchalische Sehnsucht von diesen Gesetzen befreien kann. Oder jene Gruppen unterwerfen sich dem Gesetz nicht und zerschlagen das System, dessen innere Überwindung sie zum gemeinsamen Kampf mit dem Proletariat zwingen würde. Das Zerschlagen dieses Systems aber bedeutet die Heraufführung des Chaos und des europäischen Fellachentums, auf dessen Boden *Protestantismus nicht mehr möglich ist.* Protestantische Kirche würde in diesem Fall unter Verzicht auf ihr eigenes Prinzip Katholizismus neben dem Katholizismus werden, ein ursprungsmythisches Gebilde ohne die Kraft prophetischen Impulses. Und erst recht ohne die Möglichkeit, sich mit der humanistischen Grundhaltung, der Haltung des radikalen Fragens, zu verbinden.

Politische Romantik kann nur siegen um den Preis der Zerbrechung des rationalen Systems, d. h. um den Preis, den Spengler „Untergang des Abendlandes" genannt hat. Ein Protestantismus, der die politische Romantik unterstützt, arbeitet auf seinen eigenen Untergang hin, denn nur auf dem Boden kraftvoller religiöser Autonomie ist Protestantismus möglich. Ist diese Autonomie nicht mehr möglich, zerschlagen die revolutionären Gruppen der Romantik lieber das System, von dem sie leben, als daß sie sich um seine innere, d. h. sozialistische Überwindung bemühen, so ist mit dem Schicksal der abendländischen Gesellschaft zum mindesten auf mitteleuropäischem Boden auch das Schicksal des Protestantismus besiegelt. Es gibt keine berechenbare Notwendigkeit der Geschichte. Auch dieser Weg ist nicht notwendig. Aber er ist eine so unmittelbare und offenkundige Drohung, daß es fast wie ein Wunder scheinen müßte, wenn er noch verlassen würde. Voraussetzung dafür ist, daß sich der Protestantismus um seines Prinzips willen von der politischen Romantik trennt und dadurch Kraft gewinnt, sie zu richten und ihr nach dem Augenblick ihrer großen Enttäuschung einen positiven Weg zu zeigen.

DIE SOZIALISTISCHE ENTSCHEIDUNG

Vorwort

Sozialistische Entscheidung ist Entscheidung *des* Sozialismus und Entscheidung *für* den Sozialismus. Zu dieser doppelten Entscheidung soll im folgenden aufgefordert werden. Ihr Recht soll begründet, ihr Wesen beschrieben, ihre Notwendigkeit gezeigt werden. Von zwei Gruppen wird die sozialistische Entscheidung gefordert, von denen, die heute den Sozialismus tragen, und von denen, die heute sein Gegner sind, ihn aber in Zukunft mittragen müssen. An beide wendet sich die Forderung einer sozialistischen Entscheidung: an die erste Gruppe im Sinne einer Neuentscheidung für den Sozialismus, einer neuen Sicht seines Wesens, seiner Probleme, seiner Schwierigkeiten und seiner kommenden Gestalt. Daß eine Neuentscheidung der Sozialisten für den Sozialismus nötig ist, zeigt unzweideutig sein gegenwärtiges Schicksal. Die Ursachen dieses Schicksals sollen aufgedeckt, die Möglichkeiten, es zu wenden, sollen untersucht werden. – Aber auch von den Gegnern des Sozialismus wird eine sozialistische Entscheidung verlangt. Diejenigen Gruppen vor allem, die heute schon das Wort Sozialismus in ihrem Namen führen, sollen zu einer wirklichen sozialistischen Entscheidung gebracht werden. Es soll gezeigt werden, warum sie durch ihre gegenwärtige Stellungnahme nicht nur den Sozialismus verneinen, sondern auch die Zukunft des Volkes und des Abendlandes bedrohen. Sie sollen nicht in das Proletariat eingefügt, wohl aber an seine Seite gestellt werden, damit in gemeinsamer sozialistischer Entscheidung das Todesschicksal der europäischen Völker gewendet werde. Nur die sozialistische Entscheidung kann es wenden. Darum wird zu ihr aufgerufen.

Zwar wird der Sozialismus heute nicht in dem Sinne totgesagt wie der Liberalismus. Man hätte auch erheblich weniger Recht dazu. Aber gegen eine bestimmte Form des Sozialismus – man nennt sie aus Unkenntnis und agitatorischen Gründen fälschlich „Marxismus" – wenden sich starke geistige und politische Kräfte der Gegenwart, besonders auf deutschem Boden. Die gesellschaftlichen Gründe dieses Kampfes sind durchsichtig und namentlich gegenüber dem Nationalsozialismus schon lange deutlich und eindrucksvoll[1] aufgewiesen. Über das Recht und Unrecht jedoch des Kampfes gegen den Sozialismus ist damit noch nichts entschieden. Er könnte sich mit Recht gegen bestimmte Formen des Sozialismus, mit Unrecht gegen das sozialistische Prinzip richten. Eben das ist die Voraussetzung, von der diese Schrift ausgeht. Sie will zeigen, was Sozialismus und was Marxismus wirklich sind. Sie setzt also voraus, daß das Bild, das der Sozialismus seinen Gegnern bietet, nicht die notwendige Form des Sozialismus, nicht der wahre, der Gesellschaftslage angemessene Ausdruck des sozialistischen Prinzips ist.

Das ist aber nicht möglich ohne den Versuch, das sozialistische Prinzip als die tragende Kraft des Sozialismus neu zu sehen und zu erfassen. Die vorliegende Schrift kämpft also nicht nur *für* den Sozialismus. Sie kämpft auch und noch mehr *um* den Sozialismus. Sie ringt um ein neues Verständnis dessen, was Sozialismus sein kann und heute sein muß. Solchen Bemühungen stellt sich schroff entgegen ein dogmatisch gebundener Sozialismus, der auf bestimmte Gedankenbahnen, ja auf eine begrenzte Anzahl von Wortverbindungen festgelegt ist und dem die Möglichkeit fehlt, Gedanken auch nur zu denken, Worte auch nur anzuhören, die zu den festgelegten Bahnen quer stehen. Gegen solche Haltung gibt es keine geistigen Waffen. Sie ist nur durch die Entwicklung der Dinge selbst zu erschüttern. Mit wissenschaftlichem Sozialismus hat sie freilich nichts zu tun, obwohl sie sich gern seines Namens bedient. Denn das erste Erfordernis wissenschaftlicher Haltung ist, die eigenen Voraussetzungen ständig von neuem in Frage zu ziehen, fremde Gedanken so ernst zu nehmen, wie die eigenen und sie nicht von vornherein abzuwehren[2].

Entscheidend für Impuls und Durchführung der Schrift waren die politischen Ereignisse der letzten Jahre, der Rückgang des politischen Einflusses der Sozialdemokratie, die anscheinend endgültige Spaltung der proletarischen Arbeiterschaft, der Siegeslauf des Nationalsozialismus, die Konsolidierung der spätkapitalistischen Mächte auf militärischer Grundlage, die wachsende Gefährdung der außenpolitischen Lage. Diese Vorgänge verlangen gebieterisch eine grundsätzliche Besinnung des Sozialismus auf sich selbst, vor allem auf seine unausgesprochenen

[1] Vgl. Hendrik de Man: Sozialismus und Nationalfaszismus. Potsdam 1931. Günter Keiser: Der Nationalsozialismus, eine reaktionäre Revolution. In: Neue Blätter für den Sozialismus. 1931. Heft 6, S. 270 ff. Ferner das ganze Heft 4 von 1931.

[2] Solche Haltung begegnet vor allem bei Intellektuellen, die dem Kommunismus nahestehen und vor jeder Diskussion die gegnerische Auffassung als „bürgerliche Ideologie" verdächtigen, die aber nie gefragt haben, ob sie nicht selbst in einer Ideologie oder – einem Ressentiment befangen sind.

Voraussetzungen. Denn mehr als alles, was er ausdrücklich sagt und tut, wirkt das Unausdrückliche, wirkt der Grund, aus dem er lebt, auf ihn selbst und auf das Bild, in dem er erscheint. Dieses Unausdrückliche ausdrücklich zu machen ist unsere Absicht, nicht um es aufzuweisen und dann stehen zu lassen, sondern um es unter die Frage nach seinem Recht vor dem Prinzip des Sozialismus und vor der gegenwärtigen Gesellschaftslage zu stellen. Eine Bewegung, die nicht mehr nach dem Recht ihrer Voraussetzungen fragt, ist erstarrt. Und keine noch so schwierige Kampflage kann den Verzicht auf solches Fragen rechtfertigen. Denn die Waffen der Gegner sind aus den Erstarrungsprodukten der sozialistischen Bewegung, nicht aus der Selbstkritik des Sozialismus geschmiedet. Man nehme ihnen die Möglichkeit, solche Waffen zu schmieden und zu schärfen, und jeder Kampf kann bestanden werden.

Drei Generationen ringen zur Zeit im Sozialismus miteinander: eine ältere, die bis heute die geistige und politische Führung der sozialdemokratischen Partei hat; die in der Zeit des kämpfenden und fortschreitenden Sozialismus wurzelt und deren Weltanschauung durch den Positivismus des späten 19. Jahrhunderts bestimmt ist. Ihre Ideologie gipfelt in dem Wissenschaftsglauben an die Notwendigkeit einer Entwicklung, die zur sozialistischen Gesellschaft führt. Der sozialistische Kampf ist danach selbst eine berechenbare Folge dieses berechenbaren Prozesses. Er schafft ihn nicht, sondern er ist selbst von ihm geschaffen, und Schritt für Schritt erzwingt die wirtschaftliche Entwicklung den Sieg. Auch die Rückschläge, große und kleine, stehen in dieser Notwendigkeit und beweisen nichts gegen den Endsieg.

Demgegenüber steht eine junge Generation, die die russische Revolution erlebt hat und die ungeheuren Willenskräfte sah, die in ihr lebendig wurden und gegen jede Berechnung in dem wirtschaftlich zurückgebliebensten Lande siegreich waren. Sie sah zugleich, wie in den reifen kapitalistischen Staaten sich feudale und bürgerliche Mächte neu verfestigten und den Weg zu einem Feudalkapitalismus eröffneten. Sie ist dadurch auf den Weg eines voluntaristischen, ethischen Sozialismus geführt worden, der zugleich ihrem Drang nach „sozialistischer Aktion" (der Begriff stammt aus dem jüngeren Kreis der „Neuen Blätter") besser entgegenkam. Gleichzeitig bestärkte der westliche Sozialismus vor allem durch die Schriften von Hendrik de Man[3] solche Tendenzen.

Dazwischen steht die Generation, aus deren Erfahrungen und Denk-

---

[3] Vor allem: Zur Psychologie des Sozialismus. 2. Aufl. Jena 1927, und: Der Kampf um die Arbeitsfreude. Jena 1927, sowie sein Referat in: Sozialismus aus dem Glauben. Zürich-Leipzig 1929.

arbeit diese Schrift hervorgegangen ist. Sie hält am Marxismus fest und verteidigt ihn gegenüber dem Aktivismus der Jüngeren. Aber sie lehnt die Form ab, in der ihn die Älteren vom 19. Jahrhundert übernommen haben. Sie greift auf den wirklichen Marx[4] und einen Begriff von Dialektik zurück, in dem die Verbindung von Notwendigkeit und Freiheit enthalten ist. Sie gewinnt dadurch einen Blick für die bürgerlichen Elemente, die der Sozialismus des 19. Jahrhunderts seinem Wesen zuwider angenommen hat. Und sie gelangt zu einer freien Würdigung der vorbürgerlichen Kräfte, die im Bürgertum nie verschwunden sind und zu denen der Sozialismus eine eigene Stellung erst gewinnen muß. Es ist die Last unserer Generation, daß sie eine Brücke sein muß. Und es ist die Gunst unserer Generation, daß sie noch eine Brücke sein kann, nicht nur zwischen den Generationen, sondern auch zwischen den Gruppen, die den Sozialismus tragen müssen.

Die Darstellung hält sich möglichst fern von den taktischen Fragen, die mit dem Gegensatz von Sozialdemokratie und Kommunismus zusammenhängen. Sie will grundsätzlich sein und meint, daß jener Gegensatz weniger im Grundsätzlichen als im Praktischen, im Soziologischen und im Temperament liegt. Sie ist der Überzeugung, daß eine gelingende grundsätzliche Klärung und Wandlung dem Gegensatz der sozialistischen Parteien viel an Schärfe nehmen könnte. Für den Augenblick ist freilich wenig zu erwarten, da die dogmatische Gebundenheit des Kommunismus das Eindringen neuer Gedanken und Impulse fast ausschließt. Das Schicksal des deutschen Sozialismus entscheidet sich darum auch weiterhin in der sozialdemokratischen Partei – soweit Parteien überhaupt maßgebend sein können.[5]

Ebenso hält sich die Darstellung fern von den Problemen, die Rußland aufgibt. Das ist in der Absicht begründet, aus der Situation des deutschen Sozialismus heraus das sozialistische Problem anzupacken. Zwar sind die russischen Vorgänge für jede Arbeit am Sozialismus von höchstem Interesse. Aber nicht im Sinne eines Vorbildes, dessen Lösungen übernommen werden können. Rußland erlebt gleichzeitig den Sozialismus und den Siegeszug des rationalen Prinzips. Der russische Sozialismus steht am Ende des russischen Absolutismus. Das ist entscheidend sowohl für die Beurteilung der Revolution als auch der weiteren Vorgänge bis zur Gegenwart. An einem Punkt entspricht übrigens der russische Sozialismus ganz der Grundforderung, die in dieser Schrift

[4] Der „wirkliche" Marx ist Marx im Zusammenhang seiner Entwicklung, also die Einheit des jüngeren und des älteren Marx. Nur wenn der eine durch den anderen gedeutet wird, ist ein wirkliches Marxverständnis möglich; s. u.

[5] Vgl. das Kapitel: Die Ursprungskräfte im Proletariat. S. 306.

erhoben wird: Proletariat und Bauerntum haben in Rußland die Revolution gemeinsam durchgeführt, und die Bauernfragen sind bis heute das wichtigste Problem der Innenpolitik der Sowjets. Aber auch in dieser wie erst recht in jeder anderen Beziehung muß der deutsche Sozialismus eigene Lösungen suchen. Der Sozialismus kann mit seiner Verwirklichung nicht auf die proletarische Weltrevolution warten. Er muß sich national durchsetzen, auch wenn das nur mit Einschränkungen möglich ist: Jede nationale sozialistische Verwirklichung bedeutet mehr für den Sozialismus in der Welt als alles utopische Reden von Weltrevolution.

Die vorliegende Schrift ist hervorgegangen aus einem Vortrag in der Hochschule für Politik im Oktober 1931. Die Ausarbeitung brachte so viel neues Material, zwang zur Verarbeitung so viel andrängender Gedanken, daß aus dem Vortrag ein Buch wurde. Das bedeutet aber nicht, daß die Gedankenbewegung, die in ihm einen vorläufigen Ausdruck gefunden hat, abgeschlossen ist. Sie muß weiter gehen, über das Buch hinaus, vielleicht auch im Widerspruch zu ihm. Aber eben um das zu ermöglichen, mußte ein Abschluß gemacht werden, zu dem auch politische und persönliche Gründe zwangen. – Die Gedanken entstammen einer langjährigen Beschäftigung mit den Problemen des Sozialismus, vor allem dem gemeinsamen Ringen um sie in den Berliner und Frankfurter Freundes- und Arbeitskreisen. Erwähnen möchte ich nur *Eduard Heimann,* dem das Buch gewidmet ist, und *Adolf Löwe,* dessen Hilfe ich größten Dank schuldig bin.

Während die älteren Arbeiten im Zusammenhang mit den „Blättern für religiösen Sozialismus" entstanden sind, stehen die späteren, steht vor allem diese Schrift im Zusammenhang mit den „Neuen Blättern für den Sozialismus". Durch Vermeidung des von religiöser wie von sozialistischer Seite mit gewichtigen Gründen angefochtenen Namens „religiöser Sozialismus" – der überdies zu ständigen Verwechslungen Anlaß gab – ist es möglich, die wirkliche Stellung reiner herauszuarbeiten.[6] Daß die religiöse Wurzel der Gedanken keineswegs abgeschnitten ist, zeigt die Wahl aller zentralen Begriffe, zeigen die Abschnitte über den sozialistischen Glauben, über die Stellung des Sozialismus zu Kul-

---

[6] Vertreten wird der religiöse Sozialismus von dem „Bund der religiösen Sozialisten Deutschlands" mit ihrer von Georg Wünsch herausgegebenen „Zeitschrift für Religion und Sozialismus" sowie von dem „Bund der religiösen Sozialisten Österreichs" mit ihrer von Otto Bauer herausgegebenen Zeitschrift: Menschheitskämpfer. – Die „Blätter für religiösen Sozialismus" wurden von Carl Mennicke herausgegeben und erschienen in den Jahren 1920—27. Die „Neuen Blätter für den Sozialismus" erschienen seit 1930 und wurden herausgegeben von Eduard Heimann, August Rathmann und Paul Tillich.

tur und Religion. Aber das Religiöse bleibt mehr als bisher Untergrund, aus dem die Gedanken entspringen, nicht Inhalt der Gedanken selbst. Und das entspricht durchaus unserer Lage der Religion gegenüber. Es ist das, was seinerzeit unter dem Namen „gläubiger Realismus" gefordert wurde.

Von dieser Haltung aus war es freilich unmöglich, mit einer Apokalyptik zu wetteifern, wie sie vom „Tatkreis" und nahestehenden Gruppen getrieben wird und zu erstaunlichen literarischen Erfolgen geführt hat – von dem nationalsozialistischen Schrifttum gar nicht zu reden. Es kommt dem Sozialismus nicht zu, mit Visionen des Kommenden zu berauschen und dann zu enttäuschen. Er hat nüchtern zu analysieren, sich nüchtern der Haltung des Erwartenden bewußt zu werden, er hat Ideologien zu enthüllen, auch seine eigenen. Er darf Synthesen nur mit Furcht und schärfster Selbstkritik versuchen. Die Härte des proletarischen Schicksals, die Last des sozialistischen Kampfes gegen die bestehenden Mächte duldet keine Ekstasen und Verklärungen. Der Sozialismus ist auf den klarsten, nüchternsten Realismus angewiesen; aber auf gläubigen Realismus, Realismus der Erwartung. Von ihm aus sind die folgenden Ausführungen zu verstehen. Vielleicht werden sie dem ungläubigen Realisten ekstatisch erscheinen und dem gläubigen Idealisten schwunglos und mühselig. Das spricht aber nicht gegen ihre Wahrheit. Denn der Weg des Sozialismus ist mühselig in jedem Schritt; aber er ist siegreich, wenn er die Mühsal auf sich nimmt in sehender und wagender Erwartung.

Einleitung

Die beiden Wurzeln des politischen Denkens [1]

1. Menschliches Sein und politisches Bewußtsein

Die Frage nach den Wurzeln einer geistigen oder gesellschaftlichen Erscheinung braucht nicht jederzeit gestellt zu werden. Sie ist überflüssig, wenn kräftiges Wachstum die Unversehrtheit der Wurzeln anzeigt. Treten aber Verbiegungen und Verkrümmungen ein, steht das Wachstum still oder beginnt das Leben abzusterben, so ist die Frage

[1] Diejenigen Leser, denen abstrakt-philosophische Gedankengänge schwerfallen, bitte ich, die Einleitung zu überschlagen und mit der Darstellung der politischen Romantik zu beginnen. Auch das Kapitel über die marxistischen

unabweislich: Wie steht es mit den Wurzeln? Das ist die Lage des Sozialismus, besonders seines stärksten Zweiges, des deutschen Sozialismus. Die politischen Ereignisse der letzten Monate haben ihn in einem Zustand tiefer Schwäche getroffen.[2] Und dieser Zustand ist nicht nur in den Ereignissen der letzten Jahre begründet. Die Gründe reichen weiter zurück, bis in die zweite Hälfte des 19. Jahrhunderts, zum Teil schon in die geschichtliche Konstellation der Ursprungszeit. Den Gründen dieser Schwächung nachzugehen ist die dringlichste Aufgabe in den kommenden Jahren der Selbstbesinnung. Sie kann nur gelöst werden durch Beantwortung der Frage nach den Wurzeln.

Sobald aber die Frage nach den Wurzeln des sozialistischen Denkens gestellt ist, ergibt sich die Notwendigkeit, weiter zu greifen. Denn der Sozialismus ist eine Gegenbewegung, und zwar im doppelten Sinn: Er ist unmittelbar eine Gegenbewegung gegen die bürgerliche Gesellschaft, und er ist mittelbar – in Einheit mit der bürgerlichen Gesellschaft – eine Gegenbewegung gegen die feudal-patriarchalischen Gesellschaftsformen. Um den Sozialismus von der Wurzel her zu verstehen, ist es darum nötig, auch die Wurzeln des politischen Denkens aufzudecken, das ihm entgegensteht.

Die Wurzeln des politischen Denkens müssen im menschlichen Sein selbst aufgesucht werden. Ohne ein Bild des Menschen, seiner Kräfte und Spannungen zu haben, ist es nicht möglich, über die Untergründe des politischen Seins und Denkens etwas auszusagen: Ohne eine Lehre vom Menschen kann es keine Lehre von den politischen Richtungen geben, die mehr wäre als die Darstellung ihrer äußeren Erscheinung. Eine Lehre vom Menschen aber kann an dieser Stelle nicht erarbeitet werden. Sie ist vorausgesetzt und kann im besten Fall durch ihre Fähigkeit, das politische Denken zu durchleuchten, ein günstiges Vorurteil für sich schaffen[3].

Probleme mit seinen schwierigen theoretischen Gedankengängen kann überschlagen werden, ohne daß das Verständnis des Ganzen wesentlich gestört wird.

[2] Gemeint sind vor allem die Ereignisse des Jahres 1932, in erster Linie der 20. Juli (Handstreich gegen Preußen).

[3] Das Mißtrauen mancher marxistischer Theoretiker gegen eine Anthropologie hat historisch seinen Grund in der Abwendung Marxens von Feuerbach. Gegen das Feuerbachsche Bild vom „Menschen überhaupt" stellt Marx den wirklichen, gesellschafts- und klassenbestimmten Menschen. Aber auch der klassenbestimmte Mensch ist Mensch, d. h. ein Wesen, das Geschichte haben, in Gesellschaft leben, in Klassen gespalten sein kann, dem „Entmenschung", „Verdinglichung" widerfahren und das für eine Gesellschaftsordnung kämpfen kann, in der sich seine Bestimmung, ein „realer Humanismus", erfüllt. Das setzt aber Strukturen voraus, die untersucht werden

Der Mensch ist im Unterschied von der Natur ein in sich gedoppeltes Wesen. Ganz gleich, wo die Natur aufhört und wo der Mensch anfängt, ganz gleich, ob es langsame Übergänge oder einen Sprung zwischen beiden gibt: Irgendwo wird der Unterschied sichtbar. Dort ein Lebensprozeß, der ganz eins ist mit sich selbst und ohne zu fragen oder zu fordern seine Natur entfaltet, gebunden an das, was er an sich und seiner Umwelt vorfindet. Hier ein Lebensprozeß, der nach sich und seiner Umwelt fragt, der an sich und seine Umwelt Forderungen stellt, der also nicht eins ist mit sich, sondern die Doppelung hat, in sich zu sein und zugleich sich gegenüber zu stehen, sich zu denken, von sich zu wissen. Der Mensch hat Bewußtsein von sich, oder im Verhältnis zur Natur ausgedrückt: Der Mensch ist das Sein, das in sich zu selbstbewußtem Sein gedoppelt ist. Der Natur fehlt diese Doppelung. Der Mensch ist also – das liegt in diesen Sätzen – nicht ein Wesen, das aus zwei selbständigen Teilen zusammengesetzt ist, etwa aus Natur und Geist, oder aus Leib und Seele, sondern er ist *ein* Sein; aber in sich, in seiner Einheit gedoppelt.

Schon diese allgemeinsten Bestimmungen haben Folgen für jede Untersuchung politischen Denkens. Sie machen es unmöglich, das politische Denken aus einer reinen Gedankenbewegung abzuleiten, aus religiös-sittlichen Forderungen oder weltanschaulichen Urteilen. Politisches Denken geht vom Menschen in seiner Einheit aus. Es wurzelt gleichzeitig im Sein und Bewußtsein, genauer in der unlöslichen Einheit beider. *Darum ist es unmöglich, ein System politischen Denkens zu verstehen, ohne das menschlich-gesellschaftliche Sein aufzudecken, in dem es wurzelt,* also das Ineinander von Trieben und Interessen, von Zwängen und Strebungen, das gesellschaftliches Sein ausmacht. Ebenso unmöglich aber ist es, dieses Sein auch nur gedanklich vom Bewußtsein zu lösen, das Bewußtsein und mit ihm das politische Denken gleichsam als Nebenprodukt aus dem Sein hervorgehen zu lassen. *Menschliches und gesellschaftliches Sein ist in jedem seiner Elemente bis hinunter zu der primitivsten Triebregung geformt durch Bewußtsein.* Der Versuch, diesen Zusammenhang zu lösen, geht an dem ersten und wichtigsten Wesenszug des Menschen vorbei und hat darum entstellende Folgen für das Gesamtbild vom Menschen. – Der Hinweis darauf, daß es ein dem Sein unangemessenes Bewußtsein, sogenanntes

---

müssen, weil von ihnen aus Licht auf die gesellschaftlichen Bewegungen fällt, wie umgekehrt die Auffassung des Menschen im engsten Zusammenhang mit der konkreten gesellschaftlichen Lage steht. Im Sinne dieser *wechselseitigen Erhellung von menschlichem Sein und gesellschaftlicher Lage* sind die Ausführungen des Textes gemeint. Vgl. auch S. 231 Anm. 1.

„falsches Bewußtsein" gibt, beweist nichts gegen die Einheit von Sein und Bewußtsein[4]. Denn selbst der Begriff „falsches Bewußtsein" ist nur möglich und die Sache ist nur erkennbar, wenn es richtiges Bewußtsein gibt. Richtiges Bewußtsein aber ist seinsentspringendes und zugleich seinsbestimmendes Bewußtsein. Es ist nicht eins ohne das andere. Denn der Mensch ist Einheit in der Doppelung, und aus dieser Einheit wachsen die beiden Wurzeln, denen alles politische Denken entspringt.

Der Mensch findet sich vor; er findet sich vor, wie er seine Umwelt vorfindet und wie diese ihn und sich selbst vorfindet. Sich vorfinden aber heißt: nicht von sich selbst stammen, einen Ursprung haben, der man nicht selbst ist, oder wie das prägnante Wort von Martin Heidegger lautet: „Geworfensein". Aus dieser Lage ergibt sich die menschliche Frage nach dem „Woher". Erst spät tritt sie als philosophische Frage auf. Immer aber ist sie wirksam und findet im Mythos ihre erste und für alle Folgezeit maßgebende Antwort.

Der Ursprung läßt entspringen. Durch Sprung entsteht ein Neues, das vorher nicht war und nun ein anderes, Eigenes gegenüber dem Ursprung ist. Wir finden uns zwar als Gesetzte, aber zugleich auch als Eigene. In der Spannung zwischen Gesetztsein und Eigensein verläuft unser Leben. Denn der Ursprung läßt uns nicht los. Ist er doch nicht etwas, das war und nicht mehr ist, nachdem wir Eigene geworden sind. Vielmehr stehen wir ständig im Ursprung; er trägt uns, er läßt uns in jedem Augenblick aus sich entspringen und darum hält er uns fest. Er hat uns als Neues, Eigenes hingestellt; aber er nimmt uns als solches auch wieder zurück. Schon im Geborenwerden ist das Sterbenmüssen mitgesetzt. „Woher aber ihnen die Geburt ist, dahin geht auch ihr Sterben nach der Notwendigkeit", sagt das erste uns überlieferte Wort der abendländischen Philosophie. In Geburt, Entfaltung und Tod verläuft unser Leben. Über das, was mit der Geburt gesetzt ist, kommt kein Lebendiges hinaus; Entfaltung ist Wachsen und Vergehen dessen, was aus dem Ursprung kommt und zum Ursprung zurückkehrt. Der Mythos hat diesem Sachverhalt unendlich mannigfaltigen Ausdruck gegeben, je nach den Gegenständen und Vorgängen, in denen eine Menschengruppe ihren Ursprung anschaut. Durch allen Mythos aber klingt hindurch das Gesetz des Kreislaufes von Geburt und Tod. Aller Mythos ist Ursprungsmythos, Antwort auf die Frage nach dem Woher und Ausdruck des Stehens im Ursprung und in der Gebundenheit an seine Macht. – *Das ursprungsmythische Bewußtsein ist die*

[4] Vgl. dazu das Kapitel: Das Problem des historischen Materialismus. S. 320.

Wurzel alles konservativen und romantischen Denkens in der Politik.

Aber der Mensch findet sich nicht nur vor; er weiß sich nicht nur gesetzt und zurückgerufen im Kreislauf von Geburt und Tod wie alles Lebendige. Er erfährt eine Forderung, die ihn loslöst von der einfachen Gebundenheit an das Vorgefundene, die ihn zwingt, zu der Frage nach dem „Woher" die Frage nach dem „Wozu" hinzuzufügen. Mit dieser Frage ist der Kreislauf grundsätzlich durchbrochen, der Mensch über die Sphäre des bloß Lebendigen erhoben. Denn die Forderung fordert etwas, was noch nicht da ist, was sein soll, was zur Erfüllung kommen soll. Ein Wesen, das eine Forderung erfährt, ist nicht mehr einfach an den Ursprung gebunden. Für den Menschen kommt es auf mehr an als auf bloße Entfaltung dessen, was schon ist. Durch die Forderung ist er gewiesen auf das, was sein soll. Und das Gesollte ist nicht mit der Entfaltung des Seienden gegeben; sonst wäre es Seiendes, nicht Gesolltes. Das bedeutet aber: Die Forderung, die über dem Menschen steht, ist unbedingt. Das Wozu ist nicht eingeschlossen in die Grenzen des Woher. Es ist ein unbedingt Neues, das jenseits des Neuen und Alten der bloßen Entfaltung liegt. Durch den Menschen soll unbedingt Neues verwirklicht werden, das ist der Sinn der Forderung, die er erfährt, die er erfahren kann, weil in ihm das Sein gedoppelt ist. Denn er ist nicht nur ein Eigenes, ein Selbst, sondern er hat auch ein Wissen um sich selbst und dadurch die Möglichkeit, hinauszugehen über das, was er vorfindet in sich und um sich. Dies ist die menschliche Freiheit, nicht daß er einen sogenannten freien Willen hat, sondern daß er als Mensch nicht gebunden ist an das, was er vorfindet, daß er unter einer Forderung steht, daß durch ihn unbedingt Neues werden soll. Darum ist in ihm der Kreislauf von Geburt und Tod durchbrochen, ist sein Dasein und sein Tun nicht beschlossen in bloßer Entfaltung seines Ursprungs. Wo dieses Bewußtsein sich durchsetzt, ist die Ursprungsbindung grundsätzlich gelöst, der Ursprungsmythos grundsätzlich gebrochen. – *Die Brechung des Ursprungsmythos durch die unbedingte Forderung ist die Wurzel des liberalen, demokratischen und sozialistischen Denkens in der Politik.*

Doch bleibt es nicht bei dem einfachen Gegensatz der beiden aufgewiesenen Momente des menschlichen Seins. Die Forderung, die der Mensch erfährt, ist unbedingt, aber sie ist ihm nicht fremd. Wäre sie seinem Wesen fremd, so ginge sie ihn nichts an, so könnte er sie nicht vernehmen als Forderung an ihn. Sie trifft ihn nur, weil sie sein eigenes Wesen als Forderung vor ihn hinstellt. Nur darauf beruht die Unbedingtheit, Unabweisbarkeit, mit der das Soll an den Menschen herankommt und von ihm bejaht werden muß. Ist die Forderung aber das eigene Wesen des Menschen, so ist sie im Ursprung begründet, so gehören das Woher und das Wohin nicht zwei verschiedenen Welten an. Und doch ist das Geforderte dem Ursprünglichen gegenüber ein unbedingt Neues. Das bedeutet aber: *Der Ursprung ist zweideutig.* In ihm ist eine Spaltung zwischen wahrem und wirklichem Ursprung. *Das wirklich Ursprüngliche ist nicht das in Wahrheit Ursprüngliche.* Es ist nicht die Erfüllung dessen, was mit dem Menschen vom Ursprung her gemeint ist. Die Erfüllung des Ursprungs ist vielmehr das, was dem Menschen als Forderung, als Soll gegenübersteht. Das Wozu des Menschen ist das, worin sich sein Woher erfüllt. Der wirkliche Ursprung wird von dem wahren Ursprung verneint; nicht schlechthin und in jeder Beziehung; denn der wirkliche Ursprung hat, damit er Wirklichkeit sein kann, teil an dem wahren Ursprung; er ist sein Ausdruck, aber er ist auch seine Verhüllung und Entstellung. Von dieser Zweideutigkeit des Ursprungs weiß das reine ursprungsmythische Bewußtsein nichts. Darum hält es an dem Ursprung fest und empfindet das Hinausgehen über ihn als Frevel[5]. Erst wenn durch die Erfahrung der unbedingten Forderung das Bewußtsein von der Ursprungsbindung gelöst ist, enthüllt sich ihm die Zweideutigkeit des Ursprungs.

Die Forderung geht auf Erfüllung des wahren Ursprungs. Nun erfährt der Mensch eine unbedingte Forderung nur vom anderen Menschen. Die Forderung ist konkret in der Begegnung von „Ich und Du". Inhalt der Forderung ist darum, daß dem „Du" gleiche Würde mit dem „Ich" zugestanden wird, die Würde, frei zu sein, Träger zu sein der Erfüllung dessen, was im Ursprung gemeint ist. Die Anerkennung des Du als gleicher Würde mit dem Ich ist die Gerechtigkeit[6]. *Die Forderung, die von dem zweideutigen Ursprung losreißt, ist die Forderung der Gerechtigkeit.* Aus dem ungebrochenen Ursprung folgen Mächte, die miteinander in Spannung stehen, Herrschaft suchen und einander zerstören. Aus dem ungebrochenen Ursprung kommt Macht des Seins, Werden und Vergehen von Gewalten, die „einander Strafe und Buße zahlen für ihren Frevel nach der Zeit-Ordnung", wie es in dem schon angeführten ersten Wort der griechischen Philosophie heißt. Die unbedingte Forderung hebt über diesen tragischen Kreislauf des

[5] Die Zweideutigkeit des Ursprungs wird von einer Vitalphilosophie verleugnet, wie sie Klages in seinem großen Werk „Der Geist als Widersacher der Seele" entwickelt hat. Die politischen Wirkungen dieser Philosophie zwingen den Sozialismus zur Auseinandersetzung mit ihr, s. u. S. 259.

[6] Die „formale" Begründung der Gerechtigkeits-*Forderung* ist unvermeidlich, wenn ihre Unbedingtheit nicht angetastet werden soll. Daher der Kantische „Formalismus", der gültig bleibt, auch wenn das Gerechtigkeits-*Ideal* seine Erfüllung aus einer konkreten, z. B. der proletarischen Situation erhält.

Seins hinaus. Sie setzt der Macht und Ohnmacht des Seins die Gerechtigkeit entgegen, die aus dem Soll kommt. Und doch ist es keine bloße Entgegensetzung, denn das Soll ist Erfüllung des Seins. *Gerechtigkeit ist die wahre Macht des Seins.* In ihr ist das erfüllt, was im Ursprung gemeint ist. – Für das Verhältnis der beiden Elemente menschlichen Daseins und der beiden Wurzeln politischen Denkens ergibt sich daraus, daß die Forderung dem bloßen Ursprung, die Gerechtigkeit der bloßen Macht des Seins übergeordnet ist. Die Frage nach dem Wozu ist höheren Ranges als die Frage nach dem Woher. *Der Ursprungsmythos darf nur gebrochen, enthüllt in seiner Zweideutigkeit, in das politische Denken eingehen.*

2. Betrachtung und Standpunkt

Das Verhältnis der beiden Wurzeln politischen Denkens ist keine einfache Nebenordnung. Die Forderung ist dem Ursprung übergeordnet. Darum kann eine Betrachtung der politischen Richtungen nicht von der Voraussetzung ausgehen, daß es sich in ihnen um gleichberechtigte, typisch menschliche Haltungen handelt. *Der Begriff des Typischen ist nicht anwendbar, wo Entscheidungen verlangt werden.* Das aber ist der Fall, wenn eine unbedingte Forderung gestellt ist. Ihr kann man nicht durch nebenordnende, typisierende Betrachtung gerecht werden; schon durch diese Betrachtung hat man sich ihr entzogen, hat in Wahrheit schon dem Gegner recht gegeben, mit dem man sie in angeblich neutraler Beschreibung auf gleiche Stufe stellt. Das gilt im Grunde von jedem Versuch, Geistiges zu verstehen. Dem Geist kann man nicht zuschauen; er stellt Forderungen, er fordert Entscheidungen. Niemand kann den Sozialismus verstehen, der seine Gerechtigkeitsforderung nicht als Forderung an sich erfahren hat. *Wer nicht mit dem Geist des Sozialismus gerungen hat, kann über den Sozialismus nur von außen, d. h. in Wahrheit gar nicht reden.* – Anders steht es mit den politischen Richtungen, in denen die Ursprungsbindung Übergewicht hat. Auch sie müssen verstanden werden, auch in ihnen spricht Geist zu Geist und zwingt zur Entscheidung. Aber die Entscheidung soll gerade in der Richtung ergehen, daß man auf Frage und Entscheidung verzichtet und zum bloßen Sein zurückkehrt. Man bejaht das Ursprüngliche und sucht, mit seiner Hilfe das Geforderte abzuwehren. Man gebraucht zwar den Geist, aber gegen den Geist, man fragt, aber gegen das Fragen, man fordert, aber gegen das Fordern. Man sucht geistig den Geist zurückzuholen in die Gebundenheit des

Seins. Das ist der innere Widerspruch der politischen Romantik in allen ihren Äußerungen. Um seinetwillen ist es grundsätzlich unmöglich, sich *geistig* für sie zu entscheiden. Solange die Ursprungsbindung ungebrochen ist, kann es zu keiner Entscheidung kommen, weil keine Wahl besteht. Ist sie aber gebrochen, so kann die Entscheidung für sie nur Aufhebung freier Entscheidung überhaupt sein. Über diesen Widerspruch kommt kein Versuch hinaus, die politische Romantik geistig zu begründen.

Die Wurzeln des politischen Denkens sind nicht wieder Gedanken, sondern menschliches Sein, also Sein, das in sich gedoppelt ist, bewußtes Sein. Das bedeutet: Politisches Denken ist notwendig Ausdruck eines politischen Seins, einer Gesellschaftslage. Ohne die gesellschaftlichen Realitäten zu kennen, aus denen politisches Denken hervorwächst, ist das Denken selbst nicht zu verstehen. Die Wurzeln des politischen Denkens können nicht zu jeder Zeit und nicht in jeder Gruppe mit gleicher Kraft wirken. Das Übergewicht der einen und der anderen Seite ist gebunden an eine bestimmte gesellschaftliche Lage, an bestimmte Gruppen und Herrschaftsformen; es ist weiter gebunden an bestimmte sozialpsychologische Strukturen, die in Wechselwirkung mit der objektiven Gesellschaftslage stehen. Die Wirtschafts- und Herrschaftsformen einer Periode geben auf dem Wege über ihre gruppenpsychologischen Auswirkungen – von denen sie ihrerseits Rückwirkungen erfahren – den verschiedenen Elementen menschlichen Seins die jeweilig überwiegende Verwirklichungsmöglichkeit[7]. – Aus der Zu-

[7] Daraus könnte die methodische Folgerung gezogen werden, daß es richtiger sei, bei den geschichtlichen Wirklichkeiten stehen zu bleiben und auf den Aufweis der Wurzeln zu verzichten. Sie seien unerkennbar und realitätslos. Von der geschichtlichen Wirklichkeit unabhängige Urelemente menschlichen Seins gäbe es nicht. Der Mensch sei das, was er in der jeweiligen Gesellschaftslage sei, nichts darüber hinaus. Aber diese Folgerung widerspricht sich selbst, sobald sie Worte wie Mensch, Geschichte, Gesellschaftslage usw. gebraucht. Denn diese Worte sollen die gesamte Geschichte des Menschen treffen, sind also insofern nicht selbst an einen geschichtlichen Moment gebunden. – Es ist darum keineswegs nötig, von einem „ewigen Wesen" des Menschen zu reden. Wohl aber ist es nötig, den begegnenden, geschichtlichen Menschen als eine Einheit zu fassen, da sonst überhaupt nichts ausgesagt werden könnte, auch nicht über die konkreteste geschichtliche Erscheinung. Vor allem aber würde damit jede Norm aufgehoben sein. Die Leidenschaft, mit der Vertreter jenes angeblich radikal historischen Denkens Werturteile fällen, z. B. über den Kapitalismus, ja die ganze menschliche Geschichte als Geschichte von Klassenkämpfen deuten und werten, zeigt, daß das Normbewußtsein bei ihnen keineswegs erloschen ist, daß ihnen vielmehr ein Bild von menschlicher Gesellschaft vorschwebt, in der das menschliche Sein zu besserer Erfüllung kommt als in der Gegenwart. Damit aber ist, wenn auch

sammengehörigkeit von gesellschaftlichem Sein und politischem Bewußtsein ergibt sich eine Frage, die beantwortet sein muß, ehe die Behandlung politischer, speziell sozialistischer Probleme in Angriff genommen werden kann. Wie sich zeigen wird, ist der Sozialismus unmittelbar Ausdruck der proletarischen Situation. Wie ist es dann möglich, so könnte gefragt werden, von einem Ort, der selbst nicht der proletarische ist, den Sozialismus zu kritisieren und zu begründen? Darauf ist folgendes zu antworten: Wohl ist das Bewußtsein an das Sein gebunden, aber im Sinne einer funktionellen, nicht einer biographischen Zusammengehörigkeit. Bestimmte Gedanken, ganz gleich, ob sie von Aristokraten oder Bürgern ausgesprochen waren, hatten die Funktion, das bürgerliche Sein auszudrücken. Und gewisse Gedanken, ganz gleich, ob sie von Bürgern oder Proletariern ausgesprochen werden, haben die Funktion, proletarisches Sein auszudrücken. Die Tatsache, daß es vor allem Aristokraten waren, die die bürgerliche Gesellschaft vorbereiteten, und Bürger, die dem Proletariat das Bewußtsein seiner selbst gaben, zeigt, wie wenig es dabei auf die biographische Zuordnung ankommt. Ja, die Distanz von Sein und Bewußtsein kann geradezu die Voraussetzung für die Erhebung des Seins zum Bewußtsein werden. *Zur Erkenntnis gehört nicht nur Seinsverbundenheit, sondern auch Seinsabstand.* Darum ist der in seiner ursprünglichen Gruppen- und Klassenlage Erschütterte am geeignetsten, einer fremden Klassenlage das Bewußtsein ihrer selbst zu geben. Die größten Beispiele dafür sind Marx und Lenin. Sie genügen, um die Zuordnung von Gesellschaftslage und politischem Denken von vornherein aus der Sphäre des Biographischen in die des Funktionellen zu erheben[8].

3. Prinzip und Wirklichkeit

Für die zusammenfassende Charakteristik der politischen Gruppen ist das Wort „Prinzip“ verwendet. Dafür sind folgende Erwägungen maßgebend gewesen: Es ist die Aufgabe des Denkens, aus einer Mannigfaltigkeit von Erscheinungen das herauszuheben, was die Gemein-

---

ungewollt, ein übergeschichtliches Moment bejaht: das menschliche Sein als ein zu erfüllendes. Der Aufweis der Urelemente menschlichen Seins bedeutet also keineswegs die Aufhebung der Forderung, des Hinausgehens und der Erwartung. Denn Sein und erfülltes Sein unterscheiden sich wie Ursprung und Ziel.

[8] Ausführliches über das Ideologieproblem s. u. in dem Kapitel: Das Problem des historischen Materialismus. S. 320.

samkeit schafft und das Einzelne vom Ganzen her verständlich macht. Diese Aufgabe wird gewöhnlich mit Hilfe eines Wesensbegriffs gelöst. Das Verhältnis von Wesen und Erscheinung beherrscht seit Plato die abendländische Erkenntnislehre. Nun hat sich aber gezeigt, daß historischen Wirklichkeiten gegenüber die Wesenslogik unzulänglich ist[9]. Das „Wesen einer geschichtlichen Erscheinung" ist eine leere Abstraktion, aus der die lebendige Kraft der Geschichte ausgetrieben ist. Dennoch können zusammenfassende Charakteristiken nicht entbehrt werden, wenn es sich um eine einheitliche Bewegung handelt. Der Hinweis auf die geschichtliche Kontinuität genügt nicht, da ja eine Auswahl aus der unendlichen Fülle kontinuierlich sich aneinander reihenden Geschehens gegeben werden muß. Es muß also ein anderer Weg für historische Charakterisierung gesucht werden: An Stelle des Wesensbegriffs, der aus der Naturerkenntnis abgeleitet ist, muß in Angemessenheit an den Charakter der Geschichte ein dynamischer Begriff treten. *Dynamisch ist ein Begriff, der in sich die Möglichkeit enthält, neue unerwartete Verwirklichungen eines geschichtlichen Ursprungs verständlich zu machen.* Solche Begriffe möchte ich Prinzipien nennen. Ein Prinzip enthält nicht das Abstrakt-Allgemeine einer Menge von Einzelerscheinungen, sondern es enthält die reale Möglichkeit, die Dynamis, die Macht einer geschichtlichen Wirklichkeit. Das Prinzip kann niemals aus der Menge seiner Einzelverwirklichungen abstrahiert werden, denn es steht seiner Wirklichkeit immer auch kritisch und richtend, nicht nur begründend und tragend gegenüber. Es kann keinen Widerspruch zwischen Wesen und Erscheinung, wohl aber zwischen Prinzip und Verwirklichung geben. Der Zugang zum Prinzip ist darum nicht anders möglich als durch ein Verstehen, das immer zugleich eine Entscheidung enthält. Niemand versteht z. B. das Prinzip des Protestantismus aus der Gesamtheit dessen, was von jeher im und am Protestantismus geschehen ist. Zu verstehen ist es nur auf Grund einer Entscheidung, von der aus die gesamte Geschichte des Protestantismus nicht nur begriffen, sondern auch kritisiert wird. Diese Erwägung schließt sich mit der anderen zusammen, daß Geist nur in einer geistigen Entscheidung verstanden werden kann. So ist auch der Sozialismus nur zu verstehen von einem sozialistischen Prinzip her, das in einer sozialistischen Entscheidung gewonnen wird und von dem aus die sozialistische Wirklichkeit zugleich verstanden und gerichtet wird.

Prinzip darf nicht mit Idee, allgemeinstem Begriff oder dergleichen verwechselt werden. Prinzip ist die reale Macht, die eine geschichtliche

[9] Vgl. vor allem die Schrift von Troeltsch: Was heißt „Wesen des Christentums"? Ges. Werke. Band 2. S. 386 ff.

Erscheinung trägt und ihr die Möglichkeit gibt, sich neu und doch in Kontinuität mit der Vergangenheit zu verwirklichen. Das Prinzip der politischen Romantik ist die innere Mächtigkeit der die politische Romantik tragenden Gruppen, in Begriffe gefaßt und von den Wurzeln menschlich-geschichtlichen Seins her verstanden. Das Prinzip des Sozialismus ist keine sozialistische Idee, sondern ist die in ihrer Dynamik erfaßte proletarische Situation. Prinzip ist also kein ideologischer, sondern ein die Realität beschreibender Begriff. *Prinzip ist die Macht eines geschichtlichen Seins, in Begriffe gefaßt*[10].

Erster Teil

Die politische Romantik, ihr Prinzip und ihr Widerspruch

I. Die Voraussetzungen der politischen Romantik

1. Ursprungsmythische Mächte

Der Ursprungsmythos schaut den menschlichen Ursprung an in übermenschlichen, naturhaften Gestalten mannigfacher Art. Gemeinsam ist ihnen allen, daß sie Ausdruck der menschlichen Vater- und Mutter-Bindung sind, daß sie also mit der Macht dieser Bindung das Bewußtsein festhalten und es nicht aus ihrer Herrschaft entlassen wollen. Mythenforschung, Tiefenpsychologie, Soziologie und Ontologie haben gemeinsam und in eigentümlichem Zusammenspiel[1] diese urmenschliche Situation enthüllt. – Der Ursprung wird im mythischen Bewußtsein niemals abstrakt als Ursprung überhaupt, sondern immer konkret in *bestimmten Ursprungsmächten* angeschaut. So mannigfaltig menschliches Dasein überhaupt ist, so mannigfaltig sind seine Ursprünge, so

[10] Vgl. meine Herausarbeitung eines protestantischen Prinzips in meinen Schriften: Religiöse Verwirklichung. Berlin 1930. Protestantisches Prinzip und proletarische Situation. Bonn 1931. Der Protestantismus als Kritik und Gestaltung, Zweites Buch des Kairos-Kreises. Darmstadt 1929.

[1] Vgl. namentlich die Untersuchungen über das Phänomen der Angst bei Heidegger, Freud, Goldstein; die Verbindung von Psychoanalyse und Mythenforschung bei Freud und Jung; die Betrachtung des Todes bei Heidegger und Freud.

mannigfaltig auch die im Mythos angeschauten und im Kultus vergegenwärtigten Ursprungsmächte. Doch ist es möglich, einige überall maßgebende Gruppen von Ursprungsmächten, die zugleich überragende politische Bedeutung haben, zusammenzufassen.

Die allgemeinste und zugleich konkreteste Macht des Ursprungs ist der *Boden.* In ihm gründet die vegetative Schicht menschlichen und allen Daseins. Er läßt aus sich hervorgehen, trägt, nährt, nimmt in sich zurück. Er bannt in den Kreislauf von Geburt und Tod. Die Bodengottheiten sind die heiligsten; sie lassen das Bewußtsein am schwersten los. Wer den Boden verloren hat, der ihn hervorbrachte, hat seinen Gott und dessen tragende Kraft verloren. Er ist elend, heimatlos, entmächtigt. Das Bodengefühl des Bauern, des Grundherrn, das Heimatgefühl auch noch des Bewohners der landschaftsgebundenen Stadt, in letzter Ausweitung das nationale Boden- und Heimatsgefühl hat hier seine Wurzel. – Die Abhängigkeit vom Ursprung drückt sich in doppelter Richtung aus: als Gebundenheit an den Kreislauf des vegetativen Daseins und seine ewig gleichen Gesetze und zugleich als Abhängigkeit von den übergreifenden Mächten, die unberechenbar Gutes und Böses spenden und denen man sich beugen muß. Die kultische Haltung gipfelt in der Erhöhung der eigenen Seinsmächtigkeit durch die göttliche in Rausch und Ekstase, zugleich aber in der Bereitschaft, im Tode die eigene Seinsmächtigkeit zugunsten der göttlichen aufzugeben. Alle diese Elemente der Bodengebundenheit wirken bis in die höchsten Kulturen nach und brechen immer wieder aus ästhetischer und politischer Rationalisierung gewaltsam hervor (Rausch, Machtwille, Selbstzerstörung).

Über der vegetativen Form des Ursprungs, wie sie im Boden geschaut wird, baut sich auf die animalische, *der Ursprung des Blutes.* Sie ist eine engere, bestimmtere Macht des Ursprungs. Die animalische Mächtigkeit bewährt sich in der Begegnung mit fremder Macht gleicher Art, in Auswahl durch Kampf und Züchtung. Der Ursprung differenziert sich in edlen und gemeinen. Begriffe wie „edles Blut", „edle Rasse", „edles Geschlecht" treten hier auf. Der edle Ursprung ist göttlicher Ursprung im Sinne besonderer Erwählung. Je näher ein Mensch dem Ursprung, desto seinsmächtiger, desto edler ist er. Seinsmächtigkeit im animalischen Sinne ist nicht etwa brutale Kraft, sondern ist geformte Lebensfülle. Ursprungsnähe und höchste Geformtheit widersprechen sich nicht, sondern gehören zusammen. Denn zur Form kommen heißt zum Sein kommen. Darum ist die Einheit von Jugend und Form höchstes animalisches Symbol. – Die animalische Seinserhöhung drückt sich aus in heroischer Ekstase, in der sich Leben und Tod, Mut und Schwermut einen. Edel ist, was sich dem Tode, der Rückkehr zum Ursprung weiht. Aber nicht resigniert, auch nicht pflichtgemäß, sondern ekstatisch. Aus der Seinsmächtigkeit, die sich in der Todesbereitschaft bewährt, folgt unmittelbar das gesellschaftliche Übergewicht, die Herrschaftsmacht der edlen Rasse[2]. Zu dem Ursprung des Bodens und des Blutes kommt der Ursprung aus der *sozialen Gruppe*. Keiner dieser drei schließt den anderen aus. Und doch enthält jeder ein besonderes Moment, das überwiegt und zu Entgegensetzungen führen kann. Das gilt insbesondere von dem sozialen Ursprung. Er ist da am deutlichsten anschaubar, wo eine gewisse Loslösung vom Boden stattgefunden hat und nun wie im Nomadentum die soziale Gruppe für den Einzelnen das unmittelbar Tragende ist. Die Einheit des Stammes wird angeschaut im Stammvater, der Blutszusammenhang wird zum patriarchalischen Herrschaftszusammenhang. Während Boden und Blutsursprung sich häufiger im Muttersymbol ausdrücken, überwiegt in der sozialen Sphäre das Vatersymbol. Im Vater verbindet sich das tragende und das fordernde Moment, während in der Mutter, in Boden und Blut, das unmittelbare Ursprungs-Gesetz deutlicher sichtbar wird. Die Bindung an den Vater hat darum die Form der Bindung an das ursprünglich Geforderte, an die uralte Satzung, die sich vom Vater auf den Sohn forterbt. Die Ahnenreihe ist sowohl Ausdruck des Blutsursprungs als auch der Kontinuität der sozialen Gruppe und ihrer Satzung. Ekstase tritt hier auf als Erfülltheit von der Macht des Gruppenursprungs und als Verkündigung und Durchsetzung des Uralten gegenüber der Neuerung, der Tradition gegenüber dem Fortschritt. Häufig verbindet sich damit Ablehnung der Ekstasen der Fruchtbarkeit und des Heroismus, weil durch sie die sozial begründete und bestimmte Forderung des Vaters bedroht ist. Die uralte Satzung formt das Unbewußte, sie wirkt durch die Ahnenreihe, sie bannt in den Kreis der Gruppe und ihrer patriarchalischen Herrschaft. Und doch ermöglicht der Forderungscharakter des Vaterursprungs eine Brechung des Ursprungsmythos überhaupt. Noch ist es eine Möglichkeit. Noch herrscht der Ursprung. Gefordert wird Einordnung in die Gruppe. Wirklichkeit wird die Befreiung vom Ursprung erst, wenn auch der Bruch mit der sozialen Gruppe gefordert werden kann: in der Prophetie.

In allen drei Richtungen des Ursprungsmythos wird das Entspringende vom Ursprung her gesehen und bestimmt. Diese Beziehung des Bewußtseins auf den Ursprung wird aufrechterhalten und aus-

[2] Vgl. die entsprechende Darstellung in dem Kapitel über Herrschaft und Knechtschaft in Hegels „Phänomenologie des Geistes" Bd. IV A.

drücklich gemacht im *Priestertum.* Es deutet den Ursprung als Uroffenbarung. Die in den übrigen Lebensformungen unmittelbar wirkende, gestaltende Kraft des Ursprungs wird hier in Mythos und Lebenshaltung Gegenstand besonderer Akte. Das Priestertum wahrt die heilige Tradition, wahrt und stellt wieder her die Verbindung mit den Mächten des Ursprungs. Es steht in fortdauernder besonderer Beziehung zu dem Woher menschlichen Seins. Die Ekstatik als reines Erfülltsein von den jenseitigen Mächten des Ursprungs wird gepflegt, das Offenbarte als Mysterium gehütet; die vitalen Ekstasen werden geformt, begrenzt, umgebildet, ohne jedoch verneint zu werden. Die Ausdrücklichkeit der Formgebung vom Ursprung her führt zu Ausdrücklichkeit, Bewußtheit überhaupt; die Macht des Wortes als magische, zum Teil auch schon als rationale Macht wird erfahren. Doch werden die Grenzen des ursprünglich Offenbarten grundsätzlich nicht überschritten. – Der Ausdrücklichkeit der religiösen Formgebung entspricht weiter die Tendenz zu gesellschaftlicher Besonderung. In dem Maße, in dem das Priestertum sich loslöst von den konkreten Ursprungsmächten und sich auf den Ursprung überhaupt richtet, gewinnt es soziologische Selbständigkeit als Träger der Religion, d. h. (dem Wortsinn nach) der Ursprungsverbindung. Da aber das Abstrakte aus dem Konkreten Inhalt und Fülle ziehen muß, so ist das Priestertum immer zugleich weihende und bestätigende Instanz für die übrigen Mächte und ihre Formung, die ihrerseits auf die priesterliche Bestätigung angewiesen sind[3].

Der Ursprung enthält in sich das Gesetz des *Kreislaufs:* Was von ihm kommt, muß zu ihm zurück. Wo der Ursprung herrscht, kann es das Neue nicht geben. Die Herrschaft des Woher macht die Ernsthaftigkeit des Wozu unmöglich. Der Kreislauf kann enger und weiter gespannt sein: er bleibt Kreislauf. Am engsten ist er in der vegetativen Sphäre, im Aufblühen, Fruchtbringen und Absterben; weiter im Animalischen, wo in der Begegnung der Mächtigkeiten, im Kampf, im Werden und Vergehen von Machtverhältnissen Geschichte wird. Noch weiter ist der Kreis im Sozialen, wo im Verhältnis des Einzelnen zur Gruppe Recht und Sittlichkeit sich formen und umformen und die Frage nach dem Wozu sich ankündigt. Aber gestellt wird sie nicht, solange die Herrschaft des Vaters unangetastet ist. Auch die priesterlichen Mysterien und Offenbarungen beziehen sich auf das

[3] Für eine von politischem Impuls getragene soziologische und religionsgeschichtliche Forschung öffnen sich – wie die kurze Kennzeichnung der Ursprungsmächte beweist – fast unbegrenzte Gebiete, die auf diese Weise höchste Aktualität gewinnen.

Woher und ihre Kulte und Einweihungen auf die Rückkehr zum Ursprung[4].

Das bedeutet aber, daß hier überall die Zeit unter der *Herrschaft des Raumes* steht. In der Zeit, die als Kreislauf oder als Kreis von Kreisen angeschaut wird, ist die Zeit nicht zu ihrem Wesen, ihrer eigentlichen Macht gekommen. Denn es ist ihre Macht, vorwärts zu gehen, unumkehrbar, auf das Neue, das Wozu[5]. Solange sie diese Bedeutung nicht hat, ist sie eine Modifikation des Raumes. Für alle ursprungsgebundenen Gruppen hat darum Dasein die Bestimmung des Raum-Erhaltens und Sich-Raum-Schaffens. Der Verlust des eigenen Raumes ist Daseins-Verlust. Das gilt ebenso von der Bodengebundenheit des vegetativen Daseins und seiner soziologischen Entsprechung, dem Bauerntum, wie von der Bodenherrschaft in der animalischen Sphäre, die zwar weniger abhängig ist von dem einzelnen Boden, aber wandernd oder kämpfend doch gebunden bleibt an den Umkreis des beherrschten Bodens überhaupt, und die vor allem dem Einzelnen entsprechend seiner im Kampf bewährten Mächtigkeit seinen Daseinsraum als *Stand* zuweist und ihn an diesen ständischen Raum bindet. Es gilt von der sozialen Gruppe, die den Einzelnen dadurch trägt, daß sie ihm seinen Anteil an dem sozialen Daseins-Raum garantiert und dafür die Einordnung in diesen Raum und seine Struktur von ihm fordert. In Verbindung mit dem Boden- und Herrschafts-Raum entsteht so der Familien- und der nationale Raum. Ursprünglich raumgebunden ist selbst das Priestertum, das den gegebenen Boden-, Macht- und Sozial-Raum in seiner Besonderheit heiligt, d. h. ihm die transzendente Mächtigkeit des Ursprungs zuspricht. Der raumgebundene Kreislauf des Daseins mit seinen überkommenen Formen und Gesetzen, die gegebenen Boden- und Herrschaftsverhältnisse erfahren ihre Heiligung vom Ursprung her. Der Maßstab der Kritik ist das Ursprüngliche, auch wo der Lebensprozeß tatsächlich Neues erzwingt; es kann nur unter dem Namen des Ursprünglichen aufgenommen werden. – Ontologisch gesprochen bedeutet das: *Das Sein ist heilig.* Denn das Sein ist der Ursprung alles Seienden, und das Sein gilt als Kriterium alles Seienden: Seinsmächtigkeit ist höchster Maßstab. Das Sein ist sich

[4] Der Nachweis, daß die heidnischen Kulte und Einweihungen durchweg ursprungsgerichtet sind, kann hier nicht gegeben werden, ist aber leicht zu führen. „Eschatologische Sakramente“ (Albert Schweitzer) treten erst später und auf dem Boden von Religionen auf, die durch Enderwartung bestimmt sind (Parsismus, Judentum, Christentum).

[5] Diese Andeutungen über das Problem Raum und Zeit müssen genügen. Sie entstammen langjährigen Bemühungen um die Probleme der Geschichtsphilosophie.

selbst Wahrheit und Norm. Es bestimmt Gestalt und Grenzen seines Raumes. Ontologie steht auf dem Boden des Ursprungsmythos, der Raumgebundenheit. Sie muß auch die Zeit räumlich machen. Sie ist die letzte, abstrakteste Fassung des Mythos vom Ursprung[6].

2. Der Bruch mit dem Ursprungsmythos im Judentum

Der Ursprungsmythos hat notwendigerweise *polytheistische* Form. Das Nebeneinander als Grundstruktur des Raumes zwingt alles raumgebundene Dasein zu polytheistischer Mythologie. Nicht der Ursprung überhaupt, sondern der konkrete Ursprung ist heilig; denn er ist es, der trägt, der Mächtigkeit, Sein gibt. Wo der Ursprung allgemein und abstrakt geworden ist, ist der Ursprungsmythos in den Hintergrund getreten. Wo er herrscht, heiligt er den bestimmten Raum, diesen Boden, dieses Geschlecht, diese soziale Gruppe, dieses Volk. Daneben aber befindet sich anderer Boden, anderes Geschlecht, anderes Volk, die von *ihrem* Gott und *ihrem* Priestertum die Weihe empfangen. Und es bleibt nicht bei einem einfachen Nebeneinander. Die schöpferischen Kräfte des Ursprungs drängen über den Ort des Entspringens hinaus. Sie wollen sich andere Ursprungsmächte unterwerfen, ihren Raum erweitern; sie erheben universalen Anspruch, wollen in letzter Zielsetzung den Raum überhaupt umfassen. Das ist in doppelter Hinsicht im Ursprung selbst begründet: Der reine Ursprung, die bloße Macht des Seins, das ungebrochene Drängen zur Verwirklichung, hat in sich keine Grenze. In der Natur ist die Grenze mit dem Ursprung gesetzt; jedes Wesen hat seinen Bereich. Zum Menschen gehört die Möglichkeit, über jeden begrenzten Bereich hinauszugehen. Seine Möglichkeit ist seine Versuchung, die Versuchung, den begrenzten Raum erweitern zu wollen zum unendlichen Raum. Dieses Streben findet seine grundsätzliche Rechtfertigung in der jenseitigen Begründung der Ursprungsmacht durch das Priestertum. Es widerspricht dem Wesen des Jenseitigen, Unbedingten, an einen endlichen, bedingten Raum gebunden zu sein. Der eigene Gott wird als der mächtigste, als der „Herrscher Himmels und der Erde“ angerufen. Der begrenzte Ursprung geht über in den unbegrenzten, ohne aufzuhören, begrenzter Ursprung zu sein; und der besondere Gott wird Weltengott, ohne aufzuhören, besonderer

---

[6] Damit ist der Ontologie so viel Recht zugesprochen wie der Ursprungsbindung überhaupt, d. h. sie hat recht nur, sofern sie geschichtsphilosophisch gebrochen ist. Eine abstrakte, von der Beziehung zur Geschichte losgelöste „Fundamentalontologie“ ist damit ausgeschlossen.

Gott zu sein. Aber der Widerspruch treibt weiter: Das mythische Bewußtsein schafft übergreifende Einheiten, sucht den Polytheismus durch den *Imperialismus eines Gottes*, d. h. *eines* Raumes zu überwinden. So kommt es zur Vereinigung von Ländern in einem kultischen Verband, zur Verschmelzung von Geschlechtern, Stämmen und Völkern in einem Herrschaftsgebilde. Und es kommt – meistens nachträglich – zu priesterlicher Mythenverschmelzung; und es kommt schließlich zu philosophischer Abstraktion: in der Idee einer Ganzheit des Seienden, deren logischer Imperialismus ein zutreffender Ausdruck des mythisch-politischen Imperialismus ist, mit dem er zusammenhängt. – Aber die ursprüngliche Bodengebundenheit ist stärker als die Kraft der übergreifenden Einheit. Aus dem besonderen Boden mit seiner schöpferischen Ursprünglichkeit brechen ständig Kräfte der Besonderung und zerreißen die Herrschaftseinheiten. Das Gegeneinander und die Dämonie der Zerspaltung behalten das letzte Wort auf dem Boden der Raumgebundenheit.

Gebrochen wird die Herrschaft des Raumes da, wo sie es der Tendenz nach schon ist, in der sozialen Gruppe und im Zusammenhang mit der Forderung, die dem Vatersymbol innewohnt. *Das Sein verliert seine Unmittelbarkeit durch das Soll.* Auf die Frage nach dem Soll kann nicht mit dem Hinweis auf das Sein geantwortet werden. „Das Gute ist jenseits des Seins" (Plato). – Auf dem Boden des ungebrochenen Seins und der Heiligung des Raumes gibt es kein Soll. Das ungebrochene Sein hat keinen Forderungscharakter. Zwar stehen gute Seinsgestalten gegen schlechte, ekstatisch erhöhte gegen normale, aber als *Seins*gestalt ist jede der anderen gleich. Was ist, hat darin, daß es ist, keine Unterschiede. Eine andere Norm als das Sein kann es auf dem Boden des bloßen Seins nicht geben. Die Norm aber des bloßen Seins ist Seinsmächtigkeit und ihr Gegenteil Seinsohnmacht. Das bedeutet praktisch: Das Mächtige hat recht; und das ist die einzig mögliche Ethik auf dem Boden des konsequenten Ursprungsmythos. Aber freilich: Das ist keine Ethik, sondern eine Feststellung und unbegründete Benennung des Gleichen mit den beiden Namen Macht und Recht[7]. Wo das raumgebundene Denken ethische Normen verwendet, ist es schon über sich hinaus, meistens ohne darum zu wissen.

Es ist die Bedeutung der *jüdischen Prophetie*, den Ursprungsmythos

---

[7] Über das Verhältnis von Macht und Recht vgl. meinen Aufsatz über: Das Problem der Macht. S. 193. Dort wird gezeigt, daß keiner der beiden Begriffe vollziehbar ist, ohne daß der andere mitgedacht wird. Unmöglich ist ebenso die Auflösung des Rechts in Macht wie die Vorstellung eines machtlosen Rechts. Vgl. dazu auch die Schriften von Hermann Heller.

und die Raumbindung ausdrücklich bekämpft und überwunden zu haben. Auf dem Boden eines kräftigen sozialen Ursprungsmythos hat sie die soziale Forderung bis zur Sprengung der Ursprungsbindung radikalisiert. Der Gott ist frei von dem Boden, dem heiligen Land; nicht weil er fremde Länder erobert, sondern gerade weil er fremde Eroberer in das eigene Land führt, um das „Volk seines Erbes" zu strafen und der unbedingten Forderung zu unterwerfen. Das Band des Ursprunges zwischen Gott und Volk wird zerrissen, wenn das Band des Gesetzes vom Volk zerrissen wird. Das ist die Zerbrechung des Ursprungsmythos, die weltgeschichtliche Mission der jüdischen Prophetie. Mit der Zerreißung der Bodengebundenheit verlieren auch die übrigen Formen des Ursprungsmythos ihre Kraft. Die heilige Aristokratie, einschließlich des Königtums, wird um der Gerechtigkeit willen verworfen. Die Berufung auf die Volkszugehörigkeit hilft nichts gegenüber der unbedingten Forderung, um derentwillen der Volksfremde gleich, ja höher geachtet werden kann. Die priesterliche Tradition wird nicht aufgehoben, aber von der Gerechtigkeitsforderung beurteilt und in ihrem kultischen Teil entwertet. In dem Widerspruch des Propheten gegen den Priester drückt sich die Brechung des Ursprungsmythos in letzter Instanz aus[8].

Positiv bedeutet das die Erfassung der Zeit in ihrer wesenhaften Selbständigkeit und die *Erhebung der Zeit über den Raum.* Die Zeit bekommt eine Richtung; sie geht auf etwas zu, das nicht war, sondern sein wird und das, wenn es erreicht ist, nicht wieder verlorengeht. Die Erwartung eines „neuen Himmels und einer neuen Erde" bedeutet die Erwartung eines Seins, das der Seinsstruktur nicht unterworfen, das ontologisch nicht zu fassen ist. Das alte und das neue Sein können nicht dem gleichen Seinsbegriff untergeordnet werden. Das neue Sein ist wesentlich unontologisch. Es kann nicht vom Ursprünglichen abgeleitet werden. Es geht über das Ursprüngliche hinaus, gleichsam in einer zweiten Setzung, der Setzung des *Neuen in der Geschichte.* Dadurch erscheint der Ursprung selbst verändert. Er erhält den Charakter des Anfangs. Im Ursprungsmythos gibt es keinen zeitlichen Anfang. Aus dem Ursprung entspringt immer Seiendes und kehrt immer in ihn zurück; das Sein ist nicht der Anfang des Seienden, sondern seine ständige Wurzel. Die Prophetie verwandelt den Ursprung in den Anfang des Geschichtsprozesses: die Schöpfung, die selbst im Symbol eines geschichtlichen Aktes angeschaut wird. Dem Anfang entspricht ein Ziel und eine „Mitte", das Ereignis, von dem aus Sinn

[8] „Ich habe Wohlgefallen an Gerechtigkeit und nicht am Opfer."

und Richtung des Prozesses verstanden wird[9]. Dadurch wird das Nebeneinander des Raumes bedeutungslos gegenüber der Einheit der Zeitrichtung. Der Polytheismus ist gebrochen durch den Monotheismus der geschichtsmächtigen Gottheit und der geschichtstragenden Gemeinde. So konnte das Judentum zum „Volk ohne Raum" werden, ohne zugrunde zu gehen. Es wurde zum „Volk der Zeit" und der Überwindung des Nebeneinander und Gegeneinander der Räume[10].

Das *Christentum* hat in schweren Kämpfen den Geist des Judentums zur eigenen Grundlage gemacht. Es hat das Alte Testament, den Schöpfungsgedanken und die geschichtlichen Begriffe übernommen und gegen den Versuch verteidigt, das christliche Ereignis ursprungsmythisch umzudeuten. Bis an die Grenze seines Unterganges als selbständige Religion geriet das Christentum in diesen Kämpfen. Schließlich aber ging es siegreich hervor und legte das Alte Testament als unverrückbares Fundament fest. – Dennoch gewann auf zwei Wegen der Ursprungsmythos Macht im Christentum: einmal durch Entstehung eines christlichen Priestertums, das zahllose polytheistische und ursprungsmythische Elemente aufnahm und die urchristliche „Spannung nach vorn" in Hinwendung zum Gegebenen, zur heiligen Tradition umwandelte. Zweitens durch Eingehen des Christentums in die Völkerwelt und ihre mannigfachen ursprungsmythischen Lebensformen. So kehrten die von der Prophetie gebrochenen Mächte des Bodens, des Blutes, der Gruppe und des Standes wieder. Das Seinsmächtige wurde als solches im Namen des Christentums heiliggesprochen. Am schärfsten kommt das zum Ausdruck in der Bestätigung der gegebenen politisch-sozialen Machtverhältnisse und der nationalen Herrschaftsansprüche durch die christliche Kirche.

Demgegenüber bleibt es die *Funktion des jüdischen Geistes*, in Judentum und Christentum den prophetischen Protest gegen jede neu entstehende ursprungsmythische Bindung zu erheben, der Zeit, der unbedingten Forderung, dem Wozu zum Sieg zu verhelfen gegen den Raum, das bloße Sein und das Woher. Der Geist des Judentums ist

---

9 Zu der strengen Zusammengehörigkeit von Schöpfung und Geschichte vgl. die Geschichtsphilosophie von Friedrich Gogarten in seinem Buch „Ich glaube an den dreieinigen Gott". Jena 1926. — Zu dem Begriff der Mitte der Geschichte vgl. mein Buch „Religiöse Verwirklichung" S. 110 ff.

10 Was nicht ausschließt, daß es, besonders im europäischen Osten, ein bodengebundenes Judentum gibt, das demgemäß auch stark ursprungsmythische Züge hat, und daß der Zionismus als Versuch auftritt, einen jüdischen Raum zu gewinnen – allerdings unter Widerspruch derjenigen jüdischen Kreise, die darin eine Gefährdung der weltgeschichtlichen Aufgabe des Judentums sehen.

darum der notwendige und ewige Feind der politischen Romantik. Der Antisemitismus ist wesentlich mit ihr gesetzt. Das Christentum aber gehört seinem Prinzip nach in diesem Gegensatz radikal und eindeutig auf die Seite des Judentums: Jedes Schwanken in dieser Entscheidung ist Abfall von sich selbst, Kompromiß und Verleugnung der im „Kreuz" angeschauten Brechung aller Heiligkeit des Seins, auch des höchsten religiösen Seins. Ein Christentum, das im Bunde mit der politischen Romantik seine prophetische Grundlage preisgibt, hat sich selbst verloren[11].

Freilich darf Prophetie und Judentum nicht einfach gleichgesetzt werden. Die alttestamentliche Prophetie ist der durchgängige Kampf des „Geistes des Judentums" mit der *nationalen jüdischen Wirklichkeit*. Denn die national-jüdische Wirklichkeit ist wie die Wirklichkeit jedes Volkes von Natur heidnisch. Daher die Torheit gewisser nationalistischer Forderungen, das Alte Testament als Ausdruck fremder Nationalität zu beseitigen. Sind doch die alttestamentlichen Schriften ein fortlaufendes Zeugnis von dem Kampfe des prophetischen gegen das heidnisch-nationale Judentum. Darum und nur darum ist das Alte Testament Menschheitsbuch, weil das Besondere, Raum- und Bluts-Gebundene, Nationale als Bekämpftes in ihm vorkommt. – Es ist nun die Tragik des Judentums, daß sein historisches Schicksal die Kräfte des Ursprungs nicht nur gebrochen, sondern auch häufig ganz aufgelöst hat – sofern nicht neue Bodenbindungen wie im Ostjudentum Ersatz geschaffen haben. Dieses Negative, die kritische Auflösung des Ursprungsmythos statt einer prophetischen Umformung, gibt dem Antisemitismus und der politischen Romantik ein scheinbares Recht der Abwehr. Aber das Recht wird zum Unrecht, weil die Abwehr, statt das prophetische Element im Judentum gegen das auflösende zu stärken, gerade das prophetische Element bekämpft und dadurch dessen Kraft im Judentum selbst schwächt. Das jüdische Problem kann nur gelöst werden durch entschlossene Bejahung des prophetischen Angriffs auf die Herrschaft des Ursprungsmythos und des raumgebundenen Denkens. Nur so kann das Heidnische der christlichen Völker und das Negativ-Kritische des Judentums gleichzeitig überwunden werden. Eine *secessio judaica* dagegen würde den Rückfall in die Barbarei und Dämonie einer nur raumgebundenen Existenz bedeuten.

---

[11] Von hier aus sind die Schriften von Hans Blüher und seine Entgegensetzung von Christentum und Judentum zu beurteilen. Dieser für die intellektuelle Selbsterfassung der politischen Romantik nicht unwichtige Schriftsteller steht in einer Linie mit den heidnisch gnostischen Bekämpfern des Alten Testaments. Ein Christentum, wie er es fordert, hätte sich schon im 2. Jhdt. in heidnische Ursprungsmythen aufgelöst und würde heute in nationale Ursprungsmythen zerfallen, wie die Theologie des „Tannenbergbundes" zeigt.

3. Der Bruch mit dem Ursprungsmythos in der Aufklärung und die romantische Reaktion

Ursprungsgebundenheit und Enderwartung haben etwas Gemeinsames: das Hinausgehen über das in Raum und Zeit Gegebene. Darum hebt die Enderwartung die Ursprungsgebundenheit nicht einfach auf; sie bricht ihre Herrschaft, sie wandelt ihren Charakter, aber sie verneint sie nicht. Der Vater als Ursprung bleibt auch für das prophetische Bewußtsein bestehen, als Träger der Forderung, als Lenker der Geschichte und als Schöpfer des Neuen. Nicht die Prophetie, sondern erst das autonome Bewußtsein reißt sich los von jeder Art Vaterbindung[12].

Das *autonome Bewußtsein* verdrängt die Dimension des Ursprungs, gleichsam die Tiefendimension des Seienden. Die endlichen Formen in ihrer Endlichkeit werden Gegenstand der Erkenntnis und Gestaltung. Auch das Gestaltungsziel liegt in der Endlichkeit; es kann immer weiter, unendlich weit herausgeschoben werden; aber es durchbricht die Endlichkeit nicht. Die Erwartung richtet sich auf ein Fortgeschrittenes, nicht auf das „Neue" schlechthin. – Die *Verdrängung der Ursprungsdimension* geschieht gegenüber allen Mächten des Ursprungs: Der Boden wird ein zwar vorgefundenes, aber technisch zu fassendes Mittel der Gütererzeugung. Die unberechenbaren Momente, die aus dem allgemei-

[12] Merkwürdigerweise hat dieses Sich-Losreißen im Mythos selbst einen Ansatz, den man, um in der tiefenpsychologischen Symbolik zu bleiben, als „Mythos des Sohnes" bezeichnen könnte: der göttliche Sohn, der sich von dem dämonischen Vater losreißt und ihn stürzt. So besonders deutlich im Kronos-Zeus-Mythos. Oder der Sohn, der vom Vater als Mittler zwischen ihm und den Menschen gesandt wird. Er überwindet das dämonische Bild des Vaters im Bewußtsein der Menschen und ermöglicht dadurch einen Zugang zu ihm, der nicht Vernichtung für den Menschen bedeutet, sondern ihm die Möglichkeit gibt, die Furcht zu überwinden. Der Vater reißt gleichsam durch den Sohn den Menschen von sich selbst los und gibt ihm „die Freiheit der Kinder Gottes", d. h. die Freiheit vom Gesetz (vgl. die Christologie von Paulus und Luther). – Hegels Lehre von dem allgemeinen Gottmenschentum des Menschen, das in Christus angeschaut wird, knüpft an den Sohnesmythos an, verwandelt ihn aber entschlossen in autonome Philosophie (vgl. dazu die Würdigung der Mysterienreligion in meiner „Religionsphilosophie" in: Paul Tillich, Gesammelte Werke. Band 1. Stuttgart 1959). — Es ist verständlich, daß das Priestertum, unterstützt durch die Angst des menschlichen Unbewußten vor der Autonomie, dem Sohn immer wieder die Züge des Vaters gibt (der byzantinische Christus), um auf diese Weise das Bewußtsein in der Ursprungsbindung zu halten, oder daß es wenigstens den autonomen Sinn des Sohnes-Mythos als Geheimwissen zurückhält. Erst in der Aufklärung setzt sich die Autonomie gegen die gesellschaftlichen und seelischen Hemmungen durch, die ihr vom Ursprungsmythos her entgegenstehen.

nen Naturzusammenhang stammen, werden schrittweise zurückgedrängt. Die bleibende Unsicherheit wird durch Ausgleich verschiedener Räume mit Hilfe einer durchgeführten Verkehrstechnik gefahrlos gemacht. Der einzelne Boden bindet nicht mehr, da auf technischem Wege eine übergreifende Raumeinheit geschaffen ist. Der technische Raum, der grundsätzlich mit dem irdischen Raum eins ist, hebt das Nebeneinander und Gegeneinander auf. Die Mächtigkeit des Animalischen schwindet vor der Macht rationaler Tüchtigkeit. Die allgemeine rationale Erziehung, diese vorzüglichste Waffe der Aufklärung, durchbricht den ständischen Raum und seine Bindung. An Stelle der Gotterwähltheit des edlen Geschlechtes tritt die allen gemeinsame Vernunft. Die Traditionen halten nicht stand gegenüber den Erfordernissen vernünftiger Seinsgestaltung. Die Offenbarung wandelt sich in Geschichte als „Erziehung des Menschengeschlechts". Das Priestertum wird entmächtigt durch die rationale Kritik an Wunder und Mysterien. Die Ekstasen werden verdrängt durch nüchternes Forschen und zweckmäßiges Handeln. Das Seiende wird nicht angeschaut als Ineinander undurchdringlicher Urphänomene, sondern als gesetzmäßiges Nacheinander analysierbarer Elemente. Wie das Denken nichts Unauflösbares, so kennt das Handeln nichts Ungestaltbares. Der Mythos des Ursprungs hat seine Macht verloren.

Prophetie und *Autonomie* haben gemeinsam, daß in ihnen der Mythos des Ursprungs gebrochen ist. Darum ist es nicht ganz sinnlos, den Geist der Prophetie – antisemitisch formuliert: das Judentum – für die Aufklärung mitverantwortlich zu machen. Für die deutsche Aufklärung hat das auch historisch ein gewisses Recht. Aber die Tatsache der griechischen Aufklärung, die Tatsache des Renaissancehumanismus und die Tatsache des Gegensatzes von Protestantismus und Humanismus zeigen, daß Prophetie und Autonomie aus verschiedenen, selbständigen Quellen hervorgehen. Religionsgeschichtlich gesprochen bleibt die Prophetie in der Vaterbindung, während die Autonomie aus ihr heraustritt. Erst im liberalen Protestantismus ist der Versuch gemacht, beides zu vereinigen. Der Versuch ist deswegen von entscheidender Bedeutung, weil sich gezeigt hat, daß sowohl Prophetie wie Autonomie in ihrer Isolierung auf die Dauer dem Ursprungsmythos wieder verfallen. Die Prophetie schlägt sich nieder in einem neuen Priestertum, das die prophetische Verkündigung zu priesterlich bindender Satzung macht. Die Autonomie für sich gerät in eine Entleerung, deren negativer Charakter der beste Nährboden für neues Aufbrechen positiven Heidentums ist.

Denn die Kräfte des Ursprungsmythos sind durch die Aufklärung zwar gebrochen, ihre Symbole und Ausdrucksformen sind zerstört, aber sie sind als Kräfte nicht ausgerottet, weder als seelische noch als gesellschaftliche Kräfte. – Seelisch sind es drei Mächte, die der Rationalität der Aufklärung widerstreben: *Eros, Schicksal* und *Tod*. Eros, der sich einen will mit der ursprünglichen Macht des Seienden vor jeder Analyse und der besonders von der Jugend den rationalen Weltordnungen entgegengestellt wird. Schicksal, das durch alle Seins-Gestaltung und -Berechnung hindurch sich als das Urmächtige erweist, besonders in Krisenzeiten der autonomen Geistes- und Gesellschaftslage. Tod, der als Grenze des Endlichen unentrinnbar vor die Frage des Sinnes der Endlichkeit stellt und damit über sie hinausführt. – Gesellschaftlich sind es die *alten Mächte* des Adels, Grundbesitzes, Bauerntums, Handwerks und Priestertums, die, wenn auch gebrochen und weithin der technischen Weltordnung unterworfen, so doch nicht aufgehoben sind und die, sei es direkt, sei es in der Umformung als Offiziere, Beamte und Angestellte, gegen ihre Einordnung in das rationale System mit instinktiver Abwehr reagieren. Zwar lassen sie sich schließlich wegen der sachlichen Kraft und der wirtschaftlichen Vorteile des rationalen Systems mit ihm ein; in dem Augenblick aber, wo die sachliche Kraft nachläßt und die Vorteile ins Gegenteil umschlagen, leben die instinktiven Gegenkräfte mit doppelter Gewalt wieder auf. Dazu kommen Randgebiete anderer, rational nicht durchgearbeiteter Länder und Erdteile; es kommt dazu die wesenhaft muttergebundene seelische Struktur der Frau, die ebensosehr der prophetischen Vaterforderung wie der autonomen Erhebung gegen Vater und Mutter widerstrebt. Es kommt hinzu die Jugend, die einerseits in alten Ursprungsbindungen steht, andererseits neue Ursprungskräfte revolutionärer Art mitbringt. Aus dem Zusammenschluß all dieser Kräfte entspringt die politische Romantik, d. h. der Versuch, den gebrochenen Ursprungsmythos geistig und gesellschaftlich wiederherzustellen.

Die politische Romantik ist also die Gegenbewegung gegen Prophetie und Aufklärung auf dem Boden einer Geistes- und Gesellschaftslage, die durch Prophetie und Aufklärung bestimmt ist. Dadurch ist sie gezwungen, unter Voraussetzungen zu kämpfen, die sie verneint, und mit Mitteln, die sie bei ihren Gegnern angreift. Sie ist gezwungen, die ethischen Begriffe der Prophetie zu gebrauchen und sich selbst als höheres Ethos, z. B. als höhere Gerechtigkeit darzustellen, obwohl der Ursprungsmythos als solcher Ethik ausschließt. Und sie ist gezwungen, die rationale Analyse als Mittel ihrer Begründung zu gebrauchen, z. B. historische, soziologische, psychologische Untersuchungen, und eben damit sich auf das zu berufen, dem sie als ursprungsfremd grundsätzlich mißtraut. So entstehen die Theorien der politischen Romantik, die trotz ihrer häufig geistvollen Durchführung an dem Widerspruch nicht vorbeikönnen, das Irrationale rational begründen zu müssen. Und es entsteht die Praxis der politischen Romantik, die auf dem Boden einer bewußt organisierten Gesellschaft die rationalen Organisationsformen übernehmen muß, die sie aufheben will. Der Ursprungsmythos kann nur wiederkehren – ungebrochen, wie es für ihn notwendig ist –, wenn die Gesellschaft, in der er gebrochen ist, untergeht. Ein Mittelalter war nur möglich, weil die Antike und das ganze System ihrer rationalen Welt-Erkenntnis und -Gestaltung untergegangen war. Und ein neues Mittelalter wird nur kommen, wenn die abendländische Gesellschaft ihre Aufklärung mit dem Ende ihrer Lebensmöglichkeit büßen muß. Nur in wenigen extremen Gedanken wagt sich die politische Romantik bis zu dieser Konsequenz vor und bejaht ein kommendes abendländisches „Fellachentum". Schreckt sie aber davon zurück, so gerät sie in jenen Widerspruch zwischen rationalem Gestalten-Müssen und Kampf gegen rationales Gestalten, dem sie nicht entrinnen kann und um dessentwillen sie Romantik ist.

II. Die Erscheinungsformen der politischen Romantik

1. Ihre konservative und ihre revolutionäre Form

Politische Romantik kann zwei Formen annehmen: Sie kann *konservativ* und sie kann *revolutionär* sein[13]. Die beiden Formen können mannigfaltige Verbindungen eingehen, aber auch in Gegensatz treten. Die konservative Form beruht auf dem Versuch, die geistigen und gesellschaftlichen Reste der Ursprungsbindung gegen das autonome System zu verteidigen, wenn möglich auch Rückbildungen zu bewirken. Sie geht von Gruppen aus, die noch nicht völlig in die bürgerliche Gesellschaft eingeordnet sind, vor allem also Grundbesitz, Bauerntum, Adel, Priestertum, Handwerk. Die revolutionäre Form versucht in zerstörendem Angriff gegen das rationale System den Boden für neue Ursprungsbindungen zu erobern. Sie wird getragen von denjenigen Gruppen, die in die innere Struktur des rationalen Systems eingegangen sind, ohne den Zusammenhang mit jenen Ursprungsgruppen, von de-

[13] Vgl. Hans Freyer: Revolution von rechts. Jena 1931.

nen sie herkommen, verloren zu haben; die aber nun von diesem System mit völliger Aufsaugung einerseits, mit der dem System entsprechenden Mechanisierung und Deklassierung andererseits bedroht sind. Hierher gehören vor allem die Angestellten, gewisse Beamtengruppen, diejenigen Intellektuellen, für die keine Aussicht auf Einfügung in das rationale System besteht, aber auch Bauern und Handwerker, die besonders stark und hoffnungslos von der Krise getroffen sind. Beide Gruppen können sich zu gemeinsamer Aktion zusammenfinden, haben aber zugleich innere Spannungen, die um so schärfer werden, je deutlicher die revolutionären Gruppen mit den Nachteilen des rationalen Systems auch die Vorzüge, die es für die konservativen Gruppen hat, beseitigen wollen.

Neben dem Unterschied der konservativen und revolutionären Form der politischen Romantik – und ihn zum Teil überschneidend – findet sich der Unterschied ihrer *transzendenten* und *naturalistischen* Form. Die erste bewahrt den Ursprungsmythos in der überlieferten religiösen Gestalt und sucht von ihm her Weltbild und Gesellschaftsbau zu bestimmen. Hinter ihm stehen die Kirchen, soweit sie sich mit der politischen Romantik verbunden haben, sowie kirchlich beeinflußte Gruppen altkonservativer Art. Die zweite begründet den Ursprungsmythos lebensphilosophisch, nimmt ihm also den eigentlich mythischen Charakter, selbst wenn sie von dem neuen Mythos spricht. Hierher gehören vor allem die Gruppen des revolutionären Typus; aber auch konservative Gruppen, die stark in die bürgerliche Gesellschaft übergegangen sind, begründen ihre Forderungen diesseitig und naturalistisch[14]. – Schon daraus geht hervor, daß auch dieser Gegensatz kein ausschließender ist. Und das ist in der geschichtlichen Lage begründet; denn auch die transzendente Richtung kann sich der Macht der Aufklärung und ihrer Mythenkritik nicht entziehen. Und die naturalistische Richtung muß, wenn sie mit ihrer Idee des Mythos Ernst macht, über das Natürlich-Immanente hinausgehen. Praktisch dagegen ist der Unterschied für die Gruppenbildung der politischen Romantik von größter Wichtigkeit.

Der Grundbegriff der konservativen Romantik ist der Begriff des *Organischen*, während die revolutionäre Romantik im besseren Instinkt für den Widerspruch zwischen Organismusidee und politisch-rationalem Handeln Begriffe wie Bewegung, Aktion, Elan, Lebensdrang usw. gebraucht, also die Idee des *Dynamischen* im eigentlichen Sinne vertritt. – Der Begriff des Dynamischen ist unentbehrlich für die Bezeich-

[14] Das ist einer der Gründe für die Trennung der Konservativen von den Deutschnationalen, die den religiösen Charakter der alten konservativen Idee völlig preisgegeben haben.

nung einer bestimmten Wirklichkeitsschicht und einer an ihr orientierten, bestimmten Weltauffassung. Er sollte nur für sie gebraucht und nicht – wie es tatsächlich geschieht – hemmungslos erweitert und entleert werden. Dynamisch sollte Sein genannt werden, sofern es in der Bewegung von seiner Möglichkeit zu seiner Wirklichkeit steht, das Noch-Nicht-Geformte, in dem aber die Möglichkeit und die Macht der Form liegt[15]. Dynamik würde dann eine neue Kategorie sowohl gegenüber dem Organischen wie gegenüber dem Mechanischen sein, eine Kategorie, die der gesellschaftlichen Lage der revolutionären politischen Romantik angemessen wäre. In der Idee des Dynamischen könnte sich gleichzeitig der Wille ausdrücken, die Berechenbarkeit und den Zwang des rationalen Systems zu durchstoßen, seine Elemente einzuschmelzen und flüssig zu machen, und der Wille, sich nicht den alten, durch Ideologie des Organismusbegriffs verklärten Gestaltungen zu unterwerfen. Ursprung im Sinne der dynamischen Idee würde das Entspringen, Ursprung im Sinne der organischen Idee das Ursprüngliche bedeuten. Die revolutionäre Romantik will neu entspringen lassen, die konservative das Ursprüngliche wiederfinden. – Zahlreiche Erscheinungen im politischen und geistigen Leben der Gegenwart lassen sich von hier aus verstehen, z. B. die später zu behandelnde Strukturverwandtschaft zwischen revolutionärer Romantik und revolutionärem Sozialismus, der dynamische Charakter der modernen nichtromantischen Gestalttheorie, der Expressionismus in der Kunst, vor allem aber die politisch entscheidende Tatsache, daß die transzendenten Richtungen der politischen Romantik in starker Spannung zu der revolutionären Richtung stehen. Das Priestertum ist auf das Ursprüngliche gerichtet, auf das Entspringen nur in den Grenzen priesterlicher Bewahrung.

Die Schwierigkeiten der revolutionären Romantik sind eben darin begründet, daß es ihr auf das Entspringen und nicht auf das Ursprüngliche ankommt. Denn als politische Bewegung muß sie Ziele angeben. Da sie aber die Ziele weder, wie die konservative Form, den Traditionen der Vergangenheit, noch, wie der Sozialismus, einer rationalen Analyse der Gegenwart entnehmen kann, so sind ihre Zielvorstellungen ungeklärt, dunkel, widerspruchsvoll, praktisch undurchführbar. Das

---

[15] „Dynamisch" wird infolge der Gegenüberstellung mit „statisch" vielfach für „bewegt" gegenüber „ruhend" gebraucht. Durch solchen Gebrauch ist das Wort fast völlig entleert. Ursprünglich steckt in ihm und sollte auch jetzt noch vernehmbar sein die *dynamis*, die produktive Möglichkeit, die zur Wirklichkeit drängt. So ist das Wort von Aristoteles gebraucht worden. Diesen Sinn, die Bewegung von einer produktiven Möglichkeit zur Wirklichkeit, sollte es wiedergewinnen.

Negative ist weitaus stärker als das Positive. Die Kraft der Bewegung liegt fast ausschließlich in der Bewegung, nicht in der Erwartung dessen, wo sie hinführen soll.

2. Ihre Rückwendung zu den Ursprungsmächten

Beide Formen der politischen Romantik sind trotz der Unterschiede in der Zielvorstellung darin einig, daß sie zum Ursprung zurück wollen, und zwar nicht im allgemeinen, sondern zu den besonderen Ursprungsmächten, von denen sich Prophetie und bürgerliche Gesellschaft losgerissen haben. Alle politischen Forderungen sind ihrer Wurzel nach aus der Rückwendung zum Ursprung zu verstehen.

Die *Rückwendung zum Boden* wird politisch wirksam in der Forderung, einen Großgrundbesitz und ein Bauerntum zu erhalten oder wiederherzustellen, die ökonomisch überholt sind und nur auf Kosten der gesamten Volkswirtschaft existieren können. Um des Bodenmythos und der ihn tragenden Schicht willen soll der nationale Raum von dem weltwirtschaftlichen Raum abgeschnitten und isoliert werden. Der technische Menschheitsraum soll in autarke Gruppen zerschlagen, die Möglichkeit der übergreifenden Einheit soll preisgegeben werden. Den Preis, die grundsätzliche, nicht nur krisenbedingte Herabsetzung des Lebensstandes, soll vor allem die nicht bodengebundene Bevölkerung bezahlen. Der Hinweis auf die Unmöglichkeit, die Massen vom heimatlichen Boden ausreichend zu versorgen, der Hinweis also auf die tatsächliche weltwirtschaftliche Raumeinheit schlägt als rationaler Einwand gegenüber dem mythisch erregten Bewußtsein nicht durch oder wird mit dem Hinweis auf die sonst bekämpfte Bevölkerungsverminderung abgetan[16].

Die *Rückwendung in der animalischen Sphäre* spielt naturgemäß für die revolutionäre Romantik die Hauptrolle. Blut und Rasse sind ihre Kampfbegriffe. Mit Hilfe einer Rassentheorie, die sich wissenschaftliche Form zu geben sucht, wird die überlegene Seinsmächtigkeit der eigenen Rasse behauptet, werden fremde Rassen und Völker im Wert herabgesetzt und wird der politische und ökonomische Herrschaftsanspruch des eigenen Volkes ideologisch gerechtfertigt. – Die leidenschaftlichsten Formen nimmt diese Blutsmythologie im Antisemitismus

[16] Oder es wird versucht, ihn durch politische Utopien (z. B. Verbindung mit Osteuropa) zu entkräftigen. Bei wirklich konsequenten Vertretern der Autarkie des nationalen Raumes wird auch die physische Vernichtung des überschüssigen Teils der Bevölkerung, etwa im Zusammenhang mit einem kommenden Krieg, bejaht.

an, weil sich hier mit dem ökonomischen Gegensatz der Widerspruch gegen das prophetische Element verbindet, dessen Träger das Judentum ist, und das aller germanischen Blutsmythologie seit der Christianisierung ein schlechtes Gewissen bereitet. – In halbem Widerspruch zum Glauben an die edelgeborene Rasse knüpfen sich an die Rassentheorie rassenzüchterische Forderungen von sehr rationalem Charakter, ein Beweis, daß die überlegene Rasse als Realität jedenfalls entschwunden ist; sonst würde sie es nicht nötig haben, sich zum Gegenstand von Theorie und Technik zu machen.

Die bluthafte Ursprungsnähe des *weiblichen Geschlechtes* wird von der politischen Romantik benutzt, um die Frau aus der geistigen, politischen und ökonomischen Öffentlichkeit in die patriarchalisch gedachte Familie zurückzuholen, sie ihrer politischen Rechte zu berauben und das Geschlechterverhältnis entweder in eine altaristokratische Männerherrschaft oder eine kleinbürgerlich-gesetzliche Gebundenheit zurückzuwerfen. Freilich wird für diesen Zweck in Konsequenz des allgemeinen Widerspruchs der politischen Romantik die rationale Urteilskraft und öffentliche Aktivität der Frau aufs nachdrücklichste in Anspruch genommen.

Die *Rückwendung zur sozialen Gruppe* drückt sich in dem aller politischen Romantik gemeinsamen Ruf nach Gemeinschaft aus. Er ist Ruf der Sehnsucht nach einer tragenden Gruppe im Gegensatz zum rationalen System mit der geistigen, wirtschaftlichen und politischen Autonomie des Einzelnen. Er ist Getragenheits- und Geborgenheits-Wille, und er schwillt um so mehr an, je mehr die kritische Gesellschaftslage dem Einzelnen seine Ungeborgenheit zum Bewußtsein bringt. Mit der Geborgenheitssehnsucht verbinden sich Eroskräfte, wie sie namentlich in der Jugendbewegung hervorbrachen und die liberale Gegenschaltung aller gegen alle im ökonomischen Daseinskampf zu überwinden suchten. Ferner verband sich damit die innere Zersetzung der „Sohnesreligion", die Sehnsucht, in Mutter- und Vaterbindung zurückzufinden. Während die Gemeinschaft als Ganzes dabei mit Muttersymbolen ausgestattet wird – sie ist das Umschließende, Tragende, das eher da ist als der Einzelne –, wird der Vater angeschaut als Einheit und Haupt der Gemeinschaft, als „Monarch" in der konservativen, als „Führer" in der revolutionären Romantik, als Träger und Verkörperung des Staates in beiden Formen. Die Sehnsucht nach dem charismatischen Führer ist die naturalistische Gegenform zu dem religiösen Glauben an den durch Gottes Gnade erwählten und getragenen Monarchen. In beiden Formen ist die Rückwendung zum Vatermythos der sozialen Gruppe deutlich. Und die Erhebung des Staates über die Gesellschaft in der politischen Romantik hat das gleiche Motiv. Der Staat ist der tragende und fordernde Vater im Gegensatz zur Gesellschaft, in der der Einzelne auf sich gestellt ist. Aber nicht für jeden Staat gilt das. Der demokratisch begründete, den ungestörten gesellschaftlichen Ablauf garantierende rationale Staat ist genau das Gegenteil von dem Staat als Vater und Ursprung. Er ist das abstrakte Gesetz, das den Einzelnen nicht trägt, sondern ihn einem unpersönlichen Mechanismus unterwirft. Darum verkehrt sich der Ruf nach dem starken Staat sofort in sein Gegenteil, wenn der demokratisch begründete rationale Staat seine Macht zeigt. Ihm fehlt die Weihe des Ursprungsmythos. Denn die Heiligung des nationalen Bodens und Raums, die animalische Seinsmächtigkeit der eigenen Rasse, die heroische Opferwilligkeit des edlen Geschlechtes, all das zusammengefaßt im Mythos des nationalen, vom Führer oder Monarchen getragenen Machtstaates erfüllt erst die ursprungsmythische Staatsidee. Dieser Staat ist um seiner selbst, nicht um der Gesellschaft, nicht um aller einzelnen willen da. „Er selbst", abgesehen von den Menschen, die zu ihm gehören – das ist schon Mythos und hat Realität nur durch die Sehnsucht, die zu dem Ursprung zurückwill, Sehnsucht von Massen, die verwundet und erschöpft sind in der Freiheit des rationalen Systems. – Aber auch hier zeigt sich der Widerspruch der politischen Romantik. Der Ruf nach Gemeinschaft fordert den Einzelnen auf, das zu schaffen, was ihm als Einzelnen vorausgehen soll, das Tragende, die Gemeinschaft, den Staat. Er enthält gleichsam die Forderung, vom Sohn her die Mutter zu schaffen und den Vater aus dem Nichts zu rufen. Die schwersten Enttäuschungen erfährt die politische Romantik darum immer an dieser Stelle; nirgends wird der Widerspruch zwischen Sehnsucht und Wirklichkeit so schmerzhaft gefühlt wie hier[17].

3. Ihr Kampf um die Traditionen

Zwischen Ursprung und Gegenwart steht die Tradition. Es ist darum für die politische Romantik in jeder Beziehung von entscheidender Wichtigkeit, daß sie an die vorbürgerlichen Traditionen anknüpfen kann.

Die Tatsache eines bald zweihundertjährigen *Abbruchs der Traditionen* auf den meisten Gebieten ist freilich nicht aus der Welt zu schaffen. Es bleibt der politischen Romantik nur die doppelte Möglichkeit,

[17] Man denke an den starken und leidenschaftlichen Gemeinschaftswillen der Jugendbewegung und sein Scheitern im Augenblick des Überganges der Jugend in die Funktionen und Mechanismen der bürgerlichen Gesellschaft.

entweder stehengebliebene Traditionsinseln, obgleich sie in der Gesamtstruktur des Daseins sinnlos geworden sind, zu verteidigen; oder den Versuch zu machen, alte verlorene Traditionen wieder aufzunehmen. Aber eine Tradition, die abgebrochen ist, ist eben nicht mehr Tradition, sondern literarische Erinnerung. Und der Versuch, aus literarischen Erinnerungen Tradition zu machen, ist das eigentliche, namengebende Kennzeichen der Romantik und der deutlichste Ausdruck ihres inneren Widerspruchs. – Und doch muß sie diesen Versuch machen, wenn sie sich nicht in Erwartung zukünftig neu entspringender Tradition für die Gegenwart auf das völlige Nichts stellen will. Und das kann eine politische Bewegung nicht mehr, sobald sie Einfluß gewinnt. Sie muß Tradition suchen, die sie der Gegenwart entgegenstellt. – Die Traditionen sind so differenziert wie die Ursprünge, denen sie entstammen. Boden-, Orts-, Landschafts- und Heimats-Traditionen stehen neben Bluts-, Familien-, Geschlechter- und Volks-Traditionen, Standes-, Berufs-Traditionen neben Sitten-, Rechts- und religiösen Traditionen. Überall aber bedeutet Tradition ein Doppeltes: die Herleitung von einem Ursprung und die Unterwerfung unter die Autorität des Ursprungs, also eines besonderen Raumes und seiner Struktur. So gering der praktische Wert dieser Ideen gegenwärtig ist, so stark ist ihre ideologische Kraft und dadurch ihr Kampfwert gegen bestehende Gestaltungen. Ihr Angriff wendet sich gegen die grundsätzlich humanistische Erziehung aller, gegen den Ausgleich von Sitten und Lebensanschauungen infolge des einheitlichen Verkehrsraumes, gegen die gedankliche Autonomie jedes einzelnen und das Fehlen innerlich autoritativer Instanzen, gegen die Offenheit jedes Berufes für jeden und das Fehlen des ständischen Raumes, gegen die ausgleichenden Tendenzen der Großstadt, in der viele Lebensräume sich durchdringen und deren Ausstrahlung vermittels der Technik (Radio und Kino) auch das Land in die Raumeinheit einbezieht. Endlich und vor allem gegen die von jeder Sondertradition freie politische Autonomie des Einzelnen. Positiv konzentriert sich der Mythos der Tradition auf die nationale Tradition. In der Forderung, sie zu erhalten, sie durch Schaffung einer nationalen historischen Legende zu stärken, sie von internationalen Traditionen loszulösen, gipfelt der Mythos der Tradition, wie ihn die politische Romantik fordert und zu schaffen sich bemüht.

Freilich zeigt sich auch hier wieder der innere Widerspruch der Rückwendung zum Ursprungsmythos: Die Schöpfung einer *nationalen Tradition* muß unter den Bedingungen des großstädtischen Raumes und seiner Ausdehnung auf das ganze Land alle Sondertraditionen überspringen, auf die es doch für den Ursprungsmythos ankommt. Und nichts ist traditionsloser im nationalen Sinne als dieser Kampf für die nationale Tradition. Was in Deutschland wirklich überliefert ist und bis heute ungebrochen wirkt, ist der Kampf der verschiedenen religiösen, politischen und landschaftlichen Traditionen. Ein Kampf der Traditionen kann aber, solange er noch Wirklichkeit und nicht Literatur ist, nur durch die Kämpfer tradiert werden, d. h. *nicht* als einheitliche nationale Tradition. Der Versuch, durch altgermanisches Gut eine ursprungsgebundene Einheit zu schaffen, ist völlig hoffnungslos, da die Germanen, sobald sie in die Geschichte eintraten, von den vorhandenen großen Traditionsströmen ergriffen und ihrer ursprünglichen Formung beraubt wurden. Zwar wirkte sich die germanische Substanz in der Aneignung und Umformung der Tradition aus, aber eine ursprünglich germanische und in diesem Sinne nationale Tradition gibt es nicht und kann nicht geschaffen werden[18].

Um so wichtiger ist der Versuch, die *religiöse Tradition* zu bewahren oder wieder lebendig zu machen.

Das Bemühen, eine *nationalreligiöse Tradition* zu schaffen, verbindet sich bei den Extremen der politischen Romantik mit entschlossener Bekämpfung des Christentums und Konstruktion eines germanischen Heidentums. Doch ist die propagandistische Wirkung dieser Gruppe gering, da ihr Ziel der christlichen Durchformung des Volkes zu offenkundig widerspricht und ihre Art, den Mythos zu schaffen, zu geistlos, literarisch und phantastisch ist, als daß sie ernsthaft wirken könnte; auch stehen keine geschlossenen Gruppen, weder priesterliche noch laienhafte, dahinter. – Sehr viel wirksamer ist die tatsächliche Ausstoßung der christlich-prophetischen Elemente aus dem Bewußtsein der ursprungsmythisch gebundenen Massen und ihre Ersetzung durch den Glauben an das Nationale als den höchsten menschlichen Wert. Das geschieht selten ausdrücklich, obgleich *Ablehnung des Alten Testamentes* bis in die Reihen der offiziellen Vertreter des Christentums sich findet; sehr häufig aber in der unausdrücklichen Weise der Gleichgültigkeit gegen die kirchliche Verkündigung und der leidenschaftlichen Hingabe an die nationale Idee. Heilig ist den Menschen dieser Bewegung nicht, was z. B. den Menschen des Reformationszeitalters heilig war: die religiöse Wahrheit, das persönliche Heil. Heilig ist ihnen die Nation, ihre Frei-

---

[18] Wie lächerlich sich die politische Romantik in ihren Versuchen, nationale Tradition zu schaffen, vergreift, zeigt die nationalsozialistische Kunstpolitik, die in den schlechtesten, von echter Tradition am meisten getrennten Jahrzehnten der deutschen Geistesgeschichte deutsche Tradition sucht und das wirkliche Aufbrechen archaischer Elemente im deutschen Expressionismus aus kleinbürgerlicher Sehnsucht nach Idyll und Sicherheit als undeutsch verwirft.

heit und ihre Macht. Die Verbeugung der nationalsozialistischen Partei vor der evangelischen Kirche hat darum nicht den Sinn, daß hier eine weltliche Bewegung den Ort sucht, an dem sie sich unter das Gericht der unbedingten Forderung stellt, sondern sie hat den Sinn, ihr Heiliges von dem alten Heiligen bestätigen zu lassen und es dadurch für die kirchlich Gebundenen annehmbar zu machen. Der Katholizismus hat bisher diese Bestätigung versagt, der Protestantismus hat sie unter gewissen (praktisch wirkungslosen) Einschränkungen gegeben[19].

Das ist in der verschiedenen Stellung beider Kirchen zum Ursprungsmythos begründet. Der *Katholizismus* hat in der Hierarchie eine soziologisch unabhängige Gruppe, die imstande ist, die religiöse Tradition vor dem Auf und Ab der geschichtlichen Bewegungen relativ unberührt zu bewahren. Wie er früher der Abwendung vom Ursprung in der Aufklärung keinen Raum gegeben hat, so macht er jetzt der Rückwendung zum Ursprung in der Romantik keine Zugeständnisse. Denn die romantische Rückwendung geht vorbei an dem prophetisch durchsetzten Ursprungsmythos, wie ihn die Kirche bewahrt hat. Sie schafft ihren eigenen latenten oder manifesten Mythos, den die Kirche ablehnen muß. Der *Protestantismus* dagegen hat keinen solchen festen Ort. Die „Schrift" ist soziologisch nicht fixiert, ein Priestertum im ursprungsmythischen Sinne gibt es grundsätzlich im Protestantismus nicht. Damit aber fehlt das Gegengewicht gegen die profanen Bewegungen, zumal der Laie im Protestantismus Priester ist und auch der Pfarrer Laie. Der Protestantismus ist darum soziologisch auf die jeweils tragenden Gruppen angewiesen, auf die Feudalität oder das Bürgertum oder die Mittelschichten – sei es auf dem Umweg über den Staat oder die Wirtschaft oder die Partei. So kommt es, daß die Verkündigung sich entweder den Forderungen der herrschenden Gruppen anpaßt oder eine Transzendenz annimmt, die die gesellschaftlichen Mächte ungehindert walten läßt und dadurch ihrem Interesse dient[20]. Auf diesem Wege leistet heute die evangelische Kirche einer Bewegung, die ihrem

---

[19] Doch ist zu erwarten, daß mit zunehmender Spannung von konservativer und revolutionärer Romantik der Protestantismus sich von der revolutionären Richtung abwenden wird, zumal wenn die sozialistischen Elemente im Nationalsozialismus ernsthaft an Bedeutung gewinnen.

[20] Das erste gilt für die älteren orthodoxen und liberalen Gruppen, das zweite für die sogenannte dialektische Theologie. Vgl. die durchgängige Bezugnahme auf sie in meinem Buch „Religiöse Verwirklichung", besonders im Anmerkungsteil. Inzwischen hat sich die dialektische Schule im Politischen und von da aus zum Teil auch im Theologischen gespalten: Während Karl Barth sich zum Sozialismus gestellt hat und auch theologisch die neu-heidnischen Tendenzen des Nationalsozialismus angreift, ist Friedrich Gogarten zur

prophetischen Charakter aufs schärfste widerspricht, ohne Wissen und Wollen die wichtigsten Dienste. Der Rückwendung zum Ursprungsmythos kommt ferner zugute, daß die Kirchen die autonomen Elemente, die sie zeitweise walten ließen und die im Protestantismus seinem Prinzip gemäß zu entscheidender Bedeutung gelangt waren, wieder auszustoßen versuchen. Der liberale Protestantismus ist an die Grenze völliger Bedeutungslosigkeit gedrängt. Der Katholizismus hat die zeitweise geduldeten freieren Gruppen in die strenge kirchliche Heteronomie zurückgeholt. Soziologisch entspricht dem die Zerstörung der liberalen Form der bürgerlichen Gesellschaft, seelisch die Erschöpfung der autonomen Kräfte und die Sehnsucht nach neuer Vater- und Mutterbindung in weitesten Kreisen[21].

Die Rückwendung zum Mythos des Ursprungs zeigt also auch in der religiösen Form der Rückwendung zur Uroffenbarung seine Kraft. Der Widerspruch freilich des ungebrochenen Ursprungsmythos mit dem christlichen Prinzip läßt seinen dauernden Sieg nur im Falle einer völligen Paganisierung des Christentums und Fellachisierung der christlichen Völker zu. Daß es dazu kommen *kann*, hat der christliche Osten, daß es trotz schwerster Katastrophe nicht dazu kommen *muß*, hat der christliche Westen gezeigt[22].

4. Ihr geistiger Ausdruck

Die realen Mächte und Strebungen der politischen Romantik sind aufgezeigt. Zu politischer Entfaltung und Wirkung können sie jedoch nur kommen durch geistige und politische Formung. Der politische

---

konservativ-ständischen Form der politischen Romantik übergegangen und begründet sie theologisch, ein Beweis der Notwendigkeit, die für jede Theologie besteht, zur innerweltlichen Konkretion zu kommen.

[21] Daß man der Autonomie müde geworden ist, läßt sich in allen Gruppen und Schichten beobachten. Es ist eine der wichtigsten stimmungsmäßigen Hintergründe alles gegenwärtigen politischen Geschehens, es ist auch eine Wurzel des Antiparlamentarismus der jungen Generation.

[22] Den Begriff Fellachisierung hat Spengler im „Untergang des Abendlandes“ geprägt, ein Buch, dessen Bedeutung weder nach seinem ungeheuren Erfolg noch nach seinem plötzlichen Verschwinden aus dem öffentlichen Bewußtsein beurteilt werden darf. Die *eine* Möglichkeit europäischer Zukunft, die Marx Barbarei genannt hat, ist von ihm scharf gesehen und deutlich charakterisiert worden. Die Entstehung eines zweiten Heidentums in christlichen Formen, verbunden mit einer Entvölkerung und Verarmung Europas durch Selbstvernichtungskriege, ist eine Perspektive, die heute noch näher liegt als zur Zeit des größten Erfolges von Spenglers Buch.

Kampf ist ohne die Waffen geistiger Kritik und Programmatik nicht möglich. Darum ist es wichtig, die Waffen, ihren Sinn, ihre Schärfe und die Grenzen ihrer Kraft kennenzulernen.

Man kann die Ausdrucksformen der politischen Romantik in *Stufen* ordnen nach der Angemessenheit oder Unangemessenheit, in der sie zu der Sache stehen, die sie ausdrücken sollen: Je ferner der Wissenschaft, je näher der mythischen Schau, desto angemessener ist der geistige Ausdruck dem Wesen der politischen Romantik. So weit die Methoden der mathematischen Naturwissenschaft unmittelbar oder mittelbar reichen, hat sie überhaupt keine Möglichkeit, sich darzustellen. In der Biologie und Anthropologie frühestens beginnen ihre Chancen, aber nur soweit es sich um philosophische Elemente in diesen Wissenschaften handelt, nicht in der Forschung selbst. Das gilt auch noch für Soziologie und Geschichte, obgleich in der Geschichtsschreibung Einbruchsstellen für romantische Tendenzen vorhanden sind. In den Geisteswissenschaften und der Philosophie kann sich das ursprungsmythische Denken unmittelbarer ausdrücken, wenn auch noch gehemmt durch die rationale wissenschaftliche Form. Angemessener als die Philosophie ist darum die Dichtung dem ursprungsmythischen Bewußtsein. Aber sie hat eine Grenze, die sie wieder ungeeignet macht: sie drückt nur aus, was ist. Sie kann auch Forderungen ausdrücken, aber sie kann nicht selbst fordern und begründen; das aber muß die politische Romantik als politische Bewegung. Darum sind ihr am angemessensten geistige Ausdrucksformen, in denen Dichterisches oder Wissenschaftliches mit Priesterlichem oder Prophetischem sich eint, das erste der konservativen, das zweite der revolutionären Romantik entsprechend. Eine ekstatisch-revolutionär erregte Apokalyptik hat sich zur Zeit als die wirksamste geistige Ausdrucksform der politischen Romantik erwiesen.

Die Kraft der politischen Romantik ist nicht ihre wissenschaftliche Begründung. Sie kann es nicht sein, da sie notwendig in Widerspruch mit sich gerät, sobald sie sich wissenschaftliche, d. h. rationale Form geben will. Sie hat darum im Gegensatz zum bürgerlichen Liberalismus und zum proletarischen Sozialismus, die beide im Rationalen wurzeln, *keine großen Theoretiker* hervorgebracht, weder in älterer Zeit noch gegenwärtig. Den auffälligen Mangel in dieser Beziehung entschuldigt die revolutionäre Romantik mit der Unfertigkeit ihrer Bewegung, eine Entschuldigung, die viel mehr eine Bestätigung ist. Denn die großen bürgerlichen und sozialistischen Theoretiker stehen gerade am Anfang ihrer Bewegung, die wesentlich mit durch sie geschaffen wurde. Für eine antirationale Bewegung, die zum Ursprung zurück will, ist das freilich unmöglich. In ihr kann Theorie höchstens Beschreibung einer schon bestehenden, nicht Anweisung für eine noch zu schaffende Wirklichkeit sein.

Da nicht die Methoden der Forschung, sondern ihre philosophischen Voraussetzungen der politischen Romantik Zugänge zu den Einzelwissenschaften eröffnen, ist es berechtigt, zuerst die Philosophie zu kennzeichnen und dann ihre Auswirkung in den Einzelwissenschaften zu zeigen. – Der Ursprungsmythos richtet sich auf das Gegebene in seiner ursprünglichen Gestalt vor Analyse und Neugestaltung. Damit ist die *intuitive* Richtung der romantischen Philosophie vorgegeben. Von der intellektuellen Anschauung Schellings bis zur Intuition der Lebensphilosophie und Phänomenologie geht eine Linie des Protestes gegen die analytische Haltung der modernen bürgerlichen Philosophie. Die Anschauung im Sinne der Intuition löst nicht auf, unterwirft nicht dem Gesetz, will nicht herrschen und gestalten. Sie eint mit ihrem Gegenstand, der eben nicht Gegen-Stand ist, nicht gegenübergestellt und bearbeitet wird, sondern herangezogen und aufgenommen. Die politische Romantik macht den Versuch, hinter die Subjekt-Objekt-Spaltung des Seienden zurückzugehen, die Kraft der Analyse zu brechen, die ursprüngliche Einheit wiederzugewinnen, hinzunehmen, statt zu untersuchen, stehen zu lassen, statt zu entwerfen.

Die revolutionäre Romantik beruft sich vielfach auf Nietzsche. Nicht mit Unrecht: Nietzsche hat den vitalen Werten, und zwar der animalischen Stufe, den höchsten Rang zugesprochen. Er hat im Kampf mit der bürgerlichen Gesellschaft seiner Zeit die meisten Symbole der politischen Romantik geschaffen. Er hat den Sieg des rationalen Systems als Sieg des „Letzten Menschen" gekennzeichnet und verspottet. Er hat die Vernunft dem Leben untergeordnet. Er hat die soziale Revolution als Empörung und Ressentiment gegen die edle Rasse verdächtigt: kaum eine geistige Waffe der politischen Romantik, die er nicht geschmiedet oder zum mindesten geschärft hätte. Und doch ist er nicht der ihre. In leidenschaftlicher Offenheit hat er den heidnisch-antichristlichen Charakter dieser Wertungen bekannt und sie nicht ideologisch zu bemänteln, moralgerecht zu machen versucht. Er hat die nationalistische und antisemitische Form des Blutmythos verächtlich gemacht. In der Schilderung seines höchsten Typus finden sich Momente, die die animalischen Werte durchbrechen. Die härteste, klarste Erkenntnis, die rationalste Methode der Wissenschaft hat er aller romantischen Benebelung entgegengestellt. Verzicht auf Autonomie wäre für ihn undenkbar, Rückkehr zum Ursprung, zur Vater- und Mutterbindung unerträglich gewesen. Nie hätte er die ressentimentgeladenen kleinbürgerlichen Gruppen, die hinter der revolutionären politischen Romantik stehen, als Wegbereiter des Kommenden anerkannt. Nur in einem teilt er das Schicksal der politischen Romantik. Auch er ist an dem Widerspruch zerbrochen, *das* fordern zu müssen, was nicht *gefordert* werden kann, was entweder ist oder nicht ist. Es ist widersinnig, mit der Ratio das Irrationale, mit analytischen Begriffen die Intuition begründen zu wollen. Das aber ist der Zwang und der Widerspruch aller romantischen Philosophie. – Nietzsche ist für das gegenwärtige Bewußtsein in den Hintergrund gerückt. Irgendwie fühlt man, daß es gefährlich wäre, ihn zu beschwören. Statt dessen wirkt Bergson durch die „Action Française“, wirken Sorel und Pareto durch den Faschismus, wirkt Klages durch die deutsche Jugendbewegung, wirkt die Lebensphilosophie und Phänomenologie, wirkt vor allem Spengler als Geschichtsphilosoph einer naturalistischen Form der politischen Romantik.

Und sie wirken über die Philosophie hinaus in die Wissenschaft. Der Vitalismus in der Biologie erfährt neue Stärkung, die *Organismusidee* wird zum Prinzip einer entschlossen antiliberalen Gesellschaftslehre erhoben. Der Mensch wird vom Leib und der Lebensmächtigkeit her verstanden; eine Rassentheorie mit wissenschaftlichen Ansprüchen wird angeboten. Die Wirtschaft wird auf Urphänomene befragt, die dem verändernden Wirken des Menschen Widerstand leisten sollen. Die Kultur wird in geschlossene Kreise gebannt, und der Fortschrittsgedanke wird verpönt. Die Geschichte wird in Mythos verwandelt und der Geist als Sündenfall des Lebens beurteilt. – Damit freilich bricht der ganze Widerspruch dieses Denkens hervor; denn es ist Geist, mit dem der Geist bekämpft wird, es ist als Fortschritt gemeint, daß der Fortschrittsgedanke verschwindet; der Mythos wird mit Dokumenten belegt, und die organische Gesellschaft soll durch Parteien (von partes = Teile) erzwungen werden; die edle Rasse macht sich selbst zum Gegenstand von Theorie und Praxis, und der Leib erhält seine neue Würde durch den Geist, der vor ihm abdanken will. Denkend wird das Denken und handelnd das Handeln verneint: das ist romantische Theorie und Praxis.

Weniger unangemessen als Wissenschaft und Philosophie ist die *Dichtung* für die politische Romantik. Dichtung fordert nicht und begründet nicht, sondern stellt hin. Was durch sie hingestellt ist, kann dann freilich mehr als jede moralische Forderung und wissenschaftliche Begründung wirken. Doch gilt auch die Vorzugsstellung der Dichtung nur mit Einschränkungen. Das Drama ist dem Sinn der politischen Romantik insofern unangemessen, als in ihm die Erhebung des Menschen über die ursprungsmythischen Bindungen eigentlicher Gegenstand ist. Und wenn auch der Untergang des Menschen die Übermacht der Ursprungsbindungen beweist, so beweist er doch nichts für die Forderung, in der Ursprungsbindung zu bleiben. Wo Drama lebendig ist, ist der Ursprungsmythos gebrochen. Und das Drama handelt von dem Recht und der Tragik dieses Bruches. – Das Epos ist zwar Gegenstand der Sehnsucht aller romantischen Epochen, niemals aber Gegenstand möglicher Verwirklichung durch sie. Denn es kann nur von einem Bewußtsein geschaffen werden, das noch vor der Spaltung in Subjekt und Objekt liegt. Der Roman übernimmt die Funktion des Epos auf durchrationalisiertem Boden. Aber er setzt die Distanz von den Dingen voraus, also das, was in der Rückkehr zum Ursprung überwunden werden soll. Darum kann im Roman wohl die Zersetzung der Autonomie und die Sehnsucht zum Ursprung sich unmittelbaren Ausdruck verschaffen, nicht aber kann der wiedergefundene Ursprung selbst durch die Form des Romans zu dichterischer Gestaltung kommen. – Es bleibt also nur die Lyrik als ihr unmittelbarer Ausdruck übrig. In erster Linie ist hier *Stefan George* zu nennen, dessen Anhänger schon durch die ursprungsmythische Fassung der Idee der Jüngerschaft zu politischer Romantik geneigt sind. Es kommt aber bei George das für unsere Frage sehr wichtige priesterliche Moment hinzu, der Gnadengedanke, die Esoterik der Erwählten, die kultisch-hierarchische Haltung. Freilich entgeht auch George dem Widerspruch der Romantik nicht. Die priesterliche Tradition seines Kreises ist keine echte Tradition. Sie ist aus dem Archaischen ins Humanistische übersetzt und hat infolgedessen archaistische Züge; die Esoterik gründet sich stärker auf Absicht und Reflektion (als exoterische Kräfte), als echter Esoterik zukommt. Wo aber in der Georgeschule der Mythos aus der dichterischen in die wissenschaftliche Sphäre übertragen wird, entsteht der Widerspruch eines Logos, der Mythos schaffen soll.

Der Georgekreis gehört im Prinzip zum konservativen Typ der politischen Romantik, entsprechend seinen priesterlich-esoterischen Elementen. Die revolutionäre Romantik dagegen bedarf eines prophetischen Exoterismus, um zum Siege zu kommen. Es ist nun interessant zu sehen, wie die politische Romantik infolge ihrer Ablehnung echter Prophetie sich einen Ausdruck verschafft, den man im Anschluß an eine ältere Literaturform *apokalyptisch* nennen könnte[23]. Der Unterschied ist freilich der, daß die moderne, profane Apokalypse in wissenschaftlicher

[23] Zu „Apokalyptik" vgl. vor allem die spätjüdische Literatur dieses Namens, aber auch die neutestamentliche Apokalypse und entsprechende Literatur in der Antike und in den revolutionären Sekten des Mittelalters bis hin zur Gegenwart. Immer handelt es sich dabei um eine unmittelbar bevorstehende Weltkatastrophe, deren Herannahen und Erscheinungsformen

Form auftreten muß. Nur in wissenschaftlicher Verhüllung ist der Mythos auf autonomem Boden glaubhaft. In ihr aber kann er glaubhaft werden; und die politische Apokalypse kann sich als die angemessenste Ausdrucksform der politischen Romantik erweisen. Nur so, nicht durch ihren höchst fragwürdigen wissenschaftlichen Inhalt ist der Einfluß von Zeitschriften wie „Die Tat" verständlich zu machen; nur so die Bedeutung des Rufes nach dem Dritten Reich, der phantastische Charakter fast aller Programme und Selbstdarstellungen der revolutionären Romantik. Wissenschaft und Dichtung, vereinigt zu revolutionärer Kritik und apokalyptischer Hoffnung: das ist die geistige Ausdrucksform der revolutionären Romantik und eine politische Waffe von starker, wenn auch vorübergehender Wirkung.

5. Ihr politischer Ausdruck

Der Widerspruch der politischen Romantik zeigt sich am deutlichsten in ihrer Stellung zur Partei überhaupt und zu den konkreten Parteien insbesondere.

Auf dem Boden der bürgerlichen Gesellschaft ist die *Parteibildung* Voraussetzung für die Eroberung der politischen Macht. Partei setzt autonome Überzeugung und Willensbildung durch das Volk und seine verschiedenen Gruppen voraus. Autonome Willensbildung aber kann das ursprungsmythische Denken nicht zugestehen. Es ist heteronom und aristokratisch. Es kann also nur durch eine erzwungene Pseudomorphose (Scheingestalt) eine Partei bilden. Die konservative Form kann, wenn auch widerspruchsvoll, so doch ohne Gefährdung als Partei auftreten, solange das politische Übergewicht der konservativen Gruppen die Partei zu einer Fassade macht, hinter der sich ganz andere autoritäre und aristokratische Kräfte durchsetzen[24]. Die revolutionäre Romantik hat diese Möglichkeit nicht. Sie muß darum die Form der Partei von innen her zerstören und (während sie die Fiktion der Partei aufrechterhält) etwas ganz anderes an ihre Stelle setzen: eine revolutionäre Kampfgruppe, die sich gegenüber dem Volk als Elite fühlt und

---

genau beschrieben werden. Die Weissagungen des „Tatkreises" über den Untergang der liberalen und kapitalistischen Welt haben in wissenschaftlicher Verhüllung die gleiche Struktur.

[24] Es ist durchaus konsequent, daß die Deutschnationale Partei eine Politik unterstützt, durch die sie selbst als Partei (mit allen Parteien) ausgeschaltet ist, dafür aber unmittelbar maßgebend für die politischen Entscheidungen wird.

durch völlige Hingabe dem Volk ihren politischen Willen aufzwingt. In sich selbst steht sie auf Autorität und einer Rangordnung von Eliten bis hin zum Führer, in dessen Verehrung der Verzicht auf Autonomie seinen stärksten, enthusiastischen Ausdruck findet. Naturgemäß kann eine solche Partei kein anderes Ziel haben, als durch ihren Sieg Partei überhaupt aufzulösen.

Die antirationale, ursprungsmythische Haltung hindert die Parteien der politischen Romantik nicht, die stärkste und in ihrer revolutionären Form letzte Schutztruppe der tragenden Gruppe des rationalen Systems zu sein, des kapitalistischen Bürgertums. Wie der Name Nationalsozialismus die gegenwärtig wichtigste Partei der politischen Romantik nicht hindert, alle Kraft ihres Angriffs gegen den Sozialismus zu richten, so hindern die apokalyptischen Untergangsweissagungen, die von den Intellektuellen-Gruppen der politischen Romantik über die industrielle Gesellschaft verkündigt werden, die Träger der Kapitalherrschaft nicht, die neuen antikapitalistisch gemeinten Formen des Gesellschaftsaufbaus zur Sicherung ihrer Klassenherrschaft zu benutzen. Diese eigentümlich *widerspruchsvolle Kampflage der politischen Romantik* ist gesellschaftlich und geistig aus der Gesamtlage der bürgerlichen Gesellschaft verständlich: Die tragenden Gruppen namentlich der revolutionären Romantik suchen ihrer drohenden völligen Entmächtigung durch Widerentmächtigung des aufsteigenden Proletariats zu entgehen und geraten dadurch im Klassenkampf auf die Seite der herrschenden Klasse. Umgekehrt versucht das Bürgertum in dem Maße, in dem es sich durchgesetzt hat, zur eigenen Befestigung ursprungsmythischen Tendenzen Raum zu geben und die Kapitalherrschaft auf Kosten des Proletariats zu feudalisieren. Das entscheidende Mittel für beide Zwecke ist die nationale Macht-Staats-Idee, in der sich Ursprungsmythos und kapitalistischer Imperialismus aufs beste verbinden und die übernationalen Folgen des bürgerlich-rationalen Systems durchkreuzen.

Diese Momente sind besonders auf deutschem Boden wirksam. Das *deutsche Bürgertum* hat die demokratischen Forderungen seines Prinzips niemals durchgekämpft. Es hat sie idealistisch aus der politischen Sphäre in die reine Innerlichkeit umgebogen, es hat sich geistig und gesellschaftlich den feudalen Formen bis zum widerspruchslosen Hineingleiten in die Katastrophe des Weltkrieges angepaßt. Es hat durch Verschmelzung der militärisch-konservativen und der ökonomisch-imperialistischen Form der nationalen Idee die tragenden Gruppen der politischen Romantik für sich gewonnen. Es hat die mittleren Schichten, während es sie ökonomisch entmächtigte, durch romantisch-patriarchalische Vorstellungen getäuscht und sie von dem Selbstgefühl echter Demokratie ferngehalten. Als dann die Revolution die Konsequenzen des bürgerlichen Prinzips zog, zugleich aber mit Forderungen an das Bürgertum herantrat, konnte dieses infolge seiner Verflochtenheit mit vorbürgerlichen Schichten und Gestaltungen das ursprungsmythische Denken unmittelbar in seinen Dienst stellen. Es konnte in der Anpassung so weit gehen, daß es um seiner Selbsterhaltung willen nationalistischen Autarkieforderungen zustimmte, die seinem Prinzip widersprechen. Es konnte auf die ihm innewohnende Dynamik zugunsten einer feudalen Stabilisierung verzichten. Es konnte sich geistig mit der ursprungsmythischen Ideologie befreunden, sich ständisch und antiliberal gebärden, es konnte um der Aufrechterhaltung der Klassenherrschaft willen selbst die geistige Autonomie preisgeben. Vor allem konnte es die Empörung der mittleren Schichten, deren ökonomische Enteignung durch die Nachkriegsentwicklung jedem deutlich wurde, von sich auf das Proletariat ablenken. *Die Furcht vor der Proletarisierung wurde in Kampfwille gegen das Proletariat umgewandelt.* Das war möglich, weil das Proletariat durch die Klassenkampfsituation gezwungen war, die bürgerlich-demokratischen Konsequenzen des rationalen Systems gegen das Bürgertum und die mit ihm verflochtenen vorbürgerlichen Schichten durchzusetzen und die Kapitalherrschaft, an der jene Schichten abgestuft oder auch nur scheinbar teilnahmen, zu bekämpfen[25].

Der Widerspruch der politischen Romantik in ihrem gesellschaftlichen

[25] Doch besteht die Möglichkeit, daß diese widerspruchsvolle Konstellation sich auflöst und die revolutionäre politische Romantik in den Gruppen, die dann noch zu ihr stehen, gemeinsam mit dem Proletariat eine antikapitalistische und antifeudale Haltung einnimmt. Diese Entwicklung würde beschleunigt werden, wenn es der konservativen Form der politischen Romantik gelingen würde, sich mit Hilfe des Militärs und der Präsidialgewalt an die Stelle zu setzen, die der Nationalsozialismus erkämpfen wollte. Dafür spricht, daß die tragenden Schichten des Bürgertums in dieser Konstellation eine größere Garantie ihrer Sicherheit sehen als in der immerhin nicht unverdächtigen revolutionären Massenbewegung, die noch dazu das Wort Sozialismus in ihrem Namen trägt. Es ist erbitternd für den Nationalsozialismus zu sehen, wie ihm die Früchte seiner Anstrengungen und seines Impulses von einer Gruppe weggenommen werden, die nur durch diesen Kampf, an dem sie sich selbst nicht beteiligt hatte, zur Macht kommen konnte. Das Bürgertum läßt die revolutionäre Bewegung in dem Augenblick im Stich, wo es mit ihrer Hilfe die Macht des Sozialismus gestürzt hat. Das kann nun zur Folge haben, daß der Nationalsozialismus sich auf den zweiten Teil seines Namens besinnt und ernsthafte antikapitalistische Aktionen unternimmt. Damit wäre die Möglichkeit eines Zusammenschlusses von ursprungsnahen Gruppen und Proletariat in der kommenden Periode des Sozialismus wenigstens grundsätzlich ermöglicht. Doch sind die Dinge zu sehr im Fluß, als daß sie zu bestimmten Erwartungen berechtigten.

Sein und in all ihren Ausdrucksformen folgt notwendig aus ihrem Charakter als Rückwendung zum Ursprung unter der Voraussetzung und mit den Mitteln einer vom Ursprung losgelösten Gesellschaft. Darin wirkt sich das grundsätzlich beschriebene Verhältnis der beiden menschlichen Urelemente und damit der Wurzeln des politischen Denkens aus: Der Mensch kann nicht darauf verzichten, Mensch zu sein. Er muß denken, er muß Sein ins Bewußtsein erheben, er muß hinausgehen über das Vorgegebene. Ist das aber geschehen, so gibt es kein Zurück. *Er kann nicht denkend das Denken aufheben; er kann nicht bewußt auf das Bewußtsein verzichten.* Das aber ist, von der Wurzel her verstanden, der Sinn der politischen Romantik. Darin liegt ihr Unrecht und ihre Ohnmacht gegenüber den Mächten der bürgerlichen Gesellschaft. Ihr Recht liegt an einer anderen Stelle, als sie selbst es suchte; es liegt genau an dem Punkt, an dem auch der Sozialismus gegen die bürgerliche Gesellschaft ankämpft. Es liegt in dem Protest des Menschen gegen die entmenschlichenden Folgen des durchgeführten rationalen Systems.

Zweiter Teil

Das Prinzip der bürgerlichen Gesellschaft und der innere Widerstreit des Sozialismus

I. Bürgerliches Prinzip und Proletariat

1. Das bürgerliche Prinzip und seine Spannungen

Die abendländische bürgerliche Gesellschaft ist aus einer doppelten Brechung der Ursprungsbindung hervorgegangen, der prophetischen und der humanistischen. Die prophetische Brechung geschah im Protestantismus, am radikalsten und folgenreichsten im Kalvinismus; die humanistische Brechung in der Aufklärung und (nach Überwindung der Gegenbewegungen) im Positivismus und Liberalismus des 19. Jahrhunderts. Im Protestantismus befreite sich das Bewußtsein von den priesterlich getragenen und bewahrten Ursprungsbindungen des Mittelalters, in der Aufklärung von der Heteronomie eines zugleich religiösen und politischen Absolutismus, wie er die Übergangszeit kennzeichnet. Der prophetische Hintergrund des bürgerlichen Geistes im Abendland drückt sich in dem aktiven, weltgestaltenden Willen aus, durch den er sich von den meisten Formen des griechischen Denkens unterscheidet. Die Schilderung der bürgerlichen Gesellschaft und ihrer weltgeschichtlichen Größe im „Kommunistischen Manifest" zeigt aufs eindringlichste die Einmaligkeit dieser Erscheinung in aller erinnerten Menschheitsgeschichte. *Die abendländische bürgerliche Gesellschaft ist der weltgeschichtliche Angriff auf Ursprungsmythos und Ursprungsbindung in allen Teilen der Erde.* Sie ist Verkündung und Verwirklichung autonomer Diesseitigkeit bis hin zu den fernsten, mythisch gebundensten Menschheitsgruppen. Und sie hat in siegreicher Durchsetzung ihres Prinzips eine Weltherrschaft aufgerichtet, der sich niemand auf der ganzen Erde völlig entziehen kann. Wo in der Welt Technik und Kapital arbeiten, wirkt der Geist der abendländischen bürgerlichen Gesellschaft[1].

Ihr Prinzip ist die radikale Auflösung aller ursprünglichen Gegebenheiten, Bindungen und Gestalten in rational zu bewältigende Elemente und die rationale Zusammenfassung dieser Elemente zu Zweckgebilden für Denken und Handeln. Zwecksetzung tritt an Stelle von Seins-Hinnahme, Schaffung von Mitteln verdrängt Anschauung von Eigenwerten; der bürgerliche Mensch als fremde Macht entmächtigt die Eigenmächte des Daseins: er entmächtigt sie durch Unterwerfung unter seinen Zweck. Und der Weg der Entmächtigung ist Verdinglichung und Analyse. In jedem Ursprung ist ein Moment von Unbedingtheit. Das ganz Bedingte, das bloße Ding, hat kein Zeichen des Ursprungs mehr an sich. Darum ist die vollkommene Verdinglichung die vollkommene Beseitigung der Ursprungsbeziehung des Seienden, seine vollkommene Profanisierung. Der Geist der bürgerlichen Gesellschaft ist der Geist einer Menschengruppe, die nach Durchschneidung jeder Ursprungsbindung eine verdinglichte Welt ihren Zwecken unterwirft.

Die *Verdinglichung* bezieht sich ebenso auf die Natur wie auf die Gesellschaft. Die Analyse der Natur führt zu ihrer Reduktion auf ein zweckmäßiges System mathematischer Funktionen und Verwendung der funktional berechenbaren Elemente im Dienst technisch-wirtschaftlicher Zwecksetzung. Die Analyse der Gesellschaft führt zur Herauslösung der einzelnen, triebbestimmten, wollenden Menschen als den Elementen, aus denen jede Gesellschaft gebaut ist. Durch Berechnung des Trieb-

[1] Eine ausführliche Darstellung des Geistes der bürgerlichen Gesellschaft habe ich in meiner Schrift gegeben: Die religiöse Lage der Gegenwart. Berlin 1926. Ich muß darauf verweisen, da von dem bürgerlichen Prinzip nur in knappster, der gegenwärtigen Absicht angepaßter Weise die Rede sein kann.

mechanismus der Einzelnen und der Massen ist eine rationale Beherrschung der gesellschaftlichen Vorgänge möglich. Auch hier also vollkommene Verdinglichung: der Mensch ein psychologisch und soziologisch determiniertes Element, das vermittels berechenbarer Reaktionen bestimmten Zwecken dienstbar gemacht wird. Die Ursprungsbindungen sind in der Einzelseele wie in der Gesellschaftsgruppe durchschnitten.

Die Analyse und Beherrschung von Natur und Gesellschaft setzt eine Macht voraus, die herrscht. Es entsteht die Frage: Wer kann herrschen, und wie ist Herrschaft in beiden Beziehungen möglich? Wie ist es möglich, daß der Mensch die Natur erkennt und durch Erkenntnis in Dienst nimmt? Und wie ist es möglich, daß die Gesellschaft rational aufgebaut wird? *Wer soll den Aufbau tragen, und welche Garantie besteht, daß er rational durchgeführt wird?* Voraussetzung der Frage ist, daß die Ursprungsmächte, die ungefragt die Herrschaft ausübten, ihre Macht verloren haben. In diesem Augenblick ist die Frage nach der Treffbarkeit der Natur durch das menschliche Erkennen und die Frage nach der Konstruierbarkeit der Gesellschaft durch menschliches Handeln von höchster Dringlichkeit. Es erhebt sich das *Subjekt-Objekt-Problem,* dieser große Beweger der abendländischen Philosophie, und in strenger Korrelation damit das *Herrschaft-Freiheit-Problem,* der Beweger der bürgerlichen Politik. Zeiten, die dem Ursprungsmythos nahestehen, kennen weder die eine noch die andere Entgegensetzung. Sie leben in ursprünglicher Subjekt-Objekt-Einheit (eine Formulierung, die unvermeidlich, aber unzulänglich ist, weil sie schon von der Spaltung ausgeht); und sie leben in ursprünglich anerkannten Herrschaftsverhältnissen, die zugleich ein abgestuftes System von Freiheiten darstellen.

Auf die Fragen, die sich mit dem bürgerlichen Prinzip erheben, sind zwei Antworten möglich und gegeben worden. Die eine geht aus von dem Objekt, der Natur oder den gesellschaftlichen Produktivkräften und behauptet, daß die Natur sich dem Menschen in der sinnlichen Erfahrung so gibt, daß daraus eine für die Beherrschung zulängliche Naturerkenntnis zustande kommt (Erkenntnislehre des Positivismus). Und sie behauptet, daß das freie Waltenlassen aller menschlichen Produktivkräfte, der geistigen (Toleranz), der ökonomischen (liberale Nationalökonomie) und der politischen (Majoritätstheorie), zu einer vernünftigen Gesellschaftsgestaltung führen muß. Sie glaubt also, daß das Seiende, sobald es sich frei von den Ursprungsmächten entfalten kann, durch eine *natürliche Harmonie* zur Seinserfüllung gelangen müsse. Hinter diesem liberalen Harmoniegedanken steht der religiöse Glaube an die Einheit und Güte der Welt. Das *„laisser-faire, laisser-aller“* ist ursprünglich fromm.

Die andere Antwort geht vom Subjekt aus, von der Überzeugung, daß das Waltenlassen der einzelnen Elemente von Natur und Gesellschaft niemals zu einer vernünftigen Naturerkenntnis und Gesellschaftsgestaltung führen könne. Das Subjekt ist Träger der Vernunft in dem Sinne, daß der Geist der Natur die Gesetze gibt (Kant) und daß die staatlich zentralistische Macht alle Seiten der Gesellschaft vernünftig lenkt und gestaltet, die Produktivkräfte jeder Art, die geistigen wie die wirtschaftlichen wie die politischen, zu harmonischer Wirksamkeit bringt. *Natur und Gesellschaft sind der menschlichen Vernunft zu unterwerfen.* Die Freiheit des Einzelnen ist durch das übergreifende Gesetz zu beschränken. Sofern diese Tendenz nicht in ursprungsmythischer Hülle als aufgeklärter Absolutismus auftritt, sondern die liberale Voraussetzung sich zu eigen macht, kann man sie im Gegensatz zum konsequenten Liberalismus als demokratisch bezeichnen, und man kann in der gesellschaftlichen Sphäre von einer Entgegensetzung der Gleichheit gegen die Freiheit reden. Sobald man das Wort Demokratie in diesem halb antiliberalen Sinne verwendet, ist es freilich nötig, den Ton auf die zweite Silbe des Wortes zu legen, die „Herrschaft".

Denn Liberalismus und Demokratie gehören zuächst einmal aufs engste zusammen. Sie sind eines im anderen wirksam und können trotz der schärfsten Spannungen nie auseinanderfallen. In jeder noch so zentralistischen und herrschaftlichen Demokratie ist die Grundlage liberal: der Einzelne ist Träger der Gewalt, der er sich unterwirft. Auf Grund seines natürlichen Rechtes bestimmt er mit, wer die übergreifende Vernunft vertreten und durchsetzen soll. Er als Einzelner ist Gegenstand einer Erziehung, die schließlich seine Freiheit und Vernunftfähigkeit zur Voraussetzung hat. Er als Träger einer unbestimmten Produktivkraft wird von der planenden Zentrale in Betracht gezogen. In einem ursprungsmythisch gebundenen System wird er weder um seine Entscheidung gefragt, noch wird er zu einer in jedem Einzelnen gleich wirksamen Vernunft erzogen, noch wird er als abstrakte Produktivkraft gewertet. Das liberale, von der ursprünglichen Bindung befreiende Moment ist also auch in der herrschaftlichen Demokratie wirksam.

Umgekehrt bedarf auch der extremste Liberalismus, solange er nicht in einen utopischen Anarchismus umschlägt, einer Garantie für das ungehinderte Wirken der Produktivkräfte und die ungehinderte Entfaltung der geistigen und politischen Freiheit. Solche Garantie kann nur eine zentrale Instanz geben, die die Macht hat, innere und äußere Hemmungen der natürlichen Entfaltung abzuwehren. Wie weit diese Instanz eingreifen muß, um Störungen der natürlichen Harmonie zu beseitigen, läßt sich im voraus nicht sagen. Die Eingriffe müssen unter Umständen so weit gehen, daß das liberale Prinzip fast ausgeschaltet ist. Das geschieht besonders dann, wenn die Störungen von außen kommen, wenn die Bedrohung der Nation diktatorische Maßregeln nötig macht.

Das Ineinander von Liberalismus und Demokratie erfährt noch eine Vertiefung durch den gemeinsamen Harmonieglauben. Der Liberalismus glaubt an die natürliche Harmonie, die durch das freie Wirkenlassen der Produktivkräfte zustande kommt. Die Demokratie glaubt nicht an die *natürliche Harmonie,* aber sie glaubt an die Unterwerfbarkeit der Natur unter die Vernunft. Sie glaubt an eine *metaphysische Harmonie,* die sich im Geschichtsprozeß notwendig durchsetzt. Die Natur ist erkennbar und kann in den Dienst des Menschen gestellt werden, weil die Kategorien des menschlichen Geistes die strukturgebenden Elemente der Natur sind. Die Gesellschaft kann vernünftig gestaltet werden, weil das menschliche Geschlecht in einem Prozeß der Erziehung zur Vernunft steht, dessen Ziel irgendwann einmal erreicht werden muß. Dieser Harmonieglaube, sei es in der einen, sei es in der anderen Form, ist das tiefste, wenn auch vielfach überdeckte Prinzip der abendländischen Aufklärung[2]. Es ist das Prinzip, das der Aufklärung den Optimismus und der bürgerlichen Gesellschaft ihre weltgeschichtliche Kraft gegeben hat. *Jede Erschütterung des Harmonieglaubens ist eine Erschütterung des bürgerlichen Prinzips.* Das bürgerliche Prinzip kann vor dieser Erschütterung auch nicht dadurch geschützt werden, daß man den liberalen Glauben an die natürliche Harmonie preisgibt, aber den Glauben an die metaphysische, durch menschliches Handeln sich durchsetzende Harmonie aufrechterhält. Ohne ein liberales Moment ist die demokratische Fortschrittserwartung einfacher Wunderglaube. Denn die Demokratie kann ohne die liberale Voraussetzung nicht verständlich machen, wie aus der Willkür aller Einzelnen sich eine Macht erheben kann, die zur Vernunft erzieht und das Vernünftige durchsetzt. Sie kann weder in der Beschreibung des Einzelmenschen noch der Gesellschaft auf den natürlichen Harmoniegedanken verzichten. Sie ist darum gezwungen, wenn sie ihn doch preisgeben will, sich auf vorbürgerliche, ursprungsgebundene Elemente zu stützen. Soziologisch gesprochen: Das in seiner ökonomisch-politischen Selbstsicherheit erschütterte Bürgertum ist entweder gezwungen, den Störungen des „laisser-faire" durch Ursprungsmächte (politischen, vor allem nationalen Cha-

---

[2] Die Bedeutung des Harmonieglaubens für die theoretische und praktische Philosophie der Periode von der Renaissance bis zum Weltkrieg ist noch längst nicht deutlich genug gesehen und durchforscht.

rakters) die Schuld an der Erschütterung der Harmonie zu geben[3], oder es muß sich selbst durch Übergang zu vorbürgerlichen feudalen Strukturen sichern. Beide Wege werden zur Zeit beschritten, der erste nur noch in theoretischer Form von kleinen Gruppen, der zweite als der tatsächliche Weg der spätkapitalistischen Mächte.

2. Die tragenden Gruppen und die Grenzen des bürgerlichen Prinzips

Aktive Träger des bürgerlichen Geistes sind diejenigen Gruppen, die durch ihre gesellschaftliche Lage dem Ursprungsmythos entfremdet sind: die Geistigen außerhalb der priesterlichen Sphäre als Vertreter der inneren Autonomie, die Beamten, sofern sie die übergreifende Vernunft des Staates darstellen, die höheren Angestellten, die mit dem Aufhören des kleinen Unternehmers durch die Kapitalkonzentration immer mehr an Bedeutung gewinnen, die Arbeiter, die herausgerissen aus den heimatlich-transzendenten Bindungen zu Mitteln der ökonomischen Zwecksetzung und Inhabern der „Ware Arbeitskraft" werden, die Großhändler, denen das Seiende Ware und dadurch Ding ist und die durch den grundsätzlich unbegrenzten Warenaustausch die Bodenverbindung verlieren, die industriellen Unternehmer als Träger der wirtschaftlichen Autonomie, die Leiter des Finanzkapitals, die eine von jeder Ursprungsbindung losgelöste Funktion in der Lenkung des Marktes haben.

Liberal ist die bürgerliche Gesellschaft in denjenigen Gruppen, die das freie Spiel der Kräfte zu ihrer Entfaltung brauchen und für die der Harmoniegedanke die Rechtfertigung ihres uneingeschränkten ökonomischen Strebens bedeutet: also der einzelne Unternehmer in Großhandel, Industrie, Finanz. Sobald sich das Unternehmertum zu Machtgruppen zusammengeschlossen hat, ist der Harmoniegedanke nur noch Ideologie zum Schutz der Machtpositionen vor staatlichen Eingriffen und sozialistischen Begrenzungsversuchen. Nur bestimmte, weniger

---

[3] Die jungliberale Bewegung, der auch manche Sozialisten nahestehen, erkennt das Zerbrechen des Harmonie-Prinzips nicht an, sondern macht seine mangelnde Durchführung für die entstandene Disharmonie verantwortlich. Sie übersieht, daß eben die Kräfte, die die Durchführung des liberalen Prinzips bisher verhindert haben, sie *dauernd* verhindern müssen, da es nicht zufällig dazwischen gekommene und durch sittlichen Fortschritt überwindbare Kräfte, sondern da es die Ursprungskräfte menschlichen Seins überhaupt sind, an denen die Harmonie zerbricht.

konzentrationsfähige Gruppen vertreten dann noch echten Liberalismus, so z. B. die verarbeitende Industrie gegenüber der Schwerindustrie, der Privatbankier gegenüber den Großbanken. In den großen Kartellen dagegen wandelt sich der paradoxe Harmoniegedanke der Aufklärung immer mehr in den feudal-ständischen Organismusgedanken der politischen Romantik: *der Weg vom Liberalismus zur neuen Feudalität.* – Demokratische Tendenzen finden sich überall da, wo der Glaube an die natürliche Harmonie vor dem rationalen Gestaltungswillen zurücktritt, d. h. bei den Beamten, die als Vertreter der übergreifenden staatlichen Einheit die Neigung haben, das freie Spiel der Kräfte und die unverantwortlichen Herrschaftsformen, die aus ihm hervorgehen, einzuschränken. Die Geistigen pflegen zwar um ihrer Autonomie willen den Liberalismus zu bejahen, um ihrer wirtschaftlichen Ohnmacht willen aber antiliberalen Tendenzen zuzuneigen. Ihre Gegnerschaft gegen den Liberalismus kann im Zusammenhang mit dem Kampf des Proletariats bis zum Verzicht auch auf die geistige Autonomie gehen, ein heute sehr häufiger Vorgang. Eindeutig antiliberal ist das Proletariat, d. h. die Masse derjenigen, die in der freien Konkurrenz restlos Objekte des gesellschaftlichen Prozesses geworden sind. Als solche stehen sie zwar auf dem Boden der bürgerlichen Gesellschaft, sind aber zugleich der lebendige Widerspruch gegen sie. Ihr Kampf gegen den Liberalismus ist Kampf gegen die bürgerliche Klassenherrschaft, die mit Hilfe des Liberalismus aufgerichtet wurde. Ihr Kampf für die Demokratie ist Kampf für den gleichen Anteil aller an der gesellschaftlichen Macht und den wirtschaftlichen Erträgen. In diesem Kampf kann es dazu kommen, daß auch das liberale Moment, das der demokratischen Ordnung innewohnt, preisgegeben wird. Aus dem Zweifel an der Möglichkeit, unter den fixierten Herrschaftsverhältnissen die Demokratie auf demokratischem Wege durchsetzen zu können, entsteht die Forderung einer vorübergehenden *proletarischen Diktatur* und damit auch eine teilweise Preisgabe der Gleichheitsidee. In dieser letzten Konsequenz begegnet sich die innerbürgerliche Opposition gegen die bürgerliche Gesellschaft mit der revolutionären Form der politischen Romantik, wie die innerbürgerliche Herausentwicklung aus der bürgerlichen Gesellschaft, die Feudalisierung, sich mit der konservativen Form der politischen Romantik begegnet[4].

Diese Spaltungen innerhalb der bürgerlichen Gesellschaft und die Übergänge zu vor- und nachbürgerlichen Strukturen sind in ihrer Exi-

[4] So wird die Demokratie zerrieben zwischen konservativ gerichtetem Agrar- und Kapital-Feudalismus einerseits und revolutionärem Mittelstand und Proletariat andererseits.

stenz von Anbeginn angelegt. Ihr Prinzip ist dynamisch gestaltend, nicht statisch tragend. Es löst auf und schließt neu zusammen, aber es schafft nicht Ursprüngliches. Es setzt Geschaffenes voraus, an dem es sich auswirken kann. Die Autonomie lebt von dem Gehalt des Ursprungsmythos, den sie ins Humane umformt; die industrielle Dynamik von den vorindustriellen Gebieten, die sie erobert; die demokratische Herrschaft von der ursprungsgebundenen Unterwerfung unter den Staat nicht um seiner Zweckmäßigkeit, sondern um seiner Seinsmächtigkeit willen. Infolgedessen muß die bürgerliche Gesellschaft, um *sein* zu können, sich von Seiendem tragen lassen, das nicht von ihr gestaltet, sondern von ihr vorgefunden ist. Sie muß sich ideologisch und gesellschaftlich mit den ursprünglich tragenden Kräften verbinden. Sie darf ihr Prinzip nicht rein durchführen, sie darf es nicht zum Weltprinzip machen, sondern muß es als *kritisches Prinzip* in einer Welt wirken lassen, die vorgegeben ist. Daraus erklärt sich die merkwürdige Tatsache, daß die bürgerliche Gesellschaft in allen Ländern die extreme Durchführung ihres Prinzips abgelehnt hat. Das ist nicht einfach ideologisch zu deuten und aus den Grenzen ihrer äußeren politischen Macht zu verstehen, es liegt darin vielmehr der richtige Instinkt, daß das bürgerliche Prinzip allein das Dasein nicht tragen kann, daß es *Korrektiv, nicht Normativ* ist. So war es im Verhältnis von Prophetie und Priestertum: die Prophetie mußte sich auf priesterliche Uroffenbarung berufen und sich priesterlich verwirklichen. So im Verhältnis von Protestantismus und Katholizismus: der Protestantismus konnte nur durch katholische Elemente Kirche werden.

Unter diesem Gesetz steht auch die bürgerliche Gesellschaft. So ist zu verstehen die *Klassik* als Versuch, die ursprungsmythische Substanz aufzunehmen in autonome Form, soziologisch als Verbindung der in Bewegung geratenen feudalen Mächte mit den Vorkämpfern des bürgerlichen Prinzips. So ist zu verstehen *Idealismus* als Versuch, eine sinn- und werterfüllte Welt aus der Vernunft, der höchsten Norm des bürgerlichen Geistes, abzuleiten und die Ursprungswerte ohne Zerstörung in die Einheit eines Vernunftsystems aufzunehmen. Soziologisch ist er die Ersetzung des Priestertums als Bewahrer der Uroffenbarung durch die autonomen Geistigen als Entdecker der allgemeinen Vernunft. So ist zu verstehen *Historismus* als Versuch des Bürgertums, sich in echter Tradition von den ursprungsgebundenen Kulturen herzuleiten; soziologisch als Bewahrung der älteren sozialen Gruppen unter Führung des Bürgertums, psychologisch als Bewahrung der tieferen seelischen Schichten unter Führung des Bewußtseins. So ist zu verstehen die Aufrechterhaltung der *religiösen Lebensformen*, sei es als unantastbare Sitte wie in England, sei es als Problem der autonomen Vernunft wie in Deutschland, und die Ablehnung von Materialismus und Atheismus durch die siegreiche bürgerliche Gesellschaft, also der Versuch, sich selbst trotz der grundsätzlichen Immanenz die Weihe und Kraft der Transzendenz zu geben; soziologisch bedeutet es die Aufnahme der an Uroffenbarung gebundenen Schichten in die bürgerliche Gesellschaft (mit Sicherungen allerdings gegen orthodoxe Versuche, ihren autonomen Gang zu stören), psychologisch die Spaltung des Menschen in eine Schicht rationalen Bewußtseins und vorrationalen religiösen Gefühls. So ist zu verstehen die häufige *innerbürgerliche Kritik* des bürgerlichen Prinzips, die Hinwendung zum Irrationalen, Lebendigen, zur Tiefe und zur ungebrochenen Natur. Bei keiner dieser Selbstverneinungen ist freilich die Verneinung radikal. Fast niemals hat sie praktische Konsequenzen; denn sie geschieht mit Hilfe eben des Prinzips, das verneint werden soll, der begründenden Vernunft. Aber sie ist auch nicht scheinhaft, denn sie entstammt dem Gefühl, daß ohne diese Kräfte das bürgerliche Prinzip nicht existieren kann.

So ist endlich zu verstehen der großartigste Versuch dieser Art, der *bürgerliche Nationalismus*. Die in der nationalen Idee investierten Kräfte, die durchweg ursprungsmythischen Charakter haben, werden dem Interessenkampf der nationalen bürgerlichen Wirtschaftsgruppe dienstbar gemacht. Innenpolitisch wird die Opposition gegen die Herrschaft dieser Gruppen als unnational verdächtigt[5]. Außenpolitisch wird der wirtschaftliche Kampf gegen sie als Kampf gegen die Nation gedeutet. So gelingt es dem Bürgertum, mit Hilfe der nationalen Idee innerpolitische Widerstände niederzuschlagen, vorbürgerliche, ursprungsgebundene Kräfte in seinen Dienst zu stellen, die Weltmarktskonkurrenzen abzuwehren, sei es durch politische Niederwerfung der konkurrierenden Völker, sei es durch Absperrung gegen sie (Imperialismus oder Autarkie).

Man hat all diese Dinge als Ideologie, d. h. als *„falsches Bewußtsein“* des Bürgertums über sich selbst gedeutet und bekämpft. Aber es ist kein falsches Bewußtsein, sondern richtiges Bewußtsein von den Grenzen des bürgerlichen Prinzips und der Unmöglichkeit, ohne eine tragende vorbürgerliche Substanz auf sich selbst zu stehen. Aus diesem Bewußtsein,

---

[5] „Man sagt Nation und meint Klassenherrschaft.“ Infolgedessen wird z. B. die Tatsache, daß die deutsche Sozialdemokratie seit Kriegsbeginn und vor allem seit Kriegsende die nationale Verantwortung voll auf sich genommen hat, nicht etwa begrüßt, sondern die nationale Haltung der Sozialdemokratie wird aus Gründen des Klassenkampfes von oben verdächtigt und die Tatsache selbst verdunkelt.

dem die Grenze jeder rein bürgerlichen Machtentfaltung seinsmäßig entspricht, gehen die geistigen und politischen Verbindungen zwischen bürgerlicher und vorbürgerlicher Welt hervor. Es drückt sich darin aus, daß immer und überall das Sein maßgebender ist als das Bewußtsein, das Ursprüngliche als das Gestaltete. – Romantik wird das erst in dem Augenblick, wo das bürgerliche Prinzip sich selbst aufheben will. Die politische Romantik ist wirklich falsches Bewußtsein, weil sie nicht anerkennt, was inzwischen geschehen ist: den Sieg des bürgerlichen Prinzips, der nur durch Untergang, aber nicht durch Sehnsucht rückgängig zu machen ist. Ökonomisch gesprochen: In einer durchgebildeten rationalen Marktwirtschaft muß der Untergang des rationalen Marktes den Untergang der Gesellschaft herbeiführen, die von diesem Markt lebt. Der Weg vom Sein zum Bewußtsein, vom Ursprung zur Gestaltung läßt sich nicht ohne Vernichtung der Gesellschaft, die ihn gegangen ist, rückwärts gehen. Die politische Romantik ist falsches Bewußtsein, während die Verbindung von vorbürgerlichen und bürgerlichen Elementen in der ganzen Geschichte des modernen Abendlandes auf richtigem Bewußtsein über die Wirkungskraft und die Wirkungsgrenzen des bürgerlichen Prinzips beruht.

3. Radikalisierung und Zerbrechen des bürgerlichen Prinzips im Klassenkampf

In dem Maße, in dem das bürgerliche Prinzip sich auf der einen Seite mit ursprungsmythischen Kräften verbindet und in Gefahr gerät, von romantischen Reaktionen unterdrückt oder ausgestoßen zu werden, entstehen auf der anderen Seite Gruppen mit dem Bestreben radikaler Durchsetzung der liberalen und demokratischen Tendenzen, die ihm innewohnen. Dieser zunächst *bürgerliche Radikalismus* greift nicht nur die romantisch-reaktionären Mächte an, von denen das Bürgertum erstickt wird, sondern auch die Lebens- und Geistesformen, in denen sich das Bürgertum bewußt mit den vorbürgerlichen Gruppen verbunden hat: Er versucht, den reinen Immanenzstandpunkt gegen Idealismus und stehengebliebene priesterliche Bindungen durchzusetzen. Er schreckt dabei nicht vor materialistischen Konsequenzen zurück und führt die Verdinglichung der Welt und des Menschen entschlossen durch. (Auf deutschem Boden sind Feuerbach und Strauß dafür typisch.) Er versucht, halb-feudale Herrschaftsformen, die das konservative Bürgertum angenommen hat oder denen es sich unterwerfen mußte, zugunsten uneingeschränkter Demokratie zu beseitigen. Das war der Sinn der bürgerlichen Revolution des Jahres 1848 in Deutschland. Er versucht, durch Erhebung des Fortschrittsgedankens zum ontologischen und ethischen Prinzip alle Gesellschaftsschichten geistig und real von den Ursprungsbindungen zu lösen. Das war der Sinn der bürgerlichen Fortschrittspartei in Deutschland. Er versucht, durch radikale Aufklärungsarbeit Seelen- und Gesellschaftsschichten, die der Herrschaft des Bewußtseins noch nicht unterworfen sind, zu rationaler Bewußtheit zu führen. Das ist das Ziel der Volksaufklärung durch popularisierte Wissenschaft. Er sucht die nationale Idee von den machtpolitischen Elementen zu befreien, ist antimilitaristisch und pazifistisch. Das waren die Wurzeln des Kampfes der deutschen Liberalen gegen Bismarck und das preußische Militärbudget. So versucht der bürgerliche Radikalismus überall die Konsequenzen des Prinzips zu ziehen, vor denen das konservativ gewordene Bürgertum zurückschreckt. Im Fortschrittsgedanken, dem deutlichsten Symbol dieser Tendenz, findet der Harmoniegedanke im 19. Jahrhundert seine praktisch fruchtbare Verwirklichung. – Der Sozialismus geht in seinen Ursprüngen Hand in Hand mit dem bürgerlichen Radikalismus. Das Interesse an reiner Durchführung des bürgerlichen Prinzips gegenüber seiner Einschränkung durch das herrschende Bürgertum erwächst aus der proletarischen Lage. Aber noch etwas anderes ergibt sich aus ihr: die Erfahrung, daß der bürgerliche Harmonie- und Fortschrittsglaube in vollkommenem Widerspruch zur proletarischen Situation steht. Die liberalen Konsequenzen des bürgerlichen Prinzips führen nicht zu einer harmonischen, in stetem Fortschritt sich befriedigenden Gesellschaft, sondern zu Krise, Klassenherrschaft und Klassenkampf[6]. Das Proletariat erfährt nicht die Harmonie, sondern die *Disharmonie.* Und auf Grund dieser Erfahrung, in der ihm seine proletarische Existenz unmittelbar bewußt wird, trennt es sich vom bürgerlichen Radikalismus und wird zum Gegner ebenso des radikalen wie des konservativen Bürgertums.

---

[6] Eine ausführliche Darstellung der Klassenkampfsituation kann an dieser Stelle nicht gegeben werden. Ich verweise auf meinen Vortrag: Klassenkampf und religiöser Sozialismus. S. 175. Vgl. vor allem Eduard Heimann: Die sittliche Idee des Klassenkampfes. Hamburg 1926. Entscheidend für das Verständnis des Klassenkampfes sind folgende beiden Gesichtspunkte: 1. Der Klassenkampf ist *immer zugleich Kampf von oben und von unten.* Das Bürgertum verhüllt den Klassenkampf, den es von oben führt, ideologisch, während das Proletariat ihn für sich und seinen Gegner enthüllt. 2. Der Klassenkampf beruht nicht auf der Willkür irgendwelcher Menschen oder Gruppen, sondern ist in der *Struktur der kapitalistischen Wirtschaft wesensmäßig begründet.* Er kann deswegen keinen Anlaß zu moralischen Vorwürfen weder nach der einen noch nach der anderen Seite hin geben.

Das liberale Moment des bürgerlichen Prinzips wird dem demokratischen untergeordnet; es wird für die Zeit der Klassenherrschaft außer Kraft gesetzt. Erst für die klassenlose Gesellschaft wird ein Ausgleich von Freiheit und Gleichheit in Aussicht genommen. Die Harmonie, an die der Liberalismus in ursprünglicher oder fortschrittlicher Form für die Gegenwart glaubt, wird an das Ende verlegt, in den Vollendungszustand der Gesellschaft. In der Gegenwart herrscht die Disharmonie, die zu tief und notwendig in der gesellschaftlichen Situation begründet ist, als daß sie durch Fortschritt überwunden werden könnte. Nur durch Zwangsgewalt des Ganzen gegenüber allen Einzelnen, also eine zentrale, herrschaftsmäßige Demokratie, kann der Bruch der gesellschaftlichen Einheit beseitigt werden. Das freie Spiel der Kräfte ist zu ersetzen durch *bewußte Planung*. Die auf liberalem Boden sich erhebenden, unverantwortlichen Gewalten sind zu beseitigen durch eine demokratisch gegründete, verantwortliche Zentralgewalt.

Damit hat der Sozialismus den Schritt von dem liberalen zum demokratischen Element des bürgerlichen Prinzips gemacht, gerät nun aber in die gleichen Schwierigkeiten wie das in seinem liberalen Fundament erschütterte Bürgertum. Wird das liberale Element ausgeschieden, so ist die Demokratie gezwungen, sich durch Rückgriff auf vorbürgerlich-feudale Mächte zu stützen. Die zentrale, planende und erziehende Vernunft muß von einer Macht getragen sein, die imstande ist, den Sozialismus zu wollen und durchzusetzen. Soweit der Sozialismus auf demokratischer Voraussetzung ruht, muß er annehmen, daß diese Macht durch freie Entscheidung aller Einzelnen, praktisch durch Mehrheitsbildung zustande kommt. Der Möglichkeit einer sozialistischen Mehrheitsbildung steht aber die Tatsache der Klassenherrschaft gegenüber. Die bürgerliche Klassenherrschaft gründet sich auf die Verbindung des Bürgertums mit den vorbürgerlichen Gruppen und schließt dadurch bei der zahlenmäßigen Begrenztheit des industriellen Proletariats eine sozialistische Mehrheitsbildung so gut wie sicher aus. Die politischen, finanziellen und geistigen Machtmittel, die der Kapitalherrschaft zur Verfügung stehen, verhindern die sozialistische Aufklärung und Erziehung der außerproletarischen Massen. Gelingt es aber, in politischen Katastrophen (verlorener Krieg, Wirtschaftskrise) die Herrschaft der bürgerlichen Gesellschaft zu erschüttern, so stehen ihr andere Mittel zu Gebote, um die Folgen des sozialistischen Einflusses aufzuheben: wirtschaftliche Aushöhlung der sozialistisch beeinflußten Staatsmacht (Inflation), außenpolitische Druckmittel (kapitalistische Interventionskriege), Ausspielen des Militärs gegen die bürgerliche Gewalt (Handstreich gegen Preußen), stille Opposition der mittleren und unteren

Beamtenschaft (die zum großen Teil vorbürgerlichen Gruppen entstammt), vor allem aber Benutzung der nationalen Idee zur Stärkung aller in das Bürgertum aufgenommenen ursprungsnahen Mächte, auch wenn es sich dabei um scheinbar antibürgerliche revolutionäre Bewegungen handelt (Nationalsozialismus). *An der Tatsache der Klassenspaltung zerbricht der demokratische Harmonieglaube des Bürgertums, an der Tatsache der bürgerlichen Klassenherrschaft scheitert der demokratische Harmonieglaube des Sozialismus.*

So bleibt dem Sozialismus nichts übrig, als selbst den Kampf mit Kräften zu führen, die als Ursprungskräfte zu kennzeichnen sind und durch deren Bejahung die demokratische Voraussetzung und damit das bürgerliche Prinzip preisgegeben werden. Das geschieht unter dem *symbolischen Begriff der proletarischen Diktatur.* Der Begriff ist symbolisch und zweideutig. Diktatur im strengen Sinne des Wortes gibt es nur auf dem Boden der Demokratie, ganz gleich, ob eine kleine Gruppe gleich mächtiger Aristokraten oder das ganze Volk sich einem Diktator unterwerfen. Entscheidend ist, daß die Unterwerfung freiwillig und auf begrenzte Zeit geschieht, daß der Diktator also auf demokratischem Wege eingesetzt und auf demokratischem Wege wieder zurückgezogen wird. Wo diese Voraussetzungen nicht zutreffen, kann im strengen Sinne nicht von Diktatur, sondern nur von revolutionärer Erhebung einer Machtgruppe über die bestehenden Machtgruppen gesprochen werden. Wohl mag die Absicht bestehen und in der Theorie verfochten werden, daß die siegreiche Machtgruppe (also etwa das Proletariat nach Überwindung der Klassenherrschaft) auf seine Machtposition verzichtet, aber es ist auf keine Weise dazu gezwungen, es steht nach seinem Sieg nicht unter, sondern über der Demokratie. Es hat in dieser Situation die gleiche Stellung wie eine militärische oder von außen eingedrungene Machtgruppe, und es steht vollkommen in seiner Macht, wie es seine Stellung ausnutzt. – Noch eine andere Zweideutigkeit enthält der Begriff Diktatur des Proletariats. Das Proletariat als Ganzes kann ja nicht die Diktatur ausüben. Die Eroberung der Macht ist nur möglich durch opferwillige Kerntruppen, die Behauptung der Macht kann nur geleistet werden durch Eliten des siegreichen Proletariats. Dadurch entsteht eine Differenzierung, die ursprungsmythischen Tendenzen Vorschub leistet und zu Feudalisierungen, wenn auch in anderer Form als der vorbürgerlichen Feudalität, führen muß.

Der Verzicht auf das demokratische Prinzip im Klassenkampf, die Notwendigkeit, die für den Sozialismus immer deutlicher wird, trotz Fehlens der Majorität seine Herrschaft aufzurichten, bringt ihn in eine schwere Spannung zwischen Gegenwart und Zukunft: der bürgerliche Harmoniegedanke ist für die Gegenwart preisgegeben. Auch der proletarische Kampf kann sich in keiner Weise auf ihn stützen. Kann aber der Sozialismus, wenn er das Zentrum des bürgerlichen Prinzips für die bisherige Wirklichkeit preisgegeben hat, das Prinzip selbst aufrecht erhalten? Ist eine Weltauffassung berechtigt, die der Welterfahrung so widerspricht, daß sie für Gegenwart und Vergangenheit auf ihre wesentliche Behauptung verzichten muß? Kann in einer Weltauffassung, die nicht an ein Wunder glaubt, von der Zukunft etwas erwartet werden, was aller bisherigen Wirklichkeitserkenntnis widerspricht? *Kann der Sozialismus Vollendung des bürgerlichen Prinzips sein, wenn er zugleich Ausdruck seiner Zerstörung ist?* Muß nicht der Kampf gegen die bürgerliche Gesellschaft das bürgerliche Prinzip selbst in Frage stellen? Enthält das sozialistische Prinzip Elemente, die über das bürgerliche Prinzip grundsätzlich hinausgehen und die der anderen Wurzel des politischen Denkens entstammen, derjenigen, aus der die politische Romantik ihre Kraft zieht? – Diese Fragen zwingen zu einer genauen Analyse des Sozialismus in seiner gegenwärtigen Gestalt.

4. Proletariat und Sozialismus

Der Widerspruch gegen das bürgerliche Prinzip auf dem Boden des bürgerlichen Prinzips geht vom Proletariat aus. Sofern der Sozialismus Ausdruck dieses Widerspruchs ist, ist er gebunden an die Existenz des Proletariats; sofern er die proletarische Existenz und damit den Klassengegensatz aufheben will, geht er über die proletarische Situation hinaus und umfaßt die ganze Gesellschaft: *Der Sozialismus hat eine partikulare und eine universale Seite.* Beide Seiten gehören zusammen und können nicht auseinandergerissen werden. Wer nur die universale Seite in Betracht zieht, macht den Sozialismus zu einer allgemeinen ethisch-politischen Idee, für die es keine tragende Gruppe gibt. Wer den Sozialismus nur partikular betrachtet, nimmt ihm die Möglichkeit, die Klassensituation und damit die proletarische Existenz zu überwinden; er degradiert den Sozialismus zum Ressentiment einer unterdrückten Klasse. Aber der Sozialismus ist nur verständlich aus dem Ineinander seines partikularen und universalen Moments.

Der Sozialismus ist Ausdruck der proletarischen Situation. Sein Prinzip ist die Macht der proletarischen Bewegung. Diese partikulare Seite muß streng festgehalten und darf nicht idealistisch erweicht werden. Im Sozialismus hat das Proletariat sein Bewußtsein gefunden; es ist durch den Sozialismus als Proletariat konstituiert. Denn Proletariat bedeutet mehr als eine Masse von Menschen, die von dem gleichen Schicksal betroffen sind. Es bedeutet eine Klasse mit Bewußtsein um sich als Klasse. Dieses Bewußtsein aber hat ihm der Sozialismus gegeben. Die unbeantwortbare Frage, wo Proletariat anfängt und wo es aufhört, ist falsch gestellt. Der Begriff Proletariat ist kein rein empirischer Begriff, der eine bestimmte Summe von Menschen umfaßt und bestimmte Merkmale an ihnen eindeutig definiert, sondern *Proletariat ist ein idealtypischer Begriff*, der eine soziale Struktur nach ihren maßgebenden Merkmalen kennzeichnet, ohne Rücksicht darauf, ob diese Struktur in der Erfahrung rein aufweisbar ist. Aber *Proletariat ist noch darüber hinaus ein existentieller Begriff*, d. h. ein solcher, der nicht aus dem bloß zuschauenden Bewußtsein entnommen werden kann. Was Proletariat ist, kann nur aus dem proletarischen Kampfe und aus der Stellungnahme in diesem Kampfe verstanden werden. Proletariat ist in tiefster Schicht ein Kampfbegriff. Der proletarische Kampf aber ist der sozialistische Kampf. Und darum ist das Proletariat ebenso eine Schöpfung des Sozialismus, wie der Sozialismus eine Schöpfung des Proletariats. Beide sind in- und miteinander gesetzt. Sozialismus ist das Wissen des Proletariats um sich selbst und eben damit seine Begründung als solches. Denn die Begründung menschlich-gesellschaftlichen Seins ist immer zugleich die Begründung eines Bewußtseins, in dem das Sein sich erfüllt. Denn menschliches Sein ist bewußtes Sein.

Die strenge Wechselbeziehung von Sozialismus und Proletariat darf nicht so mißdeutet werden, als hätte es erst chaotische Massen gegeben, und dann hätte der Sozialismus diesen Massen seine Ideologie aufgedrängt. *Intellektuelle* und *Demagogen* hätten den Sozialismus in die entwurzelten Massen von außen hereingetragen. Weder Intellektuelle noch Demagogen hätten je die Möglichkeit gehabt, die sozialistische Bewegung zu schaffen, wenn der Sozialismus nicht wirklicher Ausdruck der proletarisierten Massen wäre. Intellektuelle und Demagogen können überhaupt keine Bewegung schaffen, wenn sie nicht einem Sein Ausdruck geben, das unabhängig von ihnen nach Ausdruck und Erfüllung schrie. Es ist darum unrichtig, einen proletarischen Sozialismus von einem anderen zu unterscheiden[7]. Wird der Zusammenhang von Sozialismus und Proletariat zerrissen, so hören beide auf, das zu sein, was sie sind. Auch dann kann es Bewegungen geben, die auf eine neue Gerechtigkeitsordnung zugehen. Aber *sozialistisch* sind sie nicht. Es ist darum unmöglich, den Sozialismus, seine Wirklich-

[7] Vgl. Werner Sombart: Der proletarische Sozialismus. 2. Aufl. Berlin 1935.

keit und sein Prinzip zu verstehen, ohne von der Lage des Proletariats auszugehen. Andererseits kann diese nicht dargestellt werden, ohne das sozialistische Selbstbewußtsein einzubeziehen, durch das sie als proletarische begründet ist. So eng ist der Zusammenhang und so grundlegend die partikulare Seite des Sozialismus.

Der Sozialismus hätte nicht die Kraft gehabt, dem Proletariat sein Selbstbewußtsein und damit seine Begründung als Proletariat zu geben, wenn ihm die andere, die universale Seite gefehlt hätte. Denn in der universalen Tendenz des Sozialismus drückt sich der Wille des Proletariats aus, über sich hinauszukommen – nicht im Sinne eines Einzelaufstiegs zum Bürgertum, sondern im Sinne einer neuen menschlichen Seins- und Gesellschaftsform überhaupt. Der symbolische Name für diese Seinsform ist *klassenlose Gesellschaft.* Durch diesen Willen und diese Erwartung stellt sich das Proletariat in geschichtliche Zusammenhänge, die weit über seine partikulare Seinsform hinausgehen. Unmittelbar steht es auf dem Boden der bürgerlichen Kultur des christlichen Abendlandes. Es trägt in sich die religiöse und profane Geschichte des Abendlandes und ist durch sie genauso geformt wie Bürgertum und vorbürgerliche Gruppen. Dadurch ist es in Sein und Bewußtsein abgegrenzt gegen außerchristliche Möglichkeiten, wie sie z. B. in Asien verwirklicht sind. Proletariat im strengen Sinn und darum Sozialismus ist auf asiatischem Boden erst in dem Augenblick denkbar, wo der christliche Humanismus die asiatischen Völker erobert hat. Es entspricht der fortgeschrittenen Entwicklung Japans, daß sich dort eine Bewegung durchgesetzt hat, die dem europäischen Sozialismus, resp. Kommunismus am nächsten kommt. – Der christliche Humanismus als Hintergrund der proletarischen Existenz wirkt sich aus in dem Ineinander und der Spannung der verschiedenen Elemente, die er in sich trägt: das *Christentum* in seinen verschiedenen Epochen und Konfessionen, der griechische *Humanismus,* die jüdische *Prophetie.* Das sozialistische Prinzip enthält diese Elemente in sich. Es ist kein allgemein forderndes Prinzip, das der Geschichte gegenüberstünde, es ist aber auch kein speziell empirisches Prinzip, die Beschreibung einer einmaligen geschichtlichen Erscheinung, sondern es ist ein bestimmtes Prinzip, das aber zugleich menschliches Sein überhaupt ausdrückt. Es wurzelt in dem einen menschlichen Urelement, der Forderung, dem Hinausgehen, der Erwartung des Neuen: das ist seine Allgemeinheit. Es hat sich geschichtlich geformt in der jüdisch-christlichen Entwicklung bis zum christlichen Humanismus der bürgerlichen Gesellschaft, und es ist zur partikularen Verwirklichung gekommen im abendländischen Proletariat. Das universale und das partikulare Moment: menschliches

Sein und proletarisches Dasein stehen also nicht unvermittelt nebeneinander. Sie sind vermittelt durch eine in die Ursprünge zurückreichende Geschichte, die über Christentum und Humanismus zum Sozialismus führt.

Trotz des Ineinander von Sozialismus und Proletariat sind Spannungen zwischen dem universalen und partikularen Moment möglich. Von seiten des universalen Momentes können Forderungen gestellt werden, die das Partikulare aufsaugen würden. Der Sozialismus würde zu einer soziologisch unverwurzelten, allgemeinen Idee werden und damit seine geschichtliche Kraft einbüßen. Das ist die Gefahr eines *Intellektuellen-Sozialismus*, wie ihn das Proletariat mit Recht jederzeit bekämpft hat. Denn er entstammt der bürgerlichen Situation und ihrer Gestalt politischen Denkens. Er versucht von dort aus, unter Überspringung der proletarischen Lage eine kommende Gerechtigkeitsordnung zu entwerfen. Wie auch ein solcher Entwurf benannt und gewertet werden mag: sozialistisch ist er jedenfalls nicht. Der Kampf gegen den utopischen Sozialismus gründet sich auf den unlöslichen Zusammenhang zwischen Sozialismus und Proletariat, den Marx aufgewiesen hat und der durch keine universalistische Tendenz zerschnitten werden darf.

Ebensowenig aber darf um dieser Zusammengehörigkeit willen der universalistische Charakter des Sozialismus verloren gehen. Auch diese Gefahr droht seit dem Siege des Marxismus im deutschen Proletariat ständig. Sie ist zur Zeit größer als die andere und hat sich politisch verhängnisvoller ausgewirkt. Der Widerstand gegen den Marxismus in Deutschland hat unter anderen tiefer gehenden Ursachen auch die, daß Gruppen, die dem Sozialismus geneigt sind, ihn in der völligen Partikularisierung nicht bejahen können, in die er durch die Bindung an das Proletariat geraten ist. Die Heraushebung des universalen Momentes, das mit dem Willen des Proletariats gegeben ist, sich als Proletariat aufzuheben, wird dem Sozialismus starke Kräfte zuführen, die jetzt in Gegensatz zu ihm gedrängt sind. Die vorliegende Schrift kann als Versuch aufgefaßt werden, *das universale Moment des Sozialismus herauszuarbeiten, ohne das partikulare aufzugeben.*

II. Der innere Widerstreit des Sozialismus

Einleitung: Der innere Widerstreit der proletarischen Existenz

Das proletarische Sein steht in einem Widerstreit, der in dem Verhältnis von Proletariat und bürgerlicher Gesellschaft begründet ist. *Widerstreit ist nicht Widerspruch.* Im Widerspruch liegt das Subjektive, das Zufällige, die Willkür dessen, der sich widerspricht. Widersprüche zwingen zur Preisgabe des sich Widersprechenden. Ein echter Widerspruch, wie er z. B. in der politischen Romantik vorliegt, zwingt zur Entscheidung im Sinne des Entweder – Oder. Anders der Widerstreit. Er ist nicht im Subjekt, in Zufall und Willkür begründet, sondern in der Sache selbst. Das wird durch den Zusatz „innerer" ausgedrückt. Ein innerer Widerstreit ist ein solcher, der aus dem Gesetz der Sache selbst kommt. Daher das griechische, durch Kant berühmt gewordene Wort „Antinomie", d. h. „Gesetzliches Gegeneinander". Ein innerer Widerstreit, eine Antinomie, kann nicht durch eine Bewegung im Subjekt beseitigt werden, durch den Verzicht auf widerspruchsvolles Denken oder Handeln. Eine Antinomie kann nur aufgelöst werden durch eine Wandlung der Struktur, aus der der innere Widerstreit notwendig hervorgeht. Die Analyse der politischen Romantik hat den Wider*spruch* aufgewiesen, an dem sie scheitern muß. Die Analyse des bürgerlichen Prinzips hat den inneren Wider*streit* des Sozialismus aufgewiesen, der nur dadurch aufgelöst werden kann, daß der Sozialismus zu einer neuen Gestalt seiner selbst kommt. Das aber ist bei dem strengen Zusammenhang zwischen Sozialismus und Proletariat nur möglich bei einer gleichzeitigen Wandlung des proletarischen Seins.

Denn zunächst ist das Proletariat reines Produkt der bürgerlichen Gesellschaft und ihrer Welt- und Gesellschaftsgestaltung. Es ist das Ergebnis der vollkommenen Verdinglichung alles Daseienden in Natur und Gesellschaft durch die Herrschaft des bürgerlichen Prinzips. Im Proletariat sind alle ursprungsmythischen Bindungen radikal aufgelöst. Der Einzelne ist ganz auf sich gestellt. Die unmittelbar tragenden Kräfte, Boden, Blut, Gruppe, Gemeinde, fehlen. Während das Bürgertum für sich auf die radikale Durchsetzung seines Prinzips verzichtet und sich mit vorbürgerlichen Mächten verbunden hat, hat es das Proletariat der Dynamik des bürgerlichen Prinzips restlos preisgegeben. Denn für das Proletariat bedeuten vorbürgerliche Sicherungen der bürgerlichen Klassenherrschaft, sei es durch religiöse, sei es durch nationale, sei es durch patriarchalische Ideologien, in keiner

Weise eine Änderung seiner Klassensituation. Sie bedeuten vielmehr eine Verstärkung der Klassenherrschaft und eine Festigung der Klassenkampflage. Sie bedeuten eine Verlangsamung der Dynamik der bürgerlichen Gesellschaft und damit eine Verzögerung der Aussichten für das Proletariat, die Klassenherrschaft niederzuwerfen. Infolgedessen ist das Proletariat gezwungen, im Klassenkampf gegen das vorbürgerliche für das bürgerliche Prinzip zu kämpfen, aber nicht, um es zu stützen, sondern um es zu zerbrechen. So kommt es zu dem Widerstreit, daß das Proletariat als Klasse innerhalb der bürgerlichen Gesellschaft von der bürgerlichen Gesellschaft lebt, gegen die es kämpft. Es muß von ihr leben. Denn seine Klassensituation ist ja gerade die, innerhalb der bürgerlichen Gesellschaft immer nur Objekt, nie Subjekt zu sein, d. h. eines eigenen Lebensprinzips beraubt zu werden[8].

Wäre diese Seite der proletarischen Existenz die einzige, so gäbe es keinen Sozialismus. Widerstandslos würde sich das Proletariat (das dann nicht im prägnanten Sinne Proletariat wäre) der Klassenherrschaft beugen. Es hätte keine Kraft in sich, nein zu sagen zu dem, wovon es lebt. Diese Kraft muß es anderswoher haben. Es muß, damit Sozialismus sein kann, dem bürgerlichen Prinzip als Ganzem widerstehen können. Das bedeutet, es muß Elemente der ersten Wurzel politischen Denkens, es muß Ursprungskräfte in sich tragen. Denn gerade mit ihrer Hilfe hat das Bürgertum seine Herrschaft stark gemacht. *Das Proletariat muß das verneinen, in dessen Kraft es das bürgerliche Prinzip bekämpft, den Ursprung; und es muß das bejahen, das es zerbrechen will, eben das bürgerliche Prinzip. Das ist der innere Widerstreit seiner Lage.* Es ist der Grund der tiefen inneren Problematik, in der jede sozialistische Lebensäußerung steht, es ist der Grund der Schwächen und Verkümmerungen vor allem auch des deutschen Sozialismus. Die proletarische Situation wäre klar und eindeutig, wenn sie nichts wäre als radikale Durchsetzung des bürgerlichen Prinzips, als vollkommene Rationalisierung des gesellschaftlichen Prozesses im Sinne des bürgerlichen Harmonieglaubens. Das aber kann sie nicht sein, denn der Klassenkampf bedeutet gerade die geschichtliche Widerlegung des Harmonieglaubens. Das ganze bürgerliche Prinzip also muß angegriffen werden. Und wieder wäre die Lage klar und eindeutig, wenn der Angriff ungebrochen aus vorbürgerlichen, aus Ursprungskräften geführt werden könnte. Aber auch das ist unmöglich infolge des Bündnisses von Bürgertum und vorbürgerlichen Mächten, das vom Bürgertum ein-

---

[8] Vgl. dazu die marxistischen Begriffe der „Entfremdung", „Entmenschlichung", „Verdinglichung".

gegangen ist, nicht um sein Prinzip einzuschränken oder zu überwinden, sondern um es zu festigen und die Klassenherrschaft aufrecht zu erhalten. So muß das Proletariat in ständiger Zweideutigkeit mit Ursprungskräften gegen das Bündnis von bürgerlicher Gesellschaft und vorbürgerlichen Mächten kämpfen. In dieser Zweideutigkeit ist die Mühseligkeit seines Kampfes und vielleicht die Tragik seines Schicksals begründet. Eine Wendung dieser Tragik ist nur möglich, wenn es zum Bewußtsein seiner Lage geführt wird und sich in klarer Entscheidung für die Kräfte des Ursprungs, aber gegen die bürgerlich gewordenen Ursprungsmächte und gegen das bürgerliche Prinzip einsetzt. Das ist im Grunde die „sozialistische Entscheidung", die vom deutschen Sozialismus verlangt wird. Der Aufweis des inneren Widerstreits in allen Lebensäußerungen des Sozialismus wird diese Forderung rechtfertigen.

1. Der innere Widerstreit des sozialistischen Glaubens

Der innere Widerstreit des Sozialismus, der sich aus der Antinomie des proletarischen Seins ergibt, kann zuerst aufgewiesen werden am sozialistischen Glauben. Der Sozialismus teilt den Glauben an die Rationalisierbarkeit der Welt, an die Möglichkeit, durch Dingerkenntnis und Dinggestaltung eine Wirtschafts- und Gesellschaftsordnung zu schaffen, die den natürlichen Zwecken aller Menschen angemessen ist. Da er aber nicht glaubt, daß diese Ordnung als verborgen wirkende Harmonie schon da ist, sondern daß die Disharmonie gerade aus dem Waltenlassen der Produktivkräfte im Sinne des Harmonieglaubens folgt, so muß sich sein Glaube auf eine Zukunft richten, die in vollkommenem Widerspruch zur Gegenwart steht. Er muß den Harmonieglauben in Enderwartung umbilden. Der demokratische Fortschrittsgedanke kann ihm dabei nichts helfen. Denn der Fortschrittsglaube ist eine Formung des Harmonieglaubens. *Der Sozialismus muß, wenn er auf eine kommende harmonische Welt wartet, mit einem Sprung rechnen, der in keiner Weise aus der gegebenen Wirklichkeit verständlich gemacht werden kann.* Damit aber durchbricht der sozialistische Glaube das bürgerliche Prinzip, die Voraussetzung einer rationalen, in der Wirklichkeit selbst angelegten Weltordnung. Er enthält ein Moment der prophetischen Verkündigung, die Erwartung eines neuen Seins. Aber er gibt dieser Erwartung einen Ausdruck, der vollkommen durch das bürgerliche Prinzip bestimmt, d. h. rein immanent ist. Und er ist gezwungen, das zu tun, weil er sich dem Versuch der bürgerlichen Gesellschaft widersetzen muß, die prophetische Enderwartung rein jenseitig zu fassen und ihr damit die revolutionäre Energie zu nehmen. Im Bürgertum wird die Jenseitserwartung als antirevolutionäre Ideologie benutzt. Der Sozialismus ist gezwungen, diese Ideologie zu enthüllen, und wird dabei auf die Seite der reinen Immanenz gedrängt. In Wahrheit aber geht seine Erwartung über die Immanenz im Sinne des bürgerlichen Harmonieglaubens hinaus. Der immer wiederkehrende Wechsel von Hoffnung und Enttäuschung, von Utopie und erzwungenem Kompromiß, der die Geschichte des Sozialismus erfüllt, ist die Folge dieses seines inneren Widerstreites.

Es ist verständlich, daß Führer und Theoretiker des Sozialismus diesem Zwiespalt durch Anleihen bei dem bürgerlichen Fortschrittsglauben zu entgehen suchen. Sie geraten dadurch in jenen *Reformismus*, der die sozialistische Voraussetzung der Disharmonie preisgibt und die proletarische Bewegung zu einer rein innerbürgerlichen Angelegenheit macht[9]. Es ist bekannt, wie verhängisvoll sich das in den letzten vierzig Jahren der sozialistischen Bewegung ausgewirkt hat, vor allem dadurch, daß es den Zwiespalt zwischen reformistischem und revolutionärem Sozialismus veranlaßt hat. – Wenn der *Kommunismus* in dieser Spaltung die revolutionäre Seite vertritt, so hat er das Zerbrechen des bürgerlichen Harmonieprinzips schärfer erfaßt als die Sozialdemokratie. Er glaubt in keiner Form an Fortschritt auf dem Boden der bürgerlichen Gesellschaft. Er glaubt an den Sprung, an das schlechthin Neue, das nur durch eine vollkommene Umwälzung der Gesellschaft möglich ist. Aber er glaubt daran auf dem Boden radikaler Diesseitigkeit; und in diesem Widerspruch verzehrt er sich und führt das Proletariat von einer Enttäuschung zur anderen. (Der *Bolschewismus* ist kein Gegenbeispiel, weil in Rußland der Kommunismus zugleich die Form ist, in der sich das Prinzip der Rationalität zum erstenmal auf dem Boden einer ursprungsmythischen Gesellschaftslage und mit ungebrochenen Ursprungskräften durchsetzt (s. o.). Ein Vergleich mit Gesellschaftslagen fortgeschrittenster Rationalisierung und Substanzentleerung führt zu falschen Konsequenzen.) Der Widerstreit des sozialistischen Glaubens verteilt sich in gleicher Weise auf Sozialdemokratie und Kommunismus, obgleich nicht bestritten werden kann, daß die Kraft des Glaubens im kommunistischen Lager größer ist. – Es war

---

[9] *Die Katastrophe des sozialistischen Reformismus in den Ereignissen des Jahres 1932* sollte die grundsätzliche Folge haben, daß mit dem bürgerlichen Harmonieglauben auch in der praktischen Politik endgültig gebrochen wird. Das gilt besonders auch für die Gewerkschaftsbewegung und den reformistischen Druck, den sie auf die Gesamtbewegung ausübt.

das Ziel des *religiösen Sozialismus*, in seiner grundsätzlichen Arbeit den Widerstreit des sozialistischen Glaubens aufzuzeigen und aufzulösen. Er bemühte sich in gleichzeitigem Anschluß an Marx und die prophetisch-urchristliche Enderwartung, den sozialistischen Glauben aus seiner Verdeckung zu befreien und zur Ausdrücklichkeit zu erheben. Nur von hier aus ist der religiöse Sozialismus zu verstehen. Wohl gibt es eine innerkirchliche, sozialistische Bewegung, deren Ziel es ist, dem sozialistischen Arbeiter einen Zugang zur Kirche zu öffnen und umgekehrt. Diese Aufgabe ist praktisch notwendig und von erheblicher Wichtigkeit. Grundsätzlich entscheidend ist sie nicht. Religiöser Sozialismus ist der Versuch, den im Sozialismus wirkenden Glauben bewußt zu machen, seinen inneren Widerstreit aufzudecken und zu einer symbolkräftigen Lösung zu führen[10].

2. Der innere Widerstreit der sozialistischen Menschenauffassung

In dem Widerstreit des sozialistischen Glaubens ist enthalten als erstes und wichtigstes Element die Antinomie der sozialistischen Menschenauffassung. Der bürgerliche Begriff des Menschen ist von der Vernunft her konstruiert. Das entspricht dem bürgerlichen Prinzip mit seinem Willen zur rationalen Gestaltung der Wirklichkeit. Der Mensch wird Mensch dadurch, daß er an der allgemeinen Vernunft teilhat. *Nur* der Mensch, aber auch *jeder* Mensch hat an ihr teil. Vernunftfähigkeit ist das erste Merkmal menschlichen Seins. Die übrigen Seiten seines Wesens müssen der Vernunft unterworfen werden. Die Dinge außer uns und die eigene Natur in uns sind Herrschaftsgebiete der Vernunft. Dabei geht diejenige Schicht menschlichen Seins verloren, die man als „Mitte" bezeichnen könnte und die ursprünglicher ist als die Abstraktionen der subjektiven Vernunft einerseits, des objektiven Triebmechanismus anderseits. Diese mittlere Schicht zwischen reiner Vernunft und bloßem Stoff der Unterwerfung wird durch das bürgerliche Prinzip verdeckt. Das Bewußtsein sieht nur sich selbst und

[10] Dieser Begriff des religiösen Sozialismus ist das Ergebnis der Arbeit des Berliner Kreises religiöser Sozialisten, aus dem die „Blätter für religiösen Sozialismus" hervorgingen. Er unterscheidet sich von der Grundauffassung des „Bundes religiöser Sozialisten", wie sie in der „Zeitschrift für Christentum und Sozialismus" zum Ausdruck kommt, dadurch, daß er die praktische Verbindung von Kirche und sozialistischer Bewegung gegenüber der grundsätzlichen Klärung des Verhältnisses von Religion und Sozialismus in den Hintergrund treten läßt. Er ist profaner, kirchlich weniger interessiert, als der innerkirchliche Sozialismus naturgemäß sein muß.

seine Objekte, aber es sieht nicht das Sein als Sein, und es sieht nicht die schöpferisch-zerstörerischen Kräfte, von denen es in Wahrheit bestimmt ist, durch die es erhöht oder zerrissen wird. *Vom Bewußtsein aus soll das Sein, auch das menschliche Sein, gestaltet werden.* So entsteht das Bild des Menschen, der in ständigem Fortschritt Sein ins Bewußtsein erhebt, der sich immer klarer durchschaut, die Dinge analysiert und auf Grund dieser Erhellung (früher „Aufklärung" genannt) handelt: vernunftgemäß, geordnet, auf der Höhe des „fortgeschrittensten Bewußtseins[11]".

Entsprechend der Spannung von Liberalismus und Demokratie (von Empirismus und Rationalismus in der Erkenntnistheorie) finden sich in der Menschenauffassung der Aufklärung zwei Richtungen. Die dem Liberalismus entsprechende *empiristische* Richtung setzt voraus, daß die Empfindungs- und Triebelemente vermöge eines aufweisbaren Mechanismus zu einer rationalen Formung gelangen, die dem Menschen die Möglichkeit gibt, die Dinge insoweit zu erkennen, als es für eine verständige Verhaltungsweise ihnen gegenüber nötig ist. Die unbeschriebene Tafel des menschlichen Geistes wird beschrieben durch die Empfindungsmannigfaltigkeit. Aus ihr entwickelt sich durch natürliche Harmonie eine praktisch hinlängliche Seinserkenntnis. Und die Mannigfaltigkeit des menschlichen Trieblebens führt in der Begegnung mit der Natur und mit fremdem Triebleben durch entsprechende Naturgesetze zu einem verständigen Verhalten innerhalb der Gesellschaft. So entwickelt sich ein Mensch, der eingefügt in die gesellschaftlichen Institutionen, durch Verfolgung seines eigenen Wohls das Wohl aller fördert. – Anders die rationalistische Menschenauffassung, die dem demokratischen Elemente des bürgerlichen Prinzips entspricht. Sie teilt die Erwartung nicht, daß aus dem Miteinander und Gegeneinander der Empfindungen und Triebe vernünftige Seinserkenntnis und Seinsgestaltung entspringen kann. Die Vernunft steht für sie jenseits dieser Mannigfaltigkeit. Sie steht ihr herrschaftlich gegenüber, bekämpft und unterwirft sie. Was dort gleichsam von selbst geschieht, ist hier Ergebnis ständiger spontaner Leistung, ständiger Erfüllung logischer und moralischer Forderungen. Das menschliche Bewußtsein als zentrale Instanz schafft sich die Welt, die es erkennt und beherrscht. Das ist nicht unmittelbar und in einem Akt möglich. Es geht nur durch allmählichen Fortschritt, durch schrittweise Kräftigung der zentralen Instanz, des vernünftigen Erkennens und Wollens. Darum

---

[11] Der Gebrauch eines solchen Begriffs in der sozialistischen Diskussion zeugt wie kaum etwas anderes für den vielfach noch ungebrochenen Fortschritts- und Harmonieglauben des Sozialismus.

spielt die Erziehung für dieses Denken eine entscheidende Rolle. Da auf natürlichem Wege vernünftiges Menschentum nicht erwächst, so muß die Erziehung einsetzen; die entwickeltere Vernunft muß die unentwickeltere führen und zur Reife bringen. *Alles demokratische Denken ist pädagogisches Denken.* So war es in der Aufklärung, so hat es Lessing in der „Erziehung des Menschengeschlechtes" klassisch formuliert, so ist es in der Gegenwart. In diesem Glauben aber an eine fortschreitende Erziehung des Menschengeschlechtes steckt, wenn auch verhüllt, der liberale Harmonieglaube. Es muß vorausgesetzt werden, daß Menschen und Menschheit erziehbar sind, es muß vorausgesetzt werden, daß der Erkenntnisstoff von den Erkenntniskategorien gefaßt und geformt werden, daß das Triebleben durch die sittlichen Kategorien bestimmt werden kann. Die Treffbarkeit des Stoffes durch die Form, durch die reine Vernunft, ist die Voraussetzung dieser Menschenauffassung, und diese Voraussetzung ist Harmonieglaube.

Der deutsche Sozialismus verbindet Elemente der liberalen Psychologie mit starken pädagogischen Tendenzen. Durch beide Elemente seiner Menschenauffassung gerät er in einen Widerstreit mit sich selbst. Da er den bürgerlichen Harmonieglauben nicht teilt, kann er den Menschen, der im Erkennen und Handeln durch die Vernunft bestimmt ist, nur am Ende, in der klassenlosen Gesellschaft erwarten. In der Gegenwart – wie in aller Vergangenheit –, also unter der Herrschaft der Disharmonie, gibt es weder Gesetze, die zur natürlichen Harmonie führen, noch Bedingungen für eine wirksame Erziehung des Einzelnen und der Menschheit[12]. Diese Menschen aber, die der Voraussetzung nach nicht durch Vernunft bestimmt sind, sollen den Zustand herrschender Vernunft herbeiführen. *Der Sprung aus der Unvernunft in die Vernunft ist durch nichts vermittelt. Zwischen Wirklichkeit und Erwartung liegt ein Abgrund.* – Marx unterscheidet die Vorgeschichte der Menschheit, die bis zur klassenlosen Gesellschaft geht, von der Geschichte der Menschheit, die eben damit einsetzt. Aber wir kennen nur die Vorgeschichte. Menschliche Wirklichkeit begegnet uns in der Gestalt dessen, was er Vorgeschichte oder Geschichte von Klassenkämpfen nennt. Und der Mensch, der im Klassenkampf steht, ist ein Mensch, dessen Sein besser durch Nietzsches Lehre vom Willen zur Macht als durch Lessings Lehre von der Erziehung des Menschengeschlechtes gekennzeichnet wird. Die Frage, wie es möglich ist, daß der Wille zur Macht irgendwann zum Verzicht auf Macht wird, bleibt unbeantwortet. Aus diesem Grunde hat der Marxismus trotz seiner Utopiefeindlichkeit

[12] Die Klassenherrschaft macht eine solche Erziehung unmöglich.

niemals den Verdacht eines verborgenen Utopieglaubens von sich abwehren können. Die prophetische Enderwartung ist konsequent: Sie rechnet mit einem Naturwunder, das in gleicher Weise die Natur im Menschen und außerhalb des Menschen verwandelt und dadurch die Voraussetzungen für ein Reich der Gerechtigkeit schafft. Das bürgerliche Denken glaubt an eine fortschreitende Harmonie von Natur und Geist im Menschen, also an eine wachsende Loslösung des Menschen von der allgemeinen Naturgrundlage, auf der er steht, an eine Überwindung des „Willens zur Macht" in ihm. Der Sozialismus teilt weder die eine noch die andere Voraussetzung. Wenn die sozialistische Theorie sich darauf beruft, daß es die Veränderung der Gesellschaftslage ist, die den Menschen verändern wird, so geht sie an der Frage vorbei, wie denn ohne Veränderung des Menschen eine veränderte Gesellschaftslage möglich ist. Dieser Zirkel ist undurchbrechbar und hat wichtige praktische Folgen.

Die Übernahme der bürgerlichen Menschenauffassung durch den Sozialismus und damit die Ausscheidung der „mittleren" Schicht aus der Wertung der Menschen hat z. B. die *Mißachtung der charismatischen Persönlichkeit* bewirkt, d. h. desjenigen Menschen, der durch sein Sein, seine seelisch-vitale Mitte überzeugend wirkt, ganz abgesehen von seiner rationalen Formung und Einordnung. Das Fehlen von symbolkräftigen, seinsmächtigen, Eros- und Hingabe-schaffenden Menschen im deutschen Sozialismus hat hier seinen Grund, ebenso die Tatsache, daß in scharfer Reaktion dagegen eine an Seinsmächtigkeit geringe Persönlichkeit zum Symbol und Führer der revolutionären politischen Romantik werden konnte. – Aus der gleichen Wurzel stammt der auffallende *Mangel an durchschlagenden Symbolen* im Anschauen und Handeln innerhalb der sozialistischen Bewegung. Erst in der letzten Zeit ist ein Wandel eingetreten, ohne daß freilich die Symbole schaffende Kraft ursprungsmythischer Bewegungen erreicht werden konnte. – Auch die Enttäuschung, die vielen sozialistischen Theoretikern das fälschlich sogenannte Kleinbürgertum der gehobenen Gruppen des Proletariats bereitet, hat hier seinen Grund. Sehnsucht nach Boden, Familie, tragender Gemeinschaft usw. kann nur von dem in Wahrheit bürgerlichen *Doktrinarismus* gewisser Intellektueller negativ gewertet werden[13].

---

[13] Vgl. die sozialpsychologischen Untersuchungen von Hendrik de Man, namentlich seine Behandlung des Problems der Verbürgerlichung. – Es ist nicht möglich, diese Dinge mit positivistischer Individual- oder Sozialpsychologie zu erledigen. Die Tatsache, daß der Sozialismus in einem ungelösten inneren Widerstreit seiner Menschenauffassung steht, ist nicht gleichbedeutend

Und doch ist der Sozialismus gezwungen, seine Menschenauffassung und damit die bürgerliche Menschenauffassung ständig gegen das Bürgertum durchzukämpfen. Denn die vorbürgerliche Menschenauffassung, das Verständnis des Menschen vom Ursprung, von der seelisch-vitalen Mitte, hat, ganz gleich, welche Wahrheit ihm zukommt, in der Klassenherrschaft ideologische Funktion. Es dient zur Rechtfertigung herrschaftlicher Tendenzen, zur Festigung der bürgerlichen Macht gegenüber der proletarischen Bewegung, zur Behauptung eines ewig gleichen Wesens „Mensch", dem bestimmte gottgewollte Ordnungen allein angemessen wären. Im Kampf gegen diesen Mißbrauch der vorbürgerlichen Menschenauffassung zur Befestigung der Klassenherrschaft vertritt der Sozialismus das bürgerliche Prinzip gegen das Bürgertum und gegen sich selbst. Das ist der Widerstreit der sozialistischen Menschenauffassung.

3. Der innere Widerstreit der sozialistischen Gesellschaftsauffassung

Die bürgerliche Gesellschaftsauffassung rechnet mit der Entstehung eines vernünftigen Allgemeinwillens, sei es auf liberal-natürlichem Wege, sei es durch zentrale Leitung und Erziehung. Der Sozialismus hat erfahren, daß auf beiden Wegen die Herrschaft einer Klasse sich durchsetzt, die zwar den Anspruch erhebt, den vernünftigen Allgemeinwillen zu vertreten, und die auch eine entsprechende Ideologie schafft, die aber in Wahrheit ihr Klasseninteresse durchsetzt. Der Glaube an die gesellschaftliche Harmonie zerbricht wie der Harmonieglaube überhaupt an der Klassentatsache. Nun hat das Bürgertum sich diesem Widerspruch dadurch zu entziehen versucht, daß es *bürgerliches Klassen-*

---

mit der Tatsache, daß er unzulängliche Psychologie getrieben hat. Die positivistische Psychologie setzt diejenige Auffassung des Menschen voraus, die durch die geschichtliche Erfahrung und das Hervorbrechen der Ursprungskräfte erschüttert ist. Sie macht den Menschen – schon durch ihren methodischen Ansatz – zu einem psychischen Mechanismus, den man (leider) nur lenken kann, wenn man Dinge wie z. B. Symbol- und Führer-Sehnsucht in Rechnung stellt, obgleich ihnen vom Standpunkt der fortgeschrittensten (d. h. positivistischen) Vernunft keine Wahrheit zukommt. Auf diese Weise wird aber keine Wandlung, sondern eine Verhärtung der bürgerlichen Menschenauffassung erreicht. Darauf beruhen meine Bedenken gegen die Art, wie Erich Fromm in seinem Aufsatz: Über Methode und Aufgabe einer analytischen Sozialpsychologie, Zeitschrift für Sozialforschung, Jg. 1, 1932, Heft 1/2, die Psychoanalyse in den Dienst des ökonomischen Materialismus stellen will. Die Forderung, auch die sublimsten ideellen Beweggründe auf ihren irdischen, libidinösen „Kern" zu „reduzieren" (S. 250), ist bürgerlich, nicht sozialistisch.

interesse und Interesse der Gesellschaft gleichgesetzt hat. Das hatte gegenüber der Feudalität insofern sein Recht, als das Bürgertum in seiner Bekämpfung der feudalen Privilegien das Interesse aller Einzelnen ohne Unterschied zu vertreten glaubte und bis zu einem gewissen Grad mit Recht glaubte. Solange die Klassenspaltung noch nicht sichtbar war, konnte sich „der dritte Stand" als der letzte, die gesamte Gesellschaft umfassende Stand fühlen. Es war ein Glaube an die Harmonie zwischen bürgerlichem Sein und gesellschaftlich Gesolltem, das dem Bürgertum die Gewißheit gab, den vernünftigen Allgemeinwillen zu repräsentieren.

Der Sozialismus stellt gegen den dritten Stand den „vierten Stand", das Proletariat. In ihm sieht er den Ort, an dem das Wahrheit wird, was im Bürgertum sich als Ideologie herausgestellt hat: die Harmonie eines bestimmten Gruppeninteresses mit dem Interesse der Gesellschaft überhaupt. Das proletarische Bewußtsein ist vernünftiges Allgemeinbewußtsein. Im vierten Stand wird Wirklichkeit, was im dritten nur Absicht war, die Herrschaft der Vernunft in der Gesellschaft. – Dieser Glaube ist verständlich aus der Stellung des Proletariats in der Gesellschaft: Das Proletariat bedarf keiner ideologischen Überdeckung einer Machtposition, denn es hat keine solche. In ihm erschließt sich die wahre Struktur der Gesellschaft, denn es ist das Opfer dieser Struktur. Sein Kampf ist Kampf für die ganze Gesellschaft, gegen den Zwiespalt, in dem sie sich selbst zerstört. – Und doch ist das alles Harmonieglaube, ist bürgerliche Gesellschaftsauffassung, nur radikaler und offener, als das Bürgertum sie zu vertreten wagte. Aber die Wirklichkeit spricht gegen die Harmonie: Um des Sozialismus willen muß das Proletariat sein Klasseninteresse gegen das bürgerliche durchkämpfen. Es muß Macht in Bewegung setzen, um die Macht überhaupt zu überwinden. Es muß den Staat als Instrument der bürgerlichen Klassenherrschaft verneinen und muß ihn zugleich erobern, um die proletarische Klassenherrschaft aufzurichten. Ziel der Eroberung des Staates ist die Beseitigung von Staat, Macht und Klasse. *In der Gegenwart wird Macht mit Macht bekämpft, damit in der Zukunft Macht auf Macht verzichten kann.* Wieder erweist sich der sozialistische Glaube als Wunderglaube: in der Menschenauffassung und in der Gesellschaftsauffassung. Das Bürgertum hat seine Macht zur Durchsetzung seiner Klassenherrschaft benutzt. Es hat die von ihm selbst ursprünglich geglaubte Harmonie von Bürgertum und Gesamtgesellschaft zerbrochen, obgleich es sie ideologisch aufrecht erhält. Das Proletariat oder genauer die vorstoßende und machttragende Gruppe des Proletariats soll freiwillig auf die Macht verzichten, die sie erobert hat. An ihr soll sich der bürgerliche Harmonieglaube bewähren, der sich am Bürgertum nicht bewährt hat. In ihr soll sich die Macht selbst überwinden durch Vernunft. Das Proletariat hat in der verhältnismäßig kurzen Zeit seines bewußten Kampfes Erfahrungen gemacht, die geeignet sind, den Glauben an die Harmonie zwischen proletarischem Interesse und allgemeiner Vernunft zu erschüttern: Erstens hat sich aus dem Proletariat eine *Führerschaft* erhoben, deren Interesse sich sehr gegenüber den proletarischen Interessen verselbständigte und die zu einer soziologisch fixierten Machtgruppe wurde. Daraus haben sich zahlreiche Spannungen ergeben, die der Theorie von dem einheitlichen proletarischen Interesse schlechthin widersprachen. Zweitens hat sich in allen europäischen Ländern das nationale Interesse gegenüber dem Klasseninteresse als das stärkere erwiesen. *Die nationale Machtgruppe* hat sich das Proletariat unterworfen. Drittens hat besonders das deutsche Proletariat sich in zwei Gruppen gespalten, die auch ihrer soziologischen Struktur nach durchaus verschieden sind und weithin widersprechende Interessen vertreten. Vom Standpunkt der im Kommunismus vereinigten radikal proletarisierten Massen hat das gewerkschaftlich-sozialdemokratische Proletariat bürgerlichen Charakter. Jedenfalls wird ihm das Recht bestritten, sein Interesse mit dem allgemein-proletarischen und darum auch mit dem gesellschaftlichen überhaupt gleichzusetzen. Die Tatsache der *innerproletarischen Klassenspaltung* erschüttert den sozialistischen Harmonieglauben ebenso wie die Tatsache der innerbürgerlichen Klassenspaltung den bürgerlichen Harmonieglauben zerbrochen hat. Viertens machte der deutsche Sozialismus die Erfahrung, daß die *proletarisierten Mittelschichten,* deren Interesse sie der Theorie nach ins proletarische Lager hätte führen müssen, sie gerade in den schärfsten Gegensatz zum Sozialismus trieb. Auch dadurch wurde der Glaube an die Einheit eines proletarischen Interesses und der Gleichsetzung dieses Interesses mit dem vernünftigen Allgemeinwillen erschüttert. Eine unmittelbare Folge dieses Widerstreits in der sozialistischen Gesellschaftsauffassung ist die *unsichere Stellung des Sozialismus zum Staat.* Die deutsche Nachkriegsgeschichte ist ein fortlaufender Beweis für die verhängnisvollen politischen Auswirkungen dieser Stellung bis hin zu dem fast widerstandslosen Zurückweichen vor der Reaktion. Mit der sozialdemokratischen Führerschicht war eine Gruppe zur Macht gelangt, deren Wille zur Macht dogmatisch gebrochen war. So kam es zu einem unsicheren Schwanken zwischen Machtanwendung und Verzicht auf Macht. Besonders sichtbar wurde das an der *zwiespältigen Stellung zur Wehrmacht,* die man einerseits als Stütze der staatlichen Gewalt bejahte, andererseits aus Abneigung gegen sie der Reaktion von Anfang an in die Hände spielte. Das gleiche gilt für die Besetzung der *politi-*

schen Machtpositionen, die mit solcher Zaghaftigkeit und darum Zufälligkeit vorgenommen wurde, daß die wenigen Maßnahmen in dieser Beziehung mehr Widerstand erregten, als es eine entschlossene und durchgreifende Machtpolitik vermocht hätte. Das alles sind Folgen des inneren Widerstreits der sozialistischen Gesellschaftsauffassung. Sobald aber der Sozialismus versucht, unter Durchbrechung des bürgerlichen Harmonieglaubens und unter Anerkennung der gesellschaftlichen Disharmonie mit Hilfe der Ursprungsmächte eine neue Gesellschaftsauffassung zu begründen und durchzusetzen, gerät er in die Schwierigkeit, die mit der proletarischen Situation gegeben ist: Der Machtgedanke und alle Konsequenzen, die er für Staatsauffassung, innere und äußere Politik hat, sind von der bürgerlichen Gesellschaft längst zur Befestigung der Klassenherrschaft übernommen worden. Das Bürgertum grenzt sein Prinzip bis aufs äußerste ein, sobald es Möglichkeiten sieht, sich mit Hilfe vorbürgerlicher Mächte und Ideologien zu sichern. Und darum steht der Sozialismus in einem notwendigen Widerspruch gegen alle Machtideologie. Er muß von sich aus das bürgerliche Prinzip gegen das Bürgertum durchkämpfen, nicht um es stehen zu lassen, sondern um es zu zerbrechen.

Unter diesen Schwierigkeiten leidet insonderheit auch die Stellung zur Staatsverfassung. Mit einer Entschlossenheit wie kaum sonstwo hat der deutsche Sozialismus hier die Konsequenzen des bürgerlichen Prinzips gezogen. Er hat die Demokratie zum konstitutiven Prinzip des Gesellschaftsaufbaus in allen kleinen und großen Gruppen gemacht, und zwar eine Demokratie, in der durch die abstrakte Wahltechnik jeder Rest von Ursprungsnähe verschwunden ist. Die Verbindung zwischen Wählern und Gewählten ist zerschnitten. Der Wahlakt ist zu einem rein mechanischen Vorgang, die Mehrheitsbildung zu einem mathematischen Exempel geworden. Es ist verhängnisvoll, daß der Sozialismus mit dieser Radikalisierung des bürgerlichen Prinzips nicht nur die Demokratie, sondern in hohem Maße auch sich selbst politisch diskreditiert hat. Verführt worden ist er zu diesem Extrem durch seinen alten Kampf gegen die bürgerlich-feudalen Hemmungen, die in der Vorkriegszeit die Demokratie einschränkten und die Klassenherrschaft sicherten[14]. Auch hier der innere Widerstreit, in den der Sozialismus durch die Verbindung von Bürgertum und Feudalität zum Aufbau der Klassengesellschaft getrieben ist.

---

[14] Vgl. die Aufsätze über Wahlrechtsreform in: Neue Blätter für den Sozialismus, z. B. 1930, Heft 9, und über Verfassungsreform, z. B. 1932, Heft 11.

4. Der innere Widerstreit der sozialistischen Kulturidee

Aus der Menschen- und Gesellschaftsauffassung des Sozialismus folgt unmittelbar die sozialistische Kultur- und Gemeinschaftsidee. Die sozialistische Kulturidee drückt sich aus in der Stellung des Sozialismus zur Religion, zur Wissenschaft, zur Erziehung, zu Geistesleben und Bildung. In allen diesen Gebieten wird der innere Widerstreit des Sozialismus sichtbar, in allen ist er voll praktischer Konsequenzen. War es in der ersten Periode der sozialistischen Bewegung möglich und durch die Art des Kampfes geboten, diese Fragen zurückzustellen, so haben sie in dem Augenblick um so größeres Gewicht bekommen, wo der Sozialismus aus einer reinen Kampfbewegung zu einer *kulturpolitisch* mitbestimmenden Macht geworden war. Der Kampf um den Sozialismus ist längst ebensosehr ein Kampf um die sozialistische Kulturidee wie um die sozialistische Wirtschaftsidee geworden. Es ist auch nicht angängig, diese Fragen zurückzustellen bis zum „Tage nach der gelungenen Revolution". Denn zum Gelingen der Revolution gehört die fortreißende Kraft einer Erwartung, in der alle Seiten des menschlichen Seins eine neue Erfüllung finden; und zum Gelingen der Revolution gehören Menschen, deren Sein und Bewußtsein geformt ist durch die Vorwegnahme der kommenden Erfüllung.

Die religiöse Grundlage des Sozialismus, der sozialistische Glaube und seine Wurzeln im menschlichen Sein, sind aufgewiesen. *Der Sozialismus ist religiös, wenn Religion das Leben aus den menschlichen Seinswurzeln bedeutet.* Aber dieser Begriff von Religion, den vor allem der religiöse Sozialismus als den einzig legitimen hinstellt, unterscheidet sich sehr erheblich von dem Religionsbegriff, wie ihn der Sozialismus in seinen programmatischen Erklärungen voraussetzt. Wenn das Erfurter Programm Religion für Privatsache erklärt, so ist an eine Sondersphäre menschlichen Vorstellens und Handelns gedacht, neben der noch zahlreiche andere Sphären existieren. Wird dagegen vom sozialistischen Glauben gesprochen, so ist Religion keine Sondersphäre, sondern die alle Sphären tragende und bestimmende Kraft. – In der sozialistischen Kulturpolitik handelt es sich nicht um diesen zweiten tieferen Begriff von Religion, sondern um den ersten, der ein Sonderphänomen neben anderen kennzeichnet. Mit dem Satz, daß Religion Privatsache sei, stellt sich der Sozialismus auf die Seite der *bürgerlich-liberalen Toleranzidee.* Er wendet sich gegen die politischen Machtansprüche der Kirchen, gegen Staatskirchentum und politischen Mißbrauch der Religion. Die Religion zur Privatsache machen heißt, sie aus der Arena des politischen Kampfes herausheben und dem Einzelnen sowie der freien Vereinigung Einzelner übergeben. Wie in allen Punkten, so zieht auch hierin der Sozialismus die Konsequenzen des bürgerlichen Prinzips. Die deutsche Situation gab ihm dazu reichlich Anlaß: Hegels philosophische Begründung des positiven Christentums, vor allem seine doppeldeutige Christologie, waren der wichtigste Ausdruck des Zusammenschlusses von Bürgertum und Feudalität. Sehr bald – nach dem Sturz des Hegelschen Systems – gewann das feudal-orthodoxe Element, das Hegel mit dem bürgerlich-liberalen vereinigt hatte, die Oberhand. Die Aufklärung, d. h. der geistige Kampf des revolutionären Bürgertums, wurde vergessen oder diskreditiert. Ein orthodoxes Staatskirchentum setzte sich durch, mit dessen Hilfe der bürgerlich-feudale Staat der Reaktion sich selbst Begründung und Weihe gab. In dieser Zeit liegt die Geburtsstunde des deutschen Sozialismus. Es war unvermeidlich, daß er sich mit dem bürgerlichen Radikalismus zusammenschloß und nicht nur die zur Herrschaft gelangte Staatsreligion, sondern auch die idealistische Verbindung von Aufklärung und Orthodoxie bekämpfte. Der Sozialismus übernahm die Angriffswaffen des bürgerlichen Radikalismus, vor allem die materialistische Menschenauffassung, wie sie Feuerbach gegen Hegel vertreten hat. Seit dieser Zeit und aus dieser Kampfsituation heraus, die bis heute nachwirkt, steht die sozialistische Bewegung auf seiten des Materialismus gegen den Idealismus, auf seiten des Liberalismus gegen die Orthodoxie und lieber auf seiten des Atheismus als irgendeiner Art von autoritärer Religion. So wurde er in den schärfsten Gegensatz zu den Kirchen gedrängt; und er hielt den Widerstand bis zur Gegenwart durch, während das liberale Bürgertum nach seinem siegreichen Eindringen in Staat und Gesellschaft Frieden mit Kirche und Dogma schloß, ja unter Preisgabe seiner eigenen Geschichte den theologischen Liberalismus verriet[15]. *Der Sozialismus hielt als einzige Gruppe das bürgerliche Prinzip in bezug auf Kirche und Religion aufrecht.* Diese Lage aber widerstreitet dem Sinn der sozialistischen Bewegung. Der sozialistische Glaube als tragender Grund des sozialistischen Denkens und Handelns wirkt sich in allem sozialistischen Tun aus. Gewöhnlich wird er nicht in den Vordergrund gerückt und zur Ausdrücklichkeit erhoben, vielfach weiß Proletariat und Führerschaft kaum um ihn und seine Bedeutung, aber er ist da, und er ist gespeist aus beiden Wurzeln des menschlichen Seins, aus Ursprungsbindung und Erwartung des Neuen. Und

[15] Nicht aus Überzeugung, sondern verführt durch die Sehnsucht nach Autorität und Feudalisierung – wie es sofort bereit war, seine Vergangenheit und sein Prinzip an den Nationalsozialismus zu verraten, solange dieser ihm die Klassenherrschaft zu garantieren schien.

in beiden Richtungen geht er hinaus über das, was im bürgerlichen Prinzip gemeint ist.

Die Stellung des Sozialismus zur Religion hätte nie in dem Maße negativ werden können, wie sie es geworden ist, wenn der Sozialismus nicht geglaubt hätte, einen Ersatz für die Religion zur Verfügung zu haben, *die Wissenschaft*, und zwar die Wissenschaft im Sinne des bürgerlichen Positivismus. Auch hier ist es nötig, die Stellung des Sozialismus aus der Zeit seiner Ursprünge zu verstehen. Der Siegeszug der methodischen Wissenschaft, namentlich der Naturwissenschaft, der das 17. und 18. Jahrhundert erfüllte, war durch die romantische Reaktion an der Schwelle des 19. Jahrhunderts zum Stillstand gebracht worden. Die Wiedererhebung der vorbürgerlichen Mächte in jenen Jahren bedrohte die rationale Welterkenntnis und Weltbeherrschung. Mythische Gestalten, die zwei Jahrhunderte lang aus dem Bewußtsein verdrängt waren, tauchten wieder auf und brachten die rationale Wissenschaft in Verruf. Freilich, es war nur ein kurzer Zwischenakt. Sehr schnell und sehr leidenschaftlich befreite sich die Naturwissenschaft aus den Fesseln des neuen Mythos. Hier handelte es sich um Sein oder Nichtsein des Bürgertums, und hier bewies es seine aufstrebende, sieghafte Kraft. Anders in den Geistes- und Gesellschaftswissenschaften. Auf sie kam es dem Bürgertum weniger an. Ja, es hatte ein Interesse daran, die Enthüllung der Klassensituation durch eine wissenschaftliche Analyse des Kapitalismus zu verhindern[16]. Marx leistete das in der Gesellschaftslehre, was das Bürgertum von sich aus in der Naturwissenschaft tat. Er brach den Bann der romantischen Ideologien. Der Sozialismus stellte sich, soweit es um die Naturwissenschaften ging, in die Kampffront des Bürgertums gegen die vorbürgerlichen Mächte, soweit es um die Gesellschaft ging, gleichzeitig gegen Bürgertum und vorbürgerliche Mächte. So ist zu verstehen, daß die methodische Wissenschaft von Natur und Gesellschaft vom Sozialismus als stärkste eigene Waffe betrachtet wurde. Hinzu kam, daß das Proletariat durch den Sozialismus zum erstenmal in eine innere Berührung mit der Wissenschaft gebracht wurde, daß ihm sein Selbstbewußtsein in der Form wissenschaftlicher Begriffe geschenkt wurde. Aus dieser Ursprungssituation des Sozialismus erklärt sich sein bedingungsloser *Wissenschaftsglaube*, erklärt sich vor allem die Anbetung der Wissenschaft durch die proletarischen Massen.

---

[16] Überall in der bürgerlichen Gesellschaft finden sich diese zwei Schichten: eine rationale, die der Durchsetzung der Klassenherrschaft dient, und eine irrationale, die ihre Sicherung und Verhüllung zu leisten hat. Die erste ist echt und gegründet, die zweite unecht und aufgesetzt. Darauf beruht die Ungestalt der „Wilhelminischen" Kultur.

Der Sozialismus bemerkte nicht, daß der Art, wie das Proletariat die Wissenschaft verehrte, alle Merkmale wirklicher wissenschaftlicher Haltung fehlten, dafür aber alle Merkmale eines religiösen Glaubens anhingen. Man bemerkte nicht, daß die wissenschaftlichen Grundbegriffe im proletarischen Bewußtsein längst Symbole und Dogmen geworden waren. Man übersah, daß im proletarischen Wissenschaftsglauben zwei Elemente in widerspruchsvoller Weise miteinander verknüpft waren: *sozialistischer Glaube und methodische Wissenschaft.* – Aber auch wenn der Sozialismus sich dieser Sachlage bewußt gewesen wäre, hätte seine Stellung zur Wissenschaft sich nicht wesentlich geändert. Er muß das bürgerliche Prinzip, die rationale Analyse gegen ein Bürgertum vertreten, das sich mystisch und irrationalistisch gebärdete, um die revolutionären Konsequenzen einer durchgeführten Gesellschaftsanalyse nicht wirksam werden zu lassen; um sich selbst durch eine bürgerliche Geschichtslegende zu legitimieren; um Nebel zu erzeugen über dem Abgrund der Klassenspaltung. Gegenüber diesen feudal-bürgerlichen „Synthesen" muß der Sozialismus immer von neuem zur radikalen Analyse greifen, muß mit Hilfe des bürgerlichen Wissenschaftsideals das Bürgertum ideologisch enthüllen, muß auf schärfste Empirie und strengste Methode drängen, muß dem kritischen Verstand gegenüber der mystischen Intuition recht geben. So gerät er auch hier in einen Widerstreit mit sich selbst. Denn die Kraft, aus der heraus sein Bild von menschlicher Seinserfüllung und gerechter Gesellschaft entworfen ist, ist nicht die Kraft der Analyse. Es ist die Kraft ungespaltenen Seins, das über den Zwiespalt hinaus, in den es mit sich selbst geraten ist, auf neue Erfüllung drängt. Daraus ergibt sich ein Widerstreit von großer Tiefe und wichtigen Folgen. Praktisch wird die Stellung zur Religion und Wissenschaft in der *Erziehung.* Auf die Bedeutung der Pädagogik für das bürgerlich-demokratische Denken ist schon hingewiesen. Der Sozialismus hat die Wichtigkeit der Pädagogik begriffen und sich politisch in den Dienst der antikonfessionellen und antiautoritären Pädagogik gestellt. Auch darin hat er das Erbe des Bürgertums angetreten und das bürgerliche Prinzip radikalisiert. Die Forderung einer allgemeinen Erziehung jedes Einzelnen zur Vernünftigkeit und Reife wird von ihm aufgenommen und im Kampf mit allen Bildungsmonopolen durchgeführt[17]. Gegen den sehr undemokratischen Klassencharakter der bürgerlichen Pädagogik (nicht ihres Prinzips, sondern ihrer Wirklichkeit)

[17] Die gegenwärtige Lage zwingt den Sozialismus eindeutig zum Kampf gegen die von der siegreichen Reaktion erstrebte Wiederaufrichtung der Bildungs-Monopole, eben damit aber zum Kampf für das bürgerliche Prinzip, über dessen abstrakt-egalitäres Erziehungsideal er längst hinaus war.

werden Forderungen erhoben, die aus der Idee einer „Erziehung des Menschengeschlechts" folgen. Die Schwierigkeit beginnt in dem Augenblick, wo nach dem Inhalt der allgemein menschlichen Reife und Vernünftigkeit gefragt wird. Der Sozialismus weiß durch seine Einsicht in die Klassensituation und die Klassenideologie, daß die Inhalte je nach der Klassenlage durchaus verschieden sind. Er weiß, daß der Glaube der Aufklärung an eine *allgemein-menschliche Vernunft* und ihre klassische Ausprägung in der Antike zunächst ein Kampfbegriff des Bürgertums gegen die Feudalität war, dann ein Abwehrbegriff gegen das Proletariat und bloße Ideologie wurde. Nur im Widerspruch mit sich hätte der Sozialismus den Glauben an eine allgemeine Vernunft aufrecht erhalten können, nachdem er längst vor dem bürgerlichen Relativismus die Zwiespältigkeit der menschlichen Vernunft, ihre Interessen- und Gruppenbedingtheit erkannt hatte. Ebenso unmöglich aber war es für ihn, die vorbürgerlichen, konfessionellen und sonst ursprungsgebundenen Erziehungsziele zu bejahen. Gegenüber den Konfessionen mußte er für die *weltliche Schule* eintreten; aber die weltliche Schule hätte er, da eine eindeutige „Weltlichkeit" nicht existiert, da bürgerliche und sozialistische „Weltlichkeit" in Widerspruch stehen, soweit als möglich in eine sozialistische Schule verwandeln müssen. Er hätte versuchen müssen, den sozialistischen Glauben zur Grundlage der Pädagogik zu machen. Davor aber scheute er sich, teils weil ihm der sozialistische Glaube nicht zum Bewußtsein gekommen war, teils weil er fürchtete, dadurch die Konfessionalisierung der Schule zu fördern, teils weil er von dem Wissenschaftsglauben nicht los war. Auch hier ein Widerstreit, dessen konkreter Ausdruck die Idee der weltlichen Schule ist, für die er kämpfen muß und an die er doch nicht glauben kann. – In der sozialistischen Erziehungsidee ist enthalten eine Stellungnahme des Sozialismus zu *Bildung und Geist.* Auch diese Stellungnahme ist antinomisch. Die bürgerliche Menschenauffassung führt zu einem Ideal geistigen Ausdrucks und menschlicher Formung, das trotz individueller Unterschiede allgemein menschlich und zeitlos gültig ist. Seine Verwirklichung gelingt mehr oder weniger, je nach der geistigen und persönlichen Kraft einzelner Menschen oder Völker. Die großen Schöpfungen, in denen sich das menschliche Sein am reinsten ausdrückt, sind Norm für alles geistige Schaffen und Mittel für alle menschliche Bildung. Eine übergreifende Vernunft drückt sich in ihnen individuell und doch allgemein, zeitlich und doch ewig gültig aus. *Der Sozialismus steht im Widerspruch zu dieser im alten Sinne humanistischen Idee.* Er bestreitet die übergreifende Vernunft; denn er kennt die unlösliche Gebundenheit jeder geistigen Schöpfung an die begrenzte menschliche Lage, aus der sie geboren ist. Er kennt vor allem klassengebundenen Geist – Geist, in dem eine besondere menschliche Kampf-, Herrschafts- oder Unterdrückungslage zum Bewußtsein ihrer selbst kommt. Geist, so verstanden, ist nicht allgemein-menschlich, sondern Ausdruck besonderen gesellschaftlichen Seins, und Bildung, so verstanden, ist nicht Übermittlung allgemeiner Kulturgüter, sondern Geformtwerden in einer bestimmten Gesellschafts- und Kampflage durch Schöpfungen, in denen sich diese besondere menschliche Möglichkeit ausdrückt oder in der Vergangenheit ausgedrückt hat.

Der Sozialismus gerät durch diese grundsätzliche Auffassung in eine schwierige Lage. Die proletarische Situation als äußerster Grad der Verdinglichung und Entleerung von Ursprungskräften macht eine selbständige sozialistische Produktion fast unmöglich. Nur in geringen Ansätzen ist sie vorhanden, und wo sie ausdrücklich verlangt wurde, wie in der Bewegung, die sich den törichten Namen „Proletkultur" gab, ist alles andere entstanden als wirkliche Schöpfungen proletarischen Geistes. So waren die sozialistischen Bildungsbestrebungen darauf angewiesen, im Kampf mit der Kulturreaktion das bürgerlich-humanistische Ideal zu verteidigen und zur Grundlage der Volksbildung zu machen. Das Bürgertum selbst hatte infolge des Bündnisses mit den vorbürgerlichen Mächten das humanistische Bildungsideal abgeschwächt und seine geistige Produktion der neuen Lage angepaßt. Den vollen Empfang dieser Bildungsgüter hatte es als Klassenprivilegium an bestimmte ökonomische Voraussetzungen gebunden. Für das Proletariat blieben die Abfallprodukte des humanistischen Ideals, ohne Tiefe, ohne mitreißende Kraft, ohne innere Beziehung zur Situation des Proletariats. So war der Sozialismus gezwungen, die bürgerliche Bildung an das Proletariat heranzubringen, dadurch aber in Widerspruch zu treten zu seiner Einsicht in die unlösliche Verbindung von Gesellschaftslage und Geistesleben, von Sein und echter Seinsformung. *Das Schicksal der Volkshochschulbewegung und aller sozialistischen Bildungsbestrebungen hat im Positiven und Negativen seine Wurzel in diesem Widerstreit, dem Widerstreit der sozialistischen Kulturidee.*

5. Der innere Widerstreit der sozialistischen Gemeinschaftsidee

Wie der Natur, so bedeutet auch der Gemeinschaft gegenüber das bürgerliche Prinzip Auflösung in die Elemente, d. h. die Einzelnen; in der Erwartung freilich, daß die natürlichen Gesetze der Harmonie neue Gemeinschaft in einer höheren Ebene als die der Ursprungsgemeinschaften bewirken würden. – *Die sogenannte „Atomisierung" des Gemeinschaftslebens durch den Liberalismus bedeutet zunächst Anerkennung der Rechte des Einzelmenschen* im Sinne der prophetisch-humanistischen Voraussetzung, bedeutet Aufhebung von Ursprungsbindungen, die den Einzelnen vergewaltigten und zerdrückten. Vor dem Ansturm der bürgerlichen Naturrechtslehre zerbrachen nicht nur die politischen Herrschaftsformen, sondern es wurden auch alle übrigen Gemeinschaftsbindungen vorbürgerlicher Art erschüttert und zum Teil aufgelöst. Bodenbindungen wurden zerschnitten durch die Freizügigkeit, Standesbindungen durch die Aufhebung der Privilegien, Bluts- und Familienbindungen durch die Aufhebung patriarchalischer Rechte, Stammes- und Landschaftsbindungen durch die Entstehung des zentralistischen Großstaates. Die Emanzipation jedes Einzelnen von allen Vorgegebenheiten, von der Macht des ihn tragenden Ursprungs, wird soweit durchgeführt, wie es den Bedürfnissen der bürgerlichen Gesellschaft entspricht. Aber eben nur soweit. Die Verbindung mit den vorbürgerlichen Schichten, die Benutzung patriarchalischer Restbestände zur Begründung und Festigung der Kapitalherrschaft grenzte die Wirksamkeit des bürgerlichen Prinzips ein. Und die nationale Idee hob die weltbürgerlichen Konsequenzen des liberalen Ansatzes fast völlig auf. Frauen und Kinder wurden in patriarchalischer Abhängigkeit festgehalten, dem ländlichen Proletariat wurden Grundrechte verweigert, in dem Geschlechterverhältnis gingen bürgerliche Gesetzlichkeit und feudale Traditionen eine ebenso wirksame wie innerlich unwahre Verbindung ein[18].

Dieser Lage gegenüber war das Proletariat schon durch sein Dasein zur Radikalisierung des bürgerlichen Prinzips gezwungen. Es ging dabei Hand in Hand mit den Resten des revolutionären Bürgertums. Das industrielle Proletariat ist seiner Struktur nach der Ort, an dem die Auflösung aller Gemeinschaftsbindungen am weitesten durchgeführt ist. Der Einzelne als freier Verkäufer der Ware Arbeitskraft ist völlig auf sich gestellt. Frauen und Kinder sind in der gleichen Lage wie Männer, die Familie ist grundsätzlich aufgelöst. Der Begriff des Standes läßt sich für das Proletariat nicht anwenden. Es ist kein Stand, sondern eine Klasse. Arbeitsstätten und Arbeitsgemeinschaften binden nicht, sie lösen sich in dem Augenblick auf, wo die Konjunktur einen Wech-

---

[18] Z. B. die „doppelte Moral" ist ein typisches Produkt dieser Verbindung. Das Erschrecken des bürgerlichen Europa über die Beseitigung seiner unwahren Sexual-Moral in Rußland war nur in den seltensten Fällen in echter Besorgnis um die Gefahr eines solchen Schrittes begründet, fast immer in Sorge um die Erschütterung der bürgerlichen Konvention.

sel erfordert. Für das Geschlechterverhältnis haben weder feudale noch bürgerlich-feudale Vorbilder Symbolkraft. Orts-, Landschafts- und Volksgemeinschaft hat grundsätzlich keine Realität für die proletarische Existenz. Diesem Sein entspricht das Bewußtsein. Die Befreiung des Einzelnen aus sinnlos gewordenen Ursprungsbindungen wird mit rücksichtsloser Konsequenz gefordert. Patriarchalische Beziehungen zwischen „Herrschaft und Gesinde", zwischen Meister und Geselle, zwischen Mann und Weib, zwischen Eltern und Kindern, werden politisch und geistig angegriffen. Traditionen, z. B. kirchliche, werden, soweit sie nicht von selbst zerschnitten sind, als rückständig verdächtigt: *Denn jede Tradition und Bindung erweist sich auf dem Boden des Kapitalismus als Mittel der Klassenherrschaft.*

Eben damit aber wird der innere Widerstreit der sozialistischen Gemeinschaftsidee offenbar: Der Sozialismus, getragen vom Proletariat und seinem Schicksal, ist Vollstrecker aller auflösenden Kräfte des bürgerlichen Prinzips. Er ist aber zugleich der Angriff auf das bürgerliche Prinzip. Er muß also der Auflösung eine Gestalt der Gemeinschaft entgegenstellen. Und er kann nicht glauben, daß aus der Befreiung jedes Einzelnen naturgesetzlich die Harmonie aller folgt. In Wirklichkeit folgt der Klassengegensatz, der alle Gemeinschaften durchzieht und zerreißt. Er muß also auf Ursprungsmächte zurückgreifen, um Gemeinschaft zu ermöglichen. Sobald er das aber tut, gerät er auf die Seite der bürgerlich-feudalen Ideologie, deren Sinn es ist, durch Vorspiegelung ursprungsmächtiger Gemeinschaft die Klassenherrschaft zu sichern. – Das gilt besonders für die *Stellung des Sozialismus zur nationalen Idee.* In der Konsequenz des bürgerlichen Prinzips durchbricht der Sozialismus die nationalen Grenzen und vertritt ein übernationales Menschheitsideal. Er muß grundsätzlich die Menschheit der Nation überordnen und daraus die völkerrechtliche Anwendung ziehen. Zugleich aber ist der Sozialismus in seiner Verwirklichung auf die nationalen Ursprungskräfte angewiesen. Er erfährt, daß die konkrete Raum-, Bluts- und Kulturgemeinschaft trotz des Klassengegensatzes mächtiger ist als die abstrakte Schicksalsgleichheit mit dem volksfremden Proletariat. Er begreift, daß er sich national verwirklichen muß, um sich überhaupt verwirklichen zu können. Der bürgerliche Harmonieglaube ist ihm auch an diesem Punkt zerbrochen: Die Auflösung der Ursprungsbindungen führt keineswegs zur einheitlichen Menschheit, sondern zu dem Konkurrenzkampf kapitalistischer Nationen und zum imperialistischen Krieg. So wird er auf die Nation als Ursprungsmacht geworfen, der auch er sich nicht entziehen kann. *Aber die nationale Idee hatte sich als das wichtigste Machtinstrument der Kapitalherrschaft er-*

wiesen. So gerät der Sozialismus in den Widerstreit, weltbürgerlich sein zu müssen gegenüber dem nationalen Imperialismus und national sein zu müssen gegenüber der weltbürgerlichen Ideologie. Aus diesem Widerstreit ist z. B. die Tatsache zu verstehen, daß die Sozialdemokratie, obgleich sie in Revolution und Bürgerkrieg, in Ruhrkampf und Inflation die nationalen Forderungen bis zur Selbstvernichtung als Partei erfüllt hat, von der sogenannten „nationalen Bewegung", die keinen Moment solche Entsagung um der Nation willen üben mußte, als unnational verdächtigt wurde. Das ist nicht nur Demagogie[19], sondern hat seinen Grund eben in jenem Widerstreit, der den Sozialismus zwingt, gegen sich selbst das bürgerliche Prinzip durchzuführen und es doch zugleich im Namen konkreter Gemeinschaftskräfte zu verneinen.

Ähnlich wie zur Nation steht der Sozialismus zu den übrigen *Gemeinschaftsformen.* Weder der Familie noch dem Stand, noch der Boden- und Ortsverbundenheit gegenüber kann der Sozialismus die auflösenden Konsequenzen des bürgerlichen Prinzips als die eigenen vertreten und muß es doch ständig tun. Er kann sich diesem Zwiespalt auch nicht mit Hilfe des Begriffes der *Solidarität* entziehen. Solidarität ist zunächst zweckbedingte Kampfgemeinschaft, also abhängig von dem Vorhandensein eines Gegners. Ist sie nicht mehr als das, so bricht sie auseinander, sobald der Gegner wegfällt, oder sie löst sich auf in innere Gegensätze. Die Geschichte der Arbeiterbewegung ist voll von Beispielen dafür. Wird Solidarität aber als Ausdruck einer Gemeinsamkeit verstanden, die auch abgesehen von einem gemeinsamen Kampf und einem gemeinsamen Gegner besteht, so ruht sie auf einem Ursprung, auf Eros und Schicksal, und ist nicht rational begründet; und es entsteht die Frage, wie eine solche Gemeinsamkeit auf dem Boden der aufgelösten proletarischen Situation möglich ist. Die Antwort weist auf die Ursprungsmächte zurück, Familie, Nation, Religion usw. Aber diese Begriffe sind Kampfmittel in den Händen der Kapitalherrschaft geworden und können nicht ohne weiteres gebraucht werden. So scheint jeder Ausweg abgeschnitten, hier wie bei den übrigen Antinomien des Sozialismus.

---

19 Soweit es aber Demagogie ist, hat es wahrhaft dämonischen Charakter: Die Inanspruchnahme des Namens „national" für diejenigen Gruppen, die der Kapitalherrschaft dienen – also die Zerreißung der Nation verewigen – und die Ausstoßung derjenigen aus der nationalen Einheit, die sich gegen Kapitalismus und Klassenherrschaft erheben – also um die wirkliche Einheit der Nation kämpfen – das ist Dämonie im negativsten Sinne des Wortes.

6. Der innere Widerstreit der sozialistischen Wirtschaftsidee

Der vollkommenste Ausdruck des bürgerlichen Harmonieglaubens ist die liberale Wirtschaftsidee. Hier hat das Waltenlassen aller Produktivkräfte, die Gegenschaltung aller Elemente, ihren eigentlichen Platz. *Die Marktgesetze sind die rationale Begründung des Harmonieglaubens.* Sie zeigen, wie aus dem Widerstreit die Harmonie, nämlich der höchstmögliche Vorteil aller hervorgehen muß. – An keinem Punkt setzte die sozialistische Opposition so scharf und eindeutig ein wie hier. Der wirkliche Erfolg der liberalen Wirtschaft war die Klassenherrschaft und der imperialistische Krieg, war die Krise und die völlige Lebensunsicherheit der proletarischen Massen. Um so merkwürdiger ist es, daß der Sozialismus auch hier die bürgerliche Erbschaft antreten mußte. In dem Augenblick, wo aus dem Bündnis von Bürgertum und Feudalität Hemmungen und Störungen des Marktmechanismus entstanden, mußte sich der Sozialismus auf die Seite des Liberalismus stellen. *Er mußte die Forderung bestmöglicher Versorgung möglichst vieler durch eine rational arbeitende Wirtschaft aufnehmen.* Er mußte die irrationalen Elemente auszuschalten suchen, die von einzelnen ursprungsmythisch gebundenen Gruppen, wie Großgrundbesitz, Handwerk, Bauerntum, in den Ablauf der Wirtschaft hineingeworfen wurden. Vor allem mußte er die Störung der Marktgesetze ablehnen, die aus der nationalen Idee flossen. Er mußte sich auf die Seite des Freihandels gegen den Schutzzoll, auf die Seite des unabhängigen Unternehmers gegen den staatlichen Protektionismus stellen. Die gegenwärtig wirksame nationale Autarkie-Idee mit ihrem agrarpolitischen Hintergrund mußte er ablehnen. Die proletarische Situation zwingt ihn auch hier, das liberale Wirtschaftsprinzip zu radikalisieren, den Feudalisierungsversuchen, namentlich der Schwerindustrie, zu widerstreben. Mag auch im Augenblick durch die Einschränkung des liberalen Prinzips die Sicherung einer Wirtschaftsgruppe und damit auch des ihr angehörigen Proletariats erreicht werden, auf die Dauer bedeutet es eine Verschlechterung des Versorgungsstandes überhaupt und hat bald auch Rückwirkungen auf die begünstigte proletarische Gruppe. Die zeitweilige Verbesserung der Konjunktur, z. B. einer einheimischen Gruppe, kann den Proletarier, auch wenn er davon profitiert, nicht darüber hinwegtäuschen, daß er seinen Vorsprung mit Verteuerung der Ware im eigenen Land und auf die Dauer mit Erschwerung des eigenen Absatzes durch Vergeltungsmaßregeln zu bezahlen hat. So scheint ihn alles zur Bejahung der freien Marktwirtschaft zu treiben. Zugleich aber spricht alles gegen sie. Er erfährt das Zerbrechen des liberalen Prinzips in der ungeheuren Irrationalität der Krise[20]. Er erfährt, daß die liberale Methode der Versorgung zu Zeiten höchster Verelendung führt und daß auch in der günstigsten Konjunktur der Anteil des Proletariats an den produzierten Gütern überaus bescheiden ist im Verhältnis zum Anteil der gegnerischen Klasse. Er erfährt den Klassenkampf als eine Realität, die mit der freien Marktwirtschaft unlöslich verbunden ist und ihren Sinn als rationalste Methode der Versorgung aufhebt. So entsteht der antiliberale Wirtschaftsgedanke des Sozialismus, die Forderung, daß die freie Verfügung über die Produktionsmittel aufgehoben, daß die krisenschaffende freie Konkurrenz durch die zentrale Planung ersetzt werde. Der Sozialismus stellt sich auf die Seite der antiliberalen Wirtschaftshaltung: zentraler Eingriff statt freien Waltenlassens, Leitung von oben statt Glaube an die Harmonie von unten. Damit geht der Sozialismus von der liberalen zur demokratischen Seite des bürgerlichen Prinzips über. *Die Rationalität der Wirtschaft soll nicht aufgehoben, aber sie soll in die Hände des Menschen gelegt werden.* Er soll leisten, was die Natur nicht konnte, die bestmögliche Versorgung aller.

Damit erhebt sich die Frage, wer die Instanz ist, die das leisten soll, was die Naturgesetze der Wirtschaft nicht leisten konnten. Nur eine Instanz wäre dazu imstande, die mit der reinen Vernunft eins wäre, sowohl in theoretischer Überlegenheit als in unbedingter praktischer Sachlichkeit. An Stelle der Natur, die enttäuscht hat, träte der Mensch, der nicht enttäuschen dürfte. Aber warum nicht? Hier liegt das Element Harmonieglaube, das Demokratie und Liberalismus gemeinsam haben. Man glaubt an die Möglichkeit einer Harmonie zwischen zentralem, planendem Bewußtsein und vielfach zerstreutem wirtschaftlichem Sein. *Es wird ein reines ökonomisches Bewußtsein postuliert, das die Gesetze der Harmonie gibt, die in der Natur vergeblich gesucht werden.* – Es bleibt aber dunkel, woher dies reine Bewußtsein kommen soll, von welcher Machtgruppe vorausgesetzt werden kann, daß ihr Machtinteresse zugleich die reine ökonomische Vernunft repräsentiert. Ist der bürgerliche Harmonieglaube preisgegeben – und das ist ja der Fall im Sozialismus –, so kann keine solche Gruppe genannt werden. Selbst das

---

[20] Die Tatsache, daß ein ungeheurer Überfluß an Produktion, unbegrenzte Produktionsmöglichkeiten und Arbeitskräfte, vorhanden sind und daß die Vorräte vernichtet, die Produktionsstätten stillgelegt, die Arbeitskräfte zum Feiern gezwungen werden – während gleichzeitig zahllose Menschen in äußerstes Elend gestoßen sind – diese Irrationalität der Krise läßt sich durch keine noch so rational zwingende Erklärung der Krise für das Bewußtsein überwinden. Die Empörung gegen diesen Widersinn ist der stärkste Antrieb zur Empörung gegen das krisenschaffende System, den Kapitalismus.

Proletariat hat ja zahlreiche auseinanderstrebende Interessen. So scheint der Rückgriff auf Ursprungsmächte unvermeidlich. Es scheint, als ob der Sozialismus eine Wirtschaftsleitung durch Zusammenschluß und Ausgleich der verschiedenen Machtgruppen erstreben muß. Und doch kann er es nicht, da diese Gruppen in der Klassensituation die Klassenherrschaft tragen und darum nicht als Vertreter einer übergreifenden ökonomischen Vernunft angesprochen werden können. So zeigt sich noch einmal der tiefe innere Widerstreit des Sozialismus und in ihm der Widerstreit der proletarischen Situation.

Abschluß: Die sozialistische Praxis

Die Darstellung des inneren Widerstreits des Sozialismus in all seinen Beziehungen ist nicht abstrakt und deduktiv gewonnen, sondern abgelesen aus den Spannungen des wirklichen sozialistischen Denkens und Handelns. Absichtlich ist dabei auf den Marxismus nicht ausdrücklich Bezug genommen. Soweit er in die sozialistische Wirklichkeit übergegangen ist, gilt für ihn alles, was über den inneren Widerstreit des Sozialismus gesagt ist. Soweit er über das sozialistische Durchschnittsbewußtsein hinausgeht, wird von ihm besonders zu reden sein.

Der Gegensatz von Sozialismus und Kommunismus spielt gleichfalls für den inneren Widerstreit der proletarischen Lage und damit der sozialistischen Bewegung keine Rolle. Beide Gruppen stehen in der gleichen Problematik. *Der Kommunismus entgeht dem Widerstreit so wenig wie der Sozialismus.* Seine radikalere und von stärkerer politischer Leidenschaft getragene Praxis enthüllt höchstens den inneren Widerstreit noch deutlicher. Man kann beide Parteien – nicht ausschließend, aber dem Übergewicht nach – den beiden Seiten der Antinomie zuordnen. Der Sozialismus bleibt näher bei der liberal-demokratischen Grundlage, die Bürgertum und Sozialismus gemeinsam haben. Der Kommunismus ist eher bereit, für die Gegenwart auf sie zu verzichten, weil er sie mit stärkerem Wunderglauben für die Zukunft erwartet. Er kann sich darum leichter mit gewissen Tendenzen der revolutionären Romantik verbinden. Aber ausschließend ist der Gegensatz nicht, auch die Sozialdemokratie ist gegebenenfalls bereit, das liberale Element völlig preiszugeben, und der Kommunismus kann niemals ein ungebrochenes Ja zu der Wiederaufrichtung von Ursprungsmächten haben.

Die Praxis beider Parteien zeigt den inneren Widerstreit in Taktik und Strategie. Sie müssen unter allen Umständen – auch die Kommunisten haben das dem Nationalsozialismus gegenüber begriffen – das bürgerliche Prinzip gegen die reaktionären Kräfte der politischen Romantik verteidigen. *Sie müssen unsozialistische Maßnahmen billigen, damit die Basis für den sozialistischen Kampf erhalten bleibt.* Die Politik der deutschen Sozialdemokratie seit dem Krieg war durchweg durch diese Notwendigkeit bestimmt. Dabei hatte sie vielfach vergessen, daß die Unterstützung des bürgerlichen Prinzips durch den Sozialismus noch keinen sozialistischen Erfolg bedeutet. Sie hatte vergessen, daß das Bürgertum in dem Augenblick, wo es zu einem Bündnis mit vorbürgerlichen Mächten kommen kann, bereit ist, den Sozialismus zu verraten, obgleich es nur ihm den Sieg über die vorbürgerlichen Mächte verdankt. So erlebte die deutsche Sozialdemokratie die Enttäuschung, daß ihr von bürgerlicher Seite weder für ihre nationale Aufopferung noch für ihr entschlossenes Festhalten am bürgerlichen Prinzip Dank wurde. – Durch diese Ereignisse ist die Sozialdemokratie insofern an die Seite des Kommunismus gedrängt worden, als sie der geschlossenen bürgerlich-feudalen Front gegenübersteht. Sie hat dadurch die Freiheit gewonnen, ausschließlich Forderungen zu stellen, die aus dem sozialistischen Prinzip folgen, aber es ist ihr die Möglichkeit genommen, irgendeine Forderung durchzusetzen, eine Lage, in der der Kommunismus sich von jeher befunden hatte. Sie muß bis auf weiteres die reaktionären Maßnahmen geschehen lassen, mit deren Hilfe der Spätkapitalismus seine bürgerlich-feudale Herrschaft aufrichtet[21]. Sie ist mit der demokratischen Verantwortung eine schwere Last los geworden, aber sie muß zusehen, wie die Last der Reaktion sich auf das ganze Volk und namentlich auf das Proletariat legt. Zwar hatte sich die Demokratie keineswegs als ein Mittel erwiesen, die Klassenherrschaft zu besiegen, aber sie konnte zum mindesten verhindern, daß diese Herrschaft sich feudal verfestigte. Darum war der Kampf der Sozialdemokratie für die demokratische Grundlage in der proletarischen Situation selbst begründet und hatte sein Recht und seine Notwendigkeit in ihr. Aber er zeigt auch, wie die politische Praxis des Sozialismus durch den gleichen Widerstreit bestimmt ist, der alle Seiten des Sozialismus durchzieht. Seine Überwindung ist nur möglich durch eine neue Erfassung und Durchsetzung des sozialistischen Prinzips.

---

21 Die Erfahrung, mit welcher Schnelligkeit es möglich war, auf die militärische Gewalt gestützt, die sozialistische Durchdringung des Staatsapparates personell und sachlich rückgängig zu machen, hat den demokratisch-reformistischen Tendenzen in weiten Kreisen der Sozialdemokratie den Todesstoß gegeben.

Dritter Teil

Das Prinzip des Sozialismus und die Auflösung seines inneren Widerstreits

I. Das sozialistische Prinzip und seine Wurzeln

1. Die Ursprungskräfte der proletarischen Bewegung

Der innere Widerstreit des Sozialismus ist begründet in dem inneren Widerstreit der proletarischen Situation. Eine Lösung des Widerstreites ist darum nur möglich durch Lösung des Widerstreites in der proletarischen Situation selbst. Nur wenn im Proletariat Kräfte aufweisbar sind, die über die proletarische Situation hinausgehen, ist eine Lösung der sozialistischen Antinomik möglich. Denn es wäre keine Lösung, wenn ein theoretisch formulierter Widerstreit in eine theoretisch formulierte Synthese überführt würde, ohne daß die Wirklichkeit eine entsprechende Bewegung vollzöge. Darum ist zu fragen, ob und inwieweit sich das Proletariat in einer Bewegung befindet, die als Auflösung des inneren Widerstreits seiner Situation anzusehen ist. Wenn und insoweit diese Frage positiv beantwortet werden kann, ist die Voraussetzung für eine Lösung des Widerstreits in allen Richtungen und damit einer neuen Verwirklichung des Sozialismus gegeben.

Der Widerstreit der proletarischen Situation beruht darauf, daß das Proletariat auf der einen Seite die Konsequenzen des bürgerlichen Prinzips ziehen muß, auf der anderen Seite im Gegensatz zum bürgerlichen Prinzip steht – daß es also mit den Mitteln des bürgerlichen Prinzips das bürgerliche Prinzip überwinden muß. Die Notwendigkeit dieses Gegeneinander ist darin begründet, daß die proletarische Existenz der konsequente Ausdruck des bürgerlichen Prinzips ist, daß in ihm die Objektivierung, Verdinglichung, Loslösung vom Ursprung zu unverhülltem Ausdruck kommt. Es läge an sich in dieser Konsequenz, daß das Proletariat nicht anders als in bürgerlichem Geist gegen den bürgerlichen Geist reagieren kann, d. h. daß es diesem Geist unrettbar verfallen ist.

Aber diese Konsequenz ist nicht Wirklichkeit. Wäre sie es, so wäre nicht einmal die Reaktion verständlich, die im Klassenkampf erfolgt.

Das reine Ding reagiert nicht mehr gegen seine Verdinglichung. Im Proletarier aber reagiert der wirkliche Mensch, also nicht der Mensch, wie er im rationalen System vorausgesetzt wird, sondern der Mensch, der immer auch im Ursprung steht und vom Ursprung her die Kraft hat, sich gegen das völlige Abschneiden seiner Seinswurzeln zu wehren. Wie es nicht einmal in der Natur, nicht einmal in der durchgebildetsten technischen Produktion einen Gegenstand gibt, der nur Ding wäre, der nicht ein letztes Element innerer Mächtigkeit bewahrt hätte, mit dem er sich gegen die restlose Einfügung in den technischen Zusammenhang wehrt, so gibt es erst recht kein menschliches Sein, das sich restlos seiner Eigenmächtigkeit berauben ließe. *Was im Proletarier reagiert, ist das gleiche, was die politische Romantik zum ausschließlichen Prinzip von Mensch und Gesellschaft macht, der Ursprung.* Hier ist der Punkt, wo beide gemeinsam gegen das bürgerliche Prinzip stehen. Sie unterscheiden sich nur darin, daß von dieser Voraussetzung aus die politische Romantik das bürgerliche Prinzip zurücknehmen, der Sozialismus es aufnehmen will. So ist zu verstehen, daß die politische Romantik trotz des gemeinsamen Ausgangspunktes: Erhebung des Menschen gegen das entmenschlichende bürgerliche Prinzip, die Gewalt ihres Stoßes gegen den Sozialismus richtet. Das Bürgertum hat sich von vornherein seelisch und gesellschaftlich davor gehütet, die Rückverbindung zum Ursprung ganz zu durchschneiden. Es hat sein eigenes Prinzip nie konsequent durchgeführt. Das Proletariat dagegen war durch seine Lage zur Konsequenz gezwungen. Unter diesem Zwang hatte es den Ausgangspunkt seiner Bewegung, den Kampf um den Menschen, sich und den Gegnern verdeckt. Vor allem die sozialistischen Theoretiker hatten nicht verstanden, was das Bürgertum instinktiv begriffen hatte, daß das rationale, analytische Prinzip nie der tragende Grund eines individuellen oder gesellschaftlichen Seins werden kann, sondern immer nur Korrektiv und kritische Norm. Die Schwierigkeit der sozialistischen Theorie war darin begründet, daß sie einerseits von einer völligen Verdinglichung des Proletariats sprach, d. h. die ökonomische Situation des seine Arbeitskraft verkaufenden Lohnarbeiters mit der menschlichen Situation des Proletariats gleichsetzte; daß sie andererseits diesen völlig zur Sache gewordenen Proletarier zum Vorkämpfer und Träger einer neuen Gesellschaftsordnung machte. Beides ist nicht zu vereinigen. Der Fehler liegt in der ersten Behauptung. Die ökonomische Situation ist nicht das ausreichende Mittel, die menschliche zu interpretieren. Im Gegenteil: Der Mensch im Proletarier reagiert gegen die ökonomische Situation. *Es gibt ein proletarisches Sein, das nicht verdinglicht ist und aus dem der Kampf gegen das bürgerliche Prinzip hervorbricht.* Die proletarische Bewegung ist die Reaktion des menschlichen Seins im Proletarier gegen die Drohung, durch die ökonomische Verdinglichung der restlosen menschlichen Verdinglichung zu verfallen.

Die sozialistischen Theoretiker haben in ihrem berechtigten Interesse, die proletarische Situation in ihrer ganzen Negativität zu schildern, dem Proletariat vielfach einen schlechten Dienst erwiesen. Sie haben dem Gegner reichlich Waffen für die Behauptung geliefert, daß das Proletariat weder die Kraft hätte, einen revolutionären Kampf zu führen, noch die innere Mächtigkeit, eine neue Gesellschaft zu tragen[1]. Aber diese Behauptung verfehlt die Wirklichkeit des proletarischen Seins, wie sie in der proletarischen Bewegung sich darstellt. *Unter proletarischer Bewegung muß sehr viel mehr verstanden werden als der politische Kampf für den Sozialismus.* Mit diesem Kampf verbunden und doch nicht mit ihm eins ist die Gewerkschaftsbewegung, sind die Genossenschaften für Produktion und Konsumption, sind die Gruppenbildungen religiöser, geistiger und pädagogischer Art, sind die inneren Differenzierungen des Proletariats, das Gegen- und Miteinander der verschiedenen proletarischen Machtgruppen und Werkgemeinschaften, ist die Gestaltung des Verhältnisses der Geschlechter und der Generationen, sind seelische Bewegungen, in denen eine Stellung zur Arbeit, zur Erholung, zur Liebe, zum Schicksal, zum Tod gesucht und gefunden wird. Hierher gehören die entscheidenden Nachwirkungen landschaftlicher und nationaler Tradition auch in der extrem verwirklichten proletarischen Situation, hierher all diejenigen Tendenzen, die man unter dem fragwürdigen Begriff der Verkleinbürgerlichung zusammenfaßt und die in Wahrheit nichts anderes sind als Sehnsucht nach tragenden Ursprungskräften, hierher Gemeinschafts- und Sektenbildungen politischer und religiöser Art, die proletarische Jugendbewegung, die Formen, in denen sich der Kampftrieb Ausdruck geschaffen hat, militärische Einordnung und Wettspiel, hierher die Stellung zum Leib, zum Lebendigen und zur Landschaft, hierher vor allem der proletarische Heroismus und Opferwille. All diese Elemente aber, die noch erheblich vermehrt werden könnten, sind zwar durch Klassenlage und sozialistisches Bewußtsein gefärbt, aber sie haben zugleich eine übergreifende Bedeutung. Sie sind nicht klassengebunden, sie gehören dem uns begegnenden historischen Menschen überhaupt an. Auch das Proletariat hat diese Elemente; durch sie ist es mit den übrigen Gruppen verbunden. Die Urelemente menschlichen Seins sind in ihm

[1] Vgl. demgegenüber den Begriff „Dynamische Masse" in meiner Schrift: Masse und Geist. S. 35.

wirksam, und nur weil es so ist, gibt es ein Proletariat, gibt es einen Sozialismus als Kampf um den Menschen, als Abwehr gegen seine Zerstörung durch das bürgerliche Prinzip.

Proletariat und Ursprungsbindung stehen also nicht in Gegensatz. Das proletarische Sein und die proletarische Bewegung beruhen auf Ursprungskräften, allerdings in einer Form, die durch das bürgerliche Prinzip gebrochen ist. Aus dieser Sachlage ergibt sich das sozialistische Prinzip, das nur verstanden und neu erfaßt werden kann von den beiden Wurzeln des politischen Denkens aus.

2. Die Elemente des sozialistischen Prinzips

Aus den Wurzeln des politischen Denkens und ihrer konkret geschichtlichen Auswirkung in politischer Romantik und bürgerlicher Gesellschaft, aus dem Zerbrechen des bürgerlichen Prinzips im Klassenkampf und aus dem inneren Widerstreit des Sozialismus ergeben sich die Elemente, die das sozialistische Prinzip aufbauen. *Es sind drei Elemente, in deren Zusammenwirken der Sozialismus gründet: die Kraft des Ursprungs, das Zerbrechen der Harmonie, die Richtung auf das Geforderte.* Im sozialistischen Prinzip findet sich ein Ja zu der Voraussetzung der politischen Romantik, der Macht des Ursprungs, ein Ja zu der Voraussetzung des bürgerlichen Prinzips, der Brechung der Ursprungsbindung durch die unbedingte Forderung, ein Nein zu dem metaphysischen Kern des bürgerlichen Prinzips, dem Harmonieglauben. Diese drei Momente sind so miteinander verbunden, daß durch das Ja zu der Voraussetzung des bürgerlichen Prinzips die Ursprungsbindung im Sinne der politischen Romantik gelöst wird und daß durch das Nein zum bürgerlichen Harmonieglauben den Ursprungskräften Raum geschaffen wird. Zusammengefaßt werden sollen die drei Momente in dem Begriff der Erwartung, der dadurch aus einem Begriff im engeren Sinne zu einem Symbol wird. *Der Sozialismus tritt mit dem Symbol der Erwartung gegen Ursprungsmythos und Harmonieglauben. Er hat Momente beider in sich, aber er geht über beide hinaus.* Die Erörterung des sozialistischen Prinzips und der in ihm liegenden Kräfte soll darum an das Symbol der Erwartung angeknüpft werden.

Durch die Zusammenfassung der drei Elemente des sozialistischen Prinzips im Symbol der Erwartung ist die sozialistische Bewegung in einen ausdrücklichen Zusammenhang mit der prophetischen gebracht. In der Prophetie, also in derjenigen geschichtlichen Bewegung, in der die zweite Wurzel menschlichen Seins radikal erfaßt ist, findet sich gleichfalls ein Zusammenschluß der drei Momente: die Ursprungsbindung, und zwar in vaterreligiöser Form, die Brechung der Ursprungsbindung durch die unbedingte Forderung, die Erfüllung des Ursprungs, nicht in einer harmonisch gedeuteten Gegenwart, sondern in einer verheißenen Zukunft. Das bedeutet: *Das sozialistische Prinzip ist dem Gehalt nach prophetisch,* der Sozialismus ist eine prophetische Bewegung, aber auf dem Boden einer Wirklichkeit, in der der Ursprungsmythos gebrochen und das bürgerliche Prinzip zur Herrschaft gekommen ist. *Sozialismus ist Prophetie auf dem Boden einer autonomen, auf sich selbst gestellten Welt.* Die geschichtliche Tatsache, daß der Sozialismus in Abhängigkeit von den revolutionären christlichen Sekten steht, die selbst wieder an die prophetischen Elemente des Urchristentums anknüpfen, ist eine Bestätigung dieser Zusammenschau. Niemand versteht den Sozialismus, der seinen prophetischen Charakter übersieht. Daß er übersehen werden kann, ist in dem autonomen Charakter der sozialistischen Lebens- und Denkformen begründet. Daß er nicht übersehen werden darf, zeigt jede tiefere Analyse dieser Formen, zeigt vor allem eine klare Erfassung des sozialistischen Prinzips.

Das sozialistische Prinzip soll zusammengefaßt werden im Symbol der Erwartung. Seine einzelnen Elemente in ihrem Sinn und ihrem Zusammenklang müssen von der Erwartung her gedeutet werden und ihrerseits der Erwartung Prägung und Fülle geben. – Was auch durch das Wort Erwartung an Vorstellungen geweckt werden mag, unzweideutig ist der Gegensatz, in dem der Begriff zu Ursprungsmythos und politischer Romantik steht. Erwartung ist Spannung, Richtung nach vorn. Erwartung richtet sich auf etwas, was nicht ist, aber sein soll, auf ein Unbedingt-Neues, das nicht war, aber im Kommen ist. Nicht in der Entfaltung des Ursprünglichen zwischen Geburt und Tod ist die Seinserfüllung zu suchen. Die Zweideutigkeit des Ursprungs verbietet das. Ewige Gesetze, an die alles gesellschaftliche Dasein gebunden sein soll und mit deren Aufweis die politische Romantik sich theologisch rechtfertigen will, gibt es nicht. Der Mensch ist eine neue Möglichkeit gegenüber der Natur. In der Geschichte kommt die neue Möglichkeit zur Wirklichkeit. Aber weil sie in der *Geschichte* zur Wirklichkeit kommt, kann keine Gegenwart behaupten, daß sie in ihr erfüllt sei. Geschichte reißt aus jeder Gegenwart hinaus in die Zukunft. Geschichte ist Spannung auf das Kommende, konkret auf die neue Ordnung der Dinge. Auf sie wartet der Prophet, auf sie richtet sich die Spannung des Sozialismus, so rational sich diese Spannung auch ausdrücken mag. Die Geschichte weist in jedem ihrer Momente über sich hinaus. Darin und nur darin ist sie Geschichte, Spannung auf das Unbedingt-Neue.

Da die prophetische Erwartung zum Grundbestand des christlichen Glaubens gehört, so war es der politischen Romantik nicht leicht, sie völlig zu beseitigen. Namentlich die religiös gebundene konservative Romantik gerät immer wieder in Schwierigkeiten, sobald sie ihr Prinzip mit dem Christentum vereinigen will. An der Erwartung, der urchristlichen Grundhaltung, scheitert sie. Darum mußte sie den Versuch machen, das prophetische Element, ohne es zu beseitigen, umzubiegen. Das geschah und ist von jeher geschehen durch den Versuch, *die Enderwartung auf das Schicksal der Einzelseele zu beziehen*[2] und von dem historischen Schicksal, der Umwandlung der Welt, fernzuhalten. Der Einzelne erwartet unmittelbar sein Ende und seine Erfüllung als neue Kreatur. Die Bewegung des Ganzen aber wird nicht ernsthaft in die Erwartung eingeschlossen. Die Geschichte wird wieder zu einem Kreis von Kreisen, in dem menschliches Elend und göttliche Gnade miteinander kämpfen, ohne daß etwas grundsätzlich Neues geschieht. Darum muß, folgert man, jede Erwartung, deren Inhalt Gestaltung der Wirklichkeit ist, enttäuscht werden. Im Leben des Einzelnen wie im politischen Leben walten irrationale Mächte, denen man sich unterwerfen muß, da sie aus der irrationalen Tiefe des Göttlichen selber stammen. Eine Empörung gegen solche Mächte und „Obrigkeiten", auch wenn sie noch so zerstörerisch sind, dürfe es nicht geben[3]. Das Neue liege jenseits der Geschichte, in der Geschichte selbst sei keine Wandlung möglich. – Gegenüber dieser theologischen Rechtfertigung der politischen Romantik stellt sich der Sozialismus entschlossen auf die Seite der Erwartung. Auch er kennt die Enttäuschung an der Geschichte. Auch er rechnet nicht damit, daß menschliches Sein und geschichtliche Wirklichkeit durch ein Wunder gewandelt werden. Er rechnet mit der Möglichkeit des Chaos und der Barbarei als naher oder ferner Zukunft. Dennoch verzichtet er nicht auf die Erwartung als menschliche Grundhaltung, so wenig die Prophetie trotz schwerer Enttäuschung darauf verzichtet hat. *Denn Prophetie ist nicht „Mantik", ist nicht Vorausberechnung demnächst eintretender Ereignisse.* Das Eintreffen einer bestimmten Voraussage bestätigt die Prophetie nicht, und

[2] Das trifft ebenso für den Pietismus zu wie für den Versuch des deutschen Idealismus, die revolutionäre Freiheitsidee der bürgerlichen Revolution in die Innerlichkeit zu übertragen und ihr die gesellschaftlich umwandelnde Kraft zu nehmen.

[3] Typisch für diese Haltung in der Gegenwart sind die theologisch-politischen Schriften von Friedrich Gogarten: Wider die Ächtung der Autorität. Jena 1930, und seine Ethik. Sie geben die theologische Ideologie für die konservative Form der politischen Romantik.

das Nicht-Eintreffen widerlegt sie nicht. Nur das ist die Voraussetzung der prophetischen Haltung, daß die Geschichte in sich, in jedem ihrer Momente die Richtung auf das Neue, auf das Geforderte und Verheißene hat. Erwartung ist nicht subjektive Haltung. Sie hat ihren Grund im Impuls des Geschehens selbst. Sie *ist* gleichsam dieser Impuls, der freilich nicht vergegenständlicht und in die Utopie eines kommenden Zeitalters der Erfüllung verwandelt werden darf. *Erfüllung ist kein nur empirischer Begriff.* Wird er dazu gemacht, so entsteht notwendig Utopie und mit ihr jene Enttäuschung, an der alle gegenständliche Enderwartung zu Fall kommt. Ebensowenig freilich darf daraus eine gegenständliche Fixierung an das Ursprüngliche gefolgert werden, etwa im Sinne des in der politischen Romantik so beliebten Satzes, daß es nichts Neues unter der Sonne gäbe. Erwartung ist Hinausgehen. Und als solches überwindet sie ebenso eine gegenständliche Ursprungsbindung („es bleibt alles beim Alten") wie eine gegenständliche Enderwartung („irgendwann wird alles neu"). Sie ist ungegenständliche Erwartung („Das Neue bricht in das Alte ein"). Sozialismus hat prophetischen Charakter, weil er in dieser Haltung steht, aber er ist ständig bedroht, wie die prophetische Haltung aller Zeiten, nach der einen oder anderen Seite ins Gegenständliche abzugleiten. Die sozialistische Bewegung bezeugt ebenso deutlich die prophetische Grundhaltung wie das ständige Abgleiten von ihr in Resignation oder Utopie.

3. Erwartung und Tat

Sofern die Erwartung auf das Neue gerichtet ist, enthält sie zwei Momente, die in einer eigentümlichen und folgenschweren Spannung stehen. Das Erwartete ist das, was kommen wird und sofern es kommen *wird*, unabhängig ist von menschlichem Tun. Und das Erwartete ist das, was kommen *soll*, das Geforderte, und sofern es gefordert ist, nur zu verwirklichen durch menschliches Tun. In der Spannung dieser beiden scheinbar einander widersprechenden Elemente liegt die Tiefe des sozialistischen Prinzips. Aus dieser Spannung ergeben sich die theoretisch schwierigsten und praktisch wichtigsten Folgen. Sie entspricht genau dem prophetischen Charakter des Sozialismus. Der Prophet ist immer zugleich derjenige, der fordert und der verheißt. Was er verkündet, ist der fordernde Wille Gottes, aber nicht im Sinne einer allgemeinen überzeitlichen Moral, sondern im Zusammenhang mit dem konkreten gegenwärtigen Geschehen. Der Prophet ist ganz und gar verbunden mit einer einmaligen Situation, die so nicht wiederkehrt, deren Forderungen so nicht wiederholt werden können, deren Sinn auf eine Erfüllung drängt, die einmalig ist. Die Forderung des Propheten geht auf das, worauf die Wirklichkeit selbst angelegt ist, worauf ein bestimmtes Geschehen hinzielt, was durch eine Konstellation gewiesen ist, was verwirklicht, aber auch verfehlt werden kann. *Dieses Ineinander von Forderung und Verheißung charakterisiert alle prophetische Erwartung. Es ist maßgebend auch für die sozialistische Erwartung und kennzeichnet sie unzweideutig als prophetisch*[4]. Namentlich für die marxistische Deutung des Sozialismus gilt das (s. u.).

Daß die Erwartung Erwartung von Gefordertem ist, grenzt sie ab gegen ein passives Warten, das eben nicht *Er*wartung ist. In *Er*wartung liegt auch sprachlich mehr als Warten im Sinne untätigen Zuschauens. Erwartung schließt das Handeln ein. Nur handelnde Erwartung hat Realität. Abgesehen vom Handeln wäre Erwartung belanglose Theorie. – Auch auf dem Boden ursprungsmythischen Bewußtseins wird gefordert und gehandelt. Aber die Forderung hat einen anderen Charakter als in der prophetisch-sozialistischen Haltung. Auf ursprungsmythischem Boden zielt alle Forderung auf Bewahrung des Ursprungs, zielt alles Handeln auf Verwirklichung dessen, was im Kreislauf vom Ursprung zum Ursprung zurück verwirklicht werden kann. Die Forderung richtet sich nicht auf das Neue, nicht auf das, was jenseits des Ursprungs steht. Sie bestätigt den Ursprung, aber sie geht nicht über ihn hinaus. Sie bestätigt die Ursprungsmächte, die feudalen und priesterlichen Gewalten. – Demgegenüber stellt die prophetisch-sozialistische Forderung jede Macht, „Hohes und Niedriges", unter ihre Kritik. Da sie über das Ursprüngliche hinausgeht, ist sie unabhängig von jeder vorgegebenen Seinsmächtigkeit. Das ist der tiefere Sinn des „Egalitären", der *Gleichheitsforderung*, in Prophetie und Sozialismus. Die Unausweichbarkeit der Forderung, die an jeden ergeht, gleicht jeden dem anderen an. Das, was er hat, die Fülle seines Seins, die Mächtigkeit seiner Ausstrahlung, wird bedeutungslos vor der Unbedingtheit der Forderung. Darum besteht die extreme Möglichkeit, in

---

[4] Der Begriff des Prophetischen, der hier verwendet ist, enthält die wesentliche Struktur der alttestamentlichen Prophetie in ihren Höhepunkten. Es ist überraschend, mit welcher Gleichmäßigkeit diese Struktur in der Geschichte überall da wiederkehrt, wo die Haltung der Erwartung maßgebend ist. – Auch die Erscheinung des „falschen Propheten" kehrt regelmäßig wieder. Gemeint ist nicht jemand, dessen Voraussagen unzutreffend sind, sondern jemand, der „Heil verkündet, wo kein Heil ist", nämlich in einer Ursprungsgruppe, die unter Umgehung der Gerechtigkeitsforderung Bestand und Macht erwartet. *Die Verkünder eines ungebrochenen Nationalismus fallen unter die Kategorie des „falschen Propheten"*.

äußerster Seinsminderung menschliches Sein zu erfüllen; daher die prophetisch-christliche Wertung der Niedrigkeit. Aus dem gleichen Grunde folgt andererseits die Forderung, jeden Menschen dieser seiner Bestimmung gemäß zu behandeln, ihm die Fülle von Sein zukommen zu lassen, ohne die seine Menschlichkeit normalerweise zertreten wird. Das Ideal allgemeiner angemessener Seinserfüllung und der extreme Fall höchster Seinsminderung schließen sich nicht aus, sondern ein.

Aus diesem Grunde kämpft die Prophetie gegen die Bedrückung des Armen durch den Mächtigen und bedroht um solcher Ungerechtigkeit willen das ganze Volk mit Untergang. *Aus diesem Grunde kämpft Marx gegen Verdinglichung des Menschen und für einen realen Humanismus.* Aus diesem Grunde betrachtet der Sozialismus die proletarische Situation als die Krisis der bürgerlichen Gesellschaft und als die Widerlegung der politischen Romantik. Dieser Kampf gegen Unterdrükkung und Ausbeutung schließt keineswegs die Möglichkeit aus, im einzelnen Fall das Opfer auch der Existenz zu verlangen, aber es schließt allerdings das Recht aus, ungerechte Herrschaft durch Ideologien zu rechtfertigen, in denen die Situation des Armen und des Proletariers verklärt wird[5].

4. Erwartung und Ursprung

In der Erwartung verbinden sich Ursprung und Ziel in doppelter Weise: Das Ziel ist Erfüllung des im Ursprung Gemeinten, und dem Ursprung entstammt die Kraft, durch die das Ziel verwirklicht wird. Beide Seiten sind von gleicher Bedeutung für die sozialistische Bewegung. Aus der ersten ergibt sich der Inhalt der sozialistischen Erwartung, aus der zweiten der Weg zu ihrer Erfüllung.

Der Zusammenhang von Ursprung und Erwartung ist ein gemeinsames Merkmal aller Arten der Erwartung, der mythischen, der prophetischen und der rationalen. Er ist so tief in der Sache begründet, daß er sich auch da durchsetzt, wo man ihn zerreißen will. Denn eine Forderung, die nichts mit dem Sein zu tun hat, an das sie ergeht, hat

---

[5] Es ist bezeichnend für unsere Lage, daß diese Dinge, die selbstverständlich sein sollten, ausdrücklich gesagt werden müssen. Schuld daran ist auf der einen Seite die Selbstdarstellung des Sozialismus durch pseudomarxistisches Denken, das in übersteigertem Ökonomismus den bei Marx so entscheidenden, humanen Sinn des Sozialismus außer acht läßt. Auf der anderen Seite ist schuld die Polemik der politischen Romantik, die in übersteigertem Politizismus die christliche Wertung des Einzelmenschen in Vergessenheit gebracht hat. Hinzu kommt auf beiden Seiten weitgehende Unkenntnis über den Charakter des Prophetischen im Judentum wie im Sozialismus.

keinen Rechtsgrund, geht den nicht an, der sie vernehmen soll; und eine Verheißung, die keine Erfüllung des Seienden enthält, dem sie gegeben ist, kann von ihm nicht verstanden und nicht bejaht werden. Sie hat nichts mit ihm zu tun. Gefordert und verheißen werden kann nur, was dem Erfüllung bringt, an den sich Forderung und Verheißung wenden. Beide setzen also Unerfülltheit voraus. Im Mythos wird die Unerfülltheit angeschaut als Verlust einer ursprünglichen Vollendung, die wiedergewonnen werden soll. Auf dem Boden des begrifflichen Denkens ist das Unerfüllte das Zufällige, Unwesentliche, dem gegenüber sich das Wesen stufenweise durchsetzen wird. Daß Mythos und Ratio hier von dem gleichen Motiv zehren, zeigt sich darin, daß die Ratio selbst zum Mythos greift: wenn z. B. Rousseau und Marx von einem Urkommunismus reden und damit den Inhalt ihrer Erwartung ebenso in die geschichtliche Vergangenheit verlegen, wie der Mythos sie in der vorgeschichtlichen Urzeit anschaut. – *Aus dieser Entsprechung von „Urzeit" und „Endzeit" folgt, daß das Erwartete die Züge des Ursprungs haben muß, wenn auch verändert durch die dazwischen gekommene Bewegung der Geschichte.* Jedenfalls kann der Ursprung in der Erfüllung nicht ausgelöscht sein. Das gilt auch für den Sozialismus und seine Erwartung. Sie ist nicht gerichtet auf ein ursprungsloses Sein im Sinne des bürgerlichen Prinzips. Sie ist nicht gerichtet auf einen Zustand, in dem vom Bewußtsein aus das Sein aufgehoben und neu gesetzt ist, sondern sie ist auf Erfüllung des Seins gerichtet. Sie will das Sein in seiner wahren Macht, mit seinen Besonderungen, seinen Spannungen und seinen Eroskräften – freilich nicht so, wie es vorgefunden wird vor jeder Frage und Forderung, nicht so, wie es ungebrochen herrscht und menschliches Bewußtsein und menschliche Gesellschaft knechtet. Das Sein kommt zu seiner Erfüllung nur durch die Aufhebung seiner unmittelbaren Macht. Das ist der Kern der prophetischen und der sozialistischen Forderung, das ist der Angriff, in dem beide jederzeit gegen die Mächte des unerfüllten Ursprungs stehen. In der Erfüllung kehrt der Ursprung wieder, aber als das Neue, das gewandelt ist durch die Forderung, unter der es steht. Durch diesen Zusammenhang ist das bürgerliche Prinzip im sozialistischen aufgehoben. Den Ursprungsmächten ist ihr Recht und ihre Grenze angewiesen. Es ist die Möglichkeit gegeben, den inneren Widerstreit des Sozialismus zu lösen.

Ursprung und Erfüllung sind zweitens dadurch verknüpft, daß aus dem Ursprung die Kraft zur Erfüllung stammt. Die reine Forderung, die sich aus einem Jenseits des Seins an das Sein wendet, hat in sich keine Kraft. *Die Forderung kann das Leben nicht bewegen, wenn das*

Leben sich nicht selbst in der Richtung des Geforderten bewegt. Ein Sozialismus der bloßen moralischen Forderung schafft Utopien und ist ohnmächtig gegenüber den Mächten der Gesellschaft. Nur wenn das Sein sich selbst auf seine Erfüllung zu bewegt, kann von Verheißung und darum von Erwartung gesprochen werden. Auch in dieser Beziehung sind Mythos und begriffliches Denken einig. Der Mythos spricht von einer Leitung des Geschehens durch die Ursprungsmächte. Auf jüdisch-christlichem Boden wird dafür das Symbol der „Vorsehung" verwendet, dessen Sinn die Einheit von Sein und Sollen ist. Der Vorsehungsgedanke drückt die Zuversicht aus, daß das, was ist, nicht vollkommen fern steht dem, was sein soll, daß trotz aller Unerfülltheit des Seins das Sein sich in Richtung seiner eigenen Erfüllung bewegt. Wenn man vom Vorsehungsgedanken die kindliche Mythik und die kindische Entstellung fernhält, in die er vielfach geraten ist, so besagt er, daß das Woher und das Wohin nicht auseinanderfallen, daß der tragende Ursprung die Verwirklichung dessen gewährleistet, was über ihn hinausführt und worin er doch zu seiner Erfüllung kommt. – Das gleiche ist ausgedrückt in *Hegels Geschichtsphilosophie.* Sie ist Vorsehungsglaube in rationaler Form. Mit Heftigkeit hat Hegel sich gegen ein Fordern gewendet, das dem Sein fremd bleibt, gegen eine Moral, die das Leben vergewaltigt, gegen einen Willen zur Weltverbesserung, der die Tiefe des Geschehens nicht kennt. Hegel selbst hat seinen Gedanken dadurch verdorben, daß er eine bestimmte Gestalt des Seins als greifbare Erfüllung des Seins gedeutet hat. Dadurch wurde in Widerspruch zu dem Ansatz seines Denkens eine geistige und gesellschaftliche Gestalt der Geschichte mit dem Ziel der Erwartung gleichgesetzt. Diese Gestalt, der preußische Staat nach den Freiheitskriegen, und seine religiöse, rechtliche und philosophische Deutung stehen nicht mehr unter der Forderung. In ihr ist Sein und Sollen eins geworden. Damit ist aber der Nerv ebenso des religiösen Vorsehungsgedankens wie der Hegelschen Dialektik durchschnitten. Das Soll ist verschlungen vom Sein, die Mächte des Ursprungs haben sich der Forderung entzogen, die konservative Form der politischen Romantik hat gesiegt.

Marx erlebte und verkündete die Unerfülltheit des Seins, des gleichen Seins, in dem Hegel die Erfüllung gesehen hatte. Die proletarische Situation offenbarte ihm, was Hegel nicht erkannt hatte, den Zwiespalt des feudal-bürgerlichen Systems, dessen Philosoph Hegel gewesen war. Marx stellte das System unter das Nein und unter die Forderung der Gerechtigkeit. Er gab der Erwartung das Recht wieder, das sie in Prophetie und Vorsehungsglauben und auch im Ansatz der

Hegelschen Dialektik hat. Marx ging nicht einfach über Hegel zur Aufklärung, zu Moral und Utopie zurück. Er lehnte Utopismus und Weltverbesserung mit der gleichen Energie ab wie Hegel. Auch bei ihm muß das Sein sich in der Richtung auf das Geforderte bewegen, damit die Forderung nicht abstrakt und ohnmächtig bleiben soll. In seiner Analyse der kapitalistischen Gesellschaft wird diese Grundvoraussetzung konkret angewendet und mit wissenschaftlichen Methoden durchgeführt: Die Struktur des Kapitalismus selbst treibt zum Umschlag in den Sozialismus, treibt zur klassenlosen Gesellschaft. *Die sozialistische Forderung wird vom Sein selbst bestätigt.* Die Kräfte des proletarischen Kampfes, die Empörung ursprünglichen Menschentums im Proletarier gegen seine Klassensituation treiben zur sozialistischen Gesellschaft. Aus der Analyse des Seins selbst erwächst dem Sozialismus die Verheißung. Marx hat diese Gedanken in rein ökonomischen Analysen vorgetragen. Er hat in seiner späteren Zeit auf die Seite des Menschlichen, ohne die das Ökonomische eine reine Abstraktion ist, nicht mehr Bezug genommen. Aber sie bleibt stillschweigende Voraussetzung. Die Erwartung eines realen Humanismus, wie er es früher nannte, d. h. eines erfüllten menschlichen Seins, treibt ihn zu jeder seiner wissenschaftlichen Untersuchungen und politischen Äußerungen. – Die Fragen, die sich weiter aus dem Zusammenschluß von Sein und Sollen bei Marx ergeben, sind unten zu behandeln. Entscheidend für das sozialistische Prinzip ist der Zusammenschluß selbst. Denn er bedeutet die zweite und wichtigste Verbindung von Ursprung und Ziel. Er vor allem macht die sozialistische Erwartung zur Erwartung im eigentlichen Sinne.

5. Der prophetische und der rationale Charakter der Erwartung

Der Sozialismus ist eine prophetische Bewegung auf dem Boden von Autonomie und Rationalität. Die prophetische Substanz drückt sich rational aus, im Erkennen wie im Handeln. Diese Verbindung ist für den Sozialismus wesentlich. Es ist seine Einzigartigkeit, seine Tiefe und seine Gefahr. Inwiefern es seine Gefahr ist, hat die Darstellung des inneren Widerstreits des Sozialismus gezeigt. Es ist aber auch seine Tiefe, der Ausdruck der Gegenwärtigkeit und Wahrhaftigkeit des Sozialismus – im Unterschied von der spielerischen Selbstverleugnung der Autonomie und Rationalität in der politischen Romantik[6]. – Aus

[6] Für die Art, wie gewisse Intellektuelle, deren Existenz ganz auf Autonomie und Rationalität beruht, mit den Mitteln der Autonomie die Auto-

der Verbindung von prophetischer Substanz und rationaler Form im Sozialismus ergeben sich Fragen in einer doppelten Richtung. Die eine betrifft das Ziel, die andere den Weg des Sozialismus. Sofern die Erwartung prophetischen Charakter hat, geht sie über den bekannten, berechenbaren und gestaltbaren Zusammenhang des Seins hinaus. Sie geht auf eine neue Schöpfung, ein Ganz-Anderes. Sofern die Erwartung rationalen Charakter hat, bleibt sie in dem erkennbaren Seinszusammenhang. Auch sie will ein Anderes, aber nicht ein „Ganz-Anderes". Das Kommende steht für sie in ungebrochenem Zusammenhang mit dem Gegenwärtigen. *Die prophetische Erwartung ist jenseitig, die rationale diesseitig.* – Der entsprechende Gegensatz findet sich in der Frage des Weges. Sofern die Erwartung prophetisch ist, rechnet sie mit dem Unberechenbaren, das aus den Zusammenhängen des Seins nicht erkannt werden kann. Sofern die Erwartung rational ist, sucht sie das Unberechenbare auszuschalten, die Schicksalsmächte als aufweisbare und lenkbare Kausalreihen zu enthüllen. *Die prophetische Erwartung kennt grundsätzlich unerfaßbare, die rationale vorläufig unerfaßte Faktoren des Geschehens.* – Die Spannung beider Momente ist unbestreitbar und geschichtlich wirksam. Aber sie ist kein Gegensatz. Das sozialistische Denken und Handeln ist die Wirklichkeit dieser Spannung, die nur dann zum Gegensatz wird, wenn die lebendige Bewegung erstarrt. Das sozialistische Prinzip hat größere Weite, als daß die Spannung von prophetischer und rationaler Erwartung es zerreißen könnte. Das wirkliche menschliche Sein steht jenseits dieses Gegensatzes. *Menschliche Erwartung ist immer zugleich jenseitig und diesseitig, genauer: der Gegensatz existiert für die Erwartung nicht.* Jede Analyse prophetischer Enderwartung zeigt das deutlich: Die kommende Ordnung der Dinge wird in historischer Kontinuität mit der Gegenwart gesehen; sie ist diesseitig. Aber die Begriffe, mit denen das Kommende beschrieben wird, setzen eine völlige Umwandlung der Gegenwart, die Aufhebung der Naturgesetze voraus; das Diesseitige ist in Wahrheit jenseitig. Oder das Kommende wird von der Gegenwart durch eine Weltkatastrophe getrennt; es ist jenseitig. Aber die Bilder, in denen es beschrieben wird, sind dem Material der Erfahrung entnommen; das Jenseitige ist in Wahrheit diesseitig. Das gleiche Schweben kann man an den Inhalten der sozialistischen Erwartung aufzeigen. Sie erscheinen völlig diesseitig: Gleichheit, Freiheit, Bedürfnisbefriedigung usw. Analysiert man aber den Inhalt der

---

nomie und mit den Mitteln der Ratio die Ratio wegwerfen, sind allein Begriffe wie Snobismus oder Ressentiment angemessen.

sozialistischen Enderwartung genauer, so findet man, daß er eine radikale Wandlung der Menschennatur voraussetzt und in letzter Konsequenz – da die menschliche Natur ständig aus der Natur überhaupt hervorwächst – eine Wandlung der Natur und ihrer Gesetze. – Ebenso steht es mit den Gegensatz von Unberechenbarem und noch zu Berechnendem. Die Prophetie, die deutlich mit dem Wunder rechnet, weist dennoch auf alle historischen, politischen und sozialen Faktoren hin, die notwendig zu einem Ereignis treiben müssen. Ähnlich paradox ist das unbeirrbare Festhalten an der sozialistischen Erwartung bei gleichzeitiger Einsicht in den ständigen Wandel aller berechenbaren Faktoren, die bald günstig, bald ungünstig für den Sozialismus sind. Die Wirklichkeit lebendiger Erwartung steht immer und überall vor der abstrakten Spaltung in ihre Momente. So ist es in der Prophetie, so auch im Sozialismus. Die „klassenlose Gesellschaft" ist im sozialistischen Lebensgefühl ebenso deutlich jenseitiges Symbol wie diesseitiger Gegenstand, besser: sie ist keins von beiden, sondern sie hat in sich das Hin und Her, das Schweben und Oszillieren des wirklichen Lebens. *Prophetische wie sozialistische Erwartung sind ein Zeugnis des Lebens über seine grundsätzliche Offenheit, sind ein Protest des Lebens gegen falsche Jenseitsbegriffe, die notwendig falsche Diesseitsbegriffe gegen sich hervorrufen*[7]. – Das gleiche gilt von der Anschauung des Geschehens und der Faktoren, die es bestimmen. „Historische Dialektik" ist ebenso deutlich ein Symbol wie ein rationaler Begriff. In ihm schwingt ebenso sichtbar der Hintergrund transzendenten Schicksals wie der Vordergrund geschichtsanalytischer Untersuchung und geschichtsgestaltender Politik. Eins beschränkt das andere nicht. Die schärfste rationale Analyse hat nicht außer sich, sondern in sich selbst ein Element, das ihr unzugänglich ist, nicht weil es zu kompliziert ist, sondern weil es nicht ihr Gegenstand werden kann; und der stärkste prophetische Vorsehungsglaube hat niemals darauf verzichtet, die wirkliche geschichtliche Lage bis ins einzelne zu analysieren und ihre Faktoren aufzuweisen. Lebendiges Geschichtsbewußtsein, wie es im Sozialismus vorliegt, steht in dieser Einheit. Der handelnde Mensch setzt sie in jedem Augenblick voraus. Nur ein kategorial verengtes

---

[7] Das „Jenseits", gegen das der Sozialismus, und die „Hinterwelt", gegen die Nietzsche kämpft, sind genauso wie das „Diesseits", das sie ihm gegenüberstellen, Produkte eines objektivierenden Denkens, das dem Sinn der mythischen Symbole nicht gerecht werden kann. Die gegenwärtige Philosophie, die wieder bereit ist, die Phänomene selbst sprechen zu lassen, hat Möglichkeiten, die Wirklichkeit unvoreingenommen auf den Sinn solcher mythischen Symbole zu befragen.

Denken reißt beides auseinander. Die Spannung des prophetischen und des rationalen Elementes im Sozialismus ist kein Widerspruch, sondern der echte Ausdruck der lebendigen Erwartung, die sein Wesen ausmacht.

Das sozialistische Prinzip, dessen Darstellung nunmehr abgeschlossen ist, ist begrifflicher Ausdruck der inneren Macht der sozialistischen Bewegung. Es ist die *dynamis* des Sozialismus, in Begriffe gefaßt und zu einem Symbol zusammengeschlossen. Darum und nur darum hat es lösende Kraft gegenüber dem Widerstreit des Sozialismus. Ehe jedoch seine Kraft an den einzelnen Antinomien erprobt wird, muß von dem Verhältnis die Rede sein, in der unsere Fassung des sozialistischen Prinzips zu der grundlegenden Selbsterfassung der sozialistischen Bewegung, zum Marxismus, steht.

II. Sozialistisches Prinzip und marxistische Probleme

1. Das Problem des historischen Materialismus

Der Marxismus war die Weise, in der das Proletariat sich als Proletariat erfaßte und eben damit konstituierte. Im Marxismus gewann die proletarische Bewegung ihr sozialistisches Selbstbewußtsein. Es ist darum kein Zufall, daß die politische Romantik der Gegenwart ihren Kampf gegen die proletarische Bewegung als Kampf gegen den Marxismus führt. Ihr kommt dabei zu Hilfe, daß der Marxismus selbst Wandlungen durchgemacht hat, die nicht nur sein Bild im allgemeinen Bewußtsein verzerrt, sondern ihn auch wirklich in den inneren Widerstreit des Sozialismus hereingerissen haben. Jeder Versuch, das sozialistische Prinzip in seinem Wesen und seinen Folgen zu erfassen, muß darum im Zusammenhang mit dem ersten und grundlegenden Versuch begrifflicher Durchdringung des Sozialismus vorgenommen werden. Unter der Hand ist das schon in allem Vorhergehenden geschehen. Es sei jetzt noch einmal und ausdrücklich versucht. Dabei soll an zwei Probleme angeknüpft werden, die als die Zentralprobleme des Marxismus zu bezeichnen sind, der historische Materialismus und die historische Dialektik.

Das Wort Materialismus hat seit dem Auftreten des metaphysischen Materialismus gegen Ende des 19. Jahrhunderts einen Klang erhalten, der dem Marxismus ebensowenig entspricht, wie der Vorwurf materialistischer Gesinnung die proletarische Bewegung trifft[8]. Weder der metaphysische noch der moralische Gebrauch des Wortes trifft die Sache, um die es bei Marx geht. Materialistische Geschichtsauffassung ist ein Begriff, der nur zu verstehen ist, wenn man zunächst seinen negativen und dann erst seinen positiven Begriff feststellt. Denn er ist ein Kampfbegriff. Er ist entstanden im Gegensatz zur idealistischen Geschichtsauffassung und hat die Aufgabe, den historischen Idealismus zu enthüllen. Während die idealistische Geschichtsauffassung in der Geschichte eine sie lenkende Vernunft annimmt, versucht der historische Materialismus unter Verzicht auf solche Deutung, die realen Ursachen des historischen Prozesses aufzuweisen. Er findet als letzte Ursache die menschliche Natur und ihre Triebbestimmtheit. Aber er faßt die menschliche Natur nicht wie Feuerbach als ein allgemeines, übergeschichtliches Wesen, sondern als eine geschichtliche Wirklichkeit, die in unlöslichem Zusammenhang steht mit der jeweiligen Wirtschafts- und Gesellschaftslage. *Materie der Geschichte im Sinne der materialistischen Geschichtsauffassung sind demnach die Menschen, die ihre Bedürfnisse in gemeinsamer Produktion zu befriedigen suchen.* Über den Charakter der Bedürfnisse und infolgedessen über die Richtung der gemeinsamen Produktion können allgemeine Aussagen nur insoweit gemacht werden, als eine bestimmte Auffassung vom Menschen vorliegt. Denn je nach dem Bild des Menschen, das eine Theorie bewußt oder unbewußt mitbringt, gestalten sich die Aussagen über Richtung und Art seines Produktionswillens. Doch muß jede Lehre vom Menschen damit rechnen, daß die unmittelbar vitalen Bedürfnisse, von denen die Existenz des Menschen als solche abhängt, im Durchschnitt vordringlich sind. Wäre es anders, so wäre die Erhaltung des Menschengeschlechts bis zur Gegenwart unerklärlich. Will man die Feststellung der Vordringlichkeit dieser grundlegenden Gruppe von Bedürfnissen materialistisch nennen, so müßte jede die Wirklichkeit treffende Menschen- und Geschichtsauffassung materialistisch genannt werden. Materialistisch im Sinne einer unwahren und dogmatischen Auffassung ist aber erst eine Lehre, die bestreitet, daß in vielen Einzelfällen die Vordringlichkeit der unmittelbar vitalen Bedürfnisse aufgehoben ist, und die nicht erkennt, daß auch die dringendsten Bedürfnisse gefärbt sind durch die Konstellation mit allen ande-

---

[8] Es ist erfreulich festzustellen, daß wenigstens in der protestantischen Theologie sich die Erkenntnis Bahn bricht, daß der bürgerliche Idealismus religiös um nichts höher zu werten ist als der proletarische Materialismus, daß er im Gegenteil als Ideologie und Herstellung „selbstgemachter Götter" die wirkliche menschliche Situation verdeckt. Vgl. dazu die neue und positive Würdigung Feuerbachs in der „Dialektischen Theologie".

ren und durch die besondere geschichtliche Lage, in der diese Konstellation geworden ist. Es ist darum nicht richtig zu sagen, daß der Mensch seiner untersten Schicht nach Tier ist und dann alles andere sich auf dieser Schicht aufbaut. So strukturlos und mechanistisch ist menschliches Sein nicht. *Der Mensch ist immer Mensch, auch in der Art, wie seine vitalsten Bedürfnisse sich äußern,* welche besondere Richtung sie annehmen, wie sie im ganzen menschlichen Sein stehen. Der Mensch, der gesellschaftlich produzierende Mensch, ist die Materie aller Geschichte – aber eben der wirkliche Mensch und nicht jene Ungestalt, nicht jenes Gebilde aus Tierheit und Geistigkeit, das weder in dem einen noch in dem anderen menschliche Züge zeigt. Historischer Materialismus hat also nichts mit einer materialistischen Lehre vom Menschen zu tun. Er behauptet nur, daß nicht eine übergreifende Vernunft, sondern der gesellschaftlich produzierende Mensch Materie der Geschichte ist.

Aber der Begriff der materialistischen Geschichtsauffassung greift noch weiter. Er behauptet ein Primat der Wirtschaft über die anderen menschlichen Funktionen. Er macht den ökonomischen Prozeß zum grundlegenden Faktor der geschichtlichen Entwicklung. Die berühmte Lehre von dem Unter-Überbau-Verhältnis zwischen Wirtschaft und Geist bestätigt diese Auffassung und gibt ihr die Wirkungskraft eines plastischen Bildes. Materialistische Geschichtsauffassung ist unter diesem Gesichtspunkt ökonomische Geschichtsauffassung. *Materialismus ist Ökonomismus.* – Kaum ein anderer Gedanke hat dem Marxismus so scharfe Gegnerschaft eingetragen wie dieser. Schien er doch ein Angriff auf alle sogenannten höheren Werte, auf das Eigenrecht von Liebe und Wahrheit, von Gerechtigkeit und Hingabe zu sein. Das System der bürgerlichen, ja aller Kultur und Religion schien durch diesen Begriff in Frage gestellt. – Auch hier muß unterschieden werden zwischen dem ursprünglichen, überwiegend negativen Sinn des Begriffs und seiner positiven Durchführung mit den Mitteln des bürgerlichen Denkens. Die Verzerrung, die der Gedanke durch die unangemessene Art seiner Durchführung erlitten hat, ist freilich auch durch Marx selbst und vor allem durch Engels mitverschuldet. Je deutlicher aber zur Zeit das Bild des jungen Marx wird, um so deutlicher kommt auch Sinn und Absicht seiner Lehre heraus. Es ist völlig abwegig, das Bild vom Unterbau-Überbau so zu deuten, als ob eine selbständige Größe „Geist“ von einer selbständigen Größe „Wirtschaft“ ursächlich abhängig wäre. Abgesehen davon, daß das Verhältnis von Ursache und Wirkung sowohl dem Bild wie der Sache nach unangemessen ist, muß schon die Aufstellung zweier selbständiger Größen „Wirtschaft“ und „Geist“ als Ungedanke abgelehnt werden. Wirtschaft ist kein Ding; sie kann, abgesehen von

Richtung und Qualität der Bedürfnisse, von Produktionstechnik und gesellschaftlichen Produktionsverhältnissen, von Richtung und Intensität der Produktion auch nicht einmal gedacht werden. Wirtschaft ist eine komplexe, unendlich vielfältige Wirklichkeit. *Alle Seiten menschlichen Seins müssen mitgedacht werden, wenn Wirtschaft gedacht werden soll.* Man kann sie nicht isolieren und sie zur Ursache dessen machen, was zu ihr selbst gehört und ohne das sie nicht gedacht werden kann. – Ebenso unmöglich ist es, den Geist als eine selbständige Größe zu fassen und ihn dann zu einer Wirkung der Wirtschaft zu machen. Auch dieser Gedanke ist in sich unmöglich. *Geist ist nie etwas für sich, sondern immer Geist von etwas, Geist eines Seins, das in ihm zu sich selbst kommt.* Marx hat diesen Zusammenhang von Sein und Bewußtsein am deutlichsten gesehen. Gerade aber diese Einheit geht verloren, wenn das Sein als die Ursache gefaßt wird, aus der der Geist als Wirkung hervorgeht. Weder dieses Sein noch diesen Geist gibt es. – Darum ist auch das Bild der Spiegelung unzulänglich, das Verhältnis von Sein und Bewußtsein, von Wirtschaft und Geist zu verdeutlichen. Wer das Bild verwendet, nimmt an, daß es ein Sein gäbe, das unabhängig von der Spiegelung das wäre, was es ist. Wohl ist der Mensch unabhängig von dem physikalischen Spiegel, in dem er sein Bild sieht. Aber menschliches Sein ist nicht unabhängig von menschlichem Bewußtsein. Menschliches Sein ist immer von Anfang an gedoppeltes Sein, Einheit von Sein und Bewußtsein. *Gesellschaftliches Sein abgesehen vom gesellschaftlichen Bewußtsein ist ein sinnloser Gedanke,* denn das Sein von Gesellschaft ist an Bewußtsein gebunden.

Es ist für den Sozialismus ein grundlegendes theoretisches Erfordernis, die Frage nach dem Verhältnis von Sein und Bewußtsein, von Wirtschaft und geistiger Formenwelt aus den primitiven Verzerrungen zu befreien, durch die ihr Sinn in Unsinn verkehrt ist, und mit dem Impuls, den Marx gegeben hat, neu an die Dinge heranzugehen. Dabei ist vor allem die polemische Bedeutung zu klären, die der *Ideologiebegriff* für Marx hatte und den er auch dann nicht verlieren darf, wenn man ihn zum Anlaß nimmt, das Problem Sein und Bewußtsein grundsätzlich zu untersuchen. Die allgemeine Seinsgebundenheit des Bewußtseins hindert nicht, daß in bestimmten gesellschaftlichen Situationen ein spezifisch falsches Bewußtsein auftritt, eine Unangemessenheit überlieferter Begriffe und Symbole an eine neue geschichtliche Wirklichkeit[9]. Da aber geschichtliche Wirklichkeit Wirklichkeit des ganzen

[9] Vgl. den Kampf um das Buch von Karl Mannheim: Ideologie und Utopie. 3. Aufl. Frankfurt 1952.

Menschen, auch seiner Gedanken bedeutet, so kann falsches Bewußtsein in einer Gesellschaft nur auftreten, wenn auch richtiges da ist, nämlich Bewußtsein, das in Einheit steht mit dem neuen Sein, ja dieses überhaupt erst ermöglicht. *Falsches Bewußtsein ist nichts anderes als der Selbstbehauptungswille alter gesellschaftlicher Strukturen, die von neuen bedrängt und zersetzt werden.* Richtig und falsch heißt hier also übereinstimmend oder nicht übereinstimmend mit den tragenden Strukturen einer Gesellschaftsordnung. Der Marxismus hat aufgedeckt, in welchem Maße das Bürgertum sich selbst seine wahre Struktur verhüllt hat. Der Haß der bürgerlichen Gesellschaft gegen den Marxismus ist daher natürlich, wenn auch nicht gerechtfertigt.

Doch bedarf es einer Einschränkung zügellosen Enthüllungswillens, wie er sich vielfach an den Marxismus angeschlossen hat. Ideologisch im Sinne von falschem Bewußtsein ist eine Symbolwelt nur, wenn ihr keine realen Strukturen entsprechen. Nun hat die Analyse der bürgerlichen Gesellschaft gezeigt, daß das Bürgertum wirklich von bürgerlichen Mächten gestützt ist, daß das bürgerliche Prinzip Korrektiv und Unruhe der vorbürgerlichen Welt ist, sie aber nicht einfach aufgehoben hat. *Daraus ergibt sich, daß es unbegründet ist, alle vorbürgerlichen Elemente im Bürgertum als falsches Bewußtsein zu denunzieren.* Auch die Begriffe und Symbole der revolutionären politischen Romantik sind so nicht zu bewältigen. Ihre allgemeine Verwerfung als Ideologie und falsches Bewußtsein bestimmter mittelständischer Gruppen trifft nicht die Wurzel ihres Erfolges. Echte Bedeutung und ideologischer Mißbrauch können sich in höchst komplizierter Weise durchdringen. Es können ursprungsmythische Kräfte in den Dienst der bürgerlichen Gesellschaft gestellt werden, es können Gedanken und Symbole, die aus dem Ursprungsmythos stammen, in einer Weise gebraucht werden, die ihrem Sinn schlechterdings widerspricht. Sie sind dann nicht selbst ideologisch, aber ihre Verwendung im Dienst der bürgerlichen Gesellschaft gibt ihnen eine ideologische Funktion.

Unbedingt erfolgreich war dagegen die Verwendung des Ideologieverdachtes gegenüber dem bürgerlichen Harmonieglauben, sofern dieser zur Verhüllung der proletarischen Lage benutzt wurde. Der Aufweis der Disharmonie in der bürgerlichen Gesellschaft, *die Enthüllung der Klassensituation, war die größte und erfolgreichste Leistung der marxistischen Ideologielehre.* Durch sie wurde das sozialistische Prinzip zu allererst erfaßt, wurde das Wissen des Proletariats um sich selbst geschaffen, wurde der proletarische Kampf zu weltgeschichtlicher Bedeutung erhoben. Die materialistische Geschichtsauffassung gehört darum wesenhaft und untrennbar zum Sozialismus, solange er im Kampf steht mit der bürgerlichen Gesellschaft. Aber auch darüber hinaus behält sie ihre Gültigkeit. *Der Sozialismus hat ständig Anlaß, sich selbst unter den Verdacht der Ideologie zu stellen.* Überall da, wo er im Widerspruch mit sich selbst den bürgerlichen Harmoniegedanken aufgenommen hat, wo er in Illusionen lebt und sich seine eigenen Spannungen verdeckt, bedarf er einer gegen sich selbst gerichteten Ideologielehre[10]. – Das sozialistische Prinzip hat mit der Kraft, den Widerstreit des Sozialismus zu lösen, auch die Kraft, die Probleme des historischen Materialismus weiterzuführen und die Ideologie neu zu begründen. Die Art, in der das zu geschehen hat, ist vor allem abhängig von der neuen Menschenauffassung des Sozialismus.

2. Das Problem der historischen Dialektik

Das zweite Problem, das der Marxismus unserer Betrachtung stellt, ist die historische Dialektik. An ihr besonders entscheidet sich das Verhältnis von Marxismus und proletarischer Bewegung, denn die historische Dialektik gibt die Theorie der Bewegung. In der Darstellung des sozialistischen Prinzips ist die Einheit von Sein und Sollen, von Bewegung der Geschichte und Forderung an das Handeln, aufgewiesen worden. Es ist auch gezeigt worden, wie die lebendige Erwartung beide Momente in sich trägt und über dem Gegensatz steht, in den die Anwendung unangemessener Kategorien führt. Aber das Problem, das diese Spannung aufgibt, ist damit nicht gelöst. Die Theorie der historischen Dialektik ist ein Versuch der Lösung, dessen ungeheure praktische Auswirkung in der sozialistischen Bewegung zu einer grundsätzlichen Stellungnahme zwingt.

Zwei Fragen sind es, die gestellt werden müssen. Zunächst die Frage nach dem Charakter jener Bewegung des Seins, mit der die Forderung in Übereinstimmung bleiben muß. Zweitens die Frage nach dem Verhältnis des menschlichen Handelns zu dieser Bewegung des Seins. Man kann das Problem abgekürzt als die Frage nach dem Verhältnis von Notwendigkeit und Freiheit in der Verwirklichung des Sozialismus bezeichnen. Man muß sich dann nur hüten, einen bestimmten Begriff von Notwendigkeit oder Freiheit mitzubringen und sich dadurch von vornherein das Verständnis der historischen Dialektik zu verbauen.

[10] Der instinktive Widerstand gegen diese Forderung in manchen sozialistischen Intellektuellen- und Funktionärsgruppen ist trotz ihrer ständigen Verwendung des Ideologiebegriffs nicht geringer als der bürgerliche Widerstand gegen die Enthüllung der bürgerlichen Ideologie.

In der Prophetie, bei Hegel und bei Marx findet sich der eigentümliche Gedanke, daß die Geschichte auf ihr Ziel gleichsam *hinter dem Rücken der Träger des geschichtlichen Handelns* zugeht. Die Bewegungen in der Völkerwelt, deren Träger von Jahve nichts wissen, stehen dennoch unter seiner Leitung und haben ihren Sinn in dem, was sie für Israel bedeuten. Selbst die Vernichtung der politischen Existenz Israels durch die Weltmächte ist eine Wirkung Jahves um der Forderung und Verheißung willen, die dem Volk gegeben ist. Die heidnischen Völker müssen den Willen Jahves erfüllen, ohne, ja gegen ihr Wissen und Wollen. Schließlich dienen sie damit wider Willen sich selbst, denn durch Israel soll die Einheit des Menschengeschlechtes geschaffen werden, auf die alle Geschichte zugeht. – Hegel lehrt, daß durch die Leidenschaften, vor allem der großen geschichtlichen Persönlichkeiten, sich ohne Wissen und Willen ihrer Träger der Sinn der Geschichte erfüllt. Es ist die List der Vernunft, daß sie sich der Leidenschaften bedient, um sich selbst zu verwirklichen. Die Leidenschaft mag den Einzelnen und die Völker scheinbar willkürlich treiben; in Wahrheit dienen sie der Vernunft der Geschichte. – Nach Marx führt die Bewegung der kapitalistischen Wirtschaft im Widerspruch zum Wissen und Wollen ihrer Träger zum Umschlag in die klassenlose Gesellschaft. Jeder einzelne Akt kapitalistischen Wirtschaftswillens, jede technische Verbesserung, jede Kapital- und Betriebskonzentration dient zwar unmittelbar dem kapitalistischen Wettbewerb, aber mittelbar der Aufhebung des Kapitalismus. Auch nach Marx also verwirklicht sich die sittliche Vernunft durch einen Prozeß, der im Widerspruch zu dem steht, was seine Träger wollen. – In allen drei Fällen bewegt sich das Sein auf das Gesollte zu, ohne daß die Forderung vom bewußten menschlichen Handeln vertreten wird, weithin im Gegensatz zu allem menschlichen Wissen und Wollen.

Welcher Art ist die Notwendigkeit, die sich hinter dem Rücken menschlicher Willkür durchsetzt? Auf dem Boden einer verdinglichten Welt kann Notwendigkeit nur die Bedeutung von *Kausalgesetzlichkeit und Berechenbarkeit* haben. Wird Marx und die historische Dialektik von hier aus gedeutet, so entsteht jene Spielart des Marxismus, die am Ende des 19. Jahrhunderts und darüber hinaus wirksam war und die mehr als alles andere die Kraft des sozialistischen Handelns gebrochen hat. Einer berechenbaren Notwendigkeit gegenüber kann man sich eben nur berechnend verhalten, Voraussagen machen, Bestätigungen einziehen, den Fortschrittsmesser genau beobachten und Eintragungen über den festgestellten Stand der Entwicklung machen: Tätigkeiten, denen sich besonders marxistische Intellektuelle gern widmen. Dabei ergab sich dann, daß die Voraussagen in bezug auf die technische Organisation des Kapitalismus, auf Konjunktur und Krisen im hohen Maße zutrafen, daß aber der für den Sozialismus entscheidende Faktor, die menschliche Reaktion auf diese Entwicklung, völlig falsch beurteilt wurde. Proletariat, Bürgertum und politische Romantik verhielten sich anders, als es der primitiven Menschenauffassung jener Theoretiker entsprochen hätte. Es ging wie ein Erschrecken durch die Vertreter der sozialistischen Theorie. Die gelegentliche Bemerkung von Marx, daß nicht nur der Sozialismus, sondern auch die Barbarei am Ende der kapitalistischen Entwicklung stehen könne, wurde zu einem dogmatischen Ort erster Ordnung erhoben.

Notwendigkeit und Berechenbarkeit der Geschichte, auch der kapitalistischen Entwicklung, wurden fragwürdig. Das menschliche Handeln wurde zum maßgebenden Faktor gemacht. An Stelle der Notwendigkeit trat die Freiheit. Die Motive des ethischen Sozialismus, die im westlichen Sozialismus immer stärker gewirkt hatten, verdeckten die marxistische Grundlage. Jugendliche Impulse empörten sich gegen die Haltung des Zuschauens. Politische Leidenschaft befreite sich aus den Fesseln theoretischer Betrachtung. Man wagte wieder, Forderungen an die Wirklichkeit zu stellen, für die man in der Wirklichkeit selber keinen Ansatz aufweisen konnte. Die utopische Form des Sozialismus begann neue Macht zu gewinnen; und mit dem Utopismus die Willkür und Zufälligkeit des Forderns, die Hinneigung zu romantischen Elementen, die Selbstüberschätzung des Denkens und Wollens Einzelner, die Fremdheit gegenüber der Bewegung der Massen[11]. – Auf diese Weise verfehlte man den dialektischen Ansatz ebenso völlig wie vorher durch die Lehre von der Notwendigkeit. Man bewegte sich in Gegensätzen, die beide gleich weit von der Wirklichkeit entfernt sind. Die Notwendigkeitslehre betrachtete Mensch und Geschichte unter dem Modell eines Dinges mit Eigenschaften und geriet damit in unauflösliche Widersprüche: Wo die Wirklichkeit als Ding angeschaut wird, ist die Freiheit ausgeschlossen, denn Ding ist das allseitig Bedingte. Freiheit aber hat Unbedingtheit in sich. Andererseits mußte man die Freiheit bejahen um der Forderung willen, auf die im politischen Kampf keinen Augenblick verzichtet werden konnte. Der Widerspruch kann nur aufgelöst, *die Dialektik nur verstanden werden, wenn auf das Modell des Dinges verzichtet wird.* Menschliches Sein und Geschichte müssen in ihrer wirklichen Erscheinung aufgefaßt werden, dürfen nicht durch die

[11] Das gilt besonders für eine gewisse voreilige Art, die „Querverbindung" zwischen Sozialismus und revolutionärer Romantik unter Übergehung der proletarischen Bewegung herstellen zu wollen.

Ding-Abstraktion, die für bestimmte Zwecke notwendig ist, niemals aber die ganze Wirklichkeit trifft, verstellt werden. Das Bild von Mensch und Geschichte, das dann entsteht und das nicht durch eine vorgegebene Kategorie verfälscht ist, sieht anders aus: Geschichte ist nicht zu berechnen, sie hat in sich die Möglichkeit des Neuen. Aber ihr Weg ist auch nicht abhängig von dem Zufall freien menschlichen Handelns. Sie hat in sich eine Richtung, einen Impuls. *Sie geht immer und überall den Weg von der Ursprungsbindung zur Enderfüllung.* Aber sie geht diesen Weg durch menschliches *Handeln.* Ginge sie am menschlichen Handeln vorbei, so könnte es nie eine Erfüllung geben, denn abgesehen vom menschlichen Handeln ist das Sein weder erfüllt noch unerfüllt, es steht noch unterhalb jenes Gegensatzes. Seinserfüllung ist erfülltes, der Forderung gemäßes menschliches Handeln, und kein Wunder und kein Naturprozeß kann das Sein erfüllen am menschlichen Handeln vorbei. – Aber auch das Umgekehrte gilt: Seinserfüllung ist nicht abhängig von menschlicher Willkür. Sie ist der innere Sinn und die Richtung jedes einzelnen geschichtlichen Ablaufs. Sie ist der Impuls der Geschichte in jedem ihrer Momente. Daraus folgt wieder nicht, daß man die Geschichte deuten kann als einen objektiven Prozeß, in dem mit Notwendigkeit das Ziel erreicht wird, das dann irgendeinmal in Raum und Zeit vorzufinden wäre. Das ist Utopismus, und solche Geschichtsdeutung ist in all ihren Teilen utopisch. Der Impuls der Geschichte kann nicht in eine Abfolge äußerer Vorgänge verwandelt werden. Was vorgeht, widerspricht dem Impuls ebensooft, wie es ihm entspricht. *Es gibt keine Universalgeschichte als Theodizee, als Nachweis siegreicher Durchsetzung des Gesollten im Seienden.*

Die historische Dialektik, die Einheit von Seinsbewegung und Forderung, kann also nicht den Sinn haben, das menschliche Handeln, also auch den Kampf um den Sozialismus abhängig zu machen von bestimmten Feststellungen über die gesellschaftliche Lage der Gegenwart, über Kräfteverteilung, wirtschaftliche Tendenzen und voraussichtlichen Sieg dieser oder jener Gruppe. Sozialistisches Handeln hat in sich die Gewißheit, mit Sinn und Impuls der Geschichte übereinzustimmen. Denn es geht auf Erfüllung des Ursprungs im Ziel unter den Voraussetzungen der gegenwärtigen Lage. Es ist die prophetische Bewegung der Gegenwart, diejenige Bewegung also, die sich unter die Forderung der Gerechtigkeit stellt. Aufgabe der Theorie kann es nur sein, dies sowohl nach der grundsätzlichen Seite, wie es hier geschehen ist, als auch nach der tatsächlichen Seite, wie es Marx versucht hat, zu entwickeln. Es ist nicht bedeutungslos zu wissen, daß das menschliche Sein selbst die Unterordnung des Ursprungs unter die Forderung verlangt. Und es ist nicht bedeutungslos, die Kräfte zu kennen, die in der gegenwärtigen kapitalistischen Gesellschaft den Sozialismus erzwingen, wenn anders die Barbarei vermieden werden soll. Das ist nicht nur taktisch wichtig, um ein Handeln auf Grund richtiger Bewertung der menschlichen und geschichtlichen Faktoren zu ermöglichen – das wäre noch undialektisch gedacht –, sondern es ist notwendig, weil nur ein Handeln Erfolg haben kann, das mit dem Sein in Übereinstimmung geht, und weil nur eine Forderung siegreiche Leidenschaft erwecken und bewahren kann, die mit der Gewißheit verbunden ist, daß die Wirklichkeit selbst für sie kämpft. Es war die ungeheure Bedeutung des Marxismus für den proletarischen Kampf, daß er ihm diese Gewißheit gab; sie wird auch in keiner Weise dadurch abgeschwächt, daß die Drohung des anderen Ausganges, des Chaos und der Barbarei, daneben steht. Der Vulgärmarxismus hat diese Kraft vergeudet, weil er aus der Dialektik eine ständig sich wandelnde und ständig enttäuschende Berechnung gemacht hat, und der ethische Sozialismus kann diese Kraft nie wecken, weil er eine Forderung erhebt, die über dem Sein steht und nicht eins geht mit dem Impuls der Geschichte.

Noch eine Vertiefung, die auch schon bei Marx vorgebildet ist, muß dieser Gedankengang erfahren. Es könnte scheinen, als ob die Erkenntnis menschlichen Seins, der Geschichte und der gegenwärtigen Bewegung in reiner, vom Handeln losgelöster Betrachtung gewonnen würde. So ist es aber nicht. Das Verhältnis geht nicht einseitig vom Erkennen zum Handeln, sondern ebenso vom Handeln zum Erkennen. *Nicht von jedem beliebigen Ort in der Geschichte kann der Zusammenhang menschlichen Seins, geschichtlicher Wirklichkeit und sozialistischer Forderung erkannt werden.* Es gibt zur Zeit einen bevorzugten Ort dafür: die proletarische Situation; denn in ihr sind die Ideologien durchschaut, zwangsweise durchschaut, mit dem Bürgertum und politische Romantik die Klassenlage überdecken können. Das Proletariat kann nichts überdecken. Denn es steht auf der negativen Seite der Gesellschaft. Unmittelbar erfährt es durch sein eigenes Dasein die Ungerechtigkeit der Gesellschaftsordnung. Unmittelbar reagiert es dagegen, und unmittelbar steht es in der Erwartung, erfährt es die Spannung auf die neue Ordnung der Dinge, auf die Gerechtigkeit. Was an jedem anderen Ort nur durch Reflexion und darum zufällig geschieht, das geschieht hier notwendig und ohne rationale Begründung. Was an anderen Orten immer nur Einzelne vermögen, die Gesellschaftsideologie zu durchschauen, das geschieht hier den Massen ohne ihr Tun, durch ihr bloßes Dasein. Die natürlichen Triebreaktionen selbst drängen zur Gerechtigkeit. Darum ist auf proletarischem Boden die Entscheidung für den Sozialismus mehr als an jedem anderen Ort dem Zufall enthoben. Sie wächst unmittelbar hervor aus der geschichtlichen Konkretion. Sie ist gleichsam der Forderungscharakter dieser Situation selbst. Darum hat Marx mit Recht sozialistisches Erkennen und Handeln in eine ursprüngliche Verbindung mit dem Proletariat gebracht. Daß hier ein Ort ist, an dem der Sozialismus mit dialektischer Notwendigkeit aus dem Sein selbst hervorwächst, ist der Ansatzpunkt für seinen Aufweis der historischen Dialektik überhaupt. So schließen sich Sein und Sollen noch einmal in einer konkreten menschlichen Situation zusammen. Sozialistische Forderung und geschichtliches Sein sind eins im Erkennen und Handeln des Proletariats. Zugleich aber erschließt sich in solchem Denken und Handeln eine Struktur menschlichen Seins selbst und erweist den Sozialismus als das entscheidende Anliegen der abendländischen Menschheit überhaupt.

3. Kritik des dogmatischen Marxismus

Die vorgetragene Deutung und Weiterführung der marxistischen Probleme sowie die vertretene Gesamtauffassung des Sozialismus müssen verteidigt werden gegen gewisse Formen eines dogmatischen Marxismus, der die Fragen und Begriffe, die hier verwendet sind, vor jeder Prüfung ablehnt. Für ihn sind die Probleme Mensch und Gesellschaft, Kultur und Erziehung, sind die Fragen nach Erwartung und Forderung überflüssige oder schädliche Ideologie. Er fordert für die Zeit vor der Revolution vom Theoretiker eine Analyse der jeweiligen gesellschaftlichen Lage und vom Praktiker (zu denen auch der Theoretiker gehören muß) revolutionäres Handeln. Die übrigen Fragen würden nach der siegreichen Revolution verschwinden oder sich von selbst beantworten. Es liegt in dieser Haltung eine Kraft, die suggestiv wirken kann, besonders dann, wenn sie verbunden ist mit einer entschlossenen und opferwilligen revolutionären Praxis. Sie wirkt besonders überzeugend, wenn unter Ablehnung der niemals abschließbaren theoretischen Diskussion die Anerkenung einiger weniger Dogmen und im übrigen Praxis gefordert wird. Die Wirkung des Kommunismus, besonders auf jüngere Intellektuelle, beruht auf dieser entschiedenen und im Grunde untheoretischen Haltung.

Aber die Geschichte der deutschen kommunistischen Partei zeigt, daß es zum mindesten in Deutschland so nicht geht. Die dogmatische Grundlegung ist zu schwach, um eine erfolgreiche Praxis zu tragen. Sie ist theoretisch nicht durchschlagend und praktisch nicht wegweisend. Das

Abschneiden dringender theoretischer Fragen und die dogmatische Verengung und Verhärtung kann zwar äußerlich die Geschlossenheit einer Gruppe vermehren, muß sie aber innerlich schwächen und auf falsche Wege treiben. – Darum bemüht sich unsere Arbeit um die Frage, was Analysen der gegenwärtigen Gesellschaft praktisch bedeuten können, welchen Grad von Berechenbarkeit geschichtliche Prozesse haben, wie die sozialistische Praxis aussehen soll, wie der Mensch beschaffen ist, mit dem die Revolution zu rechnen hat, der proletarische, der bürgerliche und der vorbürgerliche. Darum wird die Frage gestellt, welches die wirklichen Impulse der sozialistischen Bewegung und auch der Gegenbewegungen sind, woher sie ihre Kraft nehmen und wodurch sie schwach werden. Darum wird nach der Bedeutung gefragt, die die Erwartung im proletarischen Kampf spielt, positiv durch die seelischen Kräfte, die sie weckt, negativ durch die seelische Schwächung, die jede enttäuschte Erwartung zur Folge hat. *In all dem ist die Absicht wirksam, den Marxismus aus der dogmatischen Enge, in die er bei den Epigonen geraten ist, wieder in die Breite zu stellen, die er bei dem jungen Marx hatte* und die der „Marx des Kapitals" nicht grundsätzlich, sondern nur um der Arbeitsbeschränkung willen verlassen hat[12] – womit er freilich seinen dogmatisch gebundenen Nachfolgern einen bequemen Vorwand gab, die Fülle seiner älteren Probleme beiseitezulegen. In diesen Problemen aber stecken die Voraussetzungen für jede einzelne Behauptung des ökonomischen Marxismus. Daß diese Voraussetzungen ununtersucht übernommen oder durch Primitivisierung verdorben wurden, hat das Schicksal des deutschen Sozialismus weithin bestimmt. Bis in jede Einzelheit kann man den Zusammenhang aufweisen, in dem das sozialistische Handeln auf deutschem Boden mit der ungeprüften Übernahme der bei Marx selbst unausgesprochenen Voraussetzungen seiner ökonomischen Analyse steht. Das gilt für die Sache selbst, und es gilt für das Zerrbild, das die politische Romantik vom Marxismus gezeichnet hat und mit dem sie einen außerordentlichen und politisch verderblichen Eindruck machen konnte. An diesem Zerrbild ist vor allem der dogmatische Marxismus schuld, nicht oder nur in geringem Maße Marx selbst.

Es ist eine alte Erfahrung, daß der Dogmatiker nichts mehr scheut als die Aussprache über die unausdrücklichen Voraussetzungen seines Dogmas. Er sucht ihr dadurch zu entgehen, daß er dem Gegner das

---

[12] Vgl. dazu die Schrift: Nationalökonomie und Philosophie, in: Die Frühschriften. Hrsg. v. S. Landshut. Stuttgart 1953. Weiterhin die Aufsätze von Konrad Hebel und I. P. Mayer in: Neue Blätter für den Sozialismus, 1932, Heft 9.

Recht bestreitet, überhaupt in eine Aussprache einzutreten, oder daß er das Aussprechen schon als eine Stellungnahme wertet, die sich gegen ihn richtet. So lehnt der Orthodoxe die Aussprache über die Voraussetzungen seines Glaubens, der Okkultist die Aussprache über die Voraussetzungen seines Schauens ab; denn ein Sprechen, das nicht auf der Grundlage des Glaubens oder des Schauens geschehe, hätte die Sache gar nicht zur Verfügung, von der gesprochen werden soll. Nach der gleichen Methode lehnt der dogmatische Marxist die Aussprache über die Voraussetzungen seiner Dogmen ab. Er verdächtigt die Gegenargumente als bürgerliche Ideologie, ohne den geringsten Verdacht zu haben, daß er selber sich ideologisch verfangen könne. Er vertagt die Entscheidung auf den Tag, wo die siegreiche Revolution ihm recht gegeben hat. Mit der Forderung, sich der Revolution – und das heißt praktisch, sich dem dogmatischen Marxismus – zur Verfügung zu stellen, wird das Gespräch abgebrochen; d. h. der dogmatische Marxismus fordert wie jedes dogmatisch gebundene System einen radikalen Sprung. Wer ihn nicht macht, kann nicht über das System urteilen, wer ihn gemacht hat, urteilt nicht mehr darüber.

III. Auflösung des inneren Widerstreits des Sozialismus durch Entfaltung des sozialistischen Prinzips

Einleitung: Das Proletariat und die Gruppen der revolutionären Romantik

Das sozialistische Prinzip hat die Kraft, den inneren Widerstreit des Sozialismus aufzulösen. Wie aber der Widerstreit des Sozialismus in dem Widerstreit der proletarischen Situation begründet ist, so kann die Auflösung nur in einer Auflösung des Widerstreits der proletarischen Situation begründet sein. Das sozialistische Prinzip hat die Kraft, die sozialistischen Antinomien aufzulösen, nur dann und nur insoweit, als in ihm Kräfte der proletarischen Bewegung zum Ausdruck kommen, in denen das Proletariat seine eigene Antinomik überwindet. – Der Grund des inneren Widerstreits der proletarischen Situation ist die Doppelstellung des Proletariats zur bürgerlichen Gesellschaft, die Notwendigkeit, das bürgerliche Prinzip zugleich zu erfüllen und zu bekämpfen. Dabei ergab sich die Unmöglichkeit, das bürgerliche Prinzip durch sich selbst zu überwinden. Da jeder Angriff auf seinem Boden und mit seinen Waffen geschah, so bedeutete er in Wahrheit eine Festigung des Angegriffenen. Erschwert wurde die Lage dadurch, daß vorbürgerliche Kräfte, mit denen der Angriff hätte geschehen können, vom Bürgertum längst in Anspruch genommen waren und darum für das Proletariat als Verbündete seines Angriffs nicht mehr in Frage kamen. Und doch kann der Angriff nur mit den Kräften des Ursprungs geschehen. *Was sich im Proletariat seelisch als Ursprungskraft gegen die Verdinglichung durch das bürgerliche Prinzip empört, das muß sich gleichzeitig gesellschaftlich als ursprungsnahe Gruppe gegen die Herrschaft des Bürgertums empören.* Seelische und gesellschaftliche Schichten entsprechen sich, und nur wenn die seelischen Ursprungsschichten im Proletariat zu einer Verbindung führen mit den gesellschaftlichen Ursprungsschichten im Volk, kann zur Zeit der Sozialismus verwirklicht werden. Eine solche Verbindung war solange unmöglich, als die ursprungsnahen vorbürgerlichen Gruppen mit dem Bürgertum zur Aufrechterhaltung der Klassenherrschaft verbunden waren und dadurch das Proletariat seinerseits gezwungen war, das bürgerliche Prinzip zu radikalisieren.

Solange diese Lage andauerte, hat der Sozialismus vergeblich versucht, mit Bauerntum, Handwerk, Beamten ein Bündnis gegen die Kapitalherrschaft zu erreichen. Er hat auf Grund seiner partikularen proletarischen Bindung den Sinn der, wenn auch noch so gelockerten, Ursprungsbindung in jenen Gruppen nicht erfaßt. Die sozialistische Theorie hat infolgedessen dauernd Richtiges und Falsches vermengt. Sie hat richtig gesehen, daß die Einbeziehung jener Gruppen in den sozialistischen Kampf nur möglich ist, wenn sie durch das rationale System aus der ungebrochenen Ursprungsbindung gelöst sind. Falsch ist dagegen die Forderung, daß jene Gruppen wirklich proletarisiert werden müssen im Sinne eines völligen Eingehens in die Klassensituation des Proletariats. Das ist bisher nicht geschehen, und es besteht keine Sicherheit, daß es je geschehen wird. Es *kann* geschehen; es sprechen wichtige Anzeichen, namentlich die Rationalisierung der Landwirtschaft, dafür, daß es geschieht. Wenn es geschähe, wäre ein einheitlicher proletarischer Angriff auf den Kapitalismus möglich. Und die proletarischen Ursprungskräfte würden durch die neu hinzutretenden, eben noch vorbürgerlichen Massen gewaltig gestärkt werden. Aber es kann auch anders kommen; dafür spricht vieles in der unmittelbaren Gegenwart. Wohl ist es möglich und zum Teil schon wirklich, daß diese Gruppen in ihrem Realeinkommen unter das Durchschnittsniveau des industriellen Proletariats sinken. Aber mit der Einkommenshöhe ist die gesellschaftliche und seelische Struktur noch nicht eindeutig bestimmt[13]. Die Frage, ob der Sieg des Sozialismus durch eine allgemeine Proletarisierung aller nichtbürgerlichen Gruppen des Volkes hindurchgehen wird, muß offen gelassen werden. Sie ist zur Zeit nicht entscheidbar. *Sicher aber ist, daß gegenwärtig nicht auf die allgemeine Proletarisierung gewartet werden darf, sondern die Verbindung des revolutionären Proletariats mit den revolutionären Gruppen der politischen Romantik angestrebt werden muß.*

Denn das ist das Neue und Wichtige der gegenwärtigen Lage, daß die ursprungsnahen Gruppen weithin in Opposition gegen die bürgerliche Gesellschaft geraten sind. Es ist die Funktion des Nationalsozialismus, daß er diese Revolutionierung mit Mitteln durchgeführt hat, die dem ursprungsnahen Sein jener Gruppen entsprach. Voraussetzung des Gelingens war freilich die Erschütterung der Verbindung von Bürgertum und vorbürgerlichen Mächten, in der sich beide gegenseitig stützten und auf Kosten des Proletariats die Klassenherrschaft aufrecht erhielten. Durch Weltkrieg, Inflation und Weltwirtschaftskrise war das Bürgertum gezwungen, die Kosten seiner Herrschaft auch den Mittelschichten aufzubürden. Sie wurden nicht mehr nur als Einzelne, sondern auch als Gruppen hineingerissen in die Krisensituation des Kapitalismus. Die Vorteile, die ihnen der Kapitalismus zeitweise gewährt hatte, Einordnung und Aufstiegsmöglichkeit als Angestellte und mittlere Beamte, starke Sicherungen gegen Arbeitslosigkeit, die Verwaltung und Verzinsung des Sparkapitals, die erhebliche Nachfrage vor allem nach Produkten der bäuerlichen Veredelungswirtschaft, all das ging in Krieg, Inflation und Krise verloren. Dadurch ist eine neue Situation für den Sozialismus geschaffen. Es ist nicht nur demagogisch zu verstehen, daß die revolutionäre Bewegung der mittleren Schichten sich sozialistisch nennt. Sie hat wirkliche „Erwartung". Das Symbol des dritten Reiches z. B. enthält nicht nur die Vorstellung eines dritten deutschen Kaiserreiches, sondern die Magie der Dreizahl bringt diese Vorstellung in Verbindung mit den uralten Erwartungen eines dritten Zeitalters. Freilich ist der Inhalt dieser Erwartung der ungebrochene Ursprung, entsprechend dem inneren Widerspruch der politischen Romantik überhaupt. Dadurch ist die Bewegung jederzeit in Gefahr, von

[13] Die Lehre vom „wahren Interesse" des Mittelstandes war ein Ausdruck jenes falschen Materialismus, der das Interesse durch die Quantität des Einkommens eindeutig bestimmt sein läßt. Wohl ist das Einkommen ein entscheidender Faktor, aber eben nur *einer*. Ein anderer ist die Art des Einkommens und die gesellschaftliche Lage, in der es erworben wird. Die Annahme, daß die mittleren Gruppen das proletarische Interesse unmittelbar als das eigene „wahre" Interesse empfinden könnten, war materialistischer Dogmatismus.

der konservativen Form der politischen Romantik aufgesogen und wieder in den Dienst der Klassenherrschaft zurückgeführt zu werden. Die Gefahr ist um so größer, als namentlich ihr Führer darauf hinzuarbeiten scheint. Geschieht es, so ist eine Verwirklichung des Sozialismus auf deutschem Boden ausgeschlossen, solange nicht durch wirtschaftliche oder politische Katastrophen neue Bewegungen einsetzen. Da die sozialistische Erwartung keine Voraussagen enthält, so ist von ihr aus eine Entscheidung in der einen oder anderen Richtung nicht möglich. Sie ist für beides offen. Sie ist nicht auf Proletarisierung der mittleren Schichten angewiesen, sondern kann auch mit ihnen in Verbindung kommen, wenn die eigentliche Proletarisierung nicht eintritt. Diese Möglichkeit auszunützen, für die das sozialistische Prinzip die Grundlage gibt, gehört zu der heute und hier geforderten sozialistischen Entscheidung[14].

1. Ursprung und Ziel in der Zukunftserwartung

Im sozialistischen Prinzip ist der innere Widerstreit des sozialistischen Glaubens gelöst. Er war darin begründet, daß der Sozialismus die bürgerliche Weltauffassung aufnahm und radikalisierte, aber ohne ihren tragenden Gedanken, den Harmonieglauben. Dadurch war der Sozialismus gezwungen, für die Zukunft mit einer Wirklichkeit zu rechnen, die aus der gegebenen Wirklichkeit in keiner Weise verständlich gemacht werden kann. Er mußte mit einem absoluten Sprung rechnen und geriet dadurch in die Nähe eines Wunderglaubens, der seiner Voraussetzung durchaus widersprach. – Durch das sozialistische Prinzip bekommt die sozialistische Erwartung einen Inhalt, in dem sich ihr innerer Widerstreit auflöst. Was erwartet wird, ist nicht der vollkommene Widerspruch zu dem, was ist, sondern es ist der wahre Sinn des Ursprungs. Das Geforderte ist nicht eine abstrakte Norm der Gerechtigkeit jenseits des Ursprungs, sondern es ist die Erfüllung des Ursprungs selbst.

Klassenlose Gesellschaft bedeutet also nicht Gesellschaft ohne Macht des Ursprungs. Auch in der Gesellschaft, die der Sozialismus schaffen

---

[14] Selbst auf dem Boden der konservativen Form der politischen Romantik versuchte eine kleine Gruppe, sich von der Verbindung mit Bürgertum und Klassenherrschaft loszulösen. Es sind die Volkskonservativen, die aber, wie ihr politischer Mißerfolg gezeigt hat, keine realen gesellschaftlichen Kräfte hinter sich haben und nur in der geistigen Sphäre von Bedeutung für den sozialistischen Kampf sind.

will, wirken der Boden, das Blut, die Gruppe. Auch in ihr gelten Traditionen und allgemeine, jedem verständliche Symbole. Auch in ihr wirken Glaube und Hingabe. Eben diese Kräfte sind es, die gegenwärtig der Klassenherrschaft widerstehen, im Proletariat wie bei den revolutionären Ursprungsgruppen, und durch die allein die klassenlose Gesellschaft verwirklicht werden kann. Denn nur was im Kampf um die klassenlose Gesellschaft sich als siegreiche Macht bewährt, hat in der klassenlosen Gesellschaft tragende Bedeutung. Weg und Ziel fallen nicht auseinander, wie Wunderglaube und Utopismus es meinen. – So kann z. B. ohne vorstoßende, radikal opferwillige Gruppen und ohne Einzelne von überragender Mächtigkeit der Sozialismus den gesellschaftlichen Sieg nicht erringen. Die innere Differenzierung der sozialistischen Bewegung, die Bildung von Vortrupps und Führern, ist darum nur vom Standpunkt eines dem bürgerlichen Prinzip verfallenen abstrakten Sozialismus aus zu bedauern[15]. Für die wirkliche sozialistische Bewegung hängt alles davon ab, daß und in welcher Mächtigkeit es geschieht. – So sind auch die Differenzierungen innerhalb der Arbeiterschaft, die Fortgeschrittenheit einzelner gewerkschaftlicher Gruppen, die nationalen und landschaftlichen Besonderungen des Proletariats, nicht notwendig eine Gefährdung der sozialistischen Bewegung. In diesen Differenzierungen arbeiten sich die tragenden Kräfte der sozialistischen Bewegung und damit der klassenlosen Gesellschaft heraus. *Es bereitet sich die Struktur der klassenlosen Gesellschaft vor.* – Welche Stelle die Gruppen der revolutionären politischen Romantik in dieser Struktur einnehmen, hängt einmal davon ab, daß sie überhaupt als solche in sie eingehen und nicht durch die radikale Proletarisierung hindurch müssen. Gehen sie als ursprungsnahe Gruppen ein, so kann die bleibende Spannung zwischen ihnen und dem Proletariat wie in Rußland zu fruchtbaren politischen Entwicklungen führen.

Durch dieses Verständnis seiner selbst befreit sich der sozialistische Glaube aus der Antinomie zwischen radikalem Gegenwartspessimismus und radikalem Zukunftsoptimismus, zwischen rationaler Weltbetrachtung und höchst irrationalem Wunderglauben. Der Glaube an eine natürliche Harmonie im Sinne des bürgerlichen Prinzips freilich

---

[15] Man könnte hier an den faschistischen Elite-Begriff denken. Er ist aber – nicht an sich – sondern durch seinen Mißbrauch im Faschismus für den Sozialismus unbrauchbar geworden. Er wird dort im Sinne eines ungebrochenen Ursprungsmythos verwendet: die Elite steht nicht unter der Gerechtigkeitsforderung, sondern ist Trägerin eines bürgerlich-klassenbegründeten Feudalismus.

bleibt ausgeschlossen. Das Gegeneinander der Ursprungsmächte kann nie aufhören; und mit dem Gegeneinander die Gefahr von Gewalt und von Vergewaltigung. Der Raum und sein Nebeneinander wird nicht aufgehoben, soll nicht aufgehoben werden. Was aber der Sozialismus überwinden und für eine unübersehbare Strecke menschlicher Geschichte beseitigen kann, ist das Ja zu den Ursprungsmächten in ihrem bloßen Sein, und was er durchsetzen kann, ist die Forderung der Gerechtigkeit gegenüber dem, was ist, was Macht hat. Der sozialistische Glaube ist gleich weit entfernt von dem Pessimismus eines konservativen Luthertums, das sich den bestehenden dämonischen Mächten widerstandslos unterwirft, wie er entfernt ist von dem Optimismus des bürgerlichen Prinzips, das an eine natürlich sich durchsetzende Harmonie glaubt.

Aus diesem Grunde muß der Sozialismus wenigstens grundsätzlich auch über den Sozialismus und seine mögliche Durchsetzung einer kommenden Gesellschaftsordnung hinausblicken. Der Sozialismus ist für den Sozialismus nicht das Ende. Der sozialistische Glaube ist zwar geschichtlich abhängig von der prophetischen Erwartung des tausendjährigen Reichs, aber er geht über die utopische Form hinaus, die dieser Glaube unter der Herrschaft des bürgerlichen Prinzips angenommen hat. Besonders an diesem Punkt hat die Bemühung des religiösen Sozialismus um die Durchdringung und Reinigung des sozialistischen Glaubens eingesetzt. Er hat durch die Idee des „Kairos" die Grenzen, aber auch Recht und Sinn der konkreten Erwartung deutlich zu machen versucht[16]. An einem bestimmten, für eine einmalige Zeitlage gültigen Erwartungsinhalt kommt die Erwartung überhaupt, die Erwartung als menschliche Haltung, zur Existenz. *Die Erwartung ist immer zugleich konkret gebunden und übergreifend über jede Konkretheit.* Sie hat einen Inhalt, der abhängig ist von der geistigen und gesellschaftlichen Gruppe, die sie trägt, und sie geht über diesen Inhalt hinaus. Es ist die Lebendigkeit und Tiefe des sozialistischen Glaubens, daß er diese Spannung deutlich und gefahrvoll in sich trägt. Denn die gefahrvollste menschliche Haltung ist die Erwartung.

2. Sein und Bewußtsein im Bild des Menschen

Die Antinomie der sozialistischen Menschenauffassung war darin begründet, daß der Sozialismus den Menschen von der Vernunft her

[16] Vgl. den vor mir herausgegebenen Band: Kairos. Zur Geisteslage und Geisteswendung. Darmstadt 1926.

konstituierte, daß er die Herrschaft der Vernunft, sei es auf liberalem, sei es auf demokratischem Wege erwartete, zugleich aber den Harmoniegedanken, auf dem diese Erwartung beruht, preisgegeben hatte. So war er gezwungen, einen Sprung aus der gegenwärtigen Unvernunft in die zukünftige Vernunft anzunehmen. Verhängnisvoll wurde dieser Widerstreit besonders für die Beurteilung der Menschen, die den Sozialismus tragen sollen, aber auch der Gegner, die ihn bekämpfen. – Das sozialistische Prinzip löst die Antinomie durch Aufweis der Ursprungskräfte im menschlichen Sein. Der erste Schritt zu einer neuen sozialistischen Menschenauffassung ist die *Beseitigung der primitiven Triebpsychologie*, auf die der Vulgärmarxismus seine Zukunftsberechnungen aufbaute. Die Meinung, daß menschliches Sein als Mechanismus aufgefaßt werden könnte, dessen bewegende Kraft elementare Lust- und Unlustreaktionen wären, führte zu jener mechanischen Konstruktion, nach der infolge wachsender Verelendung bei immer größeren proletarisierten Massen eine radikale, die Revolution erzwingende Unlustreaktion eintreten müßte. Vollends primitiv und wirklichkeitsfern war die weitere, dem liberalen Harmonieglauben entnommene Meinung, daß nach dem Sieg der Revolution eine allgemeine, gleichartige Befriedigung der Bedürfnisse eintreten könnte. – Der Mensch ist kein Mechanismus, der durch elementare Lust- und Unlustreaktionen bestimmt ist. Diese Vorstellung ist ein äußerstes Produkt bürgerlicher Verdinglichung, gedanklich und real. Ein Mensch, auf den diese Vorstellung zuträfe, wäre ein Ding und kein Mensch. Er wäre wirklich nichts mehr als das, was er im bürgerlichen System sein soll, ein Teil der Ware Arbeitskraft, ein Maschinenteil in dem Mechanismus der Produktion. Wäre dieses Bild des Menschen, insonderheit des Proletariers zutreffend, so gäbe es keine proletarische Bewegung, keinen Sozialismus. Und soweit das Bild zutrifft, soweit es der Klassenherrschaft gelungen ist, Menschen zu Dingen zu machen, gibt es zwar berechenbare Unlustreaktionen gegen augenblickliche übermäßige Bedrückung, gibt es aber keinen Sozialismus, keine Kräfte, die ihn erkämpfen und tragen können. Denn der Sozialismus ist gerade die Gegenbewegung gegen die Verdinglichung des Menschen, gegen die Tendenz des Kapitalismus, ihn zu einem seelischen Mechanismus mit berechenbarer Lust- und Unlustreaktion zu machen. *Die sozialistische Menschenauffassung hat ein Menschenbild in der Theorie vertreten, gegen dessen praktische Verwirklichung die ganze sozialistische Bewegung gerichtet ist: den Menschen, der Ding geworden ist.*

Der Sozialismus muß den Menschen verstehen von der seelisch-vitalen Mitte aus: nicht im Sinne einer Vitalphilosophie, die dem Menschen das eigentlich Menschliche nimmt, die Doppelung des Seins im Bewußtsein, sondern im Sinne des sozialistischen Prinzips, also der Unterordnung des Ursprungs unter die Forderung. Auch in dem so verstandenen Menschen gibt es Mechanismen. Es ist für jede Psychologie wie auch für jede politische Praxis notwendig, diese Mechanismen zu kennen und mit ihnen zu rechnen. Aber dadurch, daß sich an einem Lebendigen Mechanismen abspielen, wird es nicht selbst zu einem Mechanismus. Hier liegt der grundlegende Fehler der dinglichen Weltauffassung, der sich auch der Sozialismus trotz seines Protestes gegen sie nicht entzogen hat. – Die Einsicht in die Unzulänglichkeiten der älteren sozialistischen Menschenauffassung hat gegenwärtig vielerorts zu einer *Verbindung von Marxismus und Psychoanalyse* geführt[17]. Man versucht, durch eine tiefere und kompliziertere Psychologie die Fehler der älteren Menschenauffassung zu beseitigen. Diese Versuche sind wichtig und begrüßenswert. Aber die Psychoanalyse hat ein doppeltes Gesicht. Sie ist einerseits in das 19. Jahrhundert gewendet und arbeitet mit Begriffen und Vorstellungen, die der mechanisch-dinglichen Weltauffassung des bürgerlichen Prinzips gemäß sind. Wird diese Seite der psychoanalytischen Forschung in den Mittelpunkt gestellt, so ergibt sich zwar eine Verbesserung, aber keine grundsätzliche Wandlung der vulgär-marxistischen Menschenauffassung. *Die Triebpsychologie wird verfeinert, aber die Auffassung des Menschen nicht verändert.* Die Psychoanalyse hat aber noch ein anderes Gesicht. Sie entthront das Bewußtsein und erschüttert den Glauben an seine Herrschaft. Sie weist die Kräfte der seelisch-vitalen Mitte auf, die das Bewußtsein auch da bestimmen, wo es glaubt, bei sich selbst zu sein und in Freiheit entscheiden zu können. Sie eröffnet Zugänge zu Schichten, deren Aufdekkung die mechanistische Psychologie grundsätzlich erschüttert. Vor allem weist sie auf Zusammenhänge zwischen vitalem Sein und geistigen Formen, die der marxistischen Geschichtsauffassung in ihrem echten, bürgerlich nicht verdorbenem Sinn entgegenkommt. Die Dinge sind hier im Fluß. Wichtig ist, daß mit der Wendung zur Psychoanalyse auch im radikal-marxistischen Lager das Ringen um eine neue Menschenauffassung beginnt.

Wird der Mensch von der vital-seelischen Mitte aus verstanden, so ergeben sich eine Reihe wichtiger Konsequenzen für die Beurteilung der proletarischen Bewegung und ihrer Gegenbewegungen. Zunächst wird eine anthropologische Grundlage für den marxistischen Gedanken gegeben, daß das Ende des Kapitalismus nicht nur der Sozialis-

[17] Vgl. den schon zitierten Aufsatz von Erich Fromm in: Zeitschrift für Sozialforschung, sowie die Schriften von Bernfeld.

mus, sondern auch die Barbarei sein kann. Auch wenn der ökonomische Mechanismus so verläuft, wie es die marxistische Theorie meint – und da er als prinzipiell technisches Gebilde ein wirklicher Mechanismus ist, so ist er weithin zu berechnen –, ist noch nichts über die menschliche Reaktion, weder über die des Proletariats noch über die der übrigen Gruppen ausgemacht. Auch eine Kenntnis aller bisherigen Faktoren ökonomischer und psychologischer Art würde darüber nichts ausmachen können. Denn es ist das Wesen des Ursprungs, Ursprüngliches zu setzen, das weiter Ursprüngliches setzt usw. Da das Lebendige und mit ihm der Mensch im Ursprung steht, so ist er nicht durch eine fixierte Menge dinglicher Faktoren bestimmt, deren gegenwärtige und künftige Konstellation berechenbar wäre. Zwar hat der Positivismus Recht, wenn er es ablehnt, sich die Feststellung gesetzesmäßiger Zusammenhänge und das Erschließen der Zukunft aus ihnen durch Hinweis auf die Grenzen des Erkennens, auf Intuition und Irrationalität verbieten zu lassen. *Die methodische Forderung rationaler Analyse muß unangetastet bleiben.* Auf ihr beruht weithin die geforderte Brechung des Ursprungsmythos. Aber er hat unrecht, wenn er aus einer methodischen Forderung eine ontologische These macht, wenn er das Sein selbst in ein dingliches Zusammen dinglicher und berechenbarer Elemente verwandelt. Für eine solche Behauptung gibt es keine Begründung. Sie widerspricht sich selbst und der Wirklichkeit[18].

Weiter hat die veränderte Menschenauffassung zur Folge eine neue Theorie der Bedürfnisse. Da in der zentralen Schicht menschlichen Seins (die wir die „mittlere" genannt haben) alle Richtungen menschlichen Vorstoßens in die Wirklichkeit begründet sind, also alle Bedürfnisse ihre Wurzel haben, so ist es nicht möglich, bestimmte Bedürfnisse zu isolieren und von ihnen aus die übrigen abzuleiten. Wohl muß die Vordringlichkeit der daseinserhaltenden Tendenzen im Durchschnitt des Lebendigen anerkannt werden, aber aktuell wird diese Vordringlichkeit nur in Situationen der Lebensbedrohung. Der wirkliche Lebensprozeß weiß in der Mehrheit der Fälle von dieser Vordringlichkeit nichts. Er ist erfüllt von einem Ineinander vitaler, erotischer, ästhetischer, religiöser Triebe, die in vielen Fällen (vgl. die Hingabe bis zum Tod im kämpfenden Proletariat) zu einem Übergewicht der sogenannten geistigen über die lebenserhaltenden Tendenzen führt.

---

[18] Wir bejahen also den *methodischen* Positivismus und lehnen den *metaphysischen* ab. Wie weit wir mit dem Aufweis dinglich-bestimmbarer Faktoren gelangen, läßt sich nicht im voraus sagen. Wohl aber läßt sich sagen, daß das dingliche Denken als *Denken* selbst nicht dinglich sein kann, sondern Dingsetzend, ursprüngliche „Synthesis" ist.

Aber schon diese Formulierung ist fragwürdig, denn der Wille zur Erhaltung des Lebens richtet sich ja in vielen Fällen gar nicht auf „Leben um jeden Preis", sondern auf ein bestimmt qualifiziertes Leben, z. B. Leben in Freiheit. Und selbst die grundlegenden Bedürfnisse wie Hunger und Durst sind in sich komplex. Abgesehen von extremen Fällen dringendster Not, in denen der Mensch unter die Grenze menschlicher Bewußtheit gerät, ist auch das Bedürfnis nach Nahrung, Kleidung usw. unendlich differenziert und bestimmt durch vitale, ästhetische, erotische Momente, deren Zusammenwirken selbst in den Sphären primitivster Bedürfnisbefriedigung radikale Wandlungen erzwingt. Eine bessere *Theorie der Bedürfnisse* würde sowohl die Wandlungen und Differenzierungen im Proletariat selbst, als auch die Ablehnung der proletarischen Existenzformen durch die wirtschaftlich oft tiefer stehenden mittleren Schichten verständlich machen. (Symbol des „Stehkragenproletariers" nicht nur als Dokument von Unvernunft, sondern auch als Ausdruck realer und berechtigter Tendenzen menschlichen Seins.) Die weiteren Folgen der gewandelten Menschenauffassung werden sich bei der Betrachtung der übrigen Antinomien zeigen. Es wird sich dabei zeigen, von wie grundlegender Bedeutung eine neue Menschenauffassung für alle Seiten der sozialistischen Theorie und Praxis ist. Man kann mit Recht sagen, daß die Abhängigkeit des Sozialismus vom bürgerlichen Prinzip in der Menschenauffassung für seine Entwicklung am verhängnisvollsten geworden ist. Die entschlossene Wendung an diesem Punkt gehört in erster Linie zu der sozialistischen Entscheidung, in der wir stehen.

Auf einen Punkt sei noch an dieser Stelle hingewiesen: die Herrschaft des Bewußtseins, wie sie dem bürgerlichen Prinzip entspricht. Die Aufklärungsarbeit, die der Sozialismus am Proletariat geleistet hat und die er an den mittleren Schichten vergeblich versucht hat, ist entscheidend gewesen für die Selbsterfassung des Proletariats als Proletariat, für die geistige Überlegenheit selbst des einfachen Proletariers über die meisten seiner bürgerlichen und vorbürgerlichen Gegner, für die entschlossene und disziplinierte Art, in der er den Klassenkampf geführt hat. Aber diese Aufklärung hat auch andere, negative Folgen gehabt. Es gelang nicht, den *Unterschied zwischen den Sachen selbst und ihrem ideologischen Mißbrauch* deutlich zu machen. Die Mächte und Symbole des Ursprungs wurden bekämpft wegen des Mißbrauchs, der im Dienste der Klassenherrschaft mit ihnen getrieben wurde. Es wurde aber versäumt, ihren ursprünglichen, echten Gebrauch und ihre Bedeutung für menschliches Sein und kommende Gesellschaft aufzuzeigen. Auf diese Weise entstand jene Ursprungsfremdheit, die das Proletariat äußerlich kennzeichnet und die doch im Widerspruch steht zu seinem Kampf gegen die Verdinglichung. Denn die proletarische Bewegung erhält ihre Kampfkraft nicht von der Aufklärung des einzelnen Proletariers, sondern von dem, was an Ursprünglichem hinter den rationalen Formen steht, in denen sie sich ausdrückt. Nicht die vollkommenste Aufklärung, das sogenannte fortgeschrittenste Bewußtsein, bewegt die Geschichte, sondern das Bewußtsein, dessen Kräfte aus der Fülle und Tiefe des Seins strömen, die es ans Licht hebt. Solche Kräfte fehlen der sozialistischen Intelligenz vielfach, und darum wirkt der sehr hohe Grad von Aufklärung, die erstaunliche Fortgeschrittenheit ihres Bewußtseins weder symbolkräftig noch geschichtsbildend. Dem übermäßigen Einfluß solcher Elemente im Sozialismus muß durch Befreiung der Ursprungskräfte im Proletariat und durch Aufnahme außerproletarischer Ursprungskräfte begegnet werden. Voraussetzung dafür ist freilich eine andere Auffassung vom Menschen, als sie der Sozialismus im Widerspruch zu seinem Prinzip vom Bürgertum übernommen hat.

3. Macht und Recht im Aufbau der Gesellschaft

Die politisch unmittelbar wichtigste Antinomie, die der Gesellschaft, wirkt sich aus in dem widerspruchsvollen, innerlich unsicheren Verhältnis des Sozialismus zu Macht und Staat: einerseits die Notwendigkeit, beide zu verneinen im Sinne des radikal durchgeführten rationalen Prinzips, andererseits sie zu bejahen um der Verwirklichung des Sozialismus willen. An diesem Punkt muß der Sozialismus die für ihn schwerste, aber politisch wichtigste Wendung vollziehen. Er muß sich zu einem positiven Verständnis der Macht durchringen und von da aus zu einer neuen Theorie des Staates.

Eine Theorie der Macht, die dem sozialistischen Prinzip entspricht, muß ausgehen von dem Verhältnis, in dem die Macht zum Ursprung und Ziel menschlichen Seins steht[19]. Macht hängt mit mögen, vermögen zusammen. Wer die Macht hat, vermag sich gegenüber den seiner Macht Unterworfenen durchzusetzen. Zur Macht gehört eine relativ dauernde Möglichkeit, sich durchzusetzen. Die erste Frage ist demnach: Worauf gründet sich ein solches Vermögen, eine solche fixierte Möglichkeit? Welches ist der tragende Grund der Macht? – Die Möglichkeit gesellschaftlicher Macht ist darin begründet, daß ein einheitlicher Wille in der Gesellschaft geschaffen werden muß. Ein ein-

[19] Vgl. meinen Aufsatz: Das Problem der Macht. S. 193.

heitlicher Wille aber kommt auf keine andere Weise zustande als durch eine tragende Gruppe oder von ihr herausgestellte Einzelpersönlichkeiten, die die Einheit zugleich repräsentieren und durchsetzen. *Macht ist also die verwirklichte gesellschaftliche Einheit.* Die auseinanderstrebenden Tendenzen werden von der Instanz, die Macht hat, zusammengehalten; widerstrebende Kräfte werden unterworfen. Ein einheitlicher Wille vieler wird geschaffen. – Diese allgemeine Voraussetzung gesellschaftlicher Macht enthält aber noch nicht die Gründe, warum eine bestimmte Gruppe die Macht ausübt oder den Träger der Macht stellt. Das ist nur zu verstehen aus der gesellschaftlichen Überlegenheit dieser Gruppe. Ihre Überlegenheit kann sich verschieden äußern: magisch, militärisch, wirtschaftlich, geistig usw. Immer aber hat die machttragende Gruppe überlegene Qualitäten, um derentwillen man sich ihr unterwirft. Die Unterwerfung kann ausdrücklich sein, den Charakter überzeugter Zustimmung haben, sie kann, wie es weitaus am häufigsten der Fall ist, unausdrücklich sein, den Charakter einer schweigenden Zustimmung haben. Sie kann auch unwillig sein, ohne doch aufzuhören. Das tritt ein, wenn man sich einer Macht unterwirft, der gegenüber weder eine ausdrückliche noch eine unausdrückliche Zustimmung uneingeschränkt möglich ist und die man doch walten läßt, um die Einheit des gesellschaftlichen Willens nicht zu gefährden. Es ist die Form der „loyalen Opposition", die immer noch Zustimmung zur Herrschaft der machttragenden Gruppe, wenn auch eingeschränkt durch die Kritik, enthält.

Voraussetzung dafür ist, daß die Kritik an der machttragenden Gruppe nicht zur Entziehung auch der eingeschränkten Zustimmung führt, was gleichbedeutend mit der Revolution ist. In der Revolution ist die Situation der Macht überhaupt aufgehoben, denn die Möglichkeit, die die herrschende Gruppe hatte, sich durchzusetzen, ist fraglich geworden. Es wird über sie im Machtkampf entschieden. – *Zu jeder bestehenden Macht gehört also die Zustimmung derer, die ihr unterworfen sind. Hört die Zustimmung auf, so hört die Macht auf, und es beginnt der Kampf um ihre Neubegründung.* Die machttragende Gruppe hat in diesem Kampf die Möglichkeit, noch längere oder kürzere Zeit durch ihre Machtapparate Gewalt zu üben. Aber solange das in einer revolutionären Situation geschieht, ist es nicht mehr Ausübung wirklicher Macht, sondern eine Phase im Kampf um die Macht. In „Macht" liegt die ruhige Sicherheit, sich durchsetzen zu können, wobei die Anwendung der Gewalt nur als letzte Möglichkeit im Hintergrund steht. Eine Macht, die den Hintergrund in den Vordergrund ziehen muß, die sich nur noch durch Gewaltanwendung hält, hat aufgehört, Macht zu sein. Sie ist eine der um Macht kämpfenden Gruppen geworden; das Vermögen sich durchzusetzen, ist in Frage gestellt; es kann wiederkehren, aber es kann auch aufhören. Wohl kann eine Macht Gewalt üben, wohl kann durch Gewalt eine Macht aufgerichtet werden, wenn sie nachträglich die gesellschaftliche Zustimmung findet; wohl kann eine Macht, der die Zustimmung entzogen ist, sich noch einige Zeit durch Gewalt aufrecht erhalten. Niemals aber ist die Macht auf Gewalt gegründet, sondern immer auf Zustimmung, ausdrückliche, unausdrückliche oder gebrochene.

Die Zustimmung wird gegeben, weil den Zustimmenden die Ausübung der Macht, d. h. die Art, wie der einheitliche Wille ausgerichtet wird, als gerecht erscheint. *Gerecht erscheint eine Machtausübung dann, wenn alle Glieder der Gesellschaft anerkennen können, daß in dem Willen des Ganzen ihr eigener Wille enthalten ist.* Es ist keineswegs nötig, daß er sich uneingeschränkt durchsetzt. Es kann durchaus als gerecht empfunden werden, daß in dem einheitlichen Willen der Wille der einzelnen Gruppe, auch der eigenen, mit dem Willen anderer Gruppen ausgeglichen ist. Erst wenn der einheitliche, von der tragenden Macht durchgesetzte Wille als reiner Widerspruch gegenüber dem Willen einzelner Gruppen empfunden wird, erscheint er als ungerecht. Dieser Gruppe wird nicht ihr Recht. Sie muß der Macht ihre Zustimmung entziehen. Sie muß die Macht als Macht aufzuheben versuchen. Sie kann es aber nur durch eigene Macht. Um eigene Macht zu haben, muß sie Qualitäten zeigen, die von den übrigen gesellschaftlichen Gruppen anerkannt werden und um derentwillen sie bereit wären, sich der neuen Gruppe zu unterwerfen, ihr eine, wenn auch vielleicht eingeschränkte, Zustimmung zu geben. *Die revolutionäre Gruppe muß von dem Volk als Trägerin übergreifender Gerechtigkeit empfunden werden. Nur dann hat sie Chancen, im Kampf mit der machttragenden Gruppe zu siegen.* Ist das nicht der Fall, so kann sie zwar durch einen Handstreich die Machtapparatur in die Hand bekommen, aber Macht begründen kann sie nicht. – Nicht notwendig ist, daß die Zustimmung der übrigen Gruppen den Charakter der Ausdrücklichkeit hat. Wohl aber ist nötig, daß ununterbrochen starke menschliche Kräfte sich der Macht zur Verfügung stellen und die Gegenkräfte entweder ihre schweigende Zustimmung geben oder loyale Opposition treiben. Geschieht das nicht, so tritt an Stelle der Macht wieder der Zustand des Kampfes um die Macht. Daraus folgt, daß im Kampf der Mächte in letzter Instanz die Gerechtigkeit Ausschlag gibt, nicht ein absolutes und abstraktes Recht, sondern das konkrete Recht, das jeweilig von einer Gesellschaft und ihren einzelnen Gruppen als *ihr* Recht empfunden wird. In diesem Sinne ist alle Macht auf Recht gegründet.

Durch die Verbindung von Gerechtigkeitsideal und machttragender Gruppe scheint die Gerechtigkeit den Mächten des Ursprung preisgegeben zu sein, das Sollen scheint unterzugehen im Sein, das Wozu im Woher. So ist es aber nicht. Gerechtigkeit hat übergreifenden Charakter. Sie ist zwar gebunden an konkrete gesellschaftliche Mächte. Aber sie hört darum nicht auf, Forderung zu sein. Das entspricht den beiden Elementen, die im menschlichen Sein aufgewiesen sind, und es entspricht dem Prinzip des Sozialismus: Das Soll ist Erfüllung eines Seins. *Gerechtigkeit ist kein abstraktes Ideal, das über dem Sein steht, sondern Erfüllung eines ursprünglichen Seins,* Erfüllung dessen, was in seinem Ursprung gemeint ist. Nicht an die wirklichen Ursprungsmächte und ihre Zweideutigkeit ist Gerechtigkeit gebunden. Wäre sie das, so wäre sie in der Tat untergegangen im bloßen Sein. Sie ist gebunden an den wahren Ursprung, den sie erfüllt, aber konkret erfüllt. Darum drängt Gerechtigkeit über jede Gesellschaftslage hinaus. Denn in jeder Wirklichkeit ist die Zweideutigkeit des Ursprungs enthalten. Es ist der Sinn der prophetischen Bewegungen einer Zeit, diese Zweideutigkeiten zu enthüllen und für eine bessere Gerechtigkeit zu kämpfen. Aber dieser Kampf kann nur geführt werden durch eine Gruppe, die die neue Gerechtigkeit tragen und durchsetzen kann. Eben das ist die Lage des Proletariats. Die klassenlose Gesellschaft ist *seine* Gerechtigkeit, aber sie ist zugleich die Gerechtigkeit überhaupt, die auf dem Boden des Kapitalismus gegen den Kapitalismus gestellt werden muß. Weil es *seine* Gerechtigkeit ist und insoweit sie es ist, ist es die Macht, die tragend sein muß in einer Gesellschaft, die sich diesem Gerechtigkeitsideal unterwirft. *Der Sozialismus hat keinen Grund, die Utopie einer machtlosen Gesellschaft aufzunehmen, die in der Konsequenz des bürgerlichen Prinzips liegt und auf dem Glauben an die natürliche Harmonie beruht.* Wohl aber muß er die Macht, die er erringt und bewahrt, als Verwirklichung *der* Gerechtigkeit zu *dieser* Zeit und in *dieser* Lage der Gesellschaft verstehen. So erweist sich das Problem der Macht als das Problem der konkreten Gerechtigkeit[20].

---

[20] Die Entgegensetzung von Macht und Recht beruht auf einer abstrakten Gerechtigkeitsidee und einer Verwechslung von Macht und Gewalt. Die konkrete Fassung der Gerechtigkeit hebt die Entgegensetzung auf und macht eins vom andern abhängig. Im geschichtlichen Leben bleibt die Spannung von Macht und Recht. Der Macht gegenüber, die Gewalt wird, erhebt sich die allgemeine Forderung der Gerechtigkeit. Aber in diesem Widerspruch haben weder Macht noch Recht ihre Wahrheit.

Auf diesem Verhältnis von Macht und Gerechtigkeit beruht der Aufbau des Staates. So notwendig es ist, den bürgerlichen Staat als Klassenstaat abzulehnen, und so wenig die vorbürgerlichen staatlichen Einrichtungen für die Gegenwart maßgebend sein können, so verkehrt ist es, den Begriff des Staates aus dem Mißbrauch seiner Macht im Klassenstaat zu gewinnen und darum seine Auflösung in gesellschaftliche Funktionen für die klassenlose Gesellschaft in Aussicht zu nehmen. Einheitliche gesellschaftliche Funktionen gibt es nur durch einheitliche Willensbildung, und da diese nicht der natürlichen Harmonie überlassen werden kann, nur durch Macht. Es kommt also alles darauf an, wie der Machtaufbau zu gestalten ist, damit eine möglichst hohe Chance gegeben ist, daß es zu wirklicher, d. h. gerechter Macht kommt. – Die Demokratie meint, sie könne einen Aufbau der Gesellschaft leisten, ohne daß Machtgruppen maßgebend sind. Die Macht gehöre allen und werde übertragen an die Beauftragten der Mehrheit. Aber der Mehrheitsgedanke enthält ein dialektisches Moment, das über die Demokratie hinausdrängt: die Art nämlich, wie Mehrheit zustande kommt. Es besteht die Möglichkeit, daß die Demokratie formal durchgeführt, real von der herrschenden Gruppe aufgehoben wird. So ist es im Klassenstaat. Von hier aus gesehen kann die Forderung einer „Diktatur des Proletariats" als Aufhebung der Scheindemokratie verstanden werden, hinter der sich die bürgerliche Klassenherrschaft versteckt. Die Erfahrungen mit der bürgerlichen Demokratie bestätigen also den Gedanken, daß es ohne Machtgruppe keinen Gesellschaftsaufbau gibt. Der Unterschied der Demokratie von vorbürgerlichen Staatsformen ist nur der, daß in ihr die Machtgruppen unverantwortlich, wenn auch eingeschränkt herrschen, in vordemokratischen Zuständen verantwortlich, dafür uneingeschränkt. Für den Sozialismus ergibt sich daraus die Forderung, die den Sozialismus tragenden Gruppen als Machtgruppen verantwortlich herauszustellen, sie aber gleichzeitig der demokratischen Kontrolle zu unterwerfen; Verantwortung und Beschränkung müssen verbunden werden.

Das demokratische Prinzip ist in erster Linie *Korrektiv.* Es kann auf demokratischem Wege nicht entschieden werden, welche Gruppe zur gesellschaftlichen Macht berufen ist. Das entscheidet sich unter der Hand durch die reale Bedeutung einer Gruppe für die Gesellschaft. Wohl aber ist es möglich und notwendig, die realen Mächte unter die Kritik der Gerechtigkeitsforderung zu stellen, nicht in einer abstrakten Weise, sondern so, daß allen Gruppen die Möglichkeit gegeben sein muß, ihrer Gerechtigkeitsforderung Geltung zu verschaffen. Möglich aber ist das nur durch die Demokratie. Darin liegt ihr Recht, ihre bleibende Bedeutung auch nach dem Zerbrechen des bürgerlichen Prinzips, darin liegt ihr prophetisches Element. Darum muß jede Bewegung, die zum Ursprung zurück will, die Demokratie ablehnen. Erleichtert wird das dem ursprungsgebundenen politischen Denken durch den Versuch der Demokratie, sich zum konstitutiven Prinzip zu machen. Das aber kann sie nicht sein. Sie kann nicht aufbauen; denn zu jedem Aufbau gehören Ursprungskräfte. Aber sie kann dem Aufbau die Richtung geben. Sie kann ausgleichen, kritisieren, Ungerechtigkeit enthüllen, Machtmißbrauch bekämpfen. *In der Spannung zwischen Ursprungskräften, die den Aufbau der Gesellschaft tragen, und dem demokratischen Korrektiv, das sie unter die Forderung der Gerechtigkeit stellt, muß sich der Aufbau des sozialistischen Staates vollziehen.*

Für die sozialistische Theorie und Praxis ergeben sich aus diesen Gedanken über Macht und Staat wichtige Folgerungen. Für die Theorie, soweit sie Deutung der Geschichte ist, folgt die Warnung, die gegenwärtige innerbürgerliche Situation nicht in die Vergangenheit zurückzuverlegen. Die älteren Herrschaftsformen dürfen nicht als Klassenherrschaft gedeutet werden, besonders dann nicht, wenn man das Klassenbewußtsein zu einem Merkmal der Klasse macht. *Die vorbürgerlichen Herrschaftsformen dürfen nicht an einem abstrakt-naturrechtlichen Gerechtigkeitsideal gemessen werden, sondern an dem Gerechtigkeitsideal, das ihnen selbst zugrunde lag.* Auch die unteren Schichten haben niemals (oder nur in seltenen Fällen sektenhaft-utopischer Bewegungen) die Herrschaft der machttragenden Gruppen an etwas anderem gemessen als an dem Ideal, das diese Gruppen selber vertraten, z. B. an dem patriarchalischen Gerechtigkeitsideal. So gingen die Forderungen der Bauern im deutschen Bauernkrieg nicht weiter, als es dem Sinne des feudalen Systems selber entsprach. Sie richteten sich gegen die Ungerechtigkeiten, die im Rahmen dieses Systems gegen seinen ursprünglichen Sinn entstanden waren. Erst unter der Herrschaft des bürgerlichen Prinzips erhebt sich eine neue, im absoluten Naturrecht[21] begründete Gerechtigkeitsforderung. Das Proletariat nimmt seiner Situation entsprechend das naturrechtliche Ideal des Bürgertums auf und sucht es durchzukämpfen. Bei diesem Kampf geschieht es nun, daß das Proletariat nicht nur auf den Widerstand derer stößt, die die Ungerechtigkeit aufrecht erhalten wollen, die Vertreter der bürger-

---

[21] Absolutes Naturrecht ist das Recht, das nach stoischer, von vielen Kirchenvätern übernommener Lehre im Urstand (Goldenes Zeitalter, Paradies) galt, das auf Gleichheit und Freiheit jedes Einzelnen beruhte und mit dem Verluste des Urstandes verloren ging. Für die Gegenwart gilt höchstens ein relatives Naturrecht. Vgl. Troeltsch, Werke Bd. I.

lichen Klassenherrschaft, sondern auch auf andere Gerechtigkeitsideale, die von den vorbürgerlichen Gruppen vertreten werden. Zugleich macht es die Erfahrung, daß das absolute Naturrechtsideal nirgends im Ernst zugrunde gelegt wird, ja daß es nicht einmal in der proletarischen Bewegung selbst zur Durchführung gelangen kann. Daraus folgt für den Sozialismus die Aufgabe, um ein neues, weder bürgerliches noch vorbürgerliches, Gerechtigkeitsideal zu ringen, wobei eine ernsthafte Begegnung mit den vorbürgerlichen revolutionierten Schichten von wesentlicher Bedeutung sein kann.

Für die Theorie der Revolution ist wichtig, daß die Erringung gesellschaftlicher Macht immer den Besitz von Qualitäten voraussetzt, um derentwillen sich die übrigen Gruppen der machttragenden Gruppe unterwerfen. Die Entstehung solcher Qualitäten ist darum ein ebenso notwendiger revolutionärer Vorgang wie die Eroberung der Machtapparatur. Er vollzieht sich unsichtbar, langsam, in ständigem Ringen in der Gruppe selbst und in ihrer Begegnung mit den anderen. Daß der Reformismus diesen Vorgang als revolutionär anerkannte, war sein berechtigter Kern. Sein Fehler war, daß er dabei die Vorbereitung des anderen Vorganges, der Übernahme der Machtapparatur, versäumte. Infolgedessen konnte die sozialdemokratische Partei, als ihr die Macht in weitem Umfange in den Schoß fiel, sie nicht so anwenden und festigen, wie es der inneren Macht der sozialistischen Bewegung entsprochen hätte.

Die Wertung der Demokratie als Korrektiv, nicht als Konstitutiv des Gesellschaftsaufbaus hat zur Folge, daß der Sozialismus die Demokratie auf der einen Seite einschränken, auf der anderen Seite radikalisieren muß. Er muß sie einschränken in den Gebieten, die tägliche, konkrete, sachkundige Entscheidungen verlangen, die eine Fähigkeit selbständiger Machtausübung voraussetzen. Die Demokratie darf nicht ein Mechanismus sein, der ständig in Bewegung gesetzt wird. Sie darf nur da in Funktion treten, wo grundsätzliche Entscheidungen zu treffen sind, vor allem aber da, wo die Machtausübung durch die herrschenden Gruppen ein Korrektiv um der Gerechtigkeit willen verlangt. Von den rechtlichen Formen, in denen sich diese *mehr korrektive als konstitutive Demokratie* darstellen muß, kann hier nicht gesprochen werden. Jedenfalls haben sie nichts zu tun mit den bürgerlich-feudalen Versuchen einer Reaktion im antidemokratisch-autoritären Sinn. Überwinden kann der Sozialismus solche Versuche nur in dem Maße, in dem er sich von der Bindung an das bürgerliche Prinzip befreit und beiden Momenten seines Prinzips gerecht wird, dem Ursprung und dem Ziel.

4. Symbol und Begriff im Wachsen der Kultur

Der innere Widerstreit der sozialistischen Kulturidee ist in dem Augenblick auflösbar, wo der Sozialismus die Folgerungen aus seinem Prinzip zieht, wo er die Bedeutung des Ursprungs für die Stellung zu Religion und Wissenschaft, Erziehung und Bildung begreift. Geschieht das aber, so muß er seine Kulturpolitik einer durchgängigen und scharfen Selbstkritik unterziehen.

Das gilt zunächst für seine Stellung zu Religion und Konfession. So berechtigt es ist, daß der Sozialismus auch weiterhin den kulturpolitischen Einfluß der Konfessionen in ihrer gegenwärtigen Struktur einzuschränken versucht, so unberechtigt ist die Privatisierung der Religion im Sinne der liberalen Toleranzidee. Der Sozialismus hat den Konfessionen gegenüber eine doppelte Aufgabe. *Zuerst hat er in ihnen selbst die sozialistische Idee zu vertreten*[22]. Er hat das prophetische Element, das in ihm wirkt und auf dem alle Konfessionen der jüdisch-christlichen Entwicklung beruhen, in diesen selbst zur Geltung zu bringen. Er hat ihnen zu zeigen, daß sie die Haltung der Erwartung, in der sie selbst einmal standen, zugunsten ursprungsmythischer Kräfte eingeschränkt, ja verraten haben. *Er hat das Prophetische in ihnen gegen das Priesterliche zu stärken.* Diesen Versuch hat der „religiöse Sozialismus" gemacht. Dabei hat er auf protestantischem Boden wichtige Anfangserfolge errungen, während er im Katholizismus bisher erfolglos geblieben ist. Das Übergewicht des Priesterlichen im Katholizismus erklärt diese Sachlage. Überraschend ist nur, daß sie in vollem Gegensatz steht zu der taktischen Situation, die den Sozialismus an die Seite – nicht der katholischen Kirche, wohl aber des Zentrums – drängt und ihn dadurch in Widerspruch zu der überwiegenden Mehrheit der Protestanten bringt, obgleich sein Prinzip dem protestantischen Prinzip sehr viel näher steht als dem katholischen. Der Protestantismus hat die Möglichkeit, unter dem neutestamentlichen Begriff des „Kairos" das sozialistische Prinzip in sich aufzunehmen[23]. Für den Katholizismus scheint diese Möglichkeit

---

[22] Nicht aus den Kirchen heraus, sondern in sie hinein muß der Sozialismus gehen; nicht um sie als Mittel des rein politischen Kampfes zu benutzen, wie es der Nationalsozialismus getan hat, sondern um sie zu ihrem eigenen Prinzip zurückzuführen und dadurch die Ursprungskräfte, die in ihnen bewahrt sind, aus der konfessionellen Erstarrung zu befreien und in die sozialistische Gesellschaft einströmen zu lassen.

[23] Vgl. dazu die schon zitierten Schriften: Kairos. Zur Geisteslage und Geisteswendung. Darmstadt 1926. Protestantismus als Kritik und Gestaltung. Darmstadt 1929. Protestantisches Prinzip und proletarische Situation. Bonn 1931.

wenigstens zur Zeit nicht zu bestehen. – Eine solche innerkonfessionelle, vor allem innerprotestantische Arbeit des Sozialismus kann zur Folge haben, daß aus der Verbindung von Christentum und Sozialismus eine geschichtliche Form des Christentums hervorgeht, in der die Gegensätze religiös und profan, konfessionell und weltlich keinen Sinn mehr haben[24]. – Damit es dazu komme, ist es aber weiter nötig, daß der Sozialismus sich auf sich selbst und seinen Glauben besinnt. Diese Funktion hat er bisher der *Freidenkerbewegung* überlassen. Gegenwärtig scheint er sich mehr von ihr zu distanzieren. Mit Recht: Denn die Freidenkerbewegung ist ein rein bürgerliches Produkt; sie ist der Versuch, die religiöse Ursprungsbindung mit Mitteln wiederherzustellen, durch deren Gebrauch sie immer mehr durchschnitten wird. Daher die religiöse Ohnmacht dieser Bewegung, der gegenüber auch die mythisch gebundensten Konfessionen sich als religiös mächtig erweisen[25]. Aus dieser Erfahrung müßte sich für den Sozialismus die Bedeutung der religiösen Tradition erschließen. *Nur aus den Spannungen religiöser Tradition ist von jeher neues religiöses Leben hervorgebrochen.* Das ist der Sinn konfessioneller Bewahrung der religiösen Ursprungskräfte in einer Zeit, die durch Autonomie und Verdinglichung bestimmt ist. *Das sozialistische Prinzip ermöglicht es dem Sozialismus, sich selbst von der Wurzel her und das heißt religiös zu verstehen und von dem prophetischen Element in ihm selbst die Verbindung mit den prophetischen Elementen der abendländischen Religionsgeschichte wieder aufzunehmen.*

Eine solche Wendung wäre um so nötiger, als der sozialistische Wissenschaftsglaube allerorten erschüttert ist. *Wissenschaft als Religionsersatz findet sich nur bei solchen, die niemals an dem wirklichen Leben der Wissenschaft teilgenommen haben,* für die infolgedessen vorläufige Ergebnisse der wissenschaftlichen Forschung dogmatischen Charakter gewinnen konnten. Wissenschaftsdogmen finden sich zahlreich im sozialistischen Proletariat, scheinbar in der Funktion von wissenschaftlichen Ergebnissen, in Wahrheit in der Funktion von Glaubenssätzen, in denen sich der sozialistische Glaube entfaltet hat. Das bringt die Gefahr mit sich, daß mit fortschreitender Arbeit und dem Durchdringen neuer wissenschaftlicher Auffassungen nicht nur die begriffliche Form, sondern auch der symbolische Gehalt, also der sozialistische Glaube selbst erschüttert wird. Es ist von größter Wichtigkeit, daß die sozialistische

---

[24] Zur Aufhebung dieser Gegensätze vgl. meine Schriften: Religionsphilosophie. In: Gesammelte Werke. Bd. I. und: Religiöse Verwirklichung.

[25] Über Freidenker vgl. den betreffenden Artikel in: Die Religion in Geschichte und Gegenwart. Hrsg. v. H. Gunkel u. L. Zscharnack. 2. Aufl. 2. Bd. Tübingen 1928. Dort auch andere Literaturangaben..

Führerschaft so schnell wie möglich über diese Sachlage orientiert wird und sich die Aufgabe stellt, den bedrohten, mit Recht bedrohten Wissenschaftsglauben der Massen aufzulösen und den sozialistischen Glauben selbst in neuer, symbolkräftiger Form auszudrücken. Es ist wahrscheinlich, daß solche Symbole nicht ganz außerhalb der Tradition der religiösen Symbolsprache stehen werden. Zugleich werden sie anknüpfen müssen an die profane Sprache, sofern diese zu symbolkräftigen Worten durchgedrungen ist. *Nur in einem Zusammenklang von religiöser und profaner Symbolik kann die kommende Symbolsprache sich entwickeln.* Darum muß die Aufgabe der sozialistischen Bewegung, neue Symbole zu suchen, Hand in Hand mit der ebenso dringenden kirchlichen Aufgabe erfüllt werden, die religiöse Symbolsprache der Vergangenheit in das profane Bewußtsein der Gegenwart zu übersetzen[26]. Daraus folgt die Stellungnahme zur Erziehung im Sinne des sozialistischen Prinzips. Das „Weltliche", dieser Kampfbegriff gegen erstarrten, politisch mächtigen Konfessionalismus, ist zu überwinden zugunsten eines prophetisch-sozialistischen Glaubens. Nur so ist eine Grundlage für sozialistische Pädagogik zu schaffen. Der Protest zahlreicher sozialistischer Mütter gegen religionslose Erziehung und weltliche Schule beruht nicht auf mangelhafter Aufklärung und rückschrittlichem Bewußtsein, sondern auf instinktivem Wissen der Mütter um die tragenden Kräfte des Ursprungs. Viele sozialistische Eltern stehen infolgedessen in schwerem Konflikt zwischen der von der Partei geforderten weltlichen Schule, die sie ablehnen müssen, und der auch von ihnen nicht gewollten orthodoxen, dem Sozialismus feindlichen Konfessionsschule. Gewöhnlich wählen sie die zweite als das kleinere Übel. Aus diesem pädagogischen Konflikt kann nur eine Schule führen, in der Ursprung und prophetische Forderung in lebendiger Spannung und in praktischem Ausgleich stehen.

Zu diesem Schritt wird die sozialistische Pädagogik gezwungen sein, sobald sie den Glauben an die Symbolkraft wissenschaftlicher Begriffe aufgegeben hat. Das wird ihr freilich schwer gemacht durch die romantische Wissenschaftsverdunkelung, deren Schlagworten gegenüber die Forderung klarer und reinlicher Analyse unter allen Umständen recht behält. Aber der Sozialismus braucht sich das Gesetz seines Denkens von den Gegnern nicht vorschreiben zu lassen[27]. *Er kann die Ver-*

---

[26] Es ist die Pflicht der protestantischen Theologie, das zu versuchen. Sie kann es freilich nur, wenn sie unter Durchbrechung der „priesterlichen" Bewahrungstendenzen sich radikal auf ihre prophetische Grundlage stellt.

[27] Sein notwendiger Kampf gegen Intuitionismus, Organizismus, Wissenschafts-Diskreditierung, Verherrlichung der „Action", Verdächtigung der

nebelung der rationalen Erkenntnismethoden in voller Schärfe ablehnen und doch um die Grenzen der Lebensbedeutung des Erkennens wissen. Die tatsächliche sozialistische Bewegung und die politischen Vorgänge im gegnerischen Lager sind ein ständiger Beweis für die Macht der Symbole, seien es Personen, seien es Handlungen, seien es Zeichen. Sie haben sich in allen Gruppen, auch im Proletariat, gegenüber jedem Begriff und jeder Beweisführung als überlegen erwiesen. Auch das ist nicht mangelhafter Fortschritt im Bewußtsein, sondern das berechtigte Gefühl für die Unfähigkeit des Begriffs, die Ganzheit einer lebendigen Größe zu fassen, und für die Fähigkeit des Symbols, die Macht des Seins auszudrücken. Symbole aber gehören auch zum Ursprünglichen. In dem Maße, in dem Symbole von unmittelbarer Kraft vorhanden sind, gewinnt die sozialistische Erziehung die Möglichkeit, das zu tun, was das Wesen der Erziehung ausmacht, einzufügen in tragende Gruppen der Gemeinschaft.

Erziehen ist einfügendes Handeln. Damit aber eingefügt werden kann, muß etwas da sein, in das eingefügt wird. Auf dem Boden des bürgerlichen Prinzips sind alle ursprünglichen Mächte und Gestalten aufgelöst. Es kann infolgedessen entsprechend der rationalen wissenschaftlichen Grundhaltung nur durch Einfügung in das Abstraktum „Menschliche Möglichkeit überhaupt" eingefügt werden, d. h., es kann überhaupt nicht eingefügt werden: daher dann die Erziehung durch Mitteilung von Erkenntnissen, losgelöst von der realen Situation des Zöglings. Das ist noch erträglich bei einer radikal durchgeführten humanistischen Erziehung, die bis zu den höchsten Formen der humanistischen Bildung führt. Es ist unerträglich, wenn nur geringe Bruchstücke und Abfallprodukte des Humanismus übermittelt werden können. Die sozialistische Erziehungsidee muß also unter Verzicht auf ihre pseudohumanistische bürgerliche Grundlage den Versuch machen, einzufügen in konkrete Gruppen und ihre tragenden Symbole, konkret gesprochen, in die sozialistische Bewegung, ihre Einrichtungen und ihre Symbolik. Zu einem Konflikt mit der allgemeinen nationalen Pädagogik kann es dabei nur insoweit kommen, als diese Ausdruck und Verhüllung der bürgerlichen Klassenherrschaft ist. Soweit sie das ist, muß der Sozialismus denselben leidenschaftlichen Kampf gegen die staatliche Erziehungsidee führen, den die alten Konfessionen jederzeit zu führen be-

---

Ratio usw. – wie sie namentlich bei ressentimentgeladenen Intellektuellen beliebt sind – darf ihn nicht zur Wiederaufnahme des Götzendienstes der Wissenschaft führen, der wesentlich zum bürgerlichen, nicht zum sozialistischen Zeitalter gehört.

reit waren, wenn die staatliche Erziehung ihre Substanz in Frage stellte[28].

Mit diesen Bemerkungen ist schon die Frage des *sozialistischen Bildungsideals* beantwortet. Bildungskraft im Sinne eines ursprungsbewußten Sozialismus haben nur diejenigen geistigen Schöpfungen, in denen die sozialistische Bewegung sich selbst, ihren Sinn, ihre Vergangenheit und ihre mögliche Zukunft deuten kann, und zwar im universalen wie im partikularen Sinne. Das bedeutet keine Einschränkung des Materials, mit dem die humanistische Bildungsidee arbeitete, aber es bedeutet, daß dies Material unter einem konkreten Gesichtspunkt, von einem bestimmten Handeln aus verstanden und der Bildung zugrunde gelegt wird. Die abstrakte Bildung durch das „Menschliche überhaupt" (in Wirklichkeit Bürgerlich-Menschliche) wird überwunden durch eine ausdrücklich-konkrete, nämlich sozialistische Bildungsidee[29]. – In dem Maße, in dem der Sozialismus die Ursprungskräfte wieder zur Entfaltung bringt, werden auch seine kulturschöpferischen Kräfte lebendig werden. Die Grenzen einer proletarischen Kultur können nur überwunden werden durch eine universale sozialistische Kultur. Die weitgehende Verdinglichung, in die das Proletariat durch die Klassenherrschaft geraten ist, muß überwunden sein, wenn es zu einer sozialistischen Kultur kommen soll. Denn alle geistige Produktion und alle Kultur lebt von den Mächten des Ursprungs auch dann, wenn es ihr Sinn ist, die Ursprungsmächte zu brechen und der unbedingten Forderung zu unterwerfen. Das Symbol ist nicht die Beseitigung des Begriffs. Der Begriff kann selbst Symbol werden und ist es in der Geschichte in größtem Maßstabe geworden. Und das Symbol kann die begriffliche Durchdringung der Wirklichkeit in sich enthalten und ausdrücken. Das Symbol schafft keine Heteronomie, muß sie nicht schaffen und darf sie im Sozialismus nicht schaffen. Das richtet sich sowohl gegen den neuen Mythos, wie ihn der Faschismus hervorbringen will, um mit seiner Hilfe die rationale Kritik zu bannen, als auch gegen die dogmatische Geltung wissenschaftlicher Begriffe, die, zu Symbolen erhoben, heteronom wirken, wie im Bolschewismus. Der Sozialismus ist auf Autonomie geworfen. Aber es steht mit der Autonomie des Geistigen wie mit der Demo-

---

[28] Die Verwechslung von sozialistischer und liberal-humanistischer Erziehungs-Idee ist für den auffälligen Mangel an einer wirklich sozialistischen Pädagogik verantwortlich zu machen. Erzieherische Kraft hat darum der Sozialismus nur durch Einfügung in die sozialistische Bewegung den Erwachsenen gegenüber bewiesen, hier allerdings in hohem Maße. Vgl. Gertrud Hermes.

[29] Vgl. meine Schrift: Masse und Geist (vor allem den Aufsatz: Masse und Bildung), S. 56.

kratie des Politischen, wie mit dem bürgerlichen Prinzip überhaupt. Es ist Korrektiv, nicht Konstitutiv. Wird es zum Konstitutiv gemacht, so entsteht die im Griechentum typisch vorgelebte Tragik der sich selbst auflösenden Autonomie. Dadurch, daß die Autonomie jede ihrer Satzungen unter die radikale Frage stellt, löst sie sich selbst in dem Augenblick auf, wo die Ursprungskräfte geschwunden sind, aus denen positive Antworten hervorgehen können. *Die Ratio kann von sich aus weder gründen noch aufbauen. Aber sie ist die Richterin jeder Grundlegung und jedes Aufbaus.* Es darf ihr nichts entzogen werden, auch das heiligste Symbol steht unter ihrer Kritik. Ob diese Kritik zur Zerstörung oder zur Neuschaffung des Symbols führt, hängt nicht von der Ratio, sondern von der Kraft des Symbols ab, der Ratio Seinsschichten zu erschließen, die ihr verdeckt waren. Man kann Symbole nicht dadurch schützen, daß man Schonungstafeln zur Abwehr der rationalen Kritik aufstellt. Entweder schützen sie sich selbst, oder sie sind kraftlos geworden; und dann ist es an der Zeit, sie zu beseitigen. Denn jedes Symbol steht in der Zweideutigkeit des Ursprungs und ist darum der prophetischen und rationalen Kritik unterworfen. Die Kultur kann nicht dadurch „gerettet" werden, daß man der entfesselten Ratio Einhalt gebietet, sondern daß das Sein, von dem sie lebt, sich als stärker erweist – nicht indem es sie unterdrückt, sondern indem es ihr seine innere Unendlichkeit erschließt und sie dadurch zugleich trägt und einordnet.

5. Eros und Zweck im Leben der Gemeinschaft

Zu erheblichen Schwierigkeiten hat der innere Widerstreit der sozialistischen Gemeinschaftsidee geführt. Die Auflösung aller Gemeinschaftsbindungen in der proletarischen Existenz bestimmt das proletarische Bewußtsein und nimmt ihm die Möglichkeit, die noch vorhandenen Gemeinschaftsbindungen zu würdigen. Die reaktionären Kräfte, die sich der Familien und Volksgemeinschaft bemächtigt haben, zwingen das Proletariat ständig zu einer Protesthaltung, die ihrem eigenen Willen zu neuer Gemeinschaft widerspricht.

Aus dem sozialistischen Prinzip ergibt sich für die *nationale Idee* folgendes: Unbeirrt durch das ideologische Gerede von Volksgemeinschaft hat der Sozialismus mit Entschlossenheit und Rücksichtslosigkeit den bürgerlichen Mißbrauch der nationalen Idee zu enthüllen, zu zeigen, daß Klassenherrschaft im Innern und wirtschaftlicher Imperialismus nach außen durch die nationale Idee gerechtfertigt und geschützt werden sollen. Auch gegenwärtig ist ein großer, wenn nicht der größte Teil des selbstzerstörerischen Nationalismus der europäischen Völker aus solchen Kräften abzuleiten. *Aber auch hier gilt, daß Mißbrauch nur werden kann, was vorher echten Gebrauch hatte.* Auch die nationale Idee läßt sich nicht durch Hinweis auf ihren Mißbrauch auflösen. Sie ist ursprungsmächtig und hat darum Anspruch auf Erfüllung, nicht auf ungebrochene Bestätigung, aber auch nicht auf Zersetzung. Boden, Blut, Tradition, soziale Gruppe, alle Ursprungsmächte sind in der Nation vereinigt. Die Prophetie knüpft darum an das Volk an, nicht um es in seinem unmittelbaren Selbstgefühl zu bestätigen (wie es die „falsche Prophetie" tut), aber auch nicht, um es zugunsten eines unmittelbaren Überganges in die Menschheit aufzulösen, wie es das Weltbürgertum tut, sondern um es zugleich zu brechen und zu bestätigen. *Die Prophetie geht immer auf die Menschheit, aber sie geht immer aus vom Volk,* gerade darin die Einheit von Ursprung und Ziel bewährend, die für sie typisch ist.

Für den Sozialismus ergibt sich daraus die Stellung zum Volk, in die er schon durch seine Geschichte, wenn auch zum Teil wider Willen und darum mit innerer Unsicherheit, gedrängt worden ist: *Er muß beim Volk anknüpfen, um in ihm den Sozialismus durchzukämpfen.* Er muß um dieser Berufung willen das Volk bejahen und mit dem Volk auch die Machtspannungen der Völker. Zugleich aber muß er das ungebrochene Absolutheitsbewußtsein des einzelnen Volkes in jedem einzelnen Volk brechen. Er muß den Machtspannungen der Völker die übergreifende Idee der Menschheit als Ziel gegenüberstellen. Konkret bedeutet das: Er muß im Sinne des prophetischen Charakters seiner Erwartung das Volk, dem er angehört und das er zum Sozialismus führen will, unter die unbedingte Forderung der Gerechtigkeit stellen, der Gerechtigkeit im Inneren und nach außen. Er muß mit aller realen Macht, die ihm zu Gebote steht, verhindern, daß um der nationalen Machtentfaltung willen Recht verletzt werde, innenpolitisch und außenpolitisch. Er muß alles unterstützen, was der Bildung eines übergreifenden Rechtsbewußtseins dienen kann, auch wenn es vorläufig noch von imperialistischen Machtgruppen mißbraucht wird, wie z. B. den Völkerbund. *Der Sozialismus muß das Volk tiefer bejahen, als der Nationalismus es kann.* Der Nationalismus als ursprungsmythische Bewegung treibt das Volk notwendigerweise in den Kreislauf von Geburt, Entfaltung und Tod. Der Nationalismus kann dem Volk ein Imperium verschaffen, aber er kann das Volk nicht an die Zeitlinie binden und damit aus dem Kreislauf von Geburt und Tod herausheben. Der Sozialismus vollzieht den Dienst an den christlichen Völkern, auf den die christlichen Kirchen, wenn auch nicht formell, so doch in vielen ihrer tragenden Gruppen und Führer tatsächlich verzichtet haben: *die Völker durch Unterwerfung unter die prophetische Forderung dem Gesetz des Todes zu entheben.* Darum dient allein die Prophetie in Wahrheit dem Volk. Sie ist die legitime Vertreterin der nationalen Idee. Und wie die Prophetie, so der Sozialismus.

Der Sozialismus hat auf deutschem Boden die Emanzipation der Frau, ihre – wenigstens theoretisch – fast völlige rechtliche Gleichstellung durchgesetzt. Er vollstreckte damit das Erbe des Liberalismus und wurde zugleich den wirtschaftlichen Notwendigkeiten gerecht. Und doch hat die Frau im politischen Leben diese Befreiung benutzt, um sich überwiegend gegen den Sozialismus zu stellen, und gerade die Frauen sind es, mit deren Hilfe die politische Romantik die Entrechtung der Frau durchzuführen sucht. Das war möglich, weil die im liberalen Sinne befreite Frau nicht, wie es der bürgerliche Harmonieglaube meinte, unmittelbar zu höherer Seinserfüllung gelangt, sondern zunächst in eine Lage gerät, die in Analogie zu der Klassenlage steht, in die der befreite Proletarier geworfen wurde. Die ökonomische Kraft der Frau erweist sich in der freien Konkurrenz durschdnittlich als die schwächere, und die seelische Kraft der Frau zeigt einen tiefen Gegensatz zu den mechanischen Formen der rationalisierten Wirtschaft[30]. *Die mit der Bestimmung zu Eros und Mutterschaft gegebenen Ursprungskräfte der Frau lassen sich nicht einfach in das vom Manne in extremster Einseitigkeit geschaffene rationale System einfügen.* Eine Gruppenbewegung der Frau gegen diese Tendenz des bürgerlichen Prinzips müßte vom Sozialismus ebenso unterstützt werden wie die proletarische Bewegung gegen die Klassenherrschaft. Daß eine solche Bewegung nichts zu tun hätte mit den zum Teil lächerlichen Versuchen der politischen Romantik, den neuen Typus der Frau in geistiger, körperlicher, erotischer und rechtlicher Beziehung zurückzunehmen, ist selbstverständlich. Die Wiederkehr des männlichen Patriarchalismus kann auf keine Weise vom Sozialismus geduldet werden. Vor allem muß er sich aufs äußerste wehren gegen jeden Versuch, die Unmenschlichkeiten der doppelten Moral, der Ächtung des unehelichen Kindes,

---

[30] Das kann nicht durch den Hinweis auf die zahlreichen Einzelfälle weiblicher Höchstleistungen in wirtschaftlichen, staatlichen und geistigen Berufen widerlegt werden. Maßgebend ist die Masse der berufstätigen Frauen in den Mittelschichten und im Proletariat, die jederzeit bereit sind, unter Opfern persönlicher und wirtschaftlicher Art in die Familie überzugehen oder zum mindesten ursprungsnähere Funktionen zu übernehmen, als sie die Berufe in ihrer Mehrzahl gewähren können.

der hemmungslosen Kinderzeugung wieder einzuführen. Der Gefahr dieser Reaktion kann er nur dadurch entgehen, daß er die Ursprungskräfte der Frau im sozialistischen Kampf gerade an den Stellen einsetzt, wo es auf Erweckung der Ursprungskräfte im Sinne des sozialistischen Prinzips ankommt, vor allem im Kultur- und Gemeinschaftsleben. – Das sind nur Beispiele: Eine durchgeführte *sozialistische Sozialethik* gehört zu den drängendsten Aufgaben, die sozialistische Theorie und Praxis in den nächsten Jahren zu leisten hat.

6. Natur und Planung in der Wirtschaftsordnung

Die Antinomie der sozialistischen Wirtschaftsidee war darin begründet, daß der Sozialismus gegenüber den Hemmungen der Wirtschaftsrationalität sich auf die Seite der liberalen Idee stellen und gleichzeitig gegenüber den Wirkungen des Kapitalismus zentrale Planung bejahen mußte. Damit war er aber vor die Frage gestellt, wer Träger der zentralen Planung sein kann, wie ein Ort reiner wirtschaftlicher Vernunft gefunden werden soll.

Die Frage ist durch die gegebene Theorie des Gesellschaftsaufbaues grundsätzlich gelöst: Einen Ort reiner wirtschaftlicher Vernunft gibt es so wenig wie eine abstrakte Demokratie und ein abstraktes Recht. Auch die Wirtschaft ist Ausdruck einer konkreten, durch bestimmte Gruppen maßgebend beeinflußten gesellschaftlichen Situation. Was produziert werden soll, mit welchem Aufwand seelischer und gesellschaftlicher Kräfte, in welchem Maße und in welcher Form der technische Fortschritt zugelassen wird, welcher Grad weltwirtschaftlicher Verflechtung notwendig oder erträglich erscheint – das alles sind keine Probleme reiner wirtschaftlicher Vernunft. In ihrer Beantwortung drückt sich vielmehr konkretes menschliches Sein, drücken sich Ursprungskräfte und Zielsetzungen der tragenden gesellschaftlichen Gruppen aus. Erst auf dieser Grundlage, in diesem Rahmen hat die reine ökonomische Theorie ihr Recht – eben damit aber auch ihre Grenzen. – Die konsequente liberale Theorie will sich solche Grenzen nicht gefallen lassen, sie will den Lebensprozeß selbst der ökonomischen Vernunft unterordnen, wie die radikale Demokratie den Staat zur Funktion einer abstrakten Rechtsidee machen will. *Zur Wirklichkeit kommt aber nur ein konkretes Recht und eine konkrete Wirtschaftsform, in denen die jeweilig maßgebenden produktiven Kräfte einer Gesellschaft ihren Ausdruck finden.* Für das Bürgertum war die liberale Idee als Kampfbegriff gegenüber dem Absolutismus wirklicher Ausdruck seiner produktiven Kräfte. Sie war die angemessene Idee der wirtschaftlich und politisch tragfähigsten Gruppe ihrer Zeit. Sie wurde aber von dieser Gruppe selbst in dem Augenblick eingeschränkt, wo die wesentlichen Hindernisse für die Entfaltung der Produktivkräfte beseitigt waren und es sich um den positiven Wirtschaftsaufbau in den einzelnen Ländern handelte. – Der Liberalismus hat die Gesetzlichkeit des wirklichen ökonomischen Prozesses entdeckt, aber es ist ebenso unmöglich, von diesen Gesetzen aus die Wirklichkeit der Wirtschaft aufzubauen, wie es unmöglich ist, von den physikalischen Gesetzen aus die raum-zeitliche Welt aufzubauen. In Natur und Wirtschaft ist der Aufbau ursprungsbedingt. Was der rationalen Analyse offen ist, sind die Gesetzmäßigkeiten, nach denen sich jeder Aufbau vollziehen muß und die in der Wirtschaft auch der technisch-rationalen Leitung zugänglich sind. Für den Sozialismus ergibt sich daraus als erste Forderung, daß er die realen Aufbaukräfte der sozialistischen Wirtschaft und den konkreten Wirtschaftswillen, der in ihnen steckt, erkennt und bejaht. Es ist der Wirtschaftswille der den Sozialismus tragenden Gruppe, vor allem also des Proletariats, der Richtung und Form der sozialistischen Wirtschaft bestimmt.

An vier Punkten kann das deutlich gemacht werden: an der Bedürfnisfrage, an der Stellung zum technischen Fortschritt, an der Stellung zur Arbeit, an dem Verhältnis der ursprunggebundenen Wirtschaft zur Weltwirtschaft. Erst wenn in diesen Beziehungen ein Wirtschaftswille herausgearbeitet ist, kann die Frage ihrer technisch-ökonomischen Durchführung gestellt werden.

In der bürgerlichen Gesellschaft ist der ökonomische Bedarf begründet in einer eigentümlichen Mischung von traditionellen Bedürfnissen und solchen, die durch die Möglichkeit ihrer Befriedigung überhaupt erst geschaffen sind. Da aber auch die traditionellen Bedürfnisse nur ihrer Substanz nach statisch sind (Nahrung, Kleidung, Wohnung), ihrer Form nach veränderlich, so entsteht von beiden Seiten her eine starke Neigung zu Wandlung und Steigerung der Bedürfnisse, wodurch die Voraussicht des ökonomischen Bedarfs sehr erschwert wird. Denn die natürliche Feststellung, die durch die Nachfrage auf dem Markt geschieht, findet angesichts der Vielschichtigkeit der Produktionsstufen meist erst nachträglich statt, wenn die Stärke und Richtung der Nachfrage für die Produktionsgestaltung nicht mehr wirksam werden können. Dadurch entsteht ein Teil der Fehlinvestitionen, die zu dauernden Störungen führen und zum Wesen der freien Marktwirtschaft gehören. Im Sozialismus fällt die unbegrenzte Möglichkeit, Bedürfnisse zu erwecken, fort: Erstens, weil über das Kapital zur Schaffung von Produktionsmöglichkeiten zentral entschieden wird nach dem Maßstab der *wirklich vorhandenen Bedürfnisse* und der Dringlichkeit, die sie für das Bewußtsein der Gesellschaft haben. Zweitens, weil die Angleichung aller Einkommen eine erhebliche *Standardisierung der Bedürfnisse* zur Folge haben muß. Drittens, weil sich durch stärkere Aufnahme von ursprungsnahen Gruppen im Sozialismus *Bedürfnistraditionen* herausstellen werden, die eine Feststellung der Bedürfnisrichtung möglich machen. Der Mensch, der der Versuchung unbegrenzter Möglichkeiten von Bedürfnisbefriedigung erlegen ist und in völlige Unsicherheit, Planlosigkeit und Grenzenlosigkeit der Bedürfnisrichtung und Bedürfnisbewertung hereingeraten ist, der Mensch also, der ein Knecht seiner eigenen Möglichkeit geworden ist, wird durch den Sozialismus zu einer Unterordnung der Möglichkeit unter die Wirklichkeit gelangen: *Nicht das mögliche Bedürfnis wird das wirkliche schaffen, sondern das wirkliche wird sich der Möglichkeit bedienen, die die Technik gibt, es zu befriedigen.* Es bedarf also keiner Bedürfnisdiktatur, sondern nur einer Feststellung der wirklichen Bedürfnisse und im Konfliktsfall einer Weisung durch die zentrale Instanz, die bei gleichstarker Nachfrage für das gesellschaftlich höher bewertete Bedürfnis entscheidet. Damit ist auch schon über die Stellung zum technischen Fortschritt entschieden. Der technische Fortschritt als solcher ist Ausdruck der menschlichen Möglichkeit, über alles Vorgegebene hinauszugehen zum Entworfenen. Diese in sich unendliche Möglichkeit hat das Abendland seit den Utopien der Renaissance und den Entdeckungen der mathematischen Naturwissenschaft systematisch in Wirklichkeit umgesetzt. Das ist die weltgeschichtliche Leistung der bürgerlichen Gesellschaft. Sie hat die Massen aus der dumpfen Gebundenheit und oft untermenschlichen Verhaftung an die Natur zur Beherrschung der Natur geführt. Aber sie hat es in einer Form getan, die in wachsendem Maße Unheil gebracht und zu heftigen antitechnischen Reaktionen geführt hat. *Durch den Mißbrauch der technischen Möglichkeiten in der kapitalistischen Gesellschaft sind die Kräfte der antitechnischen Romantik aufgeweckt worden*[31]. Der Konkurrenzkampf zwang den einzelnen Unternehmer oder die einzelne

[31] Auf die zahlreiche Literatur, in der über Technisierung und Mechanisierung des Lebens geklagt wird, braucht nicht ausdrücklich hingewiesen zu werden. Sie entspricht einer weit verbreiteten Stimmung. Das Fatale daran ist, daß nie die Frage erhoben wird, ob nicht die *mangelhafte* ökonomische Rationalisierung die entscheidende Ursache für die zerstörerischen Wirkungen der technischen Rationalisierung ist, daß also nicht die „Ratio“, sondern ihre mangelhafte Anwendung gegenüber den wirtschaftlichen Machtpositionen, ihre Unterdrückung in der gesellschaftlichen Sphäre, die Wurzel der Übel ist, für die man die Ratio an sich verantwortlich macht.

Unternehmergruppe, ihre technischen Produktionsmittel in einem Ausmaße zu verbessern, die Produktionsmethoden so weit zu rationalisieren, daß auf der einen Seite ständig große Arbeitermassen aus dem Arbeitsprozeß ausgeschieden wurden, auf der anderen Seite der Markt nicht aufnahmefähig war gerade für diejenigen Güter, die mit dem vorhandenen Apparat produziert werden konnten, nicht einmal für einen Bruchteil dessen, was unter dem Zwang der Ausnutzung der investierten Kapitalien produziert werden mußte. Die technische Rationalisierung auf dem Boden der freien Konkurrenz erwies sich dadurch als Hauptfaktor der Krise. Sie führte zu dem widersinnigen Resultat, daß bei höchst gesteigerter, fast unbegrenzter Produktionsmöglichkeit eine ungeheure Verelendung, die Unmöglichkeit der Bedürfnisbefriedigung in nie gekanntem Maße eintrat.

Für den Sozialismus folgt daraus, daß die Rationalisierung durch zentrale Maßnahmen der ökonomischen Aufnahmefähigkeit des Marktes angepaßt, daß die aus der Konkurrenz folgende technische Fehlrationalisierung unmöglich gemacht werden muß. Es ist nicht zu befürchten, daß dadurch der wirtschaftlich mögliche technische Fortschritt gestört wird, jedenfalls nicht mehr als im kapitalistischen System selbst, wo ständig um des Profitinteresses willen gesellschaftlich wertvolle Erfindungen unterdrückt und vernichtet werden, ganz abgesehen von der periodischen Selbstaufhebung des technischen Fortschritts in der Krise. Auch der technische Fortschritt gehört zu den Konsequenzen des bürgerlichen Prinzips, die in sich selbst abstrakt sind und nur durch Einfügung in die realen Möglichkeiten des Lebensprozesses sinnvoll verwirklicht werden können. Der technische Fortschritt hat in sich die unendliche Möglichkeit. Was davon jeweils Wirklichkeit werden kann, kann nicht er selbst und darf nicht kapitalistische Willkür entscheiden. Entscheiden muß der gesellschaftliche Wille, wie er sich in dem Ineinander von realer, marktmäßig festzustellender Bedürfnistradition und den Entscheidungen der zentralen Instanz darstellt.

Wie die Marktgesetze, wie die technische Möglichkeit, so muß auch die Arbeit in den Lebensprozeß des Menschen und der Gesellschaft eingefügt werden. Ihr muß in der sozialistischen Gesellschaft die Herrschaft entzogen werden, die sie heute in der Form eines grenzenlosen Arbeitszwanges in Abwechslung mit einem völligen Arbeitsverbot ausübt; und zwar mit Notwendigkeit ausübt, auf Grund der Naturgesetze der freien Wirtschaft. – Freilich gibt es einen vom Ursprung gesetzten natürlichen Arbeitszwang, der auf keine Weise zu beseitigen ist. Es gibt Arbeiten, die weniger die volle Befriedigung in sich haben als andere; auch das kann nicht geändert werden. Und das Moment „stumpf machender Mühe", das auch der befriedigendsten Arbeit anhaftet, sollte nicht durch Romantik und ideologische Verklärung der Arbeit verdeckt werden. Es ist durchaus töricht zu sagen, daß Arbeit Religion sei. Sozialistischer Glaube rechnet mit der Arbeit und ihrer Last, wie er mit allen Gegebenheiten der Natur rechnet; aber er macht daraus nicht, wie manche Theologen es wollen, die Rechtfertigung einer sinnlosen Arbeitsknechtschaft, wie sie durch die kapitalistische Konkurrenz über alle verhängt ist, die in ihr stehen. Er romantisiert auch nicht die vorkapitalistischen, vortechnischen Arbeitsformen. *Er bejaht die Entlastung des Menschen von jeder rein mechanischen Funktion durch die Maschine.* Er will den Sinn der Arbeit erfüllen durch eine Ordnung, in der das Arbeitsziel, die Arbeitsform und das Arbeitsverhältnis so beschaffen sind, daß die Arbeit dem Menschen dient und ihn nicht zerstört.

Das *Arbeitsziel* ist auf sozialistischem Boden Befriedigung derjenigen Bedürfnisse, die in einer durchorganisierten, zentral kontrollierten Wirtschaft ohne Konjunktur und Krise befriedigt werden können, auch wenn der Stachel der unbegrenzten Gewinnmöglichkeit und die Peitsche der wirtschaftlichen Todesandrohung fehlen. Es ist möglich, daß auf diese Weise weniger produziert wird. Es ist aber auch möglich, daß der Wegfall all der Zerstörungen und Produktionshemmungen, die aus der Krise und dem imperialistischen Krieg stammen, den Ausfall reichlich ausgleicht. Und das ist nach den letzten Kriegs- und Krisenerfahrungen das Wahrscheinliche. Aber auch wenn wirklich eine Produktionssenkung eintreten würde, so wäre sie ein geringer Preis für die Unterordnung der Wirtschaft unter den Menschen. – Die *Arbeitsform* ist in der sozialistischen Wirtschaft dadurch neu zu gestalten, daß dem Arbeiter das Verständnis für den Gesamtprozeß der Produktion erschlossen wird, an dem er beteiligt ist. Dadurch wird die schädliche Wirkung der Spezialisierung des Arbeitsprozesses eingeschränkt werden. Vor allem aber ist es in einem zentral kontrollierten Produktionsprozeß möglich, die rein mechanischen Elemente der Arbeit der Maschine zu übertragen, da der privatwirtschaftliche Gesichtspunkt, daß Arbeitskräfte oft billiger sind als Maschinen, grundsätzlich wegfallen würde. Eine so verbesserte Arbeitsform könnte *Lebenssinn und Arbeitssinn* zwar nicht zur Deckung bringen – das ist nie möglich –, aber doch aus der unerträglichen Spannung herausheben, in der sie zur Zeit stehen. – Was endlich das *Arbeitsverhältnis* betrifft, so ist für den Arbeitnehmer die sozialistische Ordnung Befreiung vom Dienst am fremden Profit und Arbeit für die Gemeinschaft, zu der er selbst als tragendes Glied gehört, für den Arbeitgeber Befreiung von dem Zwang des grenzenlosen Konkurrenzkampfes und seine Einordnung in die gemeinsame Produktion – unter Umständen an leitender Stelle – sowie die *Ersetzung des Profits, der im Konkurrenzkampf erbeutet wird, durch die Prämie, die im Wettstreit gewonnen wird.* Für beide aber bedeutet der Sozialismus die Aufhebung des Klassengegensatzes und damit der Vergiftung des gesamten Arbeitslebens durch das zwangsweise Gegeneinander der Interessen in der bloß zwangsweisen Einheit des Arbeitsprozesses[32].

Das sozialistische Prinzip enthält auch die Möglichkeit, das heute besonders aktuelle Problem des Verhältnisses von nationaler Wirtschaft und Weltwirtschaft zu lösen. *Autarkie der nationalen Wirtschaft bedeutet ursprungsmythische Bindung der Produktion an einen begrenzten Raum um der absoluten Souveränität dieses Raumes willen.* Aber kein Raum ist souverän. Der weltwirtschaftliche Austausch überwindet durch sich selbst die wirtschaftliche Selbständigkeit ursprungsgebundener Räume. Er ist Bahnbrecher für die überräumliche Einheit der Menschheit, für ihre gemeinsame Angewiesenheit an die vorwärts drängende Zeit. Darum bejaht die prophetische Haltung die übernationalen Horizonte, auch in der Form des Wirtschaftsaustausches. Sie schützt den „Fremdling" um der gleichen unbedingten Forderung willen, der der Volksgenosse und der Fremde, der das eigene und das fremde Volk unterstellt sind: um der Forderung der Gerechtigkeit willen. – Austausch aber ist nur möglich von einer Basis, einem Boden, einer Wirtschaftstradition aus. Wenn die Autarkiebewegung einen Sinn haben soll, so kann es nur der sein, einen gesicherten Boden für den weltwirtschaftlichen Austausch zu schaffen und das Aufgesogenwerden in die Weltwirtschaft zu verhindern. Denn die Wendung zur Zeit bedeutet nicht Aufhebung des Raumes. Der Raum aber hat Realität nur in den einzelnen Räumen und ihren besonderen Ursprungskräften, die auch dann bejaht werden müssen, wenn sie unter rein ökonomischen Gesichtspunkten für die Weltproduktion entbehrlich wären. Ihr Schutz muß dann freilich zugleich die Wandlung ihrer Struktur im Sinne dessen sein, was sie wirklich im rationalen und weltwirtschaftlichen Produktionsprozeß bedeuten können, nicht die Erhaltung einer veralteten Struktur um den Preis ökonomischer Opfer, die National- und Weltwirtschaft tragen müssen. Denn das Ziel sozialistischer Wirtschaftsordnung ist die *Einheit des weltwirtschaftlichen Raumes* und eine ra-

---

[32] Zu diesem Kapitel vgl. die Schriften von Eduard Heimann, außer den großen Arbeiten: Die soziale Theorie des Kapitalismus, und: Kapitalismus und Sozialismus, Potsdam 1931, vor allem: Die sozialistische Wirtschafts- und Arbeitsordnung, Potsdam 1932, wo die wirtschaftstheoretische Realisierbarkeit unserer Forderungen nachgewiesen wird.

tionale Ausnutzung der fast unbegrenzten irdischen Produktionsmöglichkeiten im Dienst der Menschheit und aller ihrer Gruppen.

Es ist nun zu fragen: Welche Möglichkeiten für eine solche Gestaltung bieten die ökonomischen Gesetze? Die Antwort gibt die sozialistische Ökonomik; sie hat sie in Einheit mit den realen Entwicklungstendenzen der Gegenwart schon gegeben. *In die Hand der Gesellschaft* – und das heißt der tragenden Gruppen des Gesellschaftsaufbaus – *sind zu legen die ökonomischen Machtpositionen des heutigen privaten Großeigentums: Großgrundbesitz, Schwerindustrie, Großbetrieb in der Verarbeitung, Bankwesen, Außenhandel.* Von ihnen aus läßt sich der Gesamtprozeß der Produktion im Sinne des sozialistischen Prinzips leiten. Von ihnen aus läßt sich das Problem der ökonomischen Rationalisierung so lösen, daß die zerstörenden Wirkungen der technischen Rationalisierung aufgehoben und ins Gegenteil gewandelt werden. Dabei ist es grundsätzlich möglich, *den freien Markt zu erhalten,* auf dem die Bedürfnisse angemeldet werden und von dessen Forderungen aus über Produktionsrichtung und Preisbildung entschieden wird – allerdings in den Grenzen der zentralen Planung. Das bedeutet weiter, daß in denjenigen Produktionsformen, die keine Herrschaftsposition in der Gesellschaft begründen, die freie Wirtschaft aufrechterhalten werden und eine Bürokratisierung der Gesamtwirtschaft vermieden werden kann. Wo Bürokratisierung unvermeidlich ist, hat sie sich durch die spätkapitalistische Entwicklung längst selbst eingestellt. – Auch in der Frage der sozialistischen Wirtschaftsidee erweist sich also die grundlegende Bedeutung des sozialistischen Prinzips, die Brechung des bürgerlichen Harmonieglaubens und die Vereinigung von Natur und Planung im Wirtschaftsaufbau[33].

Schluß: Die Zukunft des Sozialismus

Das sozialistische Prinzip hat die Kraft, die sozialistischen Antinomien zu lösen; es ist nicht nur dem bürgerlichen, sondern auch dem romantischen Prinzip überlegen. Es allein hat die Kraft, dem Abendland eine Zukunft zu schaffen. Das Zerbrechen des bürgerlichen Prinzips wird in jeder Krise des Kapitalismus offenkundiger. Der Glaube an den Harmoniegedanken in jeder Form ist im Erlöschen; die Wirklichkeit hat ihn widerlegt. Die konservative Form der politischen Ro-

[33] Dieses Kapitel hätte nicht ohne die spezielle Unterstützung Adolf Loewes geschrieben werden können. Vgl. auch seinen Aufsatz: Der Sinn der Weltwirtschaftskrise, in: Neue Blätter für den Sozialismus, 1931, Heft 2.

mantik hat kein neues, der Gesellschaftslage gemäßes Prinzip. Sie kann auf militärischer Grundlage für eine begrenzte Zeit die Macht gewinnen. Für die Dauer kann sie sich nicht durchsetzen. Die revolutionäre Form der politischen Romantik aber hat nur die Möglichkeit, in die konservative überzugehen (und das um so mehr, je durchschlagender ihr Sieg ist) –, oder sozialistisch zu werden, die spezifisch romantischen Elemente abzustreifen und ihre ursprungsmythischen Kräfte in die prophetische Bewegung der Gegenwart, den Sozialismus, einzuordnen. Die unbedingte Überlegenheit des sozialistischen Prinzips gibt freilich keine Gewähr des Sieges der sozialistischen Bewegung. Es bleibt, wie Marx gesehen hat, die andere Möglichkeit, das Chaos. Wenn in den Auseinandersetzungen zwischen Bürgertum und politischer Romantik das bürgerliche Prinzip noch einmal einen vollen Sieg erringen sollte, so würde mit der steigenden Furchtbarkeit der Krisen das Chaos fast unvermeidlich werden. Siegt aber die politische Romantik und mit ihr der kriegerische Nationalismus, so ist der Selbstvernichtungskampf der europäischen Völker unvermeidlich. *Die Rettung der europäischen Gesellschaft vor der Rückkehr in die Barbarei ist in die Hand des Sozialismus gegeben.* Nur er kann bewirken, daß die unbegrenzten Möglichkeiten technischer Weltbeherrschung, die die bürgerliche Periode geschaffen hat, in der Gewalt des Menschen bleiben und von ihm in den Dienst des Menschen gestellt werden. Nur er kann verhindern, daß diese Möglichkeiten zu Mitteln der Selbstvernichtung ihrer selbst und der Gesellschaft werden, durch die sie der Natur abgerungen sind.

Der erstberufene Träger des Sozialismus ist das industrielle Proletariat. *Es hat noch immer die Schlüsselstellung der gegenwärtigen gesellschaftlichen Lage, weil es am eindeutigsten auf ihrer negativen Seite steht;* und es wird sie haben, solange das bürgerlich-kapitalistische System sich hält. Denn vor der Tatsache der Klassenspaltung verliert jede andere gesellschaftliche Tatsache an Gewicht. Jede Gruppe wird hineingerissen in die Gestalt des Gegeneinander, die zum bürgerlich-liberalen System gehört. Das Proletariat ist durch seine Existenz auf den Sozialismus geworfen, es kann sich nicht auch anders stellen, solange und soweit es Proletariat ist.

Und doch muß der Satz bestritten werden, daß der Sieg des Sozialismus allein vom Proletariat erkämpft werden könne. Sicherlich nicht ohne das Proletariat. Es ist die Bedingung, ohne die kein Sozialismus möglich ist. Aber es ist – wenigstens zur Zeit – nicht die zureichende Bedingung. Denn das Proletariat erfährt durch eben die Situation, durch die es auf den Sozialismus geworfen ist, auch die Grenzen der Kraft, ihn allein zu tragen. *Er ist durch die gegenwärtige Lage ange-*

wiesen auf die ursprungsnahen Kräfte. Ohne sie kann der Sozialismus zur Zeit nicht siegen. Von dieser Verbindung hängt darum die Zukunft des Sozialismus und damit das Schicksal Deutschlands und der europäischen Menschheit ab. Ob sie zustande kommt, ob sie durch Proletarisierung fast aller Schichten überflüssig wird, darüber entscheidet die innere Entwicklung der kapitalistischen Gesellschaft, d. h., es entscheiden in unlöslicher Einheit die wirtschaftlichen Gesetze und die Menschen, durch die hindurch sie sich vollziehen. Weil die Gesetze mitbestimmen, ist die Zukunft des Abendlandes nicht schlechthin undurchsichtig; weil sie allein durch menschliches Handeln hindurch mitbestimmen, ist jede eindeutige Berechnung ausgeschlossen. Weil das menschliche Handeln mitbestimmt, kann in der Zukunft des Abendlandes ebenso der Sozialismus wie die Barbarei stehen. Weil das menschliche Handeln nur im Rahmen der wirtschaftlichen und gesellschaftlichen Gesetze Freiheit hat, gibt es außer jener Alternative grundsätzlich keine dritte Möglichkeit.

Daß viele ursprungsmythische Gruppen zur Zeit durch die Wirtschaftskrise revolutioniert sind, daß sie gegen den Kapitalismus anrennen und die bürgerliche Mitte aufgelöst haben, ist das stärkste positive Anzeichen für den Sieg des Sozialismus. Daß sie es tun im Banne eines ungebrochenen Nationalismus und mit geistiger und materieller Unterstützung gewisser Gruppen des klassenkämpfenden Bürgertums, ist die stärkste Gefahr für den Sozialismus. Nicht nur weil er dadurch von außen her in die Verteidigung gedrängt wird und revolutionäre Kräfte an die politische Romantik abgibt, sondern auch weil er sich in der Abwehr der politischen Romantik auf seine bürgerlichen Elemente zurückdrängen läßt. Siegen aber kann er nur durch Abstoßung dieser Elemente, da sie ihn in den inneren Widerstreit führen, in dem er zerrieben zu werden droht. Siegen kann er nur durch sein Prinzip, in dem Ursprungskräfte und prophetische Erwartung geeint sind. Die Führung aber muß die Erwartung haben. In ihr erst erhebt sich menschliches Sein zur Menschlichkeit. Nur unter ihrer Führung kann menschliches Sein, menschliche Gesellschaft zur Erfüllung kommen. Die Herrschaft des Ursprungsmythos bedeutet Herrschaft der Gewalt und des Todes. *Nur die Erwartung kann den Tod überwinden, mit dem das neue Aufbrechen des Ursprungsmythos das Abendland bedroht. Erwartung aber ist das Symbol des Sozialismus.*

BIBLIOGRAPHISCHE ANMERKUNGEN

zu Paul Tillich „Gesammelte Werke" Band II

1. Der Sozialismus als Kirchenfrage. Leitsätze von Paul Tillich und Carl Richard Wegener. Berlin: Gracht 1919.
2. Christentum und Sozialismus I. In: Das neue Deutschland. Jg. 8. 1919, S. 106–110.
3. Christentum und Sozialismus II. In: Freideutsche Jugend. Jg. 6, 1920, S. 167–170.
4. Masse und Geist. Studien zur Philosophie der Masse. Berlin, Frankfurt/M.: Verlag der Arbeitsgemeinschaft 1922 (Volk und Geist Nr. 1).
5. Grundlinien des Religiösen Sozialismus. Ein systematischer Entwurf. In: Blätter für Religiösen Sozialismus. Jg. 4, H. 8/10, 1923.
6. Die religiöse und philosophische Weiterbildung des Sozialismus. In: Blätter für Religiösen Sozialismus. Jg. 5, 1924, S. 17–18.
7. Die Bedeutung der Gesellschaftslage für das Geistesleben. Vortrag, gehalten auf der Abschlußfeier des 2. Studienganges der Verwaltungsakademie Dresden im Juni 1927. In: Philosophie und Leben. Jg. 4, 1928, S. 153–158.
8. Sozialismus. In: Neue Blätter für den Sozialismus. Jg. 1, 1930, S. 1–12.
9. Religiöser Sozialismus I. In: Neue Blätter für den Sozialismus. Jg. 1, 1930, S. 396–403.
10. Religiöser Sozialismus II. Ursprünglicher Titel: Sozialismus: II. Religiöser Sozialismus. In: Die Religion in Geschichte und Gegenwart. 2. Aufl. Tübingen 1930. Bd. 5, S. 637–648.
11. Klassenkampf und Religiöser Sozialismus. Vortrag, gehalten vor der sozialistischen Studentenschaft in Marburg 1928 und Frankfurt 1929. In: Religiöse Verwirklichung. Berlin 1930. Daselbst im Anhang mit 32 Anmerkungen versehen.
12. Das Problem der Macht. Versuch einer philosophischen Grundlegung. In: Neue Blätter für den Sozialismus. Jg. 2, 1931, S. 157 bis 170.
13. Protestantismus und politische Romantik. In: Neue Blätter für den Sozialismus. Jg. 3, 1932, S. 14–16.
14. Die sozialistische Entscheidung. Potsdam 1933. (Schriftenreihe der Neuen Blätter für den Sozialismus, H. 2.) Diese Ausgabe wurde unter dem Druck der damaligen politischen Verhältnisse teilweise eingestampft. Neuauflage: Offenbach a. M. 1948.

NAMEN- UND SACHREGISTER

Bearbeitet von Theodor Mahlmann

FSC
www.fsc.org
MIX
Papier | Fördert gute Waldnutzung
FSC® C083411

Kolibri 360 GmbH
Ferdinand-Jühlke-Straße 7
99095 Erfurt, Deutschland
produktsicherheit@kolibri360.de